普通高等学校"双一流"建设机械类专业精品教材

普通高等学校机械制造及其自动化专业"十二五"规划教材

机电传动与控制

（第五版）

主　编　程宪平

副主编　陈　艳　黄　毅　鲁艳旻

华中科技大学出版社

中国·武汉

内 容 简 介

本书共分9章,内容包括:直流电机,交流电动机,控制电机,机电传动控制系统的基础,控制电器与继电器-接触器控制系统,可编程序控制器,直、交流电动机调速系统及步进电动机控制系统等。

本书内容全面,突出机电结合、电为机用。在保证基本内容的前提下,简化理论分析,强化当前机电领域的新技术和新知识,加强实例的分析、设计,力求做到内容深入浅出、重点突出,以利于读者开拓思路、深化知识。

书中线路图和电气原理图的符号使用均贯彻执行了新颁布的国家标准。

本书是机械设计制造及其自动化专业系列教材,可作为机械类专业及与之相近专业本科生的教材,也可作为机械类专业电大生、函大生、高职生的教材,还可供从事机械、电气等领域的科研人员和工程技术人员参考。

图书在版编目(CIP)数据

机电传动与控制/程宪平主编. —5 版. —武汉:华中科技大学出版社,2021.5(2023.8 重印)
ISBN 978-7-5680-7081-2

Ⅰ. ①机… Ⅱ. ①程… Ⅲ. ①电力传动控制设备-高等学校-教材 Ⅳ. ①TM921.5

中国版本图书馆 CIP 数据核字(2021)第 080815 号

机电传动与控制(第五版)   程宪平 主编
Jidian Chuandong yu Kongzhi (Di-wu Ban)

策划编辑:俞道凯
责任编辑:刘 飞
封面设计:原色设计
责任监印:周治超
出版发行:华中科技大学出版社(中国·武汉)   电话:(027)81321913
         武汉市东湖新技术开发区华工科技园   邮编:430223
录   排:华中科技大学惠友文印中心
印   刷:武汉科源印刷设计有限公司
开   本:787mm×1092mm   1/16
印   张:22.5
字   数:557 千字
版   次:2023 年 8 月第 5 版第 3 次印刷
定   价:52.80 元

普通高等学校机械制造及其自动化专业"十二五"规划教材

编　委　会

第五版前言

《机电传动与控制》(第四版)于 2015 年出版,至今已有 6 年之久,先后多次印刷。承蒙许多高校师生及其他读者使用本书,使它得以持续发行。随着网络技术和在线课程的发展,网络资源的利用和网络学习已成为必然趋势,为适应教学改革及本学科发展的需要,特对本书予以修订。

本次修订的主要内容如下:

(1)增加了每一章的 PPT 内容,读者可以通过扫码阅读。PPT 中的内容有对本书内容的提炼和总结,也有对本书内容的补充,有一些实物图片和动画,便于读者更直观地理解本书的知识点。

(2)给出了每一章习题的解题过程或解题思路,便于读者自学。

(3)每一章均设置了自测题,便于读者自测和巩固知识点。

(4)对本书第 3 章中的步进电动机内容进行了修改。根据读者意见,修改了步进电动机结构部分的内容,增加了步进电动机与伺服电动机性能比较的内容。

(5)在第 6 章中,增加了一个 PLC 的工程应用实例。

(6)对步进电动机的控制系统进行了修订,删除了一些陈旧的理论知识,并且给出了 PLC 对步进电动机的控制内容。

本书可作为机电一体化、机械设计制造及其自动化等相关专业的教材,也可供从事机电设备工作的工程技术人员参考或作为培训教材使用。

参加本书修订的有程宪平、彭延泰(修订第 6 章),陈艳(修订第 3、9 章)。本书的 PPT、自测题、第 6、9 章的习题详解由陈艳完成;第 1、2 章的习题详解由张自晴完成,第 3、4 章的习题详解由王亚腾完成,第 5 章的习题详解由黄毅完成,第 7、8 章的习题详解由鲁艳旻完成。全书由陈艳统稿和定稿。

在本书的修订过程中,参阅了许多优秀的教材和论著,一些使用过《机电传动与控制》(第四版)的教师也给本书的修订提出了宝贵的意见,在此表示衷心的感谢。

限于编者的能力和水平,书中难免有疏漏和不妥之处,恳请使用本书的读者批评指正。

编 者

2021 年 4 月

第四版前言

"机电传动与控制"是高等工科院校中一门应用性很强的技术基础课,是机电一体化专业和非电子类专业学生掌握电方面的综合知识的一门课程,集电机、电机拖动、自动控制、电气控制技术与 PLC 技术于一体。随着计算机技术、电力电子技术、自动控制技术的发展,机电传动系统的控制已由继电器-接触器硬接线的常规控制转向以微机为核心的软件控制。特别是可编程序控制器在机电传动系统中得到了广泛的应用。

为了适应新技术的发展、满足工程实际和教学改革的需要,我们对《机电传动与控制》(第三版)教材进行了修订。

本次修订的主要内容如下:

(1)直流电机部分,在保留基础内容的条件下,简化理论分析,并删除了直流发电机内容;修订了伺服电动机的内容。

(2)削减了继电器-接触器控制的内容,在"可编程序控制器"一章中,以国内使用比较广泛的日本三菱公司 FX 系列 PLC 和德国西门子公司 S7 系列 PLC 为使用背景,介绍了 PLC 的基本结构与工作原理,以及指令系统与程序设计方法,并给出了一些应用实例。

(3)替换了书中一些比较陈旧的图例和知识点。

本书可作为机电一体化、机械设计制造及其自动化等相关专业的教材,也可供从事机电设备工作的工程技术人员参考或作为培训教材使用。

参加本书(第四版)修订工作的有程宪平(修订第 1、2、3 章),陈艳(修订第 4、5、6 章)、曾海霞(修订第 7、8、9 章)。全书由程宪平、陈艳统稿和定稿。

在本书的修订过程中,参阅了许多优秀的著作,一些使用过本教材(第三版)的教师给本书的修订提出了许多宝贵的意见,在此表示衷心的感谢。

限于编者的水平,书中难免有疏漏和不妥之处,恳请使用本书的教师和读者批评指正。

编 者

2015 年 8 月

第三版前言

《机电传动与控制》(第二版)于 2003 年 9 月出版,至今已有 6 年之久。在这 6 年中,承蒙许多高校及读者使用本书,使它能继续发行。随着机电控制技术、计算机技术的迅猛发展,此时对本书的内容做一次修改则势在必行。尤其是经过多年的教学实践,深悉本书在内容上有修改的必要,希望这次的修改能做到与时俱进,适应教学改革及本学科发展的需要。

本书修改的主要内容可归纳为如下几个方面。

(1) 在保留直流电机、交流电动机的基础内容不变的条件下,简化理论分析,加强了控制电机内容,增加了"无刷永磁直流电动机"的基本内容。

(2) 在"可编程序控制器"一章中选用了日本三菱 FX2N 型 PLC,延续了原 F_1 的基本知识,在内容上加强了基本的应用实例及实例设计,达到深化知识点,为进行创新设计开拓思路、奠定技术基础的目的;同时削减了继电器-接触器控制的内容。

(3) 在关于调速系统的内容中,介绍了最新科学动态,补充了微机数字化 PWM 控制、数字化变频器控制及无刷直流电动机调速系统的实例及分析。

参加本书(第三版)修改工作的有程宪平(修改第 1、2、3、4、5、6 章)、周北明(修改第 7 章)、陈艳(修改第 8 章)。程宪平负责全书修订的组织和最后定稿。

在本书的修改过程中,参阅了许多优秀的教材和论著,在此深表感谢。

修改后的全书在内容上有较明显的改进和提高,但由于编者水平有限,书中不妥之处和错误在所难免,恳请使用本书的教师和读者批评指正。

编　者
2009 年 11 月

第二版前言

本书于 1997 年出版发行以来,历经 4 次印刷,得到了广大读者和有关专家的好评。经过对本书 4 年来使用的教学实践,特别是有关教师给我们提出了许多宝贵意见,深感需及时进行修订再版。

这次作为高等学校 21 世纪机械设计制造及其自动化专业系列教材出版,在内容上作了修改。这次修改一方面是因本学科近年来的迅速发展,需要补充和更新内容。另一方面也希望在内容的选取和处理上更能适应教学改革,更充分反映本领域的基础理论知识、最新技术和发展趋势。

全书共分 9 章。第 1、2 章对直流电机、交流电动机的基本结构、工作原理、机械特性、启停和调速性能作了较详细的介绍,并从动力学角度分析了机电传动系统,为系统应用作好基础理论的准备;第 3 章较全面介绍了几种常用控制电动机,其中包括伺服电动机、步进电动机、直线电动机等;在第 4 章机电传动控制系统基础的前提下,分别在后面 5 章中分析了各种传动控制系统。在内容安排上,首先较全面介绍各种常用的控制电器及继电器-接触器基本控制电路,分析了几种典型的控制系统实例。第 6 章介绍了可编程序控制器(PLC),对 F_1 系列的指令、程序及其基本电路进行了分析,使读者能具备基本的编程能力,并有不同形式实例可供参考、分析。第 7、8 章描述了一般的电力半导体器件、新型电力器件的特性为调速系统分析作基础准备。然后分别介绍了直流、交流调速系统,加强了脉宽调制和交流变频调速的内容。第 9 章对步进电动机开、闭环及其控制系统也作了较详细的叙述。在第 5、6、8、9 章介绍了典型的控制系统实例,使学生对机电传动与控制有了进一步的了解。

书中采用的电路图形符号、文字符号、有关术语及电气原理图的绘制,均贯彻 GB 5094—1985、GB 4728—1985 等新标准。

全书可作为机械类专业及与之相近专业的本科生教材,也可作为机械类专业电大生、函大生、高职生等的教材,并可供从事机械、电气方面的科学研究人员和工程技术人员参考。

全书由程宪平统稿,其中第 1、4 章由余伟芦编写,第 2、3、8 章由张忠夫编写,第 7 章由肖宏年编写。绪论及第 5、6、9 章由程宪平编写。

全书由东南大学冷增祥教授担任主审，他对全书进行了全面的审阅，并提出了许多宝贵的意见，在此表示诚挚的感谢。

由于编者水平有限，书中不妥之处和错误在所难免，希望读者不吝赐教。

编　者
2002 年 1 月

第一版前言

将机械技术与电子技术有机地结合,用电子技术改造传统产业,借以振兴机械工业,进而促进国民经济的发展,这就需要一批机电一体化的复合型人才。本书是为适应机电一体化系列教材的市场需求而编写的。机电传动与控制课程是从机电一体化技术需要出发,集电机、控制电器、电力拖动、自动控制系统于一体的课程。它是培养机电一体化应用型人才所需电知识的主干课程。通过本课程的学习,学生能掌握电机、电器、拖动控制等必备的基础理论,掌握常用的开环、闭环控制系统的工作原理、特点及应用场所,具备一定的分析及处理机电传动与控制系统的实际能力,并了解最新控制技术在机械设备中的应用。

本书根据机械电子工程专业的需要独自建立了内容比较全面的体系。书中的内容有作者从事科研工作的一些经验,也有近年来从事教学工作的体会与总结。在内容处理上,既注重基础理论知识,又注意与实际应用相结合;既描述了器件的外特性,又着重器件在控制系统中的应用;既结合当前的国情介绍了目前广泛应用的机电传动与控制技术,又充分反映了本领域的最新技术和发展趋势。在文字叙述上力求言简意赅,叙述清晰。在内容安排上由浅入深,便于自学、便于掌握。

全书共分10章。第1、2章对直流电机、交流电动机的基本结构、工作原理、机械特性、启停和调速性能作了较详细的介绍,为系统应用作基础理论的准备;第3章较全面介绍了几种常用控制电机,以便正确选用和使用它们;在第4章机电传动控制基础理论的前提下,分别在后面5章中分析了各种传动控制系统。在内容安排上,首先介绍有触点逻辑控制系统,再介绍无触点连续控制系统。第5章较全面介绍各种常用的控制电器及继电器-接触器基本控制电路,分析了几种典型的控制系统实例,简介了基本设计方法;第6章可编程序控制器(PLC)是通过软件实现继电器-接触器的控制。对一种型号(F-40型PLC)的指令、程序编制及实例的介绍,使读者能具备基本编程的能力。第7、8章首先对电力半导体器件及其基本电路进行了描述,然后分别介绍直流、交流调速系统,并加强了脉宽调制和交流变频调速的内容。第9章对步进电动机原理及其控制系统也作了较详细的叙述。第10章简述了电动机的选择。在第7、8、9章中都介绍了控制系统实例,并反映了当今本学科的新技术和新方法。

书中所采用的图形符号为国家标准 GB 4728—1985,文字符号为 GB 5094—1985,GB 7159—1987 等新标准。

本书可作为机械电子工程专业、机械制造专业以及与之相近专业的教材,也可供从事机电一体化工作的工程技术人员参考。

全书由程宪平统稿,其中第 1、4、10 章由余伟芦编写,第 2、3、8 章由张忠夫编写,第 7 章由肖宏年编写。绪论及第 5、6、9 章由程宪平编写。

全书由华中理工大学邓星钟教授担任主审。他提出了许多宝贵的意见,在此表示衷心的感谢。

由于编者的水平有限,书中的不足之处和错误在所难免,恳请读者批评指正。

编　者

1995 年 11 月

目录

绪论 ……………………………………………………………………………… (1)

第 1 章　直流电机 ………………………………………………………… (4)

1-1　直流电机的基本结构与工作原理 …………………………………… (4)

1-2　直流电动机的机械特性 ……………………………………………… (10)

1-3　机电传动系统运动的理论基础 ……………………………………… (15)

1-4　生产机械的机械特性 ………………………………………………… (19)

1-5　直流他励电动机的启动与调速 ……………………………………… (23)

1-6　直流他励电动机的制动 ……………………………………………… (27)

习题与思考题 ……………………………………………………………… (32)

第 2 章　交流电动机 ……………………………………………………… (35)

2-1　三相异步电动机的基本结构与工作原理 …………………………… (35)

2-2　三相异步电动机的定子电路与转子电路 …………………………… (40)

2-3　三相异步电动机的转矩与机械特性 ………………………………… (43)

2-4　三相异步电动机的启动性能与方法 ………………………………… (49)

2-5　三相异步电动机的调速方法 ………………………………………… (58)

2-6　三相异步电动机的制动 ……………………………………………… (62)

2-7　单相异步电动机 ……………………………………………………… (65)

2-8　同步电动机 …………………………………………………………… (69)

习题与思考题 ……………………………………………………………… (71)

第 3 章　控制电机 ………………………………………………………… (73)

3-1　伺服电动机 …………………………………………………………… (73)

3-2　微型同步电动机 ……………………………………………………… (82)

3-3　测速发电机 …………………………………………………………… (85)

3-4　步进电动机 …………………………………………………………… (90)

3-5　直线电动机 …………………………………………………………… (98)

3-6　旋转变压器 …………………………………………………………… (104)

3-7　感应同步器 …………………………………………………………… (108)

习题与思考题 ……………………………………………………………… (113)

第 4 章　机电传动控制系统的基础 ···················· (115)

4-1　机电传动控制系统的组成及方案选择 ············· (115)

4-2　选择电动机额定功率的基本依据 ················· (121)

4-3　电动机的发热与冷却 ··························· (122)

4-4　不同工作方式下电动机容量的选择 ··············· (124)

4-5　电动机的种类、额定电压、额定转速及形式的选择 ··· (129)

习题与思考题 ···································· (130)

第 5 章　控制电器与继电器-接触器控制系统 ········· (132)

5-1　常用控制电器 ······························· (132)

5-2　生产机械电气设备的基本控制线路 ··············· (140)

5-3　生产机械的继电器-接触器控制线路 ············· (153)

5-4　继电器-接触器控制线路的设计方法 ············· (158)

习题与思考题 ···································· (164)

第 6 章　可编程序控制器 ························· (166)

6-1　可编程控制器基础知识 ······················· (166)

6-2　FX 系列 PLC 及指令系统 ····················· (179)

6-3　S7 系列 PLC 及指令系统 ····················· (199)

6-4　可编程序控制器的应用 ······················· (227)

习题与思考题 ···································· (239)

第 7 章　直流电动机调速系统 ····················· (242)

7-1　电力半导体器件 ····························· (243)

7-2　可控整流电路 ······························· (250)

7-3　逆变与脉宽调制 ····························· (261)

7-4　电力半导体器件和装置的保护 ················· (267)

7-5　单闭环直流调速系统 ························· (270)

7-6　双闭环直流调速系统 ························· (279)

7-7　晶闸管-电动机可逆调速系统 ················· (281)

7-8　晶体管直流脉宽调速系统 ····················· (284)

习题与思考题 ···································· (290)

第 8 章　交流电动机调速系统 ····················· (292)

8-1　晶闸管交流调压调速系统 ····················· (292)

8-2　交流电动机变频调速系统 ····················· (297)

8-3　其他交流调速系统 ··························· (308)

习题与思考题 ···································· (317)

第 9 章　步进电动机控制系统 ····················· (318)

9-1　步进电动机驱动器 ··························· (318)

9-2　步进电动机的传动与控制 ····················· (325)

9-3　步进电动机的应用 …………………………………………………（334）

习题与思考题 ……………………………………………………………（336）

附录 ………………………………………………………………………（337）

附录 A　常用电气图形符号 ……………………………………………（337）

附录 B　常用电气文字符号 ……………………………………………（341）

部分习题与思考题参考答案 ……………………………………………（343）

参考文献 ………………………………………………………………（344）

绪论 PPT

绪 论

一、机电传动与控制的目的与意义

在现代化生产中,生产机械的先进性和电气自动化程度反映了工业生产发展的水平。现代化机械设备和生产系统已不再是传统的单纯机械系统,而是机电一体化的综合系统,电气传动与控制系统已成为现代化机械的重要组成部分。因此:从广义上讲,机电传动与控制就是要使生产机械设备、生产线、车间甚至整个工厂都实现自动化;具体地讲,就是以电动机为原动机驱动生产机械,将电能转换为机械能,实现生产机械的启动、停止及调速,满足各种生产工艺过程的要求,实现生产过程的自动化。因此,机电传动与控制既包含了拖动生产机械的电动机,又包含了控制电动机的一整套控制系统。

现代化生产要求有高的生产自动化程度,高的加工效率,大的工艺范围,能加速产品更新换代和开发数字化、自动化、智能化的机电一体化的产品,这无疑对机电传动与控制系统提出了越来越高的要求。而今特别突出的是电子、航空、航天及汽车工业等高新技术工业的发展,都依赖于机械工业制造技术,以及由"重大长厚"型转向"轻小短薄"型工艺设备的发展。而每一次新技术的出现,都是同新型的加工方法、加工手段和测量控制技术的出现密切相关的。目前,我国正在加速制造技术领域的发展,引进国外先进技术,吸收新技术成果,并正在加快单机自动化、局部生产过程自动化、生产线自动化和全厂综合自动化的步伐。这些都离不开机电传动与控制。

随着计算技术、微电子技术、自动控制理论、精密测量技术的发展,随着电机及电器制造业及各种自动化元件的发展,机电传动与控制正在不断创新与发展。目前直流或交流无级调速控制系统代替了结构复杂、笨重的变速箱系统,简化了生产机械的结构,使生产机械向性能优良、运行可靠、质量小、体积小、自动化的方向发展。近20年来各种机电一体化产品,如数控机车、工业机器人、电力机车、静电复印机、电动汽车、计算机磁盘光盘驱动器等都是现代生产机械自动化的成果,可见机电传动与控制在整个生产机械中占有极其重要的地位。为了培养新世纪机电一体化的复合型实用人才,必须掌握机电传动与控制的理论和方法。

二、机电传动与控制系统的发展概况

1. 机电传动的发展

机电传动的发展是随着电机的发展而发展的。20 世纪以前,电机的发展处于初级阶段,经历了由诞生到在工业上的初步应用,各种电机初步定型,电机理论和电机设计计算方法的建立和发展的过程。20 世纪是自动化发展的时代,对电机也提出了越来越高的要求,使电机向性能良好、运行可靠、质量小、体积小的方向发展。随着自动控制系统的发展及广泛应用,出现了多种高可靠性、高精度、快速性能好的控制电机。目前动力电机正在向大型、巨型化方向发展,而专用电机正在向着高精度、长寿命、微型化方向发展。由于各类电机已成为各种机电系统中的极为重要的元件,因此,机电传动将发展成为把电子学、电机学和控制论结合在一起的新兴学科。

电动机的问世使电力拖动代替了蒸汽或水力的拖动。机电传动的发展大体经历了成组拖动、单电机拖动和多电机拖动三个阶段。所谓成组拖动是指一台电动机经天轴(或地轴)由带传动来驱动一组生产机械的拖动方式。这种拖动方式的传动路线长、生产效率低、结构复杂,一旦电动机发生故障,将造成成组生产机械的停车,现早已被淘汰。生产机械中广泛采用的单电机拖动,即一台电动机拖动一台生产机械,较成组拖动前进了一步,它适合用于中小型机械,但生产机械的运动部件较多时,机械传动机构仍十分复杂。自 20 世纪 30 年代起,广泛采取了多电机拖动方式,即一台生产机械的每个运动部件分别由一台专门的电动机拖动方式,这样生产机械的结构就大为简化了。例如龙门刨床的刨台、左右垂直刀架与侧刀架、横梁及其夹紧机构均分别由一台电动机拖动。在生产机械中也有一个运动部件采用多电动机拖动的。例如,链式运输机的工作机构是一条长的链式运输带,它往往采用多台电动机拖动的方式。这种多电机拖动方式不仅大大简化了生产机械的传动机构,而且控制灵活,为生产机械的自动化提供了有利的条件。

2. 控制系统的发展

随着生产的不断发展,现代机电传动要求实现局部或全部的自动控制。随着电机及各种自动控制器件的发展,机电传动控制系统也正在不断创新与发展。它主要经历了如下四个阶段。

继电器-接触器自动控制系统,这是借助继电器、接触器、按钮、行程开关等电气元件组成的控制系统,能实现对控制对象的启动、停车及有级调速等控制,这是属于有触点的逻辑控制系统。它的结构简单、价格低廉、维修方便,广泛地应用在机床和其他机械设备上。但它的控制速度慢、控制精度差、灵活性差、可靠性不高。

20 世纪 40 至 50 年代的交磁放大机-电动机控制系统,从断续控制发展到了连续控制,系统可随时检查控制对象的工作状态,能对控制对象进行自动调整,它的快速性及控制精度都大大超过了最初的断续控制系统,并简化了控制系统,生产效率也提高了,但系统存在体积大、响应慢、旋转噪声大等缺点。

20 世纪 60 年代晶闸管的出现,使得晶闸管-直流电动机无级调速系统得到发展。晶闸管具有功率大、体积小、效率高、动态响应快、控制方便等优点,并正在向大容量方向发展。继晶闸管出现后,又陆续出现了具有可控制的全控型器件和功率集成电路,例如可关断晶体管(GTO)、大功率晶体管(GTR)、电力场效应晶体管(P-MOSFET)、复合电力半导体器件(IGBT、MCT)等。尤其是绝缘栅双极晶体管(IGBT)的应用更是广泛。由于逆变技术的出现和高压大功率晶体管的问世,20 世纪 80 年代以来,交流电动机无级调速系统有了迅速的发展。由于交流电动机无电刷和换向器,较之直流电动机易于维护,且寿命长,因此,交流调速系统很有发展前途,如今用大功率晶体管逆变技术和脉宽调制技术(PWM)改变交流电的频率等实现电动机无级调速的系统,在工业上正在得到广泛的应用。目前已出现了多种以微机为核心的数字化变频器调速系统,它使交流电动机的控制变得更简单,可靠性更高,拖动系统的性能更好,为机电传动与控制开辟了新途径。

　　随着数控技术和微型计算机的发展,出现了具有运算功能和较大功率输出能力的可编程序控制器(PLC),用它可代替大量的继电器,使硬件软件化。它实际上是一台按开关量输入的工业控制用的微型计算机。用它来替代继电-接触器控制系统,提高了系统的可靠性和柔性,使控制技术产生了一个飞跃。20世纪90年代的大型PLC正向着高速度、多功能、适应多级分布控制系统的方向发展,同时微型PLC已发展成不仅具有开关型逻辑控制、定时/计数、逻辑运算功能,还具有处理模拟量的I/O功能、数字运算功能、通信功能,可构成分布式控制系统的控制器,因此,它的应用越来越普遍,越来越广泛。它已是机电传动与控制的重要器件。

　　随着微电子技术与计算技术的不断发展,机电传动与控制正向着计算机控制的生产过程自动化方向前进。它经历了硬件数控(NC)→计算机数控(CNC)→柔性制造单元,即加工中心(FMC)→柔性制造系统(FMS)→计算机集成制造系统(CIMS)的过程。20世纪80年代末出现的由数控机床、工业机器人、自动搬运车等组成的统一由中心计算机控制的机械加工自动线——柔性制造系统,它是机械制造的自动化车间和自动化工厂的重要组成部分与基础。21世纪,将是计算机集成制造系统的时代。利用计算机辅助设计(CAD)与计算机辅助制造(CAM)形成产品设计和制造过程的一体化,使产品构思、设计、装配、试验和质量管理全过程实现自动化,是当今世界机电一体化发展的新趋势。

直流电机

直流电机是机械能和直流电能互相转换的旋转机械装置。直流电机可作为直流电动机,将电能转换为机械能;也可作为直流发电机,将机械能转换为电能。

直流电动机虽然比三相异步电动机的结构复杂,维护也不方便,但由于它的调速性能较好,启动转矩较大,因此,在速度调节要求较高,正反转和启制动频繁,或多单元同步协调运转的生产机械上,仍采用直流电动机来拖动,例如,龙门刨床、镗床、轧钢机等均采用直流电动机作动力源。

直流发电机可作为直流电源,例如,作为直流电动机,同步电动机励磁,蓄电池充电,汽车、船舶上的用电,电镀、电解、电焊等方面的直流电源。由于直流发电机的构造复杂,价格昂贵,目前已被晶闸管等整流设备逐渐取代。但从电源的质量与可靠性来说,直流发电机有其优点,至今直流发电机仍有应用。

本章主要讨论直流电机的基本工作原理及其特性,特别是直流电动机的机械特性及启动、调速、制动的基本原理和基本方法。

1-1 直流电机的基本结构与工作原理

一、直流电机的基本结构

直流电机可概括地分为静止和转动两大部分。静止部分称为定子,转动部分称为转子,定、转子之间由空气隙分开,其结构如图 1-1(a)所示,图 1-1(b)所示为直流电机剖面示意图。

1. 定子部分

定子由主磁极、换向极、机座和电刷装置等组成。

(1)主磁极 它的作用是产生恒定的主极磁场,由主磁极铁芯和套在铁芯上的励磁绕组组成。铁芯的上部称为极身,下部称为极掌。极掌的作用是减小气隙的磁阻,使气隙磁通沿气隙空间分布得更均匀,并支撑绕组。为了保证各励磁电流严格相等,励磁绕组相互间一般采用串联连接,而且在连接时要保证 N、S 极交替出现。

(2)换向极 换向极的作用是消除电机带负载时换向器产生的有害火花,以改善换向。换向极数目一般与主磁极数目相等,只有小功率的直流电机才不装换向极或只装有数量为主磁极数量一半的换向极。

(3)机座 机座的作用有两个:一是作为各磁极间的磁路,这部分称为定子磁轭;二是作为电机的机械支撑。

(4)电刷装置 电刷装置的作用有两个:一是使转子绕组能与外电路接通,使电流经电

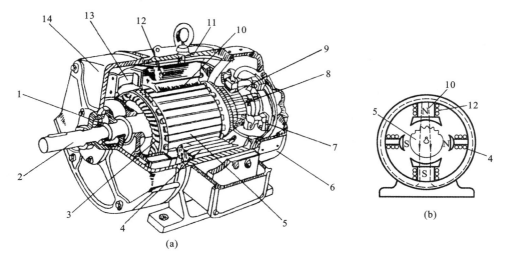

图 1-1　直流电机结构

(a)结构图；　(b)剖面示意图

1—轴承；2—轴；3—电枢绕组；4—换向极绕组；5—电枢铁芯；6—后端盖；

7—刷杆座；8—换向器；9—电刷；10—主磁极；11—机座；12—励磁绕组；13—风扇；14—前端盖

刷输入电枢或从电枢输出；二是与换向器相配合，获得直流电压。

2. 转子部分

转子是直流电机的重要部件。由于感应电动势和电磁转矩都在转子绕组中产生，是机械能与电能相互转换的枢纽，因此称为电枢。电枢主要包括电枢铁芯、电枢绕组、换向器等。另外转子上还有风扇、转轴和绕组支架等部件。

（1）电枢铁芯　电枢铁芯的作用有两个：一是作为磁路的一部分；二是将电枢绕组安放在铁芯的槽内。

（2）电枢绕组　电枢绕组的作用是产生感应电动势和通过电流，使电机实现机电能量转换。它由许多形状完全相同的线圈按一定规律连接而成。每一线圈的两个边分别嵌在电枢铁芯的槽里，线圈的这两个边也称为有效线圈边。

（3）换向器　换向器又称整流子，在直流电动机中，换向器的作用是将电刷上的直流电流转换为绕组内的交变电流，以保证同一磁极下电枢导体的电流方向不变，使产生的电磁转矩恒定；在直流发电机中，是将绕组中的交流感应电动势转换为电刷上的直流电动势，所以换向器是直流电机中的关键部件。

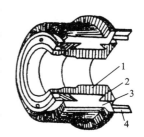

图 1-2　换向器结构

1—V形套筒；2—云母环；

3—换向片；4—连接片

换向器由许多鸽尾形铜片（换向片）组成。换向片之间用云母片绝缘，电枢绕组每一个线圈的两端分别接在两个换向片上，换向器的结构如图 1-2 所示。

直流电机运行时在电刷与换向器之间往往会产生火花。微弱的火花对电机运行并无危害，若换向不良，火花超过一定程度，电刷和换向器就会烧坏，使电机不能继续运行。

此外，在静止的主磁极与电枢之间有一空气隙，它的大小和形状对电机的性能影响很大。空气隙的大小随容量不同而不同。空气隙虽小,但由于空气的磁阻较大,因而在电机磁路系统中有着重要的影响。

二、直流电机的基本工作原理

直流电机的工作原理基于电磁感应定律和电磁力定律。下面借助一个简单的直流电机模型,分别说明直流发电机、直流电动机最基本的工作原理。

(一)直流发电机的工作原理

图 1-3 所示为一台最简单的直流发电机的工作原理。图中所示有一对在空间固定的永久性磁铁,在 N 极和 S 极之间有一个在外力作用下可转动的线圈 abcd。线圈的首、尾端分别连在两个相互绝缘的半圆形铜质换向片上,这两个换向片就是最简单的机械换向器。它固定在转轴上,可随轴转动,但与轴是绝缘的。为了增强磁极间的磁场,线圈安放在图 1-3 中虚线所表示的铁芯上。为了把线圈与外电路接通,换向片上放置了一对在空间静止不动的电刷 A 和 B。

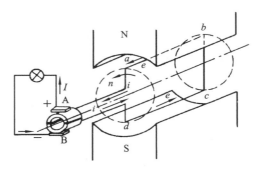

图 1-3　直流发电机的工作原理

当原动机拖动转子匀速沿逆时针方向转动时,线圈边 ab 和 dc 将切割 N 极和 S 极之间的磁力线,根据法拉第电磁感应定律,各线圈边中将产生感应电动势。感应电动势的方向可用右手定则判断:将右手掌心迎向 N 极,拇指指向导体运动方向,与拇指垂直的其他 4 指所指的方向就是感应电动势的方向。据此可判断图 1-3 所示的瞬间,运动在 N 极下的导体 ab 的感应电动势方向由 b 指向 a,而运动在 S 极上的导体 dc 的感应电动势方向由 d 指向 c。当转子上的线圈逆时针转动 180°时,导体 ab 与 dc 位置互换,转到 S 极上的导体 ab 的感应电动势方向变为由 a 指向 b;而转到 N 极下的导体 dc 的感应电动势方向变为由 c 指向 d。转子连续转动,每转一周,导体 ab 和 dc 上的电动势方向都要交变一次。

图 1-3 所示的瞬间,由于线圈的两个线圈边分别位于 N 极下和 S 极上,故两个线圈边中所感应的电动势大小相等、方向相反,因而线圈首尾端的电动势是两个线圈边的电动势之和,即一个线圈边电动势的两倍,方向为 dcba。当转子线圈逆时针转动 180°时,由于每个线圈边中的电动势方向都发生了改变,所以线圈端电动势的方向也发生改变,变为 abcd。由此可见,转子转动时,线圈端电动势也是交变的。由于电刷与磁极是相对静止的,电刷仅和运动在一定极性磁极下的线圈边相接触,因此,虽然线圈内部的感应电动势是交变的,但电刷上输出的电动势方向却是不变的。换向器与电刷的作用,使线圈内部的交变电流变换为方

向固定的电流,起到整流作用。当电刷之间接上负载时,在感应电动势的作用下,电路中就有电流产生,其方向与感应电动势的方向一致,即将轴上的机械能变成了电能输出。

直流电机电刷间的电动势常称为电枢电动势,可表示为

$$E_a = C_e \Phi n \tag{1-1}$$

式中:E_a 为电枢电动势(V);Φ 为主极磁通(Wb);n 为电枢转速(r/min);C_e 为与电机结构有关的常数,称为电动势常数。

(二)直流电动机的工作原理

如果在图 1-3 所示结构中去除原动机,而在 A、B 电刷上接入直流电源 U,则这时该直流电机模型就成为直流电动机模型,其工作原理如图 1-4 所示。

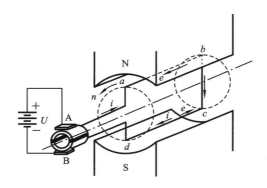

图 1-4　直流电动机的工作原理

从图中可以看出,接入直流电源以后,电刷 A 的极性为正,电刷 B 的极性为负。电流从正电刷 A 经线圈 $ab \to cd$,再从负电刷 B 流出。根据电磁力定律,在载流导体与磁力线垂直的条件下,线圈每一个有效边将受到一电磁力的作用。电磁力的方向可用左手定则判断:伸开左手,掌心向着 N 极,4 指指向电流的方向,与 4 指垂直的拇指方向就是电磁力的方向。在图 1-4 所示瞬间,导线 ab 与 dc 中所受的电磁力为逆时针方向,在这两个电磁力的作用下,转子将逆时针旋转,即图中 n 的方向。随着转子的转动,线圈边位置互换,这时要使转子连续转动,则应使线圈边中的电流方向也加以改变,即要进行换向。在换向器与静止电刷的相互配合作用下,线圈不论转到何处,电刷 A 始终与运动到 N 极下的线圈边相接触,而电刷 B 始终与运动到 S 极下的线圈边相接触,这就保证了电流总是由电刷 A 经 N 极下的导体流入,再沿 S 极下的导体经电刷 B 流出。因而电磁力和电磁转矩的方向始终保持不变,使电机能沿逆时针方向连续转动。

在图 1-4 所示的电动机模型中,转子线圈中流过电流时,受电磁力的作用而产生的电磁转矩可表示为

$$T = C_m \Phi I_a \tag{1-2}$$

式中:T 为电磁转矩(N·m);I_a 为电枢电流(A);C_m 为与电机结构有关的常数,称为转矩常数,$C_m = 9.55 C_e$。

当线圈在磁场中转动时,线圈的有效边也切割磁力线,根据对发电机所作的分析可知,显然其中也会出现感应电动势。根据右手定则,由磁场及转动方向不难判断出有效边中感应电动势的方向,总是与其中的电流方向相反,故该感应电动势又常称为电枢反电动势。这

时电机将电能转换成了轴上输出的机械能。

从以上分析可看出,一台直流电机究竟是作发电机运行还是作电动机运行,关键在于外加的条件,也就是输入功率的形式。如果从轴上输入机械功率,电机作发电机运行,向外输出直流电能。如果从电刷上输入电功率,电机即作电动机运行,向外输出机械功率。这种同一台电机在不同的外界条件下作发电机或电动机运行的原理,称为电机的可逆性原理。

(三) 直流电机的励磁方式

直流电机的励磁方式是指对励磁绕组供电、产生励磁磁通势而建立主磁场的方法。根据励磁方式的不同,直流电机可分为下列几种类型。

1. 他励直流电机

励磁绕组与电枢绕组无连接关系,而由其他直流电源对励磁绕组供电的直流电机称为他励直流电机,接线如图 1-5(a)所示。此外,有些直流电机是用永久磁铁来产生磁场的,称为永磁式直流电机。永磁直流电机也可看作他励直流电机。

2. 并励直流电机

并励直流电机的励磁绕组与电枢绕组相并联,接线如图 1-5(b)所示。作为并励发电机,是发电机本身发出来的端电压为励磁绕组供电;作为并励电动机,励磁绕组与电枢共用同一电源,从性能上讲与他励直流电动机相同。

3. 串励直流电机

串励直流电机的励磁绕组与电枢绕组串联后,再接直流电源,接线如图 1-5(c)所示。这种直流电机的励磁电流就是电枢电流。

4. 复励直流电机

复励直流电机有并励和串励两个励磁绕组,接线如图 1-5(d)所示。若串励绕组产生的磁通势与并励绕组产生的磁通势方向相同,则称为积复励;若两个磁通势方向相反,则称为差复励。

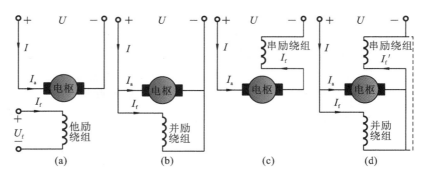

图 1-5　直流电机各种励磁方式的接线图
(a)他励; (b)并励; (c)串励; (d)复励

三、他励直流电动机的基本方程式

1. 电压平衡方程式

直流他励电动机的原理电路如图 1-6 所示。根据图中各物理量的参考正方向,若忽略

电刷的压降,电枢电压平衡方程式为

$$U = E_a + I_a R_a \tag{1-3}$$

式中:R_a 为电枢绕组的等效电阻。主极磁通的大小取决于励磁电流 I_f,I_f 可以通过改变励磁电路的电阻 R_f 来调节。

2. 转矩平衡方程式

他励电动机的电磁转矩为拖动转矩,电枢的旋转方向与电磁转矩方向一致。当稳定运行时,电动机的转矩平衡方程式为

$$T = T_0 + T_L \tag{1-4}$$

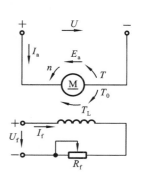

图 1-6 直流他励电动机原理电路

式中:T 为电动机电磁转矩;T_0 为空载转矩,它反映了电动机在没有带负载时内部损耗的一部分转矩;T_L 为轴上所带的负载静阻转矩,电动机稳定运行时,轴上的输出转矩 T_2 将与 T_L 平衡,则有

$$T_2 = T_L \tag{1-5}$$

$$T = T_0 + T_2 \tag{1-6}$$

四、直流电机的额定数据

直流电机按照国家标准及电机设计和试验数据规定的电机运行条件和运行状态运转时,其运行工况称为直流电机的额定运行工况。在额定运行条件下,电机各物理量的保证值称为电机的额定数据或额定值。电机在额定状态下工作时,其工作性能、经济性能和安全性能都比较好。电机的主要额定值一般都标明在电机的铭牌上,主要有以下几项:

(1)额定功率 P_N 它表示在温升和换向等条件限制下,电机按规定的额定工作方式工作时所输出的功率。对发电机而言,是指其出线端输出的电功率;对电动机而言,是指轴上输出的机械功率。单位为 kW。

(2)额定电压 U_N 它是在正常工作时电机出线端的电压值,单位为 V。

(3)额定电流 I_N 它是对应于额定电压、额定输出功率时的电枢电流值,单位为 A。

(4)额定转速 n_N 它是指电压、电流和输出功率都为额定值时的转速,单位为 r/min。

(5)额定励磁电流 I_{fN} 对发电机而言,I_{fN} 是指转速和输出的端电压为额定值,输出电流也为额定值时的励磁电流值;对电动机而言,I_{fN} 是指在电动机上加上额定电压,输入额定电流,转速为额定值时的励磁电流。

此外,铭牌上还标明有型号、使用条件和其他数据。

根据对额定功率的定义,对于直流发电机,有

$$P_N = U_N I_N \tag{1-7}$$

对于直流电动机,有

$$P_N = U_N I_N \eta_N \tag{1-8}$$

式中:η_N 为直流电动机的额定效率。

在额定运行条件下的转矩为额定转矩,可表示为

$$T_N = 9.55 \frac{P_N}{n_N} \tag{1-9}$$

式中:额定功率 P_N 的单位为 W;额定转矩 T_N 的单位为 N·m;额定转速 n_N 的单位为 r/min。

1-2　直流电动机的机械特性

直流电动机的机械特性是指直流电动机在一定的电枢电压和励磁电压下,转速与轴上输出的转矩之间的函数关系 $n=f(T)$。机械特性曲线的形状基本上决定了电动机的应用范围,也是分析传动系统的一个重要因素。

一、机械特性的一般表达式

对于任何励磁方式的直流电动机,电枢电路中的电压平衡方程式为

$$U = E_a + I_a R_a$$

将 $E_a = C_e \Phi n$ 及 $I_a = T/(C_m \Phi)$ 代入上式,并加以整理,即可得到机械特性的一般表达式,即

$$n = \frac{U}{C_e \Phi} - \frac{R_a}{C_e \Phi C_m \Phi} T \tag{1-10}$$

忽略电动机运行时的空载转矩,则电动机的电磁转矩与输出转矩近似相等,即 $T \approx T_2$。由于电动机的励磁方式不同,参变量 Φ 随 I_a 和 T 变化的规律也不同。

二、他励与并励电动机的机械特性

他励与并励电动机的励磁电流均可看成与电枢电流无关,其机械特性基本相同,故下面对机械特性讨论时以他励电动机为例。

(一) 机械特性

如果不考虑电枢反应的影响(电枢电流所产生的磁通对主极磁通的影响),则每极磁通为常数,若电枢电压为额定,则由机械特性一般表达式(1-10)可知,他励电动机的机械特性的函数图形是一条向下倾斜的直线,如图 1-7 所示。

机械特性曲线在纵轴上的截距为 $n_0 = U/(C_e \Phi)$,斜率为 $-[R_a/(C_e C_m \Phi^2)]$。n_0 称为理想空载转速,从机械特性方程式中可看出,电动机的转速 n 只有在 $T=0$ 时,才能等于 n_0。由于电动机在运行时,必存在空载转矩 T_0,靠电动机本身不可能使转速上升到 n_0,故 n_0 称为"理想"空载转速。

$-[R_a/(C_e C_m \Phi^2)]$(斜率)与 T 的乘积也称为转速降落,即 $\Delta n = \dfrac{R_a}{C_e C_m \Phi^2} T$,它反映了电枢回路等效电阻在运行时消耗能量的大小及运行过程中相对稳定性的程度。在工程中,往往引入机械特性的硬度这一概念来对这一现象加以说明。

所谓机械特性的硬度是指在机械特性曲线的工作范围内,某一点的转矩对该点转速的导数,用 β 表示,即

$$\beta = \frac{\mathrm{d}T}{\mathrm{d}n} \tag{1-11}$$

机械特性的硬度可用图 1-8 表示,即

$$\beta = \frac{\mathrm{d}T}{\mathrm{d}n} = \frac{\Delta T}{\Delta n} \times 100\%$$

由于它是机械特性曲线某一点斜率的倒数,故 β 值越大,机械特性曲线倾斜程度越小,

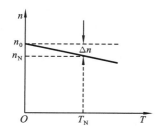

图 1-7 他励直流电动机的机械特性

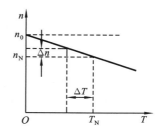

图 1-8 机械特性硬度的物理含义

其运行过程中能量损耗越小且相对稳定性越好。一般称 β 值大的机械特性为硬特性,反之为软特性。

对于他励电动机,有

$$\beta = -\frac{C_e C_m \Phi^2}{R_a}$$

(二)机械特性的计算

他励电动机的机械特性曲线为一直线,在进行特性曲线计算与绘制时,一般只需计算两个特殊点,即理想空载点 $(0, n_0)$ 和额定工作点 (T_N, n_N)。

计算时的已知数据有电动机铭牌上提供的额定功率 P_N、额定电压 U_N、额定电流 I_N、额定转速 n_N 等。

计算步骤如下所述。

(1)根据已知数据估算电枢回路的等效电阻 R_a。估算的依据是,对于在额定条件下运行的电动机,其电枢铜耗等于全部损耗的 50% 至 75%,即

$$I_a^2 R_a = (0.5 \sim 0.75)(1 - \eta_N) U_N I_N \tag{1-12}$$

式中:$U_N I_N$ 是额定运行条件下电动机的输入功率;$\eta_N = P_N/(U_N I_N)$ 是额定运行条件下电动机的运行效率。对式(1-12)略加整理,得

$$I_a^2 R_a = (0.5 \sim 0.75)(U_N I_N - P_N)$$

$$R_a = (0.5 \sim 0.75)\left(\frac{U_N}{I_N} - \frac{P_N \times 10^3}{I_N^2}\right) \tag{1-13}$$

(2)由额定情况下的电枢电压平衡式求得 $C_e \Phi_N$:

$$C_e \Phi_N = \frac{U_N - I_N R_a}{n_N} \tag{1-14}$$

(3)根据电势常数与转矩常数的定义求得 $C_m \Phi_N$:

$$C_m \Phi_N = \frac{C_e \Phi_N}{0.105} = 9.55 C_e \Phi_N \tag{1-15}$$

(4)分别计算出 n_0 与 T_N,即

$$n_0 = U_N/(C_e \Phi_N), \quad T_N = 9.55 P_N/n_N$$

(5)根据 $(0, n_0)$ 和 (T_N, n_N) 两点,作出他励电动机的机械特性曲线 $n = f(T)$。

(三)人为机械特性

从机械特性方程式可看出,当人为改变电动机的电气参数时,可以得到不同的机械特

性。如果电枢回路无外串电阻,其电枢电压和主极磁通保持为额定值,则所得到的机械特性称为固有机械特性或简称固有特性,也称自然特性。如果人为地改变电枢电压 U 或每极磁通 Φ 的大小,或者在电枢回路中串接不同大小的电阻,则可得到不同的机械特性,这时的机械特性称为人为机械特性,简称人为特性。

从机械特性方程式还可看出,人为改变电气参数 U、Φ、R_Ω,可得到一系列的人为特性。由于这种改变,仅仅是改变电气参数,而对应的函数关系并未改变,所以人为特性曲线与固有特性曲线形状相似。

1. 电枢回路串接电阻时的人为特性

当 $U = U_N$、$\Phi = \Phi_N$ 时,在电枢回路中串入电阻 R_Ω,其电枢回路原理图如图 1-9(a)所示。机械特性方程式可写成

$$n = \frac{U_N}{C_e \Phi_N} - \frac{R_a + R_\Omega}{C_e C_m \Phi_N^2} T \tag{1-16}$$

改变电枢回路电阻 R_Ω 时,理想空载转速 n_0 不变,但随着附加电阻的增加,机械特性逐渐变软。因此,改变电枢外接电阻 R_Ω 所得到的一组人为特性曲线是通过理想空载点的一簇直线,如图 1-9(b)所示。这种人为特性主要运用在电动机启动时,以达到限制启动电流的目的。

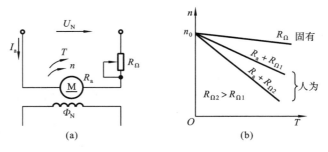

图 1-9　电枢串接电阻时的原理图和人为特性

(a) 原理图；　(b) 人为特性

2. 改变电枢电压时的人为特性

当 $\Phi = \Phi_N$、$R_\Omega = 0$ 时,改变电枢两端电压值,对应的电动机电枢回路如图 1-10(a)所示。其机械特性方程式为

$$n = \frac{U}{C_e \Phi_N} - \frac{R_a}{C_e C_m \Phi_N^2} T \tag{1-17}$$

由式(1-17)可看出,理想空载转速 n_0 与电枢电压 U 成正比,但同一转矩下,转速变化率保持不变,即机械特性的硬度与电枢电压无关。由于受电枢材料绝缘性能的限制,电枢电压不能超过额定值,所以电枢电压通常只在额定电压以下。因此,电枢电压改变时人为特性曲线是固有特性曲线往下平行移动的一簇直线,如图 1-10(b)所示。

3. 减弱电动机磁通时的人为特性

图 1-11(a)所示为电枢回路减弱磁通时的原理图。此时 $U = U_N$,$R_\Omega = 0$,所以机械特性方程式为

$$n = \frac{U_N}{C_e \Phi} - \frac{R_a}{C_e C_m \Phi^2} T \tag{1-18}$$

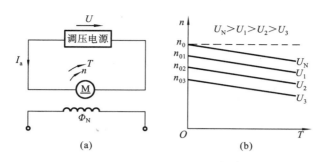

图 1-10 电源电压可调的他励直流电动机原理图及机械特性

(a) 原理图; (b) 机械特性

由式(1-18)可看出减弱磁通时,理想空载转速 n_0 将增高,又由于转速与 Φ^2 成反比,故机械特性随磁通减弱而变软,如图 1-11(b)所示。

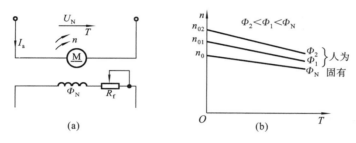

图 1-11 弱磁他励直流电动机原理及机械特性

(a) 原理图; (b) 机械特性

在设计时,为节省铁磁材料,电动机在正常运行时磁路已接近饱和,要改变磁通,也只能是减弱磁通,因此对应的人为特性在固有特性的上方。

在减弱磁通时必须注意:当磁通过分削弱后,在输出转矩一定的条件下,电动机电流将大大增加从而严重过载。另外,若处于严重弱磁状态,则电动机的速度会上升到机械强度不允许的数值,俗称"飞车"。因此,直流他励电动机启动时,必须先加励磁电流,在运行过程中,决不允许励磁电路断开或励磁电流为零,为此,直流他励电动机通常设有"失磁"保护。

上面讨论了机械特性位于直角坐标系第一象限的情况(通常称该直角坐标系为 $n\text{-}T$ 平面),它是指转速与电磁转矩均为正的情况下。倘若电动机反转,则电磁转矩也随 n 的方向的变化而变化,但机械特性曲线的形状仍是相同的,只是位于 $n\text{-}T$ 平面的第三象限,称为反转电动状态,如图 1-12 所示。

例 1-1 一台 Z_2 系列他励直流电动机,$P_N = 22$ kW,$U_N = 220$ V,$I_N = 116$ A,$n_N = 1\ 500$ r/min,试计算并绘制:

(1) 固有机械特性;

(2) 电枢回路串入 $R_\Omega = 0.4$ Ω 电阻的人为特性;

(3) 电源电压降低为 100 V 时的人为特性;

(4) 弱磁至 $\Phi = 0.8\Phi_N$ 时的人为特性。

解 (1) 固有特性

$$R_a = 0.75 \left(\frac{U_N I_N - P_N \times 10^3}{I_N^2} \right) = 0.75 \left(\frac{220 \times 116 - 22 \times 10^3}{116^2} \right) \Omega = 0.196 \ \Omega$$

$$C_e \Phi_N = \frac{U_N - I_N R_a}{n_N} = \frac{220 - 116 \times 0.196}{1500} = 0.132$$

$$n_0 = \frac{U_N}{C_e \Phi_N} = \frac{220}{0.132} \ \text{r/min} = 1\,667 \ \text{r/min}$$

$$T_N = 9.55 \frac{P_N}{n_N} = \frac{9.55 \times 22 \times 10^3}{1\,500} \text{N} \cdot \text{m} = 140 \ \text{N} \cdot \text{m}$$

在直角坐标系中标出理想空载点和额定工作点,连成直线,如图 1-13 中曲线 1 所示。

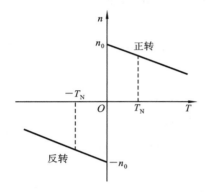

图 1-12　他励电动机正反转时的机械特性　　　　图 1-13　固有特性和人为特性计算实例

（2）串入 R_Ω 时的人为特性

$$n_{N1} = n_0 - \frac{R_a + R_\Omega}{C_e \Phi_N C_m \Phi_N} T_N$$

$$= \left[1\,667 - \frac{(0.196 + 0.4)}{0.132 \times 9.55 \times 0.132} \times 140 \right] \text{r/min}$$

$$= 1\,166 \ \text{r/min}$$

由（$T=0, n=n_0=1\,667 \ \text{r/min}$）和（$T=T_N=140 \ \text{N} \cdot \text{m}, n=n_{N1}=1\,166 \ \text{r/min}$）两点,在 $n\text{-}T$ 平面上作直线,如图 1-13 中曲线 2 所示。

（3）降低电源电压时的人为特性

$$n_{02} = \frac{U}{C_e \Phi_N} = \frac{100}{0.132} \ \text{r/min} = 758 \ \text{r/min}$$

此时 Δn_N 不变,对应 $T=T_N$ 的转速为

$$n_{N2} = n_{02} - \Delta n_N = [758 - (1\,667 - 1\,500)] \ \text{r/min} = 591 \ \text{r/min}$$

由（$T=0, n=n_{02}=758 \ \text{r/min}$）和（$T=T_N=140 \ \text{N} \cdot \text{m}, n=n_{N2}=591 \ \text{r/min}$）两点决定的曲线如图1-13中曲线 3 所示。

（4）弱磁时的人为特性

$$n_{03} = \frac{U_N}{0.8 C_e \Phi_N} = \frac{220}{0.8 \times 0.132} \ \text{r/min} = 2\,083 \ \text{r/min}$$

$$n_{N3} = n_{03} - \frac{R_a}{0.8^2 \times 9.55 (C_e \Phi_N)^2} T_N$$

$$= \left[2\,083 - \frac{0.196}{0.8^2 \times 9.55 \times 0.132^2} \times 140 \right] \text{r/min} = 1\,825 \ \text{r/min}$$

由（$T=0$，$n=n_{03}=2\,083$ r/min）和（$T=T_\mathrm{N}=140$ N·m，$n=n_\mathrm{N3}=1\,825$ r/min）两点决定的曲线如图 1-13 中曲线 4 所示。但这时 $T=T_\mathrm{N}$ 对应的电枢电流大于额定电流 I_N。

1-3　机电传动系统运动的理论基础

机电传动系统实质上是一个机、电统一的运动系统，有运动就必然存在力学问题。电动机的运动虽然是旋转运动，但仍可根据直线运动中的力学定律来求解运动方程式。

一、单轴机电传动系统的运动方程式

电动机输出轴直接拖动生产机械的系统称为单轴系统，如图 1-14 所示。在单轴系统的输出轴上存在着两个转矩：一个为电动机的输出转矩 T_M；另一个是生产机械的静阻转矩 T_L。按照图 1-14 所示的方向，由牛顿第二定律可知，单轴系统的运动方程式为

$$T_\mathrm{M}-T_\mathrm{L}=J_\mathrm{M}\frac{\mathrm{d}\omega_\mathrm{M}}{\mathrm{d}t} \qquad (1\text{-}19)$$

式中：J_M 为电动机转轴上所有转动体的转动惯量（N·m^2）；ω_M 为电动机转轴的角速度（rad/s）。

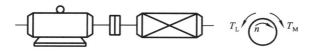

图 1-14　单轴传动系统及轴上的转矩

在工程实际中，往往用飞轮惯量 GD^2 表示旋转体的惯量，旋转体的速度用转速 n 表示。这样式（1-19）可简化为

$$T_\mathrm{M}-T_\mathrm{L}=\frac{GD^2}{375}\frac{\mathrm{d}n}{\mathrm{d}t} \qquad (1\text{-}20)$$

式中：$GD^2=4gJ_\mathrm{M}$ 为转动部分的飞轮惯量（N·m^2）；$n=60\omega_\mathrm{M}/(2\pi)$ 为电动机的转速（r/min）；$375\approx4g\left(\dfrac{60}{2\pi}\right)$，是具有加速度量纲的常数［(m/s)·min］。

式（1-20）是描述传动系统的运动方程式，式中 T_M、T_L 是两个互不关联的主动量，它们相互作用的结果决定了系统的运动状态。关于 T_M、T_L 正方向的约定是：设顺时针方向为 n 的正方向，T_M 方向与 n 的方向相同时为正，T_L 方向与 n 的方向相反时为正。

由于传动系统中有多种运动状态，在运动方程式中，转速 n 和转矩 T_M、T_L 就有不同的符号。但往往在分析运动状态时，采用以实际转动方向为参考方向，以此确定 T_M 和 T_L 的正负。若 n 的实际转动方向为逆时针方向，若 T_M 的方向也为逆时针方向，而 T_L 的方向为顺时针方向，这时：T_M 与 n 是相同方向的，故符号为正；T_L 与 n 是相反方向的，故符号为正。在此基础上，根据式（1-20）再来分析运动系统的工作状态，判断系统是加速、减速、匀速或静止状态。例如现有一传动系统，其 T_M 与 T_L 均为正。当 $T_\mathrm{M}>T_\mathrm{L}$ 时，$\dfrac{\mathrm{d}n}{\mathrm{d}t}>0$，系统将沿着 n 的方向加速运行；当 $T_\mathrm{M}<T_\mathrm{L}$ 时，$\dfrac{\mathrm{d}n}{\mathrm{d}t}<0$，系统将沿着 n 的方向减速运行；当 $T_\mathrm{M}=T_\mathrm{L}$ 时，系统处于匀

速或静止状态。

二、多轴系统的简化

在实际生产中,生产机械的运行速度一般较低,而为了节省金属材料,电动机大多都被设计成具有较高的转速,所以电动机一般不能直接带动生产机械,而是在电动机与生产机械之间增加机械减速装置,如齿轮传动、带传动、蜗轮蜗杆传动装置等,而形成了多轴传动系统,如图 1-15 所示。

利用式(1-20)对传动系统的运行状态进行分析,一般是将多轴系统等效折算为单轴系统。折算的原则是:折算前后系统总的传递功率和动能不变。在折算中通常是将整个系统折算到电动机轴上。需折算的量只有生产机械的负载转矩与系统的飞轮惯量。

(一) 多轴旋转系统折算成等效的单轴旋转系统

生产机械中做旋转运动的系统称为旋转系统,等效折算以图 1-15 所示的系统为例。

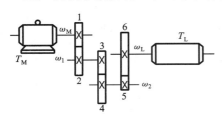

图 1-15　多轴机-电传动系统

1. 负载转矩的折算

系统匀速运行时,在保证传递功率不变的前提下,生产机械的功率

$$P_L = T_L \omega_L$$

电动机的输出功率

$$P_M = T_M \omega_M$$

由于系统处于匀速运行时,电动机输出功率应该等于整个系统的负载功率,即相当于电动机轴上有一等效的负载转矩 T_{eq},故有

$$P_M = T_{eq} \omega_M$$

但是,P_L 与 P_M 并不相等,因为机械减速机构总要损耗一部分功率。为了简化计算,这部分损耗用减速机构的传递效率来表示,即

$$\eta_c = \frac{减速机构输出功率}{减速机构输入功率} \qquad (1-21)$$

当功率的传递方向是由电动机到生产机械时,可表示为

$$\eta_c = \frac{P_L}{P_M} = \frac{T_L \omega_L}{T_{eq} \omega_M}$$

则生产机械轴上的负载转矩折算到电动机轴上的等效转矩为

$$T_{eq} = \frac{T_L \omega_L}{\eta_c \omega_M} = \frac{T_L}{j \eta_c} \qquad (1-22)$$

式中:η_c 为减速机构总的传递效率。可以证明当减速机构由若干对齿轮组成时,η_c 应为每级减速装置传递效率的乘积,即 $\eta_c = \eta_{c1} \eta_{c2} \cdots \eta_{cn}$;$j = \omega_M / \omega_L = n_M / n_L$ 是电动机轴到生产机械轴的转速比。

当功率的传递方向是由生产机械到电动机时,有

$$\eta_c = \frac{P_M}{P_L} = \frac{T_{eq} \omega_M}{T_L \omega_L}$$

则

$$T_{eq} = \frac{T_L}{j}\eta_c \tag{1-23}$$

2. 转动惯量和飞轮惯量的折算

转动惯量折算的原则是折算前后系统所储存的总动能不变。设折算成单轴系统后的等效转动惯量为 J_{eq}，由图 1-15 所示的 4 轴系统，所储存的动能与等效单轴系统相等，故有

$$\frac{1}{2}J_{eq}\omega_M^2 = \frac{1}{2}J_M\omega_M^2 + \frac{1}{2}J_1\omega_1^2 + \frac{1}{2}J_2\omega_2^2 + \frac{1}{2}J_L\omega_L^2$$

两边同时乘以 $4g$，可得到等效飞轮惯量 GD_{eq}^2 的折算公式，即

$$GD_{eq}^2 = GD_M^2 + GD_1^2\frac{1}{j_1^2} + GD_2^2\frac{1}{j_1^2j_2^2} + GD_L^2\frac{1}{j_1^2j_2^2j_L^2} \tag{1-24}$$

式中：$j_1 = \omega_M/\omega_1 = n_M/n_1$；$j_2 = n_1/n_2$；$j_L = n_2/n_L = \omega_2/\omega_L$。

当减速级数较多时，占主要成分的是 GD_M^2，这时，可用下式近似计算，即

$$GD_{eq}^2 = \delta GD_M^2 \tag{1-25}$$

式中：$\delta = 1.15 \sim 1.3$。

（二）直线运动系统与旋转运动系统的折算

某一直线运动传动系统如图 1-16 所示，要将该系统等效为单轴系统，须在总功率不变的前提下进行。

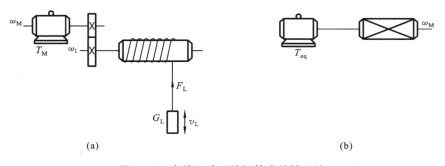

图 1-16　直线运动系统折算成单轴系统

（a）直线运动系统；　（b）单轴系统

1. 直线力的折算

当系统提升重物时，传动损耗由电动机承担，故有

$$\eta_c^\uparrow = \frac{F_L v_L}{T_M\omega_M} = \frac{F_L v_L}{T_{eq}\omega_M}$$

即

$$T_{eq} = F_L\frac{v_L}{\omega_M}\frac{1}{\eta_c^\uparrow}$$

将 $\omega_M = \frac{2\pi n}{60}$ 代入上式，得

$$T_{eq} = 9.55\frac{F_L v_L}{n_M\eta_c^\uparrow} \tag{1-26}$$

当系统下放重物时，必须将轴上多余的机械能吸收，才能匀速、安全地下放重物，传动损耗由工作的生产机械承担，故有

$$\eta_c^{\downarrow} = \frac{T_M \omega_M}{F_L v_L} = \frac{T_{eq} \omega_M}{F_L v_L}$$

即

$$T_{eq} = 9.55 \frac{F_L v_L}{n_M} \eta_c^{\downarrow} \tag{1-27}$$

式中：$\eta_c^{\downarrow} = 2 - (1/\eta_c^{\uparrow})$；$F_L$ 为直线运动部件的外力之和（N）。

2. 质量 m_L 的折算

直线运动部件的质量 m_L 所产生的惯量要折算到电动机轴上，设折算后的等效转动惯量为 J'_{eq}，则

$$\frac{1}{2} J'_{eq} \omega_M^2 = \frac{1}{2} m_L v_L^2$$

考虑到 $J'_{eq} = GD_{eq}^2/(4g)$，$m_L = G_L/g$，$\omega_M = (2\pi/60)n$，于是有

$$GD_{eq}^2 = 365 G_L \left(\frac{v_L}{n_M}\right)^2 \tag{1-28}$$

式中：G_L 为直线运动部件的总质量（N）；v_L 为直线运动部件的线速度（m/s）。

如果传动系统中既有旋转运动部件又有直线运动部件，如图 1-17（a）所示，则系统的飞轮惯量为

$$GD_{eq}^2 = GD_M^2 + GD_1^2 \frac{1}{j_1^2} + GD_2^2 \frac{1}{j_1^2 j_2^2} + GD_L^2 \frac{1}{j_1^2 j_2^2 j_L^2} + 365 G_L \left(\frac{v_L}{n_M}\right)^2$$

或

$$GD_{eq}^2 = \delta GD_M^2 + 365 G_L \left(\frac{v_L}{n_M}\right)^2$$

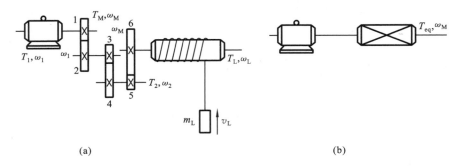

图 1-17   提升机构飞轮惯量 GD^2 的折算

（a）多轴系统； （b）等效单轴系统

经过等效折算后，可得到如图 1-17（b）所示的单轴系统，但要注意这时电动机轴上的各物理量均为整个系统的物理量，其运动方程式为

$$T_M - T_{eq} = \frac{GD_{eq}^2}{375} \frac{dn_M}{dt} \tag{1-29}$$

因此，对于所有的传动系统均可用等效的单轴系统进行分析。

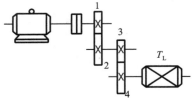

图 1-18   两级传动系统

例 1-2   有一机电传动系统，减速机构为两级减速箱，其示意图如图 1-18 所示。已知齿轮齿数之比为

$Z_2/Z_1=3$，$Z_4/Z_3=5$，减速机构的效率 $\eta_c=0.92$，各齿轮的飞轮惯量分别为 $GD_1^2=29.4$ N·m²，$GD_2^2=78.4$ N·m²，$GD_3^2=49$ N·m²，$GD_4^2=196$ N·m²，电动机的飞轮惯量 $GD_M^2=294$ N·m²，负载的飞轮惯量 $GD_L^2=450.8$ N·m²，负载转矩 $T_L=470.4$ N·m。试求：

(1) 折算到电动机轴上的负载转矩；

(2) 折算到电动机轴上的系统的飞轮惯量。

解　(1) $T_{eq}=T_L \dfrac{Z_1}{Z_2}\dfrac{Z_3}{Z_4}\dfrac{1}{\eta_c}=\left(470.4\times\dfrac{1}{3}\times\dfrac{1}{5}\times\dfrac{1}{0.92}\right)$ N·m $=34.1$ N·m

(2) $GD_{eq}^2=(GD_M^2+GD_1^2)+(GD_2^2+GD_3^2)\dfrac{1}{j_1^2}+(GD_4^2+GD_L^2)\dfrac{1}{j_1^2 j_L^2}$

$$=\left[(294+29.4)+(78.4+49)\times\dfrac{1}{3^2}+(196+450.8)\times\dfrac{1}{3^2\times5^2}\right]\text{ N·m}^2$$

$$=340\text{ N·m}^2$$

如近似计算，则

$$GD_{eq}^2=\delta GD_M^2=(1.16\times294)\text{ N·m}^2=341\text{ N·m}^2$$

1-4　生产机械的机械特性

在机电传动系统的运动方程式中，T_L 是生产机械的静阻转矩。在运用运动方程式对传动系统进行分析时，必须对负载静阻转矩的特性有明确的认识，而这个特性一般是用生产机械的机械特性来表示的。所谓生产机械的机械特性，是指同一轴上负载静阻转矩和转速之间的函数关系。这样就可在同一直角坐标系中作出电动机的机械特性曲线和生产机械的机械特性曲线，用运动方程式对传动系统的运行状态进行分析。

一、生产机械的机械特性

在实际生产中，不同类型的生产机械在运动中所受阻力的性质不同，其机械特性的函数关系也是不同的，但大体上可归纳为几种典型的机械特性。

（一）恒转矩型机械特性

恒转矩型负载的特点是负载转矩与转速的大小无关，是一常数。其中又包含两种不同的机械特性。

1. 摩擦性恒转矩负载

这类负载的转矩大小不变，但方向随电动机旋转方向的变化而变化，恒与运动方向相反，总是阻碍系统的运动。属于这类的生产机械有提升机的行走机构、带式运输机、轧钢机和某些金属切削机床的平行移动机构等，其转矩是由摩擦及非弹性体的压缩、拉伸与扭转等作用所产生的负载转矩。根据 1-3 节中关于正方向的约定，当 n 的参考方向确定后：若实际旋转方向为正，而负载转矩与实际旋转方向相反，即与 n 的参考方向相反，则负载转矩为正，故机械特性位于 n-T 平面的第一象限；若实际旋转方向为负，负载转矩与 n 的参考方向相同，则负载转矩为负，其机械特性位于 n-T 平面的第三象限；当实际转速为零时，负载转矩随外力的变化而变化。摩擦性恒转矩型机械特性如图 1-19 所示。

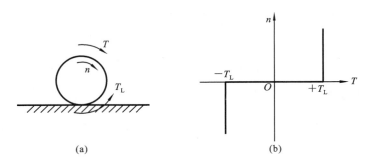

图 1-19 摩擦性恒转矩特性及其正方向
(a) 负载转矩正方向； (b) 摩擦性恒转矩特性

2. 位能性恒转矩负载

这类负载的转矩大小不变,作用方向与电动机的旋转方向无关。属于这类的生产机械有起重机的提升机构、矿井提升机构等。负载转矩是由物体的重力和弹性体的压缩、拉伸与扭转等作用所产生的。当电动机拖动重物上升时,负载转矩与实际旋转方向相反,若这时的旋转方向为正,则负载转矩为正,机械特性在直角坐标系的第一象限;当下放重物时,电动机的旋转方向发生了变化,但负载转矩的方向不发生变化,这时负载转矩方向仍与参考方向相反,负载转矩还是正,机械特性在直角坐标系的第四象限。机械特性如图 1-20 所示。

由于传动系统的机械减速机构总存在一些摩擦性转矩,故实际的机械特性应由位能性转矩与摩擦性转矩合成,其机械特性的形状相对图 1-20 所示的将有所变化,如图 1-21 所示。

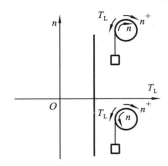

图 1-20 位能性恒转矩特性

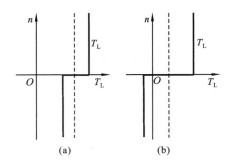

图 1-21 含有摩擦性转矩分量的位能性转矩特性
(a) 以位能性转矩为主； (b) 以摩擦性转矩为主

(二) 风机型机械特性

这类负载的转矩大小与系统运动速度的平方成正比,即

$$T_L = Cn^2$$

式中:C 为比例常数。

由于实际的风机型负载都存在一定的摩擦转矩,所以实际的风机型机械特性表达式为

$$T_L = T_m + Cn^2$$

属于这类的生产机械有通风机、离心式水泵等。其机械特性如图 1-22(a)所示。

（三）直线型机械特性

这类负载的转矩与转速成正比，即

$$T_L = Cn$$

式中：C 为常数。

机械特性如图 1-22（b）所示。对于实验室中模拟负载用的他励直流发电机，当励磁电流和电枢电阻固定不变时，它的机械特性就是典型的直线型机械特性。

（四）恒功率型机械特性

这类负载的转矩与转速成反比，即

$$T_L = \frac{C}{n}$$

式中：C 为常数。

这类负载的从电动机吸收的功率基本不变，机械特性如图 1-22（c）所示。属于这类的生产机械有机床的主轴机构和轧钢机的主传动机构等。

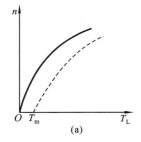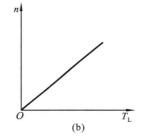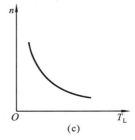

图 1-22　三种生产机械的负载特性

（a）风机型负载特性；（b）直线型负载特性；（c）恒功率型负载特性

以上介绍的只是几种典型的生产机械的机械特性，在实际中还有一些生产机械具有其他性质的转矩特性。另外，实际负载的转矩特性可能是单一类型的，也可能是几种典型的负载转矩特性的综合。

二、机电传动系统的稳定运行

在对机电传动系统进行研究时，一般都是将系统等效变换成电动机与负载同轴相连的单轴系统，这样可以把电动机的机械特性与生产机械的机械特性画在同一个坐标系中，再对系统的运行性能进行讨论。

对机电一体系统最起码的要求是能稳定平衡地运行。所谓平衡运行是指系统能匀速运行；所谓稳定运行是指系统在受外部干扰（如电压波动、负载波动等）的作用后，会离开平衡位置，但在新的条件下可达到新的平衡，或是干扰消除后系统能恢复到原来的运行速度。

图 1-23 所示为他励直流电动机拖动一恒转矩负载时，在电网电压波动时的配合情况。系统原来工作在平衡点 A，由于某种原因，电网电压向下波动，从 U_1 降到 U_2。此瞬间由于机械惯性，转速 n 来不及变化，而且传动系统只能工作在由某一电气参数决定的人为特性上，故从点 A 过渡到点 C。若忽略电磁惯性，则 I_a 突然减小，电磁转矩 T 也跟随 I_a 减小而

减小,负载转矩仍为原来的数值,所以 $T < T_L$,破坏了原来的平衡状态。由运动方程式可知,此时系统将沿着由 U_2 所决定的人为特性减速。随着 n 的下降,反电动势 E_a 将减小,而 $I_a = (U_2 - E_a)/R_a$ 将增加,T 也将增大。只要 $T < T_L$,此过程就会一直进行下去,直到点 B,$T = T_L$,系统又以 n_B 匀速运行。也就是在扰动作用下,系统离开了平衡位置(点 A),在新的条件下又达到了新的平衡(点 B)。如果干扰消失,电压从 U_2 恢复到 U_1,系统沿 $B \rightarrow D \rightarrow A$ 回到原来的平衡位置。因此点 A 是稳定平衡点,对应的状态是稳定运行状态。

图 1-24 所示为他励直流电动机存在较强的电枢反应时,其机械特性与恒转矩负载配合的情况。在电枢电流较大时,即电磁转矩较大时,由于电枢反应的去磁作用较强,转速随转矩的增加而升高,机械特性上翘。此时若电网电压从 U_1 向下波动至 U_2,瞬间转速不能突变,电磁转矩突变为 T_B,则有 $T_B > T_L$,系统沿着由 U_2 所决定的人为特性加速。随着 n 的增加,T 也增加,从而转速又进一步增加,直到系统转速太高,机电装置毁坏为止。可见点 A 不是稳定运行点,对应的状态也不是稳定运行状态。

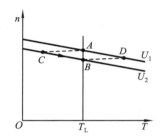

图 1-23 他励直流电动机的稳定运行

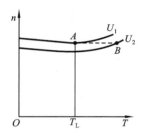

图 1-24 传动系统的不稳定运行

从上面对系统稳定性的分析可看出,在机电传动系统中,电动机的机械特性与负载的机械特性有交点,即 $T = T_L$ 只是系统稳定运行的必要条件。系统要稳定运行,还需两条机械特性的配合恰当。判断系统稳定运行的一般方法是:在平衡点处分别作电动机的机械特性与负载的机械特性的切线,如果电动机的机械特性切线所代表的硬度比负载的机械特性切线所代表的硬度小,则对应的平衡点是稳定的。因此,系统稳定运行的充分必要条件为

$$\frac{\mathrm{d}T}{\mathrm{d}n} < \frac{\mathrm{d}T_L}{\mathrm{d}n} \quad (在 T = T_L 处) \tag{1-30}$$

对于恒转矩负载,因为 $\mathrm{d}T_L/\mathrm{d}n = 0$,所以稳定平衡的充分必要条件为

$$\frac{\mathrm{d}T}{\mathrm{d}n} \leqslant 0 \quad (在 T = T_L 处) \tag{1-31}$$

即只要电动机的机械特性是向下倾斜的,则对应的平衡点就是稳定平衡点。

例 1-3 有一异步电动机带动恒转矩型负载和风机型负载,电动机的机械特性和生产机械的机械特性如图 1-25 所示。试判断图中哪些平衡点是稳定平衡点。

解 作出各交点处机械特性的切线,如图 1-25 所示。

在点 A,因 $\dfrac{\mathrm{d}T}{\mathrm{d}n} < 0$,所以点 A 为稳定平衡点。

在点 B,因 $\dfrac{\mathrm{d}T}{\mathrm{d}n} > 0$,所以点 B 为不稳定平衡点。

在点 C,因 $\dfrac{\mathrm{d}T}{\mathrm{d}n} > 0$,$\dfrac{\mathrm{d}T_L}{\mathrm{d}n} > 0$,但 $\beta_L > \beta$,所以 $\dfrac{\mathrm{d}T}{\mathrm{d}n} - \dfrac{\mathrm{d}T_L}{\mathrm{d}n} < 0$,点 C 为稳定平衡点。

注意,判断图 1-25 中各点是否为稳定平衡点,还可采用作图的方法来进行。如图 1-26 所示,点 C 处 $T_M = T_L$,当点 C 附近有一速度变化 Δn 时,由机械特性可知,电动机的转矩变化为 $\Delta T = T' - T_L$,而负载转矩的变化为 $\Delta T_L = T'_L - T_L$,从图中可知,$\Delta T < \Delta T_L$,所以

$$\frac{dT}{dn} < \frac{dT_L}{dn}$$

点 C 为稳定平衡点。

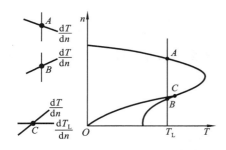

图 1-25　稳定平衡运行的判断

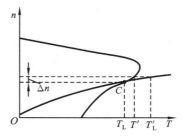

图 1-26　稳定平衡点的判断

1-5　直流他励电动机的启动与调速

一、直流他励电动机的启动

直流他励电动机轴上带有一定负载时,从静止状态到以某一转速稳定运行,这整个过程称为启动过程。

在启动时,不能在静止的电枢绕组上直接加上额定电压。因为在启动瞬间,电枢机械惯性较大,转速不可能瞬间建立,反电动势 $E_a = 0$,根据电枢回路电压平衡方程式可知,这时的电枢电流为 $I_a = U_N / R_a$,而 R_a 非常小,这样在合上开关瞬间将在电枢回路中产生电流值为额定电流的 10～20 倍的电流。这时,由于 $n = 0$,故也称其为电动机的堵转状态。

过大的启动电流将导致电动机换向困难,并会产生过大的加速度而对传动装置及电动机本身造成不良影响,同时也会在启动瞬间引起电网电压的波动,影响同电网其他电气设备的正常运行。因此,他励电动机不允许直接启动。

由于启动过程就是将机电传动系统由静止加速到一定的运转速度,因此电动机的输出转矩必须大于负载转矩,这样才有加速转矩,而加速转矩的大小又必须满足生产工艺对加速度的要求。这就是说,他励电动机启动时,必须保证电枢电路中有足够大但又不过大的电流,使电动机在满足生产工艺要求的前提下安全启动。

为了限制启动电流和满足生产工艺的要求,他励电动机一般可采用如下两种启动方法。

(一) 降低电枢回路电压的启动方法

如果他励电动机采用的是降压的方法调速,则对应的调压设备可兼作启动设备。在合上开关之前,要将调压器的输出电压减小,以保证电动机启动电流在允许范围内,这个范围一般为额定值的 1.8～2.5 倍。合上开关后,电动机由堵转开始加速,随着电动机转速的建立,反电动势逐步增加,这时应平滑地增加调压器的输出电压,使电枢电流始终在最大值上,

电动机就以最大加速度启动。由于调压器输出电压可连续调节,故该启动方法为恒加速启动,使启动过程处于最优运行状态。

(二) 逐级切除电阻的启动方法

如果传动系统未采用调压的方法调速,为减少初期投资,则可采用逐级切除电阻的启动方法来限制启动电流。

在启动时串接一个适当的电阻,将启动电流限制在容许范围内,随着启动过程的进行,逐级地切除电阻,以加快启动过程的完成,最后在所需的转速上稳定运行。

以采用三段启动电阻的逐级切除电阻启动为例。电阻的切除由接触器来控制,电动机带一恒转矩的负载。电路原理图及启动过程的机械特性曲线如图 1-27 所示。

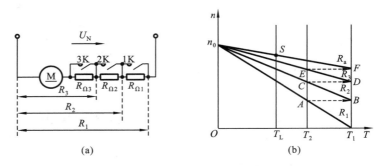

图 1-27　逐级切除电阻启动的电路原理图及特性曲线
(a) 原理图;　(b) 机械特性

在启动的初始瞬间,为了限制启动电流,而系统又能有较高的加速度,应将所有电阻均串入,即 $R_1 = R_{\Omega 1} + R_{\Omega 2} + R_{\Omega 3} + R_a$,最大启动转矩 T_1 或启动电流应选择为电动机的最大允许值,启动电流一般为额定电流的 1.8~2.5 倍,或者从其他工艺条件出发,最大值 T_1 或 I_1 按工艺要求来选。要求平滑启动时,最大值可选小一些,但最大电阻应满足

$$R_1 = \frac{U_N}{I_1}$$

随着转速的升高,反电动势增加,电枢电流减小,电动机输出转矩减小,到了点 A,电动机的动态加速转矩已经很小,速度上升缓慢,为此可切除启动电阻 $R_{\Omega 1}$,使电枢电流增加,加快启动过程的完成。以加快启动为前提,同时兼顾电机最大允许电流,一般 $R_{\Omega 1}$ 的大小应选为切除瞬间电枢电流或转矩仍为最大允许值。由于机械惯性,切除瞬间转速来不及变化,故有

$$I_1 = \frac{U_N - E_a}{R_2}$$

式中: $R_2 = R_{\Omega 2} + R_{\Omega 3} + R_a$。机械特性曲线将跳到由 R_2 这个参数所决定的人为特性上。

切换转矩或电流的大小将决定点 A 转速的高低。如果 T_2 过小,则动态电流小,启动过程缓慢;如果 T_2 过大,虽然动态平均电流增加,启动所需时间短,但启动电阻段数增加,启动设备将变得复杂。一般无特殊要求时,转矩切换值在快速值与经济值之间进行折中,通常取 $T_2 = (1.1 \sim 1.3) T_L$。

切除全部电阻后,电动机可在固有特性上加速到稳定运行速度 n_s,整个启动过程就完

成了。

二、直流他励电动机的调速

在生产实践中,往往同一型号、同一容量的电动机所服务的对象是不同的,而不同的生产机械要求传动系统以不同的速度运行;有时即便是同一生产机械,在不同的生产过程中或不同的工艺要求下,所需的运行速度也是不相同的。这就是调速问题。

为了改变传动系统的运行速度,一般可采用两种方法:一种是不改变电动机的速度,而是改变电动机与生产机械之间的传动装置的转速比来达到调速的目的,称为机械调速;另一种是改变电动机的电气参数或外部运行条件,以改变电动机的速度来达到调速的目的,称为电气调速。生产实际中,为了满足生产工艺的调速要求,也有将两种调速方法结合起来的。

直流他励电动机采用人为改变电气参数时有三种不同的人为特性,对应有下列三种基本的电气调速方法。

(一)电枢回路串接电阻的调速方法

他励电动机拖动恒转矩负载运行时,若保持电源电压及磁通为额定值不变,并在电枢回路中串入不同的电阻,则电动机可运行于不同的稳定转速上,如图 1-28 所示。比如原来电动机在固有特性点 A 上稳定运行,若某瞬间串入电阻 $R_{\Omega 1}$,忽略电磁惯性,则系统将跳到由该时刻电气参数 $R_{\Omega 1}$ 所决定的人为特性曲线上运行,对应的转矩 $T_B < T_L$,因此,系统沿着由 $R_{\Omega 1}$ 所决定的人为特性曲线减速,最后在点 C 稳定运行。若再增加电阻至 $R_{\Omega 2}$,则稳定转速进一步降低,即串入的电阻值越大,电动机运行的转速越低。通常把固有特性上对应的转速称为基速,那么采用电枢回路串接电阻的方法调速时,只能在基速以下调速。

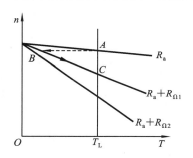

图 1-28 串接电阻调速过程

从机械特性曲线上可看出,当电动机带恒转矩负载时,随着外接电阻值的变化,稳定运行速度将随之变化,但稳定运行情况下的电枢电流始终是常数,而与外接电阻的大小无关。

这种调速方法在空载或轻载时,调速范围很小,调速效果不明显。电动机的机械特性的硬度随外接电阻的增加而减小,轻载、低速时机械特性很软,运行时的相对稳定性差。从能量的观点来看,在主回路中串入的电阻长期工作,必然消耗大量的电能,很不经济。因此,目前采用这种调速方法的系统已很少。

(二)改变电枢电压的调速方法

当他励电动机磁通为额定值不变,电枢回路不串接电阻,而改变电枢回路电压值时,如果电动机拖动一恒转矩负载,则系统可运行于不同的转速上,如图 1-29 所示。

设电源电压为 U_1 时,系统在点 A 稳定运行,若在某瞬间将电枢电压降至 U_2,忽略电磁惯性,电枢电流突变为 $I_a = (U_2 - E_{a1})/R_a$,则系统将跳到由 U_2 所决定的人为特性上,对应的点 A'' 处运行。由于电枢电阻 R_a 很小,在电动机正常运行时,电枢的端电压与反电动势的值很接近,当电枢电压由 U_1 降至 U_2 时,电动机转速瞬间来不及变化,若 $U_2 < E_{a1}$,电枢电流变

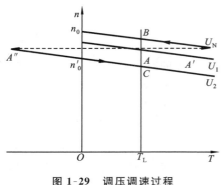

图 1-29　调压调速过程

为负值。这时电动机产生一个负方向转矩,称为制动转矩,与负载转矩共同作用,使系统沿着由 U_2 所决定的人为特性减速,到 $n < n'_0$ 后,电枢电流因 $U_2 > E_a$ 而变为正值,对应的电动机转矩虽为拖动转矩,但是它仍小于轴上的负载转矩,故系统将继续沿着该人为特性减速,至点 C 系统才进入新的稳定运行状态。由特性曲线可看出,电源电压越低,转速也越低,由于受电枢材料绝缘性能的限制,电枢电压只能在低于铭牌额定值的范围内变化,故该调速方法也只能在基速以下调速。

该调速方法在用于恒转矩负载时,若主极磁通为常数,则改变电源电压的大小,只会影响电动机的稳定转速,而不会改变电枢电流。电枢电流的大小只取决于负载转矩的大小。

这种调速方法的特点是调速平滑,由于电枢端电压可以连续平滑地调节,因此可以得到较大范围内的任何一种转速;电源电压的变化不改变机械特性的硬度,利用功率半导体器件可以得到便于调节的调压装置。

由于调压调速的性能好,而且设备体积小,噪声低,容易构成反馈控制系统,在运行中所消耗的能量也较少,所以这种方法是直流传动系统中应用最广泛的一种调速方法。

(三) 减弱磁通的调速方法

若保持他励电动机的电枢电压为额定值,电枢回路不串接电阻,则在电动机拖动的负载转矩不过分大时,减弱他励电动机的磁通,可使电动机转速升高。图 1-30 所示为电动机拖动恒转矩负载时,弱磁升速的情况。

若在励磁回路中串接一电阻,某瞬间调节电阻值的大小,将磁通由 Φ_1 减少到 Φ_2,由于机械惯性,电动机转速瞬间将来不及变化,故由点 A 跳到由 Φ_2 所决定的人为特性点 A' 时,反电动势 $E_a = C_e \Phi n$ 将发生突变,电枢电流增加,使电动机输出转矩增大到点 A' 的对应数值。由于 $T > T_L$,系统沿着 Φ_2 所决定的人为特性加速,至点 B 稳定运行。

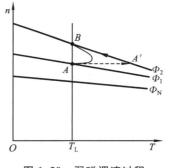

图 1-30　弱磁调速过程

以上分析是在忽略电磁惯性条件下进行的。实际上,励磁回路电磁惯性较大,磁通不会瞬间变化,所以速度调节过程是沿图中曲线进行的。对应的最大转矩比点 A' 所对应的转矩要小。

弱磁调速是在基速以上的调速,磁通越小,转速越高,但最高转速受换向条件和机械强度限制,一般为 $(1.2 \sim 1.5)n_N$。如果电动机带动恒转矩负载,则弱磁不仅影响稳定运行速度的高低,还将影响电枢电流的大小。

弱磁调速是在功率较小的励磁回路中进行的,控制比较方便,能量损耗小,调速的平滑性较好,但受到电动机额定电流和最高速度的限制,调速范围较小。这种调速方法与调压调速方法配合使用,可以扩大系统的调速范围。

例 1-4　有一台他励电动机,$P_N = 22$ kW,$U_N = 220$ V,$I_N = 115$ A,$n_N = 1\ 500$ r/min,电

枢电阻 $R_a = 0.1\ \Omega$；电动机拖动恒转矩额定负载。

（1）要求得到 1 100 r/min 的运行转速，采用串接电阻调速方式时，电枢回路应串入多大电阻？

（2）要求得到 900 r/min 的运行转速，采用降压调速方式时，电枢电压应降至多少？

（3）要求得到 1 800 r/min 的运行转速，弱磁程度应如何？

解 （1）电枢回路应串入的电阻：

$$C_e \Phi_N = \frac{U_N - I_N R_a}{n_N} = \frac{220 - 115 \times 0.1}{1\ 500} = 0.139$$

$$R_\Omega = \frac{U_N - C_e \Phi_N n}{I_N} - R_a = \left(\frac{220 - 0.139 \times 1\ 100}{115} - 0.1 \right) \Omega = 0.48\ \Omega$$

（2）电枢电压值：

$$U = C_e \Phi_N n + I_N R_a = (0.139 \times 900 + 115 \times 0.1)\ V = 136.6\ V$$

（3）减弱磁通的程度：

$$n = \frac{U_N}{x C_e \Phi_N} - \frac{R_a}{x^2 C_e C_m \Phi_N^2} C_m \Phi_N I_N$$

$$1\ 800 = \frac{220}{0.139 x} - \frac{0.1}{0.139 x^2} \times 115$$

$$250.2 x^2 - 220 x + 11.5 = 0$$

$$x = \frac{220 \pm \sqrt{220^2 - 4 \times 250.2 \times 11.5}}{2 \times 250.2}$$

$$x = 0.823 \quad \text{或} \quad x = 0.056$$

$x = 0.823$ 是合适的解，即减弱磁通至 $\Phi = 0.823 \Phi_N$。

1-6　直流他励电动机的制动

一、电动状态与制动状态

当电动机发出的转矩克服负载转矩的作用，使生产机械朝着电磁转矩决定的方向旋转时，电动机处于电动状态。这时电动机将从电网吸收的电功率转变成了轴上输出的机械功率。电动状态是电动机最基本的运行状态，机械特性曲线位于 n-T 平面的第一、三象限。

在实际生产中，有时需要传动系统快速停车，或由高速状态迅速向低速状态过渡，为了吸收轴上多余的机械能，往往希望电动机产生一个与实际旋转方向相反的制动转矩，这时电动机将轴上的机械能变成电能，或是回馈到电网上，或是消耗在电动机内部，电动机的这种运行状态称为制动状态。机械特性曲线位于 n-T 平面的第二、四象限。

根据直流他励电动机处于制动状态时的外部条件和能量传递情况，电动机的制动运转状态可以分为能耗制动、反接制动、再生发电制动三种形式。

二、能耗制动

1. 能耗制动过程

一台原运行于正转电动状态的他励电动机，如图 1-31 所示。现将电动机从电源上断

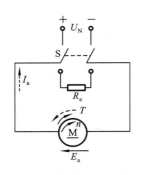

图 1-31　他励电动机能耗
制动原理图

开,开关 S 接向电阻 R_e。由于机械惯性,电动机仍朝原方向旋转,电枢反电动势方向不变,但电枢电流 $I_a = \dfrac{0 - E_a}{R_a + R_e} < 0$,方向发生了变化,转矩的方向跟随着变化,电动机产生的转矩与实际旋转方向相反,为一制动转矩,这时电动机运行于能耗制动状态,由工作点 A 跳变到第二象限点 B,如图 1-32 所示。若电动机带动一摩擦性恒转矩负载运行,则系统在负载转矩和电动机制动转矩的共同作用下,迅速减速,直至电动机的转速为零,反电动势、电枢电流、电磁转矩均为零,系统停止不动,如图 1-32 所示;若系统拖动一位能性负载,如图 1-33 所示,则在转速制动到零时,在负载转矩的作用下,电动机反向启动,但由于电枢电流也反向,因此对应的转矩仍为一制动转矩,至点 C,系统进入新的稳定运行状态。

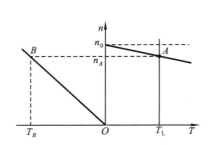

图 1-32　他励电动机带摩擦性恒转矩
负载时的能耗制动机械特性

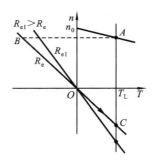

图 1-33　他励电动机带位能性恒转矩
负载时的能耗制动机械特性

很显然,能耗制动过程中,电动机变成了一台与电网无关的发电机,它把轴上多余的机械能变成了电能,消耗在电枢回路的电阻上。

2. 能耗制动状态的能量关系及机械特性

设以正转电动状态电流方向为正方向,则在能耗制动状态下,电枢回路电压平衡方程式为

$$E_a = -I_a(R_a + R_e) \tag{1-32}$$

因能耗制动下电枢电流的方向与电动状态相反,将式(1-32)两边同时乘以 $-I_a$,得出能耗制动状态下的能量平衡关系,即

$$-I_a E_a = I_a^2(R_a + R_e) \tag{1-33}$$

与电动状态相比较,$-I_a E_a$ 表示从轴上输入机械功率,转换成电能后,消耗在电枢回路的电阻上。

将 $E_a = C_e \Phi n$ 与 $I_a = T/(C_m \Phi)$ 代入式(1-32),得到能耗制动状态下的机械特性表达式为

$$n = -\frac{R_a + R_e}{C_e \Phi C_m \Phi} T \tag{1-34}$$

式(1-34)说明能耗制动状态下的机械特性曲线为一簇过原点的直线,随外接电阻 R_e 的增加,机械特性将变软,特性曲线位于 n-T 平面的第二、四象限,如图 1-33 所示。

三、反接制动

反接制动是指他励电动机的电枢电压 U 或电枢反电动势 E_a 中的任一个在外部条件的作用下,改变方向,即二者由方向相反变为顺极性串联的制动方法。

(一) 电枢电压反接制动

1. 电压反接制动过程

电压反接制动电路如图 1-34 所示。设电动机原拖动摩擦性恒转矩负载以某一速度稳定运行于点 A,如图 1-35 所示。在某一时刻将电枢电压反向,由于机械惯性,转速来不及变化,反电动势 E_a 的方向瞬间不会改变,使 U 与 E_a 顺极性串联。这时为了限制电流,需在电枢回路中串接一个较大的电阻 R_r,其对应的电枢电流 $I_a = (-U - E_a)/(R_a + R_r) < 0$,使电磁转矩方向发生改变,系统由点 A 过渡到点 B。此时电动机产生一个制动转矩 T_B,使系统沿着由 R_r 所决定的人为特性曲线快速减速,到了点 C,$n = 0$,但堵转转矩并不为零,若要停车,应立即关断电源;否则在堵转转矩 $T_\mu > T_L$ 时,电动机将反向启动。

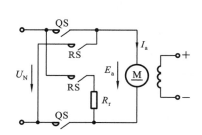

图 1-34　电压反接制动的电路原理图

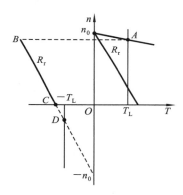

图 1-35　电压反接制动时的机械特性

2. 电压反接制动状态下的能量关系及机械特性

以正转电动状态为正方向,电枢电压反接时,电枢回路的电压平衡方程式为

$$-U = E_a - I_a(R_a + R_r) \tag{1-35}$$

将式(1-35)两边同乘以 $-I_a$,得到电压反接制动状态下的能量平衡关系为

$$I_a U = -I_a E_a + I_a^2(R_a + R_r) \tag{1-36}$$

与电动状态相比较,在电压反接制动状态下,电动机仍从电网中吸收电功率 UI_a,同时又将轴上多余的机械能变成电能,这两部分电能全部消耗在电枢回路的电阻上,因此,该制动方式可产生较强的制动效果。

将 $E_a = C_e \Phi n$ 及 $I_a = T/(C_m \Phi)$ 代入式(1-35),整理后,可得到电压反接制动的机械特性方程式为

$$n = -\frac{U}{C_e \Phi} - \frac{R_a + R_r}{C_e C_m \Phi^2} T \tag{1-37}$$

由式(1-37)可知,在电压反接制动状态下,因 $n_0 = -U/(C_e \Phi)$,故电压反接制动时的机械特性曲线应是反转电动状态下机械特性曲线向第二象限的延伸。将正转电动状态下的机

械特性曲线向第四象限延伸得到倒拉反接制动时的机械特性曲线。

(二) 倒拉反接制动(电势反接制动)

1. 倒拉反接制动过程

设电动机拖动一位能性负载运行,原工作于点 A,如图 1-36 所示。现在电枢回路中串入一个较大的电阻,电枢电流 $I_a = (U - E_a)/(R_a + R_r)$ 减小,电磁转矩减小,系统沿着由 R_r 所决定的人为特性曲线减速。当速度降至 $n = 0$ 时,堵转转矩 T_D 若小于负载转矩 T_L,则在负载转矩的作用下,电动机将被强迫反转,并反向加速,电枢电流 $I_a = (U - (-E_a))/(R_a + R_r) > 0$,未反向,但制动性电磁转矩随转速升高而增加,至点 B,系统进入稳定运行状态。这时 U 与 E_a 同极性串联,电磁转矩方向与实际旋转方向相反,故这种制动为反接制动。

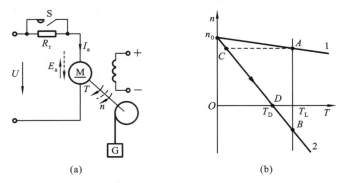

图 1-36　倒拉反接制动的原理图及机械特性

(a) 原理图;　(b) 机械特性

2. 倒拉反接制动状态下的能量平衡及机械特性方程

与正转电动状态相比较,在电枢回路中仅有反电动势 E_a 的方向发生了改变,故电压平衡关系为

$$U = -E_a + I_a(R_a + R_r) \tag{1-38}$$

电流方向与正转电动状态的相同,式(1-38)两边同乘以 I_a,得

$$I_a U = -I_a E_a + I_a^2(R_a + R_r) \tag{1-39}$$

由式(1-39)可知,倒拉反接制动的能量平衡关系与电压反接制动的完全相同。而倒拉反接制动的机械特性方程式应与电动状态的一样,因为它仅是在电枢回路中串接了较大电阻 R_r,在位能性负载的作用下,电动机工作在正转电动状态下机械特性曲线向第四象限的延伸段。

四、再生发电制动(回馈制动)

1. 再生发电制动过程

如果电动机的实际转速在外部条件作用下,变得高于理想空载转速,使电枢反电动势高于电枢电源电压,那么此时的电动机工作状态称为再生发电制动状态,或称为回馈制动状态。

有一台他励电动机拖动一台电车,如图 1-37 所示,电车在平路上行驶时,电动机运行于机械特性的点 A,如图 1-37(c)所示。当电车下坡时,如图 1-37(b)所示,摩擦阻力仍存在,但沿斜面有一位能性转矩 T_p 存在,它的方向与正转电动状态的旋转方向相同,在该转矩的作用下,系统沿对应的机械特性加速,到 $n=n_0$,电磁转矩为零,但在位能性转矩 T_p 的作用下,系统将沿着该特性曲线继续加速,这时因 $n>n_0$ 而 $E_a>U$,故电枢电流 $I_a=\dfrac{U-E_a}{R_a}<0$,电磁转矩的方向随之改变,成为制动转矩,电动机进入再生发电制动状态。电动机将轴上多余机械能变成电能回馈到电网上,直至 T_p 与制动转矩和摩擦性转矩平衡,电动机在点 B 稳定运行。

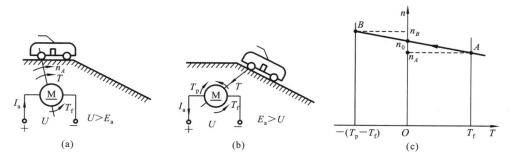

图 1-37 电车下坡时的再生发电制动

(a) 电车平路行驶; (b) 电车下坡; (c) 机械特性

2. 再生发电制动状态下的能量关系及机械特性方程

再生发电制动状态下,电枢电压平衡关系为

$$U = E_a - I_a R_a \tag{1-40}$$

与正转电动状态相比较,电流的方向发生了改变,式(1-40)两边同乘以 $-I_a$,得到再生发电制动状态的能量平衡关系为

$$-I_a U = -I_a E_a + I_a^2 R_a \tag{1-41}$$

由式(1-41)可看出,在再生发电制动状态下,电机是将轴上多余的机械能变成电能,一部分消耗在电枢回路的电阻上,一部分回馈给电网,故这种制动方式是一种较为节能的制动方式。

从再生发电制动过程分析可知,电动机在再生发电制动状态下的机械特性曲线,就是正转电动状态的机械特性曲线向第二象限的延伸。同理可知,反转电动状态机械特性曲线向第四象限的延伸段也为再生发电制动状态的机械特性曲线,所以再生发电制动的机械特性方程式就是对应于电动状态的机械特性方程式。

例 1-5 有一台他励电动机,$P_N=5.6\ \text{kW},U_N=220\ \text{V},I_N=31\ \text{A},n_N=1\ 000\ \text{r/min},R_a=0.4\ \Omega$,负载转矩 $T_L=49\ \text{N·m}$,电动机的过载倍数 $\lambda=2$。试计算:

(1) 电动机拖动摩擦性负载时,采用能耗制动停车,电枢回路应串入的制动电阻最小值是多少? 若采用反接制动停车,则电阻最小值是多少?

(2) 电动机拖动位能性恒转矩负载时,要求以 300 r/min 的转速下放重物,则采用倒拉反接制动时,电枢回路应串入多大电阻? 若采用能耗制动,则电枢回路应串入多大电阻?

(3) 欲使电动机以 $n=-1\ 200\ \text{r/min}$ 的转速,在再生发电制动状态下下放重物,电枢回路应串入多大电阻?

解 (1) 计算能耗制动电阻 R_e 和反接制动电阻 R_r。

$$C_e \Phi_N = \frac{U - I_N R_a}{n_N} = \frac{220 - 31 \times 0.4}{1\,000} = 0.208$$

电动状态的稳定转速

$$n_s = \frac{U_N}{C_e \Phi_N} - \frac{R_a}{C_e \Phi_N C_m \Phi_N} T_L = \left(\frac{220}{0.208} - \frac{0.4}{9.55 \times 0.208^2} \times 49 \right) \text{r/min} = 1\,010 \text{ r/min}$$

利用切换瞬间转速不变、最大电流为 λI_N 的条件进行电阻的计算:

$$R_e = \frac{C_e \Phi_N n_s}{\lambda I_N} - R_a = \left(\frac{0.208 \times 1\,010}{2 \times 31} - 0.4 \right) \Omega = 2.99 \ \Omega$$

由 $n_s = -\dfrac{U_N}{C_e \Phi_N} - \dfrac{R_a + R_r}{C_e \Phi_N C_m \Phi_N} C_m \Phi_N (-\lambda I_N)$,得

$$R_r = \frac{C_e \Phi_N n_N + U_N}{\lambda I_N} - R_a = \left(\frac{0.208 \times 1\,010 + 220}{2 \times 31} - 0.4 \right) \Omega = 6.54 \ \Omega$$

(2) 分别计算在倒拉反接制动和能耗制动运行时,电枢回路应串入的电阻。

倒拉反接制动时,

$$R_r = \frac{U_N + C_e \Phi_N n}{I_L} - R_a$$

$$I_L = \frac{T_L}{9.55 C_e \Phi_N} = \frac{49}{9.55 \times 0.208} \text{ A} = 24.67 \text{ A}$$

$$R_r = \left(\frac{220 + 0.208 \times 300}{24.67} - 0.4 \right) \Omega = 11.05 \ \Omega$$

能耗制动时,

$$R_e = \frac{C_e \Phi_N n}{I_L} - R_a = \left(\frac{0.208 \times 300}{24.67} - 0.4 \right) \Omega = 2.13 \ \Omega$$

(3) 计算再生发电制动运行时的制动转速及电阻。

在再生发电制动运行状态下下放重物时,其机械特性曲线位于第四象限,由

$$n = \frac{U}{C_e \Phi} - \frac{R_a + R_r}{C_e C_m \Phi^2} T$$

得

$$n = \frac{U_N}{C_e \Phi_N} - \frac{R_a + R_\Omega}{C_e \Phi_N C_m \Phi_N} C_m \Phi_N I_L$$

又根据再生发电制动状态下电枢电压平衡关系式

$$U_N = E_a - I_a R$$

得

$$R_\Omega = \frac{-U_N + C_e \Phi_N n}{I_L} - R_a = \left(\frac{-220 + 0.208 \times 1\,200}{24.67} - 0.4 \right) \Omega = 0.8 \ \Omega$$

习题与思考题

1-1　直流电机结构的主要部件有哪些? 各有什么作用?

1-2　为什么直流发电机电枢绕组中的电动势是交变的,而电刷上的极性却是恒定的?

1-3　在直流电动机中,加在电枢两端的电压是直流电压,这时换向器有什么作用?

1-4　如何判断直流电机是运行于发电机状态,还是电动机状态? 它的能量转换关系有何不同?

第 1 章习题精解
和自测题

1-5　直流电机的励磁方式有哪几种? 在各种不同的励磁方式的电机中,电机电流 I 与电枢电流 I_a 及励磁电流 I_f 有什么关系?

1-6　什么叫机械特性的硬度? 什么叫硬特性? 什么叫软特性? 特性的硬软对机电传动系统有什么意义?

1-7　说明运动方程式中 T_M、T_L、$\dfrac{GD^2}{375}\dfrac{dm}{dt}$ 及 GD^2 的物理概念,并指出 n、T_M、T_L 三者的正方向约定规则。

1-8　试用运动方程式说明系统处于静止、恒速旋转、加速、减速各种工作状态的条件。

1-9　什么叫平衡运转状态? 什么叫稳定平衡运转状态? 机电传动系统稳定运行的充分必要条件是什么?

1-10　在图 1-38 中,曲线 1 和曲线 2 分别为电动机和负载的机械特性,试判断图中哪些是系统的稳定平衡点? 哪些不是? 为什么?

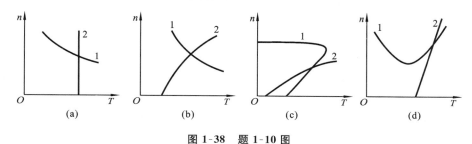

图 1-38　题 1-10 图

1-11　直流电动机为什么一般不允许直接启动? 如直接启动会发生什么问题? 应采用什么方法启动比较好?

1-12　改变磁通的人为特性为什么在固有特性的上方? 改变电枢电压的人为特性为什么在固有特性的下方?

1-13　再生发电制动和能耗制动各有什么特点?

1-14　电压反接制动过程与倒拉反接制动过程有何异同点?

1-15　有一台直流发电机,其额定功率 $P_N=82$ kW,额定电压 $U_N=230$ V,额定转速 $n_N=970$ r/min。求该发电机的额定电流。

1-16　有一台直流电动机,其额定功率 $P_N=40$ kW,额定电压 $U_N=220$ V,额定转速 $n_N=1\,500$ r/min,额定效率 $\eta_N=87.5\%$。求该电动机的额定电流。

1-17　有一台 Z_2-61 型并励直流电动机,其电气性能数据为:$P_N=17$ kW,$U_N=220$ V,$I_N=88.9$ A,$n_N=3\,000$ r/min,电枢回路电阻 $R_a=0.087$ Ω,励磁回路电阻 $R_f=181.5$ Ω。试求:

(1) 额定负载时的电枢电势;

(2) 固有特性方程式;

(3) 设轴上负载转矩为 $0.9T_N$ 时,电动机在固有机械特性上的转速。

1-18　有一台 Z_2-42 型并励直流电动机,$P_N=7.5$ kW,$U_N=220$ V,$I_N=40.6$ A,$n_N=3\,000$ r/min,电枢回路电阻 $R_a=0.213$ Ω,$I_{fN}=0.683$ A。试求电动机在额定状态时的以下各量:

(1) 电磁功率和电磁转矩;

(2) 轴上输出转矩和空载转矩；

(3) 输入功率和效率。

1-19　有一台他励直流电动机，$P_N = 1.75$ kW，$U_N = 110$ V，$I_N = 20.1$ A，$n_N = 1\,450$ r/min。试计算并绘制：

(1) 固有机械特性曲线；

(2) $U = 50\% U_N$ 时的人为特性曲线；

(3) 电枢回路串接 3 Ω 电阻时的人为特性曲线；

(4) $\Phi = 80\% \Phi_N$ 时的人为特性曲线。

1-20　有一台他励电动机，$P_N = 10$ kW，$U_N = 220$ V，$I_N = 53.8$ A，$n_N = 1\,500$ r/min，$R_a = 0.29$ Ω。试计算：

(1) 直接启动瞬间的启动电流 I_u；

(2) 若限制启动电流不超过 $2I_N$，则采用电枢串电阻启动时，应串入的启动电阻的最小值是多少？若用降压启动，则最低电压应为多少？

1-21　有一台他励直流电动机，$P_N = 18$ kW，$U_N = 220$ V，$I_N = 94$ A，$n_N = 1\,000$ r/min。求在额定负载下：

(1) 降速至 800 r/min 稳定运行，需外串多大电阻？采用降压方法时，电源电压应降至多少？

(2) 升速到 1\,100 r/min 稳定运行，弱磁系数 Φ/Φ_N 应为多少？

1-22　有一台他励直流电动机，$P_N = 7.5$ kW，$U_N = 220$ V，$I_N = 41$ A，$n_N = 1\,500$ r/min，$R_a = 0.38$ Ω，拖动恒转矩负载运行，且 $T_L = T_N$。现将电源电压降到 $U = 150$ V，问：

(1) 降压瞬间转速来不及变化，电枢电流及电磁转矩各为多大？

(2) 稳定运行转速是多少？

1-23　有一台他励直流电动机，$P_N = 21$ kW，$U_N = 220$ V，$I_N = 115$ A，$n_N = 980$ r/min，$R_a = 0.1$ Ω，拖动恒转矩负载运行。弱磁调速时 Φ 从 Φ_N 调到 $0.8\Phi_N$，问：

(1) 若 $T_L = T_N$，调速瞬间电枢电流是多少？

(2) 若 $T_L = T_N$ 和 $T_L = 0.5T_N$，调速前后的稳态转速各是多少？

1-24　有一台他励直流电动机，$P_N = 29$ kW，$U_N = 440$ V，$I_N = 76$ A，$n_N = 1\,000$ r/min，$R_a = 0.377$ Ω，负载转矩 $T_L = 0.8T_N$，最大制动电流为 $1.8I_N$。求当该电动机拖动位能性负载时，用哪几种方法可使电动机以 500 r/min 的转速下放负载，在每种方法中电枢回路应串接的电阻为多大？并画出相应的机械特性曲线，标出从稳态提升重物到以 500 r/min 的转速下放重物的转换过程。

1-25　有一台 Z_2-52 型他励直流电动机，$P_N = 4$ kW，$U_N = 220$ V，$I_N = 22.3$ A，$n_N = 1\,000$ r/min，$R_a = 0.91$ Ω，$T_L = T_N$。为了使电动机停转，采用反接制动，如串入电枢回路的制动电阻为 9 Ω，求：

(1) 制动开始时电动机所发出的电磁转矩；

(2) 制动结束时电动机所发出的电磁转矩；

(3) 如果是摩擦性负载，则在制动到 $n = 0$ 时，不切断电源，电动机能否反转？为什么？

交流电动机

常用的交流电动机有异步电动机(或称感应电动机)和同步电动机两类。异步电动机按定子绕组的相数分为单相异步电动机和三相异步电动机两类。

异步电动机是工业中使用得最为广泛的一种电动机,这是因其结构简单、运行可靠、坚固耐用、维护容易、价格便宜、稳态和动态特性较好等一系列优点所决定的。

同步电动机既可作发电机使用,也可作电动机使用。

本章主要介绍三相异步电动机的工作原理,启动、制动、调速的特性和方法。

2-1 三相异步电动机的基本结构与工作原理

一、三相异步电动机的基本结构

三相异步电动机主要由两大部分(定子和转子)构成。定子是固定不动的部分,转子是旋转部分,在定子与转子之间由气隙分开,图 2-1 所示为其结构图。

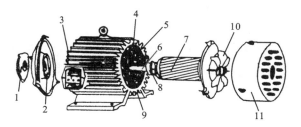

图 2-1 三相异步电动机的结构

1—轴承盖;2—端盖;3—接线盒;4—定子铁芯;5—定子绕组;
6—转轴;7—转子;8—轴承;9—机座;10—风扇;11—罩壳

1. 定子

定子由铁芯、绕组与机座三部分组成。定子铁芯是磁路的一部分,它由 0.5 mm 的硅钢片叠压而成,片与片之间是绝缘的,以减小涡流和磁滞损耗。定子铁芯的硅钢片的内圆中冲有定子槽,如图 2-2 所示,槽中安放绕组,硅钢片铁芯在叠压后成为一个整体,固定于机座上。定子绕组是电动机的电路部分,由许多线圈连接而成,每个线圈有两个有效边,分别放在两个槽里。三相对称绕组 AX、BY、CZ 根据电源电压和绕组电压的额定值可连接成星形或三角形。机座主要用于固定和支撑定子铁芯。中小型异步电动机一般采用铸铁机座。根据不同的冷却方式采用不同的机座形式。

2. 转子

转子由铁芯、绕组和转轴组成。转子铁芯也是电动机磁路的一部分,由硅钢片叠压而成。转子硅钢片冲成图 2-2 所示的形状,转子、气隙与定子铁芯构成电动机的完整磁路,转子铁芯装在转子轴上。异步电动机转子有两种形式:鼠笼式和线绕式。鼠笼式绕组是在转子铁芯槽里插入铜条,再将全部铜条两端焊在两个铜端环上,以构成闭合回路,因其外形像个鼠笼,如图 2-3(a)所示,故称之为鼠笼式异步电动机。为了节约用铜,在中小型电动机中常用离心浇铸法或压铸法在槽内灌入铝液而铸成鼠笼,如图 2-4 所示。

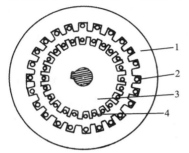 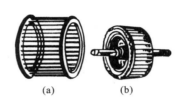 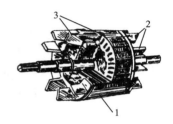

图 2-2　定子和转子的硅钢片　　　图 2-3　鼠笼式转子　　　图 2-4　铝铸的鼠笼式转子
1—定子铁芯硅钢片;2—定子绕组;　(a)鼠笼式绕组;　(b)转子外形　　1—转子铁芯;2—风扇;3—铸铝条
3—转子铁芯硅钢片;4—转子绕组

线绕式转子绕组与定子绕组一样,也是三相对称绕组,绕组放入转子铁芯槽里。转子绕组一般连接成星形,转子绕组组成的磁极数与定子相同,线绕式转子绕组的三个首端分别通过轴上的三个彼此绝缘的滑环和电刷与外电路连接,以便在转子回路中接入外加电阻,用以改善启动性能和调节转速,如图 2-5 所示。

线绕式和鼠笼式两种电动机的转子构造虽然不同,但工作原理是一致的。

气隙的大小直接影响异步电动机的功率因数 $\cos\varphi$ 值。气隙大,所需励磁电流大,电动机的功率因数降低,为了使电动机的 $\cos\varphi$ 值增高,气隙应尽可能地小。为了使转子转动时不与定子相摩擦,不同尺寸的电动机规定有最小气隙,中小型电动机的气隙一般为 0.2～0.1 mm。

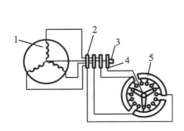 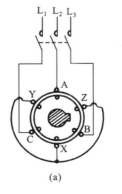 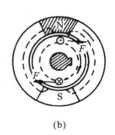

图 2-5　线绕式转子绕组与外加变阻器的连接　　图 2-6　三相异步电动机
1—转子绕组;2—滑环;3—轴;4—电刷;5—变阻器　　(a)定子绕组与电源的连接;　(b)工作原理

二、三相异步电动机的工作原理

三相异步电动机的工作原理是基于定子旋转磁场和转子电流的相互作用。如图 2-6(a) 所示,当定子的对称三相绕组接到三相电源上时,绕组内将通过对称三相电流,并在空间产生旋转磁场,该磁场沿定子内圆周切线方向旋转。图 2-6(b) 所示的为具有一对磁极的旋转磁场,可假想磁极位于图示的定子铁芯内画有阴影线的部分。

当磁场旋转时,转子绕组的导体切割磁通,产生感应电动势 e_2,假设旋转磁场按顺时针方向旋转,则相当于转子导体逆时针方向旋转,切割磁通,根据右手定则,在 N 极面下,转子导体中感应电动势的方向由图面指向读者,而在 S 极面上转子导体中感应电动势的方向则由读者指向图面。

由于电动势 e_2 的存在,转子绕组中将产生转子电流 i_2。根据安培电磁力定律,转子电流与旋转磁场相互作用,将产生电磁力 F(其方向由左手定则决定),该力在转子的轴上形成电磁转矩,且转矩的作用方向与旋转磁场的旋转方向相同,转子受此转矩作用,便按旋转磁场的旋转方向旋转起来。但是,转子的旋转速度 n(即电动机的转速)恒比旋转磁场的旋转速度 n_0(称同步转速)要小,因为如果两种转速相等,转子和旋转磁场没有相对运动,转子导体不切割磁力线,便不能产生感应电动势 e_2 和产生电流 i_2,也就没有电磁转矩,转子将不会继续旋转。因此,转子和旋转磁场之间的转速差是保证转子旋转的主要因素。

由于转子转速不等于同步转速,所以把这种电动机称为异步电动机,而把转速差 $n_0 - n$ 与同步转速 n_0 的比值称为异步电动机的转差率,用 s 表示,即

$$s = \frac{n_0 - n}{n_0} \tag{2-1}$$

转差率 s 是分析异步电动机运行情况的主要参数。

当转子旋转时,如果在轴上加上机械负载,则电动机就可以输出机械能。从物理本质上来分析,异步电动机的运行和变压器的相似,即电能从电源输入定子绕组(原绕组),通过电磁感应的形式,以旋转磁场作媒介,传送到转子绕组(副绕组),而转子中的电能通过电磁力的作用变换成机械能输出。由于在这种电动机中,转子电流的产生和电能的传递是基于电磁感应现象进行的,所以异步电动机又称感应电动机。

通常异步电动机在额定负载时,n 接近于 n_0,转差率 s 很小,为 0.015~0.060。

三、三相异步电动机的旋转磁场

由上述内容可知,要使异步电动机转动起来,必须有一个旋转磁场。异步电动机的旋转磁场是怎样产生的呢? 它的旋转方向和旋转速度是怎样确定的呢?

1. 旋转磁场的产生

当电动机定子绕组通以三相电流时,各相绕组中的电流都将产生自己的磁场。由于电流随时间变化而变化,它们产生的磁场也将随时间变化而变化,而三相电流产生的总磁场(合成磁场)不仅随时间变化而变化,而且是在空间旋转的。这里,研究不同时间的合成磁场。

为了简便起见,假设每相绕组只有一个线匝,分别嵌放在定子内圆周的 6 个凹槽中(见图 2-7),图中 A、B、C 和 X、Y、Z 分别代表各相绕组的首端与末端。

若定子绕组中流过电流的正方向规定为：自各相绕组的首端到它的末端。并取流过 A 相绕组的电流 i_A 作为参考正弦量，即 i_A 的初始相位为零，则各相电流的瞬时值可用下列三个方程式表示（相序为 A→B→C），即

$$i_A = I_m \sin\omega t \qquad (2\text{-}2)$$

$$i_B = I_m \sin\left(\omega t - \frac{2}{3}\pi\right) \qquad (2\text{-}3)$$

$$i_C = I_m \sin\left(\omega t - \frac{4}{3}\pi\right) \qquad (2\text{-}4)$$

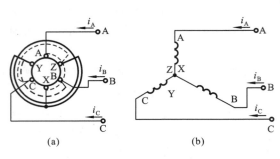

图 2-7　定子三相绕组

（a）嵌放情况；　（b）Y 连接接线图

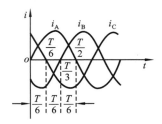

图 2-8　三相电流的波形图

图 2-8 所示为这些电流随时间变化的曲线。

在 $t=0$ 时，$i_A=0$，i_B 为负，电流实际方向与正方向相反，即电流从 Y 端流到 B 端；i_C 为正，电流实际方向与正方向一致，即电流从 C 端流到 Z 端。

按右手螺旋法则确定三相电流产生的合成磁场，如图 2-9(a)中箭头所示。

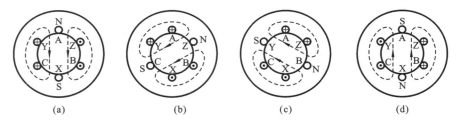

图 2-9　两极旋转磁场

（a）$t=0$；　（b）$t=T/6$；　（c）$t=T/3$；　（d）$t=T/2$

在 $t=T/6$ 时，$\omega t=\omega T/6=\pi/3$，$i_A$ 为正电流（从 A 端流到 X 端），i_B 为负电流（从 Y 端流到 B 端），$i_C=0$。

此时的合成磁场如图 2-9(b)所示，合成磁场已从 $t=0$ 瞬间所在位置顺时针方向旋转了 $\pi/3=60°$。

在 $t=T/3$ 时，$\omega t=\omega T/3=2\pi/3$，$i_A$ 为正，$i_B=0$，i_C 为负。此时的合成磁场如图 2-9(c)所示，合成磁场已从 $t=0$ 瞬间所在位置顺时针方向旋转了 $2\pi/3=120°$。

在 $t=T/2$ 时，$\omega t=\omega T/2=\pi$，$i_A=0$，i_B 为正，i_C 为负。此时的合成磁场如图 2-9(d)所示，合成磁场从 $t=0$ 瞬间所在位置顺时针方向旋转了 $\pi=180°$。

从以上的分析可知：当三相电流随时间不断变化时，合成磁场的方向在空间也不断旋转，这样就产生了旋转磁场。

2. 旋转磁场的旋转方向

从图 2-7 和图 2-8 可见,A 相绕组内的电流,超前于 B 相绕组内的电流 120°,而 B 相绕组内的电流又超前于 C 相绕组内的电流 120°,同时,图 2-9 所示旋转磁场的旋转方向是从 A→B→C,即顺时针方向旋转,所以旋转磁场的旋转方向与三相电流的相序一致。也就是说,旋转磁场从电流相序在前的绕组转向电流相序在后的绕组。

如果将定子绕组接至电源的三根导线中的任意两根对调,例如,将 B、C 两根线对调,如图 2-10 所示,使 B 相与 C 相绕组中电流的相位对调,则 A 相绕组内的电流超前于 C 相绕组内的电流 120°,因此旋转磁场的旋转方向将变为 A→C→B,即逆时针方向旋转,即与未对调前的旋转方向相反,如图 2-11 所示。

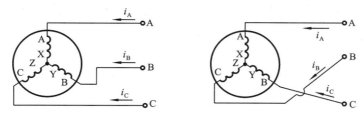

图 2-10　将 B、C 两根线对调改变绕组中的电流相序

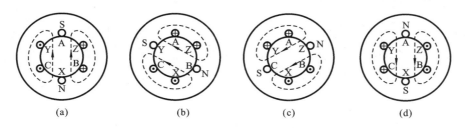

(a)　　　　(b)　　　　(c)　　　　(d)

图 2-11　逆时针方向旋转的两极旋转磁场

(a)$t=0$;　(b)$t=T/6$;　(c)$t=T/3$;　(d)$t=T/2$

由此可见,要改变旋转磁场的旋转方向(即改变电动机的旋转方向),只要将定子绕组接到电源的三根导线中的任意两根对调即可。

3. 旋转磁场的极数与旋转速度

旋转磁场的旋转速度与旋转磁场的磁极对数 p 有关,而磁极对数 p 取决于定子绕组的安排,如上述每相绕组只有一个线圈,彼此在空间的相位差 120°,那么产生的旋转磁场只有一对磁极,即 $p=1$(两个磁极)。从以上分析可以看出,电流变化经过一个周期(变化 360°电角度),旋转磁场在空间也旋转了一转(转了 360°机械角度),若电流的频率为 f,旋转磁场每分钟将旋转 $60f$ 转,以 n_0 表示,即

$$n_0 = 60f$$

如果把定子铁芯的槽数增加 1 倍(12 个槽),在绕组的布置上使每相绕组的首端与首端、末端与末端均在空间相差 60°,每个线圈的两边在空间分布相隔 90°,则可制成如图 2-12 所示的三相绕组,其中每相绕组由两个部分串联组成,再将该三相绕组接到对称三相电源,使其通过对称三相电流,便产生具有两对磁极的旋转磁场。从图 2-13 可以看出,对应于不同时刻,旋转磁场在空间转到不同位置,在此情况下,假如电流变化半个周期,旋转磁场在空间

只转过了 $90°$,即 $1/4$ 转,电流变化一个周期,旋转磁场在空间只转 $1/2$ 转。这时的合成磁极为四极,即 $p=2$。由此可知,当旋转磁场具有两对磁极($p=2$)时,其旋转速度仅为一对磁极的一半,即每分钟旋转 $60f/2$ 转。以此类推,当有 p 对磁极时,其转速为

$$n_0 = \frac{60f}{p} \tag{2-5}$$

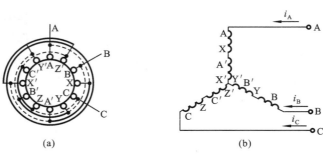

图 2-12　产生四极旋转磁场的定子绕组

(a) 嵌放情况;　(b) 接线图

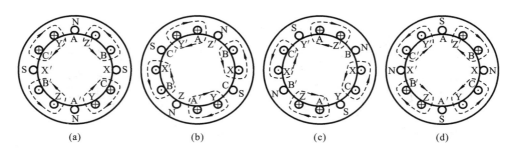

图 2-13　四极旋转磁场

(a)$t=0$;　(b)$t=T/6$;　(c)$t=T/3$;　(d)$t=T/2$

由上述分析可知,旋转磁场的旋转速度(即同步转速)n_0 与电流的频率成正比,而与磁极对数成反比。因为标准工业频率(即电流频率)为 50 Hz,因此对应于 $p=1,2,3$ 和 4,同步转速分别为 3 000 r/min,1 500 r/min,1 000 r/min 和 750 r/min。

实际上,旋转磁场不仅可以由三相电流来获得,而且任何两相以上的多相电流流过相应的多相绕组时都能产生旋转磁场。

2-2　三相异步电动机的定子电路与转子电路

一、定子电路的分析

三相异步电动机的电磁关系同变压器的类似,定子绕组相当于变压器的原绕组,转子绕组(一般是短接的)相当于副绕组。当定子绕组接上三相电源电压(相电压为 u_1 时),有三相电流通过(相电流为 i_1),定子三相电流产生旋转磁场,其磁力线通过定子和转子铁芯而闭合。此磁场不仅在转子每相绕组中要感应出电动势 e_2,而且在定子每相绕组中也要感应出电动势 e_1(实际上三相异步电动机中的旋转磁场是由定子电流和转子电流共同产生的),如

图 2-14 所示。定子和转子每相绕组的匝数分别为 N_1 和 N_2。

　　旋转磁场的磁感应强度沿定子与转子间空气隙的分布是近似按正弦规律分布的,因此,当其旋转时,通过定子每相绕组的磁通也是随时间按正弦规律变化的,即 $\Phi=\Phi_\mathrm{m}\sin\omega t$。其中 Φ_m 是通过每相绕组的磁通最大值,在数值上等于旋转磁场的每极磁通 Φ,即空气隙中磁感应强度的平均值与每极面积的乘积。如图 2-9 所示,在 $\omega t=0$ 的瞬时,通过 A 相绕组的磁通为零,其后,通过的磁通值逐渐增加,到达 $\omega t=90°$ 的瞬时,通过该绕组的磁通值最大,也就是旋转磁场每极的磁通全部通过它。此后,通过 A 相绕组的磁通逐渐减小到零,而后通过该绕组的磁通改变方向,再逐渐增加到反方向的最大值。

　　定子每相绕组产生的感应电动势是正弦量,其有效值为

$$E_1 = 4.44Kf_1N_1\Phi$$

绕组系数 $K\approx1$,常略去,故

$$E_1=4.44f_1N_1\Phi \tag{2-6}$$

式中:f_1 为 e_1 的频率。

　　因为旋转磁场和定子间的相对转速为 n_0,所以

$$f_1 = \frac{pn_0}{60} \tag{2-7}$$

　　它等于定子电流的频率,即

$$f_1 = f_0$$

　　定子电流除产生旋转磁通(主磁通)外,还产生漏磁通 Φ_L1,此漏磁通只围绕定子绕组的一相,而与其他相及转子绕组不相连。因此,在定子每相绕组中还要产生漏磁电动势 e_L1。

　　图 2-15 所示为三相异步电动机的每相电路。和变压器原绕组的情况一样,加在定子每相绕组上的电压也分成三个分量,即

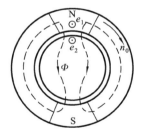

图 2-14　定子和转子电路
　　　　　的感应电动势

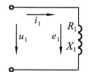

图 2-15　三相异步电动机的
　　　　　每相电路图

$$U_1 = i_1R_1 + (-e_\mathrm{L1}) + (-e_1) = i_1R_1 + L_\mathrm{L1}\frac{\mathrm{d}i_1}{\mathrm{d}t} + (-e_1) \tag{2-8}$$

如用相量表示,则为

$$\dot{U}_1 = \dot{I}_1R_1 + (-\dot{E}_\mathrm{L1}) + (-\dot{E}_1) = \dot{I}_1R_1 + \mathrm{j}\dot{I}_1X_1 + (-\dot{E}_1) \tag{2-9}$$

式中:R_1、X_1($X_1=2\pi f_1L_\mathrm{L1}$)分别为定子每相绕组的电阻和漏磁感抗(由漏磁通产生)。

　　由于 R_1 和 X_1(或漏磁通 Φ_L1)较小,其上电压降与电动势 E_1 比较起来,常可忽略,于是

$$\dot{U}_1 \approx -\dot{E}_1, \quad U_1 \approx E_1 \tag{2-10}$$

二、转子电路分析

如前所述,异步电动机之所以能转动,是因为转子绕组能产生感应电动势,从而产生转子电流,而此电流同旋转磁场的磁通作用会产生电磁转矩的缘故。在讨论电动机的转矩前,必须先弄清楚转子电路的各个物理量——转子电动势 e_2、转子电流 i_2、转子电流频率 f_2、转子电路的功率因数 $\cos\varphi_2$、转子绕组的感抗 X_2,以及它们之间的相互关系。

旋转磁场在转子每相绕组中感应出的电动势的有效值为

$$E_2 = 4.44 f_2 N_2 \Phi \tag{2-11}$$

式中:f_2 为转子电动势 e_2 或转子电流 i_2 的频率。

因为旋转磁场和转子之间的相对转速为 $n_0 - n$,所以

$$f_2 = \frac{p(n_0 - n)}{60} = \frac{(n_0 - n)}{n_0} \frac{p n_0}{60} = s f_1 \tag{2-12}$$

可见转子频率 f_2 与转差率 s 有关,也就是与转速 n 有关。

在 $n=0$,即 $s=1$(电动机开始启动瞬间)时,转子与旋转磁场间的相对转速最大,转子导体切割旋转磁力线最快,所以这时 f_2 最高,即 $f_2 = f_1$。异步电动机在额定负载时,$s=1.5\%$ ~6%,$f_1=50\,\mathrm{Hz}$,则 $f_2=0.75\sim3\ \mathrm{Hz}$。

将式(2-12)代入式(2-11),得

$$E_2 = 4.44 s f_1 N_2 \Phi \tag{2-13}$$

在 $n=0$,即 $s=1$ 时,转子电动势

$$E_{20} = 4.44 f_1 N_2 \Phi \tag{2-14}$$

这时 $f_2 = f_1$,转子电动势最大。

由式(2-13)和式(2-14)得

$$E_2 = s E_{20} \tag{2-15}$$

可见转子电动势 E_2 与转差率 s 有关。

和定子电流一样,转子电流也要产生漏磁通 Φ_{L2},从而在转子每相绕组中还要产生漏磁电动势 e_{L2}。

因此,对转子每相电路可列出

$$e_2 = i_2 R_2 + (-e_{L2}) = i_2 R_2 + L_{L2} \frac{\mathrm{d}i_2}{\mathrm{d}t} \tag{2-16}$$

如用相量表示,则为

$$\dot{E}_2 = \dot{I}_2 R_2 + (-\dot{E}_{L2}) = \dot{I}_2 R_2 + \mathrm{j} \dot{I}_2 X_2 \tag{2-17}$$

式中:R_2、X_2 分别为转子每相绕组的电阻和漏磁感抗。

X_2 与频率 f_2 有关,即

$$X_2 = 2\pi f_2 L_{L2} = 2\pi s f_1 L_{L2} \tag{2-18}$$

在 $n=0$,即 $s=1$ 时,转子感抗为

$$X_{20} = 2\pi f_1 L_{L2} \tag{2-19}$$

这时 $f_2 = f_1$,转子感抗最大。

由式(2-18)和式(2-19)得

$$X_2 = s X_{20} \tag{2-20}$$

可见转子感抗 X_2 与转差率 s 有关。

转子每相电路的电流可由式(2-17)得出,即

$$I_2 = \frac{E_2}{\sqrt{R_2^2 + X_2^2}} = \frac{sE_{20}}{\sqrt{R_2^2 + s^2 X_{20}^2}} \tag{2-21}$$

可见转子电流 I_2 也与转差率 s 有关。当 s 增大,即转速 n 降低时,转子与旋转磁场间的相对速度$(n_0 - n)$增加,转子导体切割磁力线的速度提高,于是 E_2 增加,I_2 也增加。I_2 随 s 的变化关系可用图 2-16 所示的曲线表示。由于转子有漏磁通 Φ_{L2},相应的感抗为 X_2,因此,I_2 比 E_2 滞后 φ_2 角,转子电路的功率因数为

$$\cos\varphi_2 = \frac{R_2}{\sqrt{R_2^2 + X_2^2}} = \frac{R_2}{\sqrt{R_2^2 + (sX_{20})^2}} \tag{2-22}$$

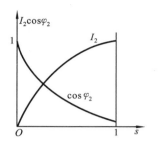

图 2-16　I_2 和 $\cos\varphi_2$ 与转差率 s 的关系

它也与转差率 s 有关。当 s 增大时,X_2 也增大,于是 φ_2 增大,即 $\cos\varphi_2$ 减小。$\cos\varphi_2$ 随 s 的变化关系如图 2-16 所示。当 s 很小时,$R_2 \gg sX_{20}$,$\cos\varphi_2 \approx 1$;当 s 接近 1 时,$\cos\varphi_2 \approx \dfrac{R_2}{sX_{20}}$,即三者之间近似地有双曲线的关系。

由上述内容可知,转子电路的各个物理量都与转差率有关,亦即与转速有关。电动势 E_2、电流 I_2、频率 f_2、感抗 X_2 随转差率的增大而增大,而功率因数 $\cos\varphi_2$ 随转差率的增大而减小。这是三相异步电动机的特点。

2-3　三相异步电动机的转矩与机械特性

电磁转矩 T(以下简称转矩)是三相异步电动机的最重要的物理量之一,它表征一台电动机拖动生产机械能力的大小。机械特性是它的主要特性。

一、三相异步电动机的电磁转矩

从异步电动机的工作原理可知,异步电动机的电磁转矩是因具有转子电流 I_2 的转子导体在磁场中受到电磁力 F 作用而产生的。电磁力转矩的大小与转子电流 I_2,以及旋转磁场的每极磁通 Φ 成正比。从转子电路分析可知,转子电路是一个交流电路,它不但有电阻,而且还有漏磁感抗存在,所以转子电流 I_2 与转子感应电动势 E_2 之间有一相位差,用 φ_2 表示。转子电流 I_2 可分解为有功分量 $I_2\cos\varphi_2$ 和无功分量 $I_2\sin\varphi_2$ 两部分,只有转子电流的有功分量 $I_2\cos\varphi_2$ 才能与旋转磁场相互作用而产生电磁转矩。也就是说,电动机的电磁转矩实际上是与转子电流的有功分量 $I_2\cos\varphi_2$ 成正比。综上所述,异步电动机的电磁转矩表达式为

$$T = K_m \Phi I_2 \cos\varphi_2 \tag{2-23}$$

式中:K_m 为仅与电动机结构有关的常数;Φ 为旋转磁场每极磁通;I_2 为转子电流;$\cos\varphi_2$ 为转子回路的功率因数。

将式(2-13)代入式(2-21),得

$$I_2 = \frac{s4.44f_1 N_2 \Phi}{\sqrt{R_2^2 + (sX_{20})^2}} \tag{2-24}$$

再将式(2-24)和式(2-22)代入式(2-23),并考虑到式(2-6)和式(2-10),则得出转矩的另一个表达式,即

$$T = K\frac{sR_2U_1^2}{R_2^2+(sX_{20})^2} = K\frac{sR_2U^2}{R_2^2+(sX_{20})^2} \tag{2-25}$$

式中:K 为与电动机结构参数及电源频率有关的一个常数;U_1、U 分别为定子绕组相电压、电源电压;R_2 为转子每相绕组的电阻;X_{20} 为电动机不动($n=0$)时,转子每相绕组的感抗。

式(2-25)所表示的电磁转矩 T 与转差率 s 的关系曲线,通常称为 T-s 曲线。

二、三相异步电动机的机械特性

异步电动机的机械特性曲线是指转子转速 n 与电磁转矩 T 的关系曲线,即 $n=f(T)$。它有固有机械特性和人为机械特性之分。

(一) 固有机械特性

异步电动机在额定电压和额定频率下,用规定的接线方式,在定子和转子电路中不串联

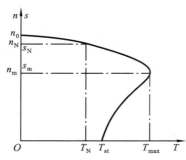

图 2-17 异步电动机的固有
机械特性

任何电阻或电抗时的机械特性称为固有(自然)机械特性。根据式(2-25)和异步电动机转速 $n=(1-s)n_0$ 的关系可将 T-s 曲线转换成转速与转矩的关系曲线,即 $n=f(T)$。这也就是三相异步电动机的固有机械特性曲线,如图 2-17 所示。研究机械特性的目的是分析电动机的运行性能,从特性曲线上可以看出,其上有四个特殊点可以决定特性曲线的基本形状和异步电动机的运行性能。下面介绍这四个特殊点。

(1) $T=0$,$n=n_0$($s=0$),为电动机的空载工作点。此时电动机的转速为理想空载转速 n_0。

(2) $T=T_N$,$n=n_N$($s=s_N$),为电动机的额定工作点。此时电动机的额定转矩为

$$T_N = 9.55\frac{P_N}{n_N} \tag{2-26}$$

式中:P_N 为电动机的额定功率;n_N 为电动机的额定转速,一般 $n_N=(0.94\sim0.95)n_0$。电动机的额定转差率为

$$s_N = \frac{n_0-n_N}{n_0} \tag{2-27}$$

一般 $s_N=0.06\sim0.015$。

(3) $T=T_{st}$,$n=0$($s=1$),为电动机的启动工作点。此时的转矩称为启动转矩,是衡量电动机运行性能的重要指标之一。因为启动转矩的大小将影响电动机拖动系统加速度的大小和加速时间的长短。如果启动转矩太小,在一定负载下电动机有可能启动不起来。

将 $s=1$ 代入式(2-25),可得

$$T_{st} = K\frac{R_2U^2}{R_2^2+X_{20}^2} \tag{2-28}$$

可见,异步电动机的启动转矩 T_{st} 与定子每相绕组上所加电压的平方成正比。当施加在定子每相绕组上的电压降低时,启动转矩下降明显;当转子电阻适当增大时,启动转矩会增大,这

是因为转子电路电阻增加后,提高了转子回路的功率因数,转子电流的有功分量增大(此时 E_{20} 一定),因而启动转矩增大;若增大转子电抗,则启动转矩会大为减小,这是我们所不需要的。通常把在固有机械特性上的启动转矩与额定转矩之比 $\lambda_{st}=T_{st}/T_N$ 作为衡量异步电动机启动能力的一个重要数据。一般 $\lambda_{st}=1\sim1.2$。

(4) $T=T_{max}$,$n=n_m$($s=s_m$),为电动机的临界工作点。此时的转矩称为最大转矩(T_{max}),它是表征电动机运行性能的重要参数之一。可先将式(2-25)对 s 微分,令 $dT/ds=0$,得到临界转差率,即

$$s_m = \frac{R_2}{X_{20}} \tag{2-29}$$

再将 s_m 代入式(2-25),得到转矩的最大值

$$T_{max} = K\frac{U^2}{2X_{20}} \tag{2-30}$$

从式(2-30)和式(2-29)可看出,最大转矩 T_{max} 的大小与定子每相绕组上所加电压 U 的平方成正比。这说明异步电动机对电源电压的波动是很敏感的。电源电压过低,会使轴上输出转矩明显降低,甚至小于负载转矩,造成电动机停转。最大转矩 T_{max} 的大小与转子电阻 R_2 的大小无关,但临界转差率 s_m 却正比于 R_2,对于线绕式异步电动机,在转子电路中串接附加电阻后,s_m 将增大,而 T_{max} 不变。

异步电动机在运行中经常会遇到短时冲击负载,冲击负载转矩小于最大电磁转矩时,电动机仍然能够运行,而且电动机短时过载也不会引起剧烈发热。通常把在固有机械特性上的最大电磁转矩与额定转矩之比

$$\lambda_m = \frac{T_{max}}{T_N} \tag{2-31}$$

称为电动机的过载能力系数,它表征了电动机能够承受冲击负载的能力,一般三相异步电动机的 $\lambda_m=1.8\sim2.2$。供起重机械和冶金机械用的 YZ 型和 YZR 型线绕式异步电动机的 $\lambda_m=2.5\sim2.8$。

在实际应用中,用式(2-25)计算机械特性非常麻烦,如果把它化成用 T_{max} 和 s_m 表示的形式则方便多了。为此,用式(2-25)除以式(2-29),并代入式(2-29),经整理后就可得到

$$T = \frac{2T_{max}}{\dfrac{s}{s_m} + \dfrac{s_m}{s}} \tag{2-32}$$

式(2-32)为转矩-转差率特性的实用表达式,也称规格化转矩-转差率特性。根据该式,当转差率 s 很小,即 $s\ll s_m$ 时,有 $\dfrac{s}{s_m}\ll\dfrac{s_m}{s}$。若忽略 $\dfrac{s}{s_m}$,则有

$$T = \frac{2T_{max}}{s_m}s$$

上式表示转矩 T 与转差率 s 成正比的关系,即异步电动机的机械特性呈线性关系。工程上常把这一段特性曲线作为直线来处理,这一段曲线称为机械特性曲线的线性段。

(二) 人为机械特性

由式(2-25)可知,电动机的机械特性与电动机的参数、外加电源电压、电源频率有关,因此人为改变这些参数而获得的机械特性称为异步电动机的人为机械特性。

1. 降低电动机电源电压的人为机械特性

当电源电压降低时,由式(2-5)、式(2-29)和式(2-30)可以看出,理想空载转速 n_0 和临界转差率 s_m 与电源电压降低无关,而最大转矩 T_{max} 却与 U^2 成正比,当降低定子电压时,n_0 和 s_m 不变,而 T_{max} 将大大减小。在同一转差率情况下,人为机械特性与固有机械特性的转矩之比等于二者的电压平方之比。因此,在绘制降低电压的人为机械特性时,以固有机械特性为基础,在不同的 s 处,取固有机械特性上对应的转矩乘以降低的电压与额定电压比值的平方 $T_N\left(\dfrac{U}{U_N}\right)^2$,即可作出人为机械特性曲线,如图 2-18 所示。降低电压后电动机机械特性线性段的斜率增大。如:当 $U_A = U_N$ 时,$T_A = T_{max}$;当 $U_B = 0.8U_N$ 时,$T_B = 0.64T_{max}$;当 $U_C = 0.5U_N$ 时,$T_C = 0.25T_{max}$。可见,电压越低,人为机械特性曲线越往左移。由式(2-28)可知,启动转矩 T_{st} 也随 U^2 降低成比例降低。故异步电动机对电源电压的波动非常敏感,运行时,如电压降得太多,会大大降低它的过载能力与启动转矩,甚至电动机会出现带不动负载或根本不能启动的现象。例如,电动机运行在额定负载 T_N 下,即使 $\lambda_m = 2$,若电网电压下降到 $70\% U_N$,由于这时 $T_{max} = \lambda_m T_N\left(\dfrac{U}{U_N}\right)^2 = 2 \times 0.7^2 \times T_N = 0.98T_N$,电动机就会停转。此外,电网电压下降时,在负载不变的条件下,电动机转速将下降,转差率 s 增大,电流增加,这会引起电动机发热,甚至烧坏。

2. 定子电路接入电阻或电抗的人为机械特性

在电动机定子电路中外串电阻或电抗后,电动机端电压为电源电压减去定子外串电阻上或电抗上的压降,因此,定子绕组相电压将降低,这种情况下的人为机械特性与降低电源电压时的相似,如图 2-19 所示。图中实线 1 为降低电源电压时的人为机械特性,虚线 2 为定子电路串入电阻 R_{1s} 或电抗 X_{1s} 时的人为机械特性。从图中可以看出,定子串入 R_{1s} 或 X_{1s} 后的最大转矩要比直接降低电源电压时的最大转矩大一些,因为随着转速的上升和启动电流的减小,在 R_{1s} 或 X_{1s} 上的压降减小,加到电动机定子绕组上的端电压将自动增大,致使最大转矩增大。而降低电源电压的人为机械特性在整个启动过程中,定子绕组的端电压是恒定不变的。

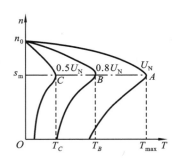

图 2-18　改变电源电压时的人为机械特性

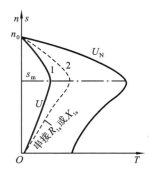

图 2-19　定子电路外接电阻或电抗
　　　　　时的人为机械特性

3. 改变定子电源频率时的人为机械特性

改变定子电源频率 f 对三相异步电动机的机械特性影响是比较复杂的,下面仅定性地分析一下 $n = f(T)$ 的近似关系。根据式(2-5)、式(2-20)~式(2-30),并注意到上列式中,

$X_{20} \propto f, K \propto 1/f$，且一般变频调速采用恒转矩调速，即希望最大转矩 T_{max} 保持为恒值，为此在改变频率 f 的同时，电源电压 U 也要作相应的变化，使 $U/f=$ 常数，这在实质上是使电动机气隙磁通保持不变。在上述条件下就存在 $n_0 \propto f$，$s_m \propto 1/f$，$T_{st} \propto 1/f$，T_{max} 不变的关系，即随着频率的降低，理想空载转速 n_0 减小，临界转差率增大，启动转矩增大，而最大转矩基本维持不变，如图 2-20 所示。

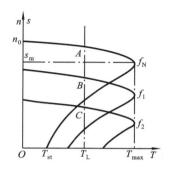
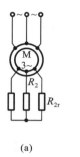
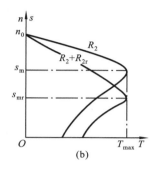

图 2-20　改变定子电源频率时的人为机械特性

图 2-21　线绕式异步电动机转子电路串接电阻
（a）原理接线图；　（b）机械特性

4. 转子电路串接电阻时的人为机械特性

在线绕式异步电动机的转子电路内串接对称的电阻 R_{2r}，如图 2-21(a)所示，此时转子电路中的电阻为 R_2+R_{2r}，由式(2-5)、式(2-29)和式(2-30)可看出，R_{2r} 的串入对理想空载转速 n_0、最大转矩 T_{max} 没有影响，但临界转差率 s_m 则会随着 R_{2r} 的增加而增大，人为机械特性曲线的线性部分的斜率也会随着 R_{2r} 的增加而增大，也就是说，其特性将变软，如图 2-21(b)所示。很明显，串入的电阻愈大，临界转差率亦愈大，可选择适当的电阻 R_{2r} 接入转子电路，使 T_{max} 发生在 $s_m=1$ 的瞬间，即最大转矩发生在启动瞬间，以改善电动机的启动性能。

三、三相异步电动机的额定值

电动机在制造厂所拟定的条件下工作时称为电动机的额定运行，通常用额定值来表示其运行条件，这些数据大部分都标明在电动机的铭牌上。使用电动机时，必须看懂铭牌。

电动机的铭牌通常标有下列数据。

（1）型号。

（2）额定功率 P_N　在额定运行条件下，电动机轴上输出的机械功率。

（3）额定电压 U_N　在额定运行条件下，定子绕组端应加的线电压值。一般规定电动机的外加电压不应高于或低于额定值的 5%。

（4）额定频率 f　在额定运行条件下，定子外加电压的频率（$f=50$ Hz）。

（5）额定电流 I_N　在额定频率、额定电压和轴上输出额定功率的条件下，定子的线电流值。若标有两种电流值（例如 10.35/5.9 A），则它们分别对应定子绕组为△/Y连接的线电流值。

（6）额定转速 n_N　在额定频率、额定电压和轴上输出额定功率的条件下，电动机的转速。与此转速相对应的转差率称为额定转差率 s_N。

（7）工作方式（定额）。

(8) 温升(或绝缘等级)。

(9) 电动机质量。

一般不标在电动机铭牌上的额定值有以下几个。

(1) 额定功率因数 $\cos\varphi_N$　在额定频率、额定电压和轴上输出额定功率的条件下,定子相电流与相电压之间的相位差的余弦。

(2) 额定效率 η_N　在额定频率、额定电压和轴上输出额定功率的条件下,电动机输出的机械功率与输入的电功率之比,其表达式为

$$\eta_N = \frac{P_N}{\sqrt{3}U_N I_N \cos\varphi_N} \times 100\%$$

(3) 额定负载转矩 T_N　电动机在额定转速下输出额定功率时轴上的负载转矩。

(4) 线绕式异步电动机转子静止时的滑环电压和转子的额定电流。

通常手册上给出的数据就是电动机的额定值。

电动机在轻载时效率很低,随着负载的增大,效率逐渐增高,通常在接近额定负载时,效率达到最大值。一般异步电动机在额定负载时的效率为 $0.7\sim0.9$。容量愈大,其效率也愈高。

异步电动机运行时由定子通过气隙传递到转子上的电磁功率为

$$P_e = \frac{Tn_0}{9.55} \tag{2-33}$$

式中:P_e 为电动机的电磁功率(W);T 为电动机的电磁转矩(N·m)。

转子轴上产生的机械功率为

$$P_m = \frac{Tn}{9.55}$$

P_e 和 P_m 总是不相等的,它们的差称为转差功率 P_s,即

$$P_s = P_e - P_m = \frac{Tn_0 - Tn}{9\,550} = sP_e \tag{2-34}$$

正常运行时,P_s 全部转换成转子铜耗而消耗掉。由式(2-34)可知

$$P_m = P_e(1-s)$$

若不考虑其他损耗,认为输入电功率 P_1 近似等于 P_e,转子轴上的输出机械功率 P_2 近似等于 P_m,则电动机的运行效率可近似表示为

$$\eta = \frac{P_2}{P_1} \approx \frac{P_m}{P_e} = 1-s \tag{2-35}$$

且

$$T_2 = 9.55 \frac{P_2}{n} \tag{2-36}$$

式中:T_2 为电动机轴上的输出转矩。

电动机的额定转矩可根据铭牌上所标的额定功率和额定转速由式(2-36)求得。

四、定子绕组线端的连接方式

我国电工专业标准规定,定子三相绕组出线端的首端是 D_1、D_2、D_3,末端是 D_4、D_5、D_6。

定子绕组的首端和末端通常都接在电动机接线盒内的接线柱上,一般按图 2-22 所示的方法排列。使用时,根据电源电压和电动机的额定电压的情况,可以很方便地把三相绕组接

成星形(见图 2-23)或三角形(见图 2-24)。

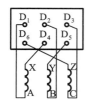

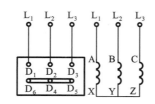

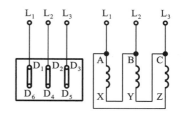

图 2-22　出线端的排列　　　　　图 2-23　星形连接　　　　　　　图 2-24　三角形连接

目前电动机铭牌上给出的有关接线方法的数据有这样两种：一种是额定电压为 380/220 V,接法为星形-三角形。它表明定子每相绕组的电压是 220 V。如果电源线电压是 380 V,应接成星形;如果电源线电压是 220 V,则应接成三角形。另一种是额定电压为 380 V,接法为三角形。它表明定子每相绕组的电压是 380 V,适用于电源线电压为 380 V 的场合。

2-4　三相异步电动机的启动性能与方法

采用电动机拖动生产机械时,对电动机启动性能的要求主要有以下几点。

(1) 有足够大的启动转矩,保证生产机械能正常启动。一般场合下希望启动越快越好,以提高生产效率。电动机的启动转矩要大于负载转矩,否则电动机不能启动。

(2) 在满足启动转矩要求的前提下,启动电流越小越好。因为过大的启动电流,对电网和电动机本身都是不利的。对电网而言,过大的启动电流会引起较大的线路压降,特别是电源容量较小时,电压下降太多,会影响到接在同一电源上的其他负载的工作。对电动机本身而言,很大的启动电流将在绕组中产生较大的损耗,引起发热,加速电动机绕组绝缘老化,且在大电流冲击下,电动机绕组端部受电动力的作用,有发生位移和变形的趋势,容易造成短路事故。

(3) 要求启动平滑,即要求启动时加速平滑,以减小对生产机械的冲击。

(4) 启动设备安全可靠,力求结构简单、操作方便。

(5) 启动过程中的功率损耗越小越好。

评价异步电动机启动性能时,主要是看它的启动转矩和启动电流是否符合要求,一般希望在启动电流比较小的情况下,能得到较大的启动转矩。但异步电动机直接接入电网启动的瞬时,由于转子处于静止状态,定子旋转磁场以最快的相对速度(即同步转速)切割转子导体,在转子绕组中感应出很大的转子电势和转子电流,从而引起很大的定子电流。一般启动电流 I_{st} 可达额定电流 I_N 的 5~7 倍,但因启动时 $s=1$, $f_2=f_1$,转子漏磁感抗 X_{20} 远大于转子电阻,转子功率因数 $\cos\varphi_2$ 很低,因此,其有功分量 $I_{2st}\cos\varphi_{2st}$ 并不大,启动转矩 $T_{st}=K_m\Phi I_{2st}\cos\varphi_{2st}$ 也不大,一般 $T_{st}=(0.8\sim1.5)T_N$。固有启动特性如图 2-25 所示。显然异步电动机的这种启动性能和生产机械的要求是相矛盾的。为了解决这些矛盾,必须根据具体情况,采取不同的启动方法限制启动电流,增大启动转矩,从而改善电动机的启动性能。

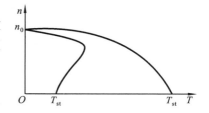

图 2-25　异步电动机的固有启动特性

一、鼠笼式电动机的启动方法

鼠笼式电动机有直接启动和降压启动两种启动方法。

(一) 直接启动

直接启动(又称全压启动)就是利用闸刀开关或接触器将定子绕组直接接入额定电压的

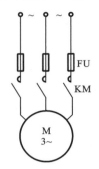

电源上启动,如图 2-26 所示。由于直接启动的启动电流很大,因此,在什么情况下才允许采用直接启动,有关供电、动力部门都有规定。这主要取决于电动机的功率与供电变压器的容量之比值。一般在有独立变压器供电(即变压器供动力用电)的情况下,若电动机启动频繁,电动机功率小于变压器容量的 20%,则允许直接启动;若电动机不经常启动,电动机功率小于变压器容量的 30%,则允许直接启动。如果没有独立的变压器(即与照明共用电源),电动机启动又比较频繁,则常按经验公式来估算,满足下式的则可直接启动:

图 2-26　鼠笼式异步电动机的直接启动

$$\frac{I_{st}}{I_N} \leqslant \frac{3}{4} + \frac{电源总容量(V \cdot A)}{4 \times 电动机功率(W)} \qquad (2\text{-}37)$$

例 2-1　有一台要求经常启动的鼠笼式异步电动机,其 $P_N = 20$ kW,$I_{st}/I_N = 6.5$,如果供电变压器的电源容量为 560 kV·A,且有照明负载。问:(1)可否直接启动?(2)同样的 I_{st}/I_N 比值,功率为多大的电动机则不允许直接启动?

解　(1)根据式(2-37),有

$$\frac{3}{4} + \frac{560 \text{ kV} \cdot \text{A}}{4 \times 20 \text{ kW}} = 7.75$$

因 $I_{st}/I_N = 6.5$ 满足式(2-37),故允许直接启动。

(2)根据式(2-37),有

$$\frac{3}{4} + \frac{560 \text{ kV} \cdot \text{A}}{4 \times \{P_N\}_{kW}} > 6.5$$

经计算得出,额定功率大于 24 kW 的电动机不允许直接启动。

直接启动无须附加启动设备,操作和控制简单可靠,所以在条件允许的情况下应尽量采用,考虑到目前在大中型厂矿企业中,变压器容量已足够大,因此,在绝大多数情况下,小型鼠笼式异步电动机都采用直接启动方式启动。

(二) 降压启动

不允许直接启动时,就必须采用降压启动,即在启动时,降低加在电动机定子绕组上的电压,以减小启动电流。鼠笼式电动机降压启动常用以下几种方法。

1. 串接电阻或电抗器的降压启动

异步电动机采用定子串入电阻或电抗器的降压启动原理接线如图 2-27 所示。启动时,接触器 KM1 断开,KM 闭合,将启动电阻 R_{st} 串入定子电路,使电动机上的端电压降低,启动电流减小,待转速上升到一定程度后,再将 KM1 闭合,R_{st} 被短接,电动机接上全部电压而趋

于稳定运行。这种启动方法的优点是启动平稳,运行可靠,设备简单。但其缺点是:①启动转矩随定子电压的平方关系下降,其机械特性如图 2-19 所示,故只适用于空载或轻载启动的场合;②不经济,在启动过程中,电阻器上消耗能量大,故不适用于经常启动的电动机。若采用电抗器代替电阻器,则所需设备费用较高,且体积大。

2. 星形-三角形降压启动

星形-三角形降压启动的方法只适用于正常运行时定子绕组接成三角形的电动机,原理接线如图 2-28 所示,启动时,触点 KM 和 KM1 闭合,KM2 断开,将定子绕组接成星形;待转速上升到一定程度后再将 KM1 断开,KM2 闭合,将定子绕组接成三角形,电动机启动完成后转入正常运行。

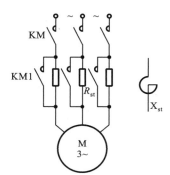

图 2-27　定子串电阻或电抗的降压启动

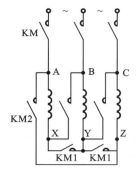

图 2-28　星形-三角形降压启动

设 U_1 为电源线电压,I_{stY} 及 $I_{st\triangle}$ 为定子绕组分别接成星形(用字母 Y 表示)及三角形(用符号△表示)的启动电流(线电流),I_ϕ、I_1 分别为相电流、线电流,Z 为电动机在启动时每相绕组的等效阻抗。因星形连接时,$I_\phi = I_1$,故

$$I_{stY} = \frac{U_\phi}{Z} = \frac{U_1}{\sqrt{3}Z}$$

因三角形连接时,$I_1 = \sqrt{3}I_\phi$,故

$$I_{st\triangle} = \sqrt{3}\,\frac{U_\phi}{Z} = \frac{\sqrt{3}U_1}{Z}$$

可见,$I_{stY} = I_{st\triangle}/3$,即定子接成星形时的启动电流等于接成三角形时的启动电流的 $1/3$,而接成星形时的启动转矩 $T_{stY} \propto \left(\dfrac{U_1}{\sqrt{3}}\right)^2 = U_1^2/3$,接成三角形时的启动转矩 $T_{st\triangle} \propto U_1^2$,所以 $T_{stY} = T_{st\triangle}/3$,即星形连接时的启动转矩只有三角形连接时的 $1/3$。

此种启动方法的优点是设备简单,经济,运行比较可靠,维修方便,启动电流小;其缺点是启动转矩小,且启动电压不能按实际需要调节,故只适用于空载或轻载启动的场合。由于这种方法应用广泛,我国已专门生产出能采用星形-三角形换接启动的三相异步电动机,其定子额定电压为 380 V,是电源的线电压,连接方法为三角形。

(三) 自耦变压器降压启动

这种启动方法是利用一台降压的自耦变压器,又称启动补偿器,使施加在定子绕组上的电压降低,待启动完毕后,再把电动机直接接到电源上,原理接线如图 2-29(a) 所示。启动时

KM1、KM2 闭合,KM 断开,三相自耦变压器 T 的三个绕组连接成星形接于三相电源上,使接于自耦变压器副边的电动机降压启动。当转速上升到一定值后,KM1、KM2 断开,自耦变压器 T 被切除,同时 KM 闭合,电动机接上全电压运行。

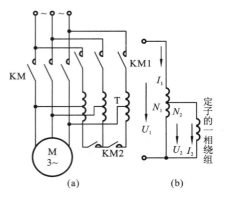

图 2-29(b)所示的为自耦变压器启动时的一相电路,由变压器的工作原理可知,此时副边电压与原边电压之比为 $K=\dfrac{U_2}{U_1}=\dfrac{N_2}{N_1}<1$,$U_2=KU_1$,启动时,加在电动机定子每相绕组上的电压为全电压启动时的 K 倍,因而电流 I_2 也为全电压启动时的 K 倍,即 $I_2=KI_{\mathrm{st}}$(注意:I_2 是自耦变压器副边电流)。但变压

图 2-29　自耦变压器降压启动
(a)原理接线图; (b)相电路

器原边电流 $I_1=KI_2=K^2I_{\mathrm{st}}$,即此时从电网上吸取的电流 I_1 为直接启动时的 K^2 倍。这种启动方法的优点如下。

(1)在降压比 K 一定,启动转矩一定的条件下,自耦变压器降压启动,比前述的各种降压启动的电流小,即对电网的冲击电流小,或者说在启动电流一定的情况下,启动转矩更大。

(2)不受电动机定子绕组接法的限制,并且降压比 K 可以改变,即启动时电压可调。

其缺点是:变压器的体积大,质量大,价格高,维修麻烦;且启动用自耦变压器的设计是按短时工作考虑的,启动时自耦变压器处于过电流(超过额定电流)状态下运行。因此,不适于启动频繁的电动机,每小时内允许连续启动的次数和每次启动的时间,在产品说明书上都有明确的规定,选配时应充分注意。它在启动不太频繁,要求启动转矩较大,容量较大的异步电动机上应用较为广泛。通常自耦变压器的输出端有固定抽头(一般有 $K=80\%$、65% 和 50% 三种电压比,可根据需要进行选择)。

为了便于根据实际要求选择合理的启动方法,现将上述几种常用启动方法的启动电压、启动电流和启动转矩的相对值列于表 2-1 中。表中 U_{N}、I_{st} 和 T_{st} 分别为电动机的额定电压、全压启动时的启动电流和启动转矩,其数值可从电动机的产品目录中查到,U_{st}、I'_{st} 和 T'_{st} 分别为按各种方法启动时实际加在电动机上的线电压,实际的启动电流(对电网的冲击电流)和实际的启动转矩。

表 2-1　鼠笼式异步电动机几种常用启动方法的比较

启 动 方 法	启动电压相对值 $K_U=\dfrac{U_{\mathrm{st}}}{U_{\mathrm{N}}}$	启动电流相对值 $K_I=\dfrac{I'_{\mathrm{st}}}{I_{\mathrm{st}}}$	启动转矩相对值 $K_T=\dfrac{T'_{\mathrm{st}}}{T_{\mathrm{st}}}$
直接(全压)启动	1	1	1
定子电路串接电阻或 电抗器降压启动	0.8 0.65 0.5	0.8 0.65 0.5	0.64 0.42 0.25
星形-三角形降压启动	0.57	0.33	0.33
自耦变压器降压启动	0.8 0.65 0.5	0.64 0.42 0.25	0.64 0.42 0.25

例 2-2 有一台拖动空气压缩机的鼠笼式异步电动机,$P_N = 40$ kW,$n_N = 1\ 465$ r/min,启动电流 $I_{st} = 5.5 I_N$,启动转矩 $T_{st} = 1.6 T_N$,运行条件要求启动转矩必须大于 $(0.9 \sim 1.0) T_N$,电网允许电动机的启动电流不得超过 $3.5 I_N$。试问应选用何种启动方法。

解 按要求,启动转矩的相对值应保证为

$$K_T = \frac{T'_{st}}{T_{st}} \geqslant \frac{0.9 T_N}{1.6 T_N} = 0.56$$

启动电流的相对值应保证为

$$K_I = \frac{I'_{st}}{I_{st}} \leqslant \frac{3.5 I_N}{5.5 I_N} = 0.64$$

查表 2-1 可知,只有当自耦变压器的降压比为 0.8 时,才可满足 $K_T > 0.56$ 和 $K_I \leqslant 0.64$ 的条件。故选用自耦变压器降压启动方法,变压器的降压比为 0.8。

(四)延边三角形启动

延边三角形启动方法是从星形-三角形启动方法演变而来的,不同之处仅在于定子每相绕组中多一个中间抽头。电动机正常运行时定子绕组接成三角形,如图 2-30(b) 所示。启动时,定子绕组的一部分仍接成三角形,剩下部分接成星形,如图 2-30(a) 所示,从启动时定子绕组的连接图来看,就好像将一个三角形三边延长了一样,因此,称为"延边三角形"。根据延边三角形接法的特点,定子每相绕组所承受的电压小于三角形接法时的电压,但大于星形接法时的电压,因此,启动电流和启动转矩比直接启动时小,但是比星形-三角形启动时大,具体大多少,则由星形部分绕组与三角形部分绕组的匝数之比来确定。采用不同的抽头比例,即可适应不同的启动要求,此种启动方法的缺点是定子绕组的出线有特殊要求,制造比较复杂,所以用得不多。因此,该种启动方法在这里就不做进一步的分析了。

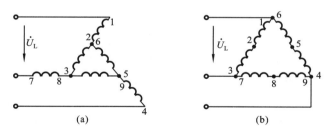

图 2-30 延边三角形启动时定子绕组的连接
(a)启动时的连接; (b)运行时的连接

综上所述,鼠笼式异步电动机降压启动时,不管采用什么方法降压,最终还得给电动机定子绕组加上额定电压。问题是在什么时候才给异步电动机加上额定电压。如果在启动过程中,过早地加上额定电压,则可能会出现较大的电流,达不到降压启动的目的,然而等到启动完毕,即转子的转速达到额定转速时再加额定电压,则启动时间较长。最好是在电动机启动经历了一段时间后,就加上额定电压,这时电动机的电流和最初启动电流一样大,这最为理想,可以缩短启动过程,但这个目的只有采用自动控制启动方式才能达到。

二、线绕式异步电动机的启动方法

鼠笼式异步电动机的启动转矩小,启动电流大,因此不能满足某些生产机械需要大启动转矩、小启动电流的要求。而线绕式异步电动机由于能在转子电路中串入电阻,因此具有较大的启动转矩和较小的启动电流,即具有较好的启动特性。

在转子电路中串入电阻启动,常用的方法有两种:逐级切除启动电阻法和频敏变阻器启动法。

(一) 逐级切除启动电阻法

逐级切除启动电阻的方法能使电动机在整个启动过程中保持较大的加速转矩,缩短启动时间。启动过程如图 2-31 所示。

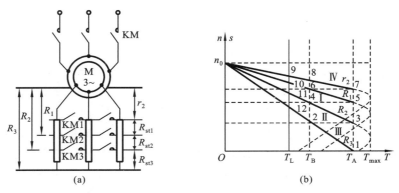

图 2-31 逐级切除启动电阻的启动过程
(a)原理接线图; (b)启动特性

如图 2-31(a)所示,启动开始时,触点 KM1、KM2、KM3 均断开,启动电阻全部接入,KM 闭合,将电动机接入电网。电动机的机械特性如图 2-31(b)中的曲线Ⅲ所示,初始启动转矩为 T_A,加速转矩 $T_{a1}=T_A-T_L$,这里 T_L 为负载转矩,在加速转矩作用下,转速沿曲线Ⅲ上升,轴上输出转矩相应下降,当转矩下降至 T_B 时,加速转矩下降到 $T_{a2}=T_B-T_L$,这时,为了使系统保持较大的加速度,让 KM3 闭合,使各相电阻中的 R_{st3} 被短接(或切除),启动电阻由 R_3 减为 R_2,电动机的机械特性曲线由曲线Ⅲ变化为曲线Ⅱ,由于机械惯性,电动机转速不能突变,在此瞬间,n 维持不变,即从 2 点切换到 3 点,只要 R_2 的大小选择合适,并掌握好切除时间,就能保证在电阻刚被切除的瞬间,电动机轴上的输出转矩重新回升到 T_A,即使电动机重新获得最大的加速转矩。以后各级电阻的切除过程与上述相似,直到转子电阻全部被切除,电动机稳定运行在固有机械特性曲线上,即图 2-31(b)中的曲线Ⅳ上,相应于负载转矩 T_L 的 9 点,启动过程结束。

小容量线绕式转子异步电动机的启动电阻常用高电阻率的金属丝制成,大容量电动机的启动电阻则用铸铁电阻片制成。

(二) 频敏变阻器启动法

采用逐级切除启动电阻的方法来启动线绕式异步电动机时,由于转矩的突变会引起机械上的冲击,并且需要手动操作"启动变阻器"或"鼓形控制器"来切除电阻;也可以用继电器-接触器自动切换电阻。前者很难实现启动要求,且对提高劳动生产率、减轻劳动强度不利,后者则会增加控制设备的费用,且维修较麻烦。因此,单从启动而言,逐级切除启动电阻的方法不是一种很好的方法。为了克服上述缺点,可采用频敏变阻器作为启动电阻,其特点是,它的电阻值会随转速的上升(实际上是频率差的减小)而自动减小,既能做到电阻值自动调整,使电动机平稳地完成启动,又不需要增加控制电器。

频敏变阻器的结构如图 2-32(a)所示,实际上是一个铁芯损耗很大的三相电抗器,铁芯由一定厚度的几块实心铁板或钢板叠成,涡流损耗很大,做成三柱式,每柱上绕有一个线圈,三线圈连成星形,然后接到线绕式异步电动机的转子电路中,如图2-32(b)所示。

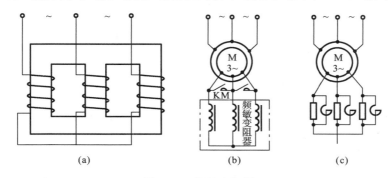

图 2-32　频敏变阻器
(a)结构示意图;　(b)接线图;　(c)等效电路图

频敏变阻器为什么能取代启动电阻呢?因为转子电流流过频敏变阻器的线圈时,铁芯中将产生交变磁通,在交变磁通的作用下,铁芯中就会产生涡流,涡流使铁芯发热,从电能损失的观点来看,和电流通过电阻发热而损失电能一样,所以可以把涡流的存在看成是一个电阻 R。另外,铁芯中交变的磁通又在线圈中产生感应电动势,阻碍电流流过,因而有感抗 X(即电抗)存在。所以频敏变阻器相当于电阻 R 和电抗 X 的并联电路,如图 2-32(c)所示。启动过程中频敏变阻器内的实际电磁化过程如下:启动开始时,$n=0$,$s=1$,转子电流的频率($f_2=sf$)高,铁损大(铁损与 f_2^2 成正比),相当于 R 大,且 $X\propto f_2$,所以 X 也很大,迫使转子电流主要从电阻 R 中流过,从而限制了启动电流,提高了转子电路的功率因数,增大了启动转矩。随着转速的逐步上升,转子电流频率 f_2 逐渐下降,铁损逐渐减少,感应电动势也减少,即由 R 和 X 组成的等效阻抗逐渐减少,这就相当于启动过程中,自动逐渐切除电阻。当转速 $n=n_N$ 时,f_2 很小,R 和 X 近似为零,相当于转子被短路,启动完毕,进入正常运行。这种电阻和电抗对频率的"敏感"作用,就是"频敏"变阻器名称的由来。

和逐级切除启动电阻的启动方法相比,频敏变阻器启动方法的主要优点是,具有自动平滑调节启动电流和启动转矩的良好启动特性,且结构简单,运行可靠,不需经常维修。它的缺点是,功率因数低(一般为 0.3~0.8),因而启动转矩的增大受到限制,且不能用作调速电阻。频敏变阻器用于对调速无特殊要求、启动转矩要求不大,经常正反向运转的线绕式异步电动机的启动是比较合适的,它广泛应用于冶金、化工等的传动设备上。

我国生产的频敏变阻器系列产品,有不经常启动和重复短时工作制启动两类,前者在启动完毕后要用接触器 KM 短接(见图 2-32(b)),后者则不需要。

频敏变阻器的铁芯与轭铁间没有气隙,在绕组上留有几组抽头,改变气隙大小和绕组匝数,可调整电动机的启动电流和启动转矩。当匝数少、气隙大时,启动电流和启动转矩都大。

为了使单台频敏变阻器的体积、质量不要过大,当电动机容量较大时,可以采用多台频敏变阻器串联使用。

三、特殊鼠笼式异步电动机

前面已指出,普通鼠笼式异步电动机的最大优点是结构简单、运行可靠,缺点是启动转矩小、启动电流大。虽然有几种降压启动的方法可改善其启动性能,但仍然存在着转矩显著下降的问题,很难适应启动次数频繁且需要启动转矩大的生产机械(主要是起重运输机械和冶金企业中的各种辅助机械)的要求。为了既保持鼠笼式电动机结构简单的优点,又获得较好的启动性能,可从电动机结构上采取适当的措施,设计出满足要求的特殊结构的鼠笼式异步电动机。

(一) 高转差率鼠笼式异步电动机

这种电动机的结构和普通鼠笼式异步电动机完全相同,只是其转子导条与同容量的鼠笼式电动机相比,截面积要小一些,并且用电阻系数较高的铝合金做成,因而转子电阻大。由于转子电阻增大,既限制了启动电流,又增大了启动转矩,改善了异步电动机的启动性能。但电动机在正常运行时,其转差率较普通鼠笼式电动机高,因而称为高转差率鼠笼式异步电动机。

高转差率鼠笼式异步电动机的启动转矩较大,启动电流小,故适用于启动频繁,具有较大飞轮惯量和不均匀冲击负载及逆转次数较多的机械。这类电动机的缺点是,由于转子电阻较大,电动机正常运行时损耗大,效率较低。

(二) 深槽式异步电动机

由于高转差率鼠笼式异步电动机存在上述缺点,希望有一种启动时转子电阻较大,正常运行时,转子电阻值自动变小的电动机,这就是设计制造出深槽式异步电动机的指导思想。深槽式异步电动机的转子槽形设计得深而窄,通常槽深与槽宽之比为 10～12 以上,以增强集肤效应。集肤效应可使得启动时的转子电阻变大,而正常运行时又会自动减小,从而可改善电动机的启动性能。

当转子导条中流过电流时,槽漏磁的分布如图 2-33(a)所示,可以认为它沿其高度分成许多层(如图(a)中分成 6 层),各层所交链漏磁通的数量不同,底部一层最多,而顶上一层最少,与漏磁通相应的漏电抗,也都是底层最大而上层最小。启动时,$s=1$,$f_2=f$,如前所述,此时电流的分布主要取决于电抗,所以导体中电流密度 δ 的分布沿槽深方向有所不同,底层电抗最大,电流密度最小,上层电抗最小,电流密度最大,如图 2-33(b)所示。集肤效应使电流集中于导体的上部通过,结果是相当于导体有效截面积减小,转子有效电阻增加,使启动电流减小,而启动转矩增大,转子槽形越深,这种作用就越强。基于这个道理,现代的鼠笼式异步电动机转子槽形都向着加深的方向发展。

正常运行时,s 极小,转子电流频率 f_2 甚小(1～3 Hz),因此,转子电抗变得比转子电阻小得多,集肤效应不显著。电流在导体中的分布差不多是均匀分布的,这使转子绕组的电阻自动减小,此时的情况与普通鼠笼式电动机的几乎无差别。

（三）双鼠笼式异步电动机

双鼠笼式异步电动机的特点是,转子有两套鼠笼绕组,分别称为外层绕组(外笼 1)和内层绕组(内笼 2),在外、内层绕组之间通常留有一道狭窄的缝隙,如图 2-34 所示。外层绕组导条截面积较小,常用电阻系数较大的导体(如黄铜、锰铜、铝青铜等)制成,故电阻 R_{2ex} 较大;而内层绕组的导条截面积较大,用电阻系数较小的导体(紫铜)制成,故电阻 R_{2i} 较小。缝隙的存在,使外笼的漏磁通也经过内笼底部闭合,故内笼交链的漏磁通比外笼的多,内层绕组的漏电抗比外层绕组的大。

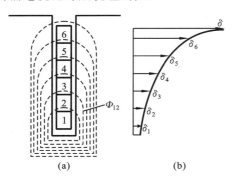

图 2-33　深槽式电动机

（a）转子漏磁通；（b）转子电流密度的分布

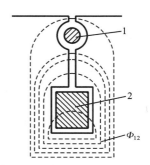

图 2-34　双鼠笼式电动机的转子槽和漏磁通分布

1—外层绕组；2—内层绕组；Φ_{12}—漏磁通

在启动时 $s=1$, $f_2=f$,转子内、外两层绕组的电抗都大大超过它们的电阻,因此,这时的转子电流主要取决于转子电抗。因外层绕组的漏电抗 X_{2ex} 小于内层绕组的漏电抗 X_{2i},所以 $I_{2ex} > I_{2i}$。内、外两层绕组的电阻与电抗的比值不同,有

$$\frac{R_{2ex}}{\sqrt{R_{2ex}^2 + X_{2ex}^2}} > \frac{R_{2i}}{\sqrt{R_{2i}^2 + X_{2i}^2}}$$

即

$$\cos\varphi_{2ex} > \cos\varphi_{2i}$$

因此,外笼产生的启动转矩 T_{stex} 大,而内笼产生的启动转矩 T_{sti} 小。启动时起主要作用的是外笼,故外笼又称启动笼。

电动机正常工作时,s 很小,f_2 也很小,转子内、外两层绕组的电抗都远小于它们的电阻,因此,此时的转子电流主要取决于转子电阻,而 $R_{2ex} > R_{2i}$,此时 $I_{2ex} < I_{2i}$;两层绕组的电抗均极小,使 $\cos\varphi_{2ex}$ 和 $\cos\varphi_{2i}$ 相差不大,在 s 很小时,外笼产生的转矩小于内笼产生的转矩,即正常运行时的转矩主要由内笼产生,故内笼又称工作笼。

双鼠笼式异步电动机比同容量的鼠笼式电动机具有更大的启动转矩和更小的启动电流。同时改变外笼的几何尺寸和导条材料以及内、外笼之间的缝隙的大小,就可以灵活地改变内、外笼的参数,从而得到不同的启动和运行时的转矩特性,满足各种不同负载的需要,这是双鼠笼式异步电动机优于深槽式异步电动机之处。

深槽式异步电动机正常运行时,虽然集肤效应较弱,但由于转子槽形较深,其转子漏电抗比普通鼠笼式转子要大一些,深槽式异步电动机的额定功率因数和最大转矩比普通鼠笼

式异步电动机的稍低。双鼠笼式转子异步电动机转子的漏抗同样要比普通鼠笼式异步电动机转子的漏抗要大些,因此功率因数和最大转矩也稍低些。但是它们都具有较好的启动性能,因此,在工业上得到了广泛的应用。实际上,功率大于 100 kW 的鼠笼式异步电动机都做成双鼠笼式或深槽式。

2-5　三相异步电动机的调速方法

在同一负载下,用人为的方法来改变电动机的速度,称为调速。从异步电动机的转速公式

$$n = n_0(1-s) = \frac{60f}{p}(1-s) \tag{2-38}$$

可见异步电动机的调速方法有三种,即改变电动机定子绕组的极对数 p、供电电源频率 f 及电动机的转差率 s。当恒转矩调速时,从电磁转矩关系式

$$T = K \frac{sR_2U^2}{R_2^2 + (sX_{20})^2} \tag{2-39}$$

可知,改变转差率 s 又可通过改变定子绕组相电压 U 及转子电路串接电阻等方法来实现。

一、调压调速

改变异步电动机定子电压时的机械特性如图 2-35 所示。由图可见,n_0、s_m 不变,T_{max} 随

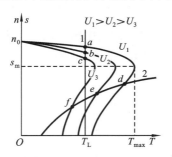

图 2-35　调压调速时的机械特性

电压的降低而成平方比例下降。对于恒转矩负载 T_L,由负载特性曲线 1 与不同电压下电动机的机械特性的交点,可以得出 a、b、c 点所决定的速度,其调速范围很小;离心式通风机型负载曲线 2 与不同电压下机械特性的交点为 d、e、f,可以看出,此时电动机调速范围稍大,但要注意,当电压降低时,电动机有可能出现过电流问题。

这种调速方法的优点是,能够无级平滑调速;缺点是,降低电压时,从式(2-39)可知,转矩按电压的平方比例减小,机械特性变软,调速范围不大。

在定子电路中串接电阻(或电抗)和用晶闸管调压调速都是属于这种调速方法。

二、转子电路串接电阻调速

在转子回路中串入电阻调速是改变电动机转差率调速的一种方法。这种调速方法只适用于线绕式异步电动机的调速,其原理接线图和机械特性如图 2-36 所示。其特点是,转子电路串接不同的电阻时,其 n_0 和 T_{max} 不变,但 s_m 随外加电阻的增大而增大,机械特性变软。对于恒转矩负载 T_L,由负载特性曲线与不同外加电阻下电动机机械特性的交点为 9、10、11、12 等可知,随着外加电阻的增大,电动机的转速降低。

线绕式异步电动机的启动电阻可兼作调速电阻用,不过此时要考虑稳定运行时的发热问题,应适当增大电阻的容量。

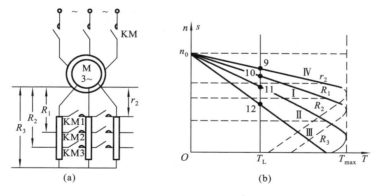

图 2-36 转子电路串电阻调速

(a) 原理接线图; (b) 机械特性

这种调速方法的优点是简单可靠。其缺点是有级调速,随转速降低,特性变软,转子电路电阻损耗与转差率成正比,低速时损耗大,所以此种调速方法大多用在重复、短期运转的生产机械中,在起重运输设备中应用非常广泛。

三、改变极对数调速

改变极对数调速,通常用改变定子绕组接线的方式来实现。一般应用于鼠笼式异步电动机的调速,因其转子极对数能自动地与定子极对数对应。根据式(2-5),同步转速 n_0 与极对数 p 成反比,改变极对数 p 即可改变鼠笼式异步电动机的转速。下面以单绕组双速电动机为例,对改变极对数调速的原理进行分析。如图 2-37 所示,为简便起见,将一个线圈组集中起来用一个线圈代表。单绕组双速电动机的定子每相绕组由两个相等圈数的"半绕组"组成。图 2-37(a)中两个"半绕组"串联,其电流方向相同,当 AX 绕组流过电流时,它产生的磁通势是四极的。如图 2-37(b)所示,若将两个"半绕组"并联,其电流方向相反;当改变接线的 AX 绕组流过电流时,它产生的磁通势是两极的,它们分别代表两种极对数,即 4 极($2p=4$)与 2 极($2p=2$),可见,改变极对数的关键在于使每相定子绕组中一半绕组内的电流改变方向,这可用改变定子绕组的接线方式来实现。若在定子上装两套独立绕组,各自具有所需的极对数,则两套独立绕组中每套又可以有不同的连接。这样就可以分别得到双速、三速或四速等电动机,通常称为多速电动机。

应该注意的是,多速电动机的调速性质也与连接方式有关,如将定子绕组由 Y 连接改成

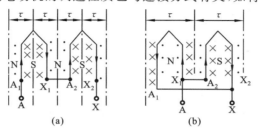

图 2-37 改变极对数调速的原理

(a)串联,$2p=4$; (b)并联,$2p=2$

YY 连接(图 2-38(a)),即每相绕组由串联改成并联,则极对数减少了一半,故 $n_{YY}=2n_Y$,如果电源线电压 U_N 不变,每个线圈中允许流过的电流 I_N 不变,Y 连接时电动机的输出功率为

$$P_Y = 3\frac{U_N}{\sqrt{3}}I_N\eta\cos\varphi_1$$

改成 YY 连接时,若保持支路电流 I_N 不变,则每相电流为 $2I_N$,假定改接前后的功率因数和效率都近似不变,则电动机的输出功率为

$$P_{YY} = 3\frac{U_N}{\sqrt{3}}2I_N\eta\cos\varphi_1$$

即

$$\frac{P_{YY}}{P_Y} = \frac{3\dfrac{U_N}{\sqrt{3}}2I_N\eta\cos\varphi_1}{3\dfrac{U_N}{\sqrt{3}}I_N\eta\cos\varphi_1} = 2$$

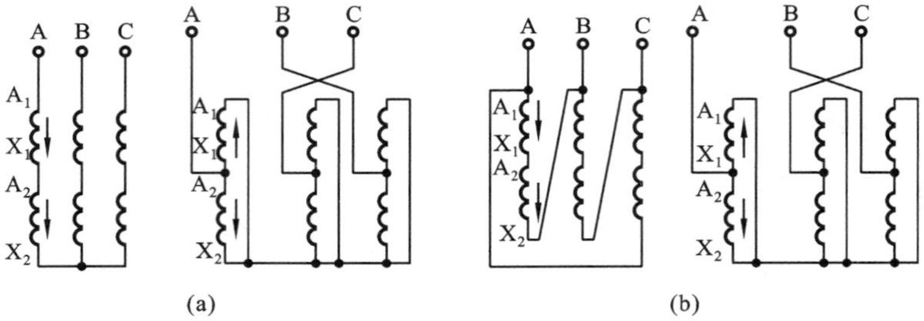

图 2-38　单绕组双速电动机的极对数变换

(a)Y-YY；　(b)△-YY

虽然功率增加了 1 倍,转速也增加了 1 倍,但 $T=9.55\dfrac{P}{n}$,因此转矩保持不变,即属于恒转矩调速性质。而当定子绕组由△连接改成 YY 连接(图2-38(b))时,极对数也减少了一半,即 $n_{YY}=2n_\triangle$,也可以证明,此时功率基本维持不变,而转矩减小了一半,即属于恒功率调速性质。

另外,极对数的改变,不仅会使转速发生改变,而且会使三相定子绕组中电流的相序也发生改变。对于倍极比的双速电动机,在少极数 p 时三相定子绕组的三个出线端互差 120° 电角度,改成倍极数 $2p$ 后,三个出线端彼此互差 240° 电角度,变速后的相序和变速前的相序相反。

为了改变极对数后仍维持原来的转向不变,必须在改变极对数的同时,改变三相绕组接线的相序。如图 2-38 所示,将 B 相和 C 相对换一下。这是设计变极调速电动机控制线路时应注意的一个问题。

多速电动机启动时宜先接成低速,然后再换接为高速,这样可获得较大的启动转矩。

变极调速的优点是:操作简单方便,机械特性较硬(因为是一种改变同步转速,而不改变临界转差率的调速方法),效率较高,既适用于恒转矩调速,也适用于恒功率调速。其主要缺点是:多速电动机体积稍大,价格稍高,调速是有级的,而且调速的级数不可能多。因此,这种调速方法仅适用于不要求平滑调速的场合,在各种中、小型机床上用得极多,而且在某些机床上,采用变极调速与齿轮箱机械调速相配合,就可以较好地满足生产机械对调速的

要求。

四、变频调速

异步电动机的变频调速是一种很好的调速方法。从图 2-20 所示的改变定子电源频率时的人为机械特性可以看出,异步电动机的转速正比于定子电源的频率 f,若连续地调节定子电源频率 f,即可实现连续地改变电动机的转速。

由异步电动机的电动势公式可知

$$U_1 \approx E_1 = 4.44 f_1 N_1 \Phi$$

故 $\Phi \propto U_1/f_1$。在外加电压不变时,气隙磁通与供电电源频率 f_1 成反比。减小 f_1 可降低电动机运行速度,但会导致 Φ 的增大,这将引起磁路过分饱和,使励磁电流大大增加,同时增加涡流的损耗;反之,增大 f_1 以提高运行速度时,会引起 Φ 的下降,这将使电动机容量得不到充分的利用,从转矩公式 $T = K_m \Phi I_2 \cos\varphi_2$ 可以看出,在 I_2 相同情况下,Φ 减小,电磁转矩也减小,过载能力下降。这些对电动机的正常运行都是不利的。为了解决这一问题,在调速过程中应保持 Φ 不变,也就是应使电压 U_1 与频率 f_1 成比例地变化,即

$$\frac{U_1}{f_1} \approx \frac{E_1}{f_1} = 常数 \tag{2-40}$$

为了保证电动机的稳定运行,在变频调速时,要求电动机过载能力不变,即 $\lambda_m = \dfrac{T_{max}}{T_N} =$ 常数。在忽略定子电阻 R_1,忽略铁芯饱和对漏磁通的影响下,最大转矩可表示为

$$T_{max} = K \frac{U^2}{2X_{20}}$$

式中:K、X_{20} 都是与 f_1 有关的系数。故

$$\frac{U_1^2}{f_1^2 T_N} = \frac{U_1'^2}{f_1'^2 T_N'}$$

即

$$\frac{U_1}{f_1} = \frac{U_1'}{f_1'} \sqrt{\frac{T_N}{T_N'}} \tag{2-41}$$

可见,在变频调速时,为了使电动机的过载能力保持不变,$T_N = T_N'$,由式(2-41)可得

$$\frac{U_1}{f_1} = \frac{U_1'}{f_1'} = 常数 \tag{2-42}$$

式(2-42)既保证了电动机的过载能力不变,也满足了 Φ_1 基本不变的要求。这种变频调速适用于恒转矩负载的情况。

仅仅保持 $U_1/f_1 =$ 常数时,U_1 随 f_1 的减小而下降,而定子电阻压降 I_1R_1 是不变的,因此,I_1R_1 在 U_1 中所占比例增大,必将使产生气隙磁通的感应电动势减小,E_1/f_1 减小,气隙磁通 Φ 减弱,即 Φ 随着 f_1 的下降而减小,导致低速运行时最大转矩减小。过载能力明显下降,严重时甚至带不动负载。其机械特性如图 2-39 所示。为了确保 Φ 为常数以保持 T_{max} 不变,应采用 E_1/f_1 为常数的控制方式,即在保证 U_1/f_1 为常数的基础上应适当加大 U_1,以便能补偿定子阻抗的压降。$U_1/f_1 =$ 常数和 $E_1/f_1 =$ 常数的这两种控制方式,都是在

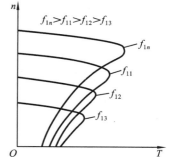

图 2-39　$U_1/f_1 =$ 常数时的机械特性

一定负载电流下电动机输出的转矩不变,均属于恒转矩调速方式。

当 f_1 在额定频率 f_N(基频)以上调节时,若仍采用 U_1/f_1＝常数的控制方式,U_1 将超过额定电压,这是电动机运行条件所不允许的。若保持 $U_1=U_{1N}$,$f_1 > f_{1N}$ 时,Φ 将会随 f_1 的上升而下降,使最大转矩 T_{max} 随转速上升而下降。频率越高,T_{max} 越小。若 I_1 保持额定值不变,则

$$P_m = 常数$$

即调速过程中电磁功率近似不变,为恒功率调速方式。在异步电动机变频调速系统中,为了得到更好的调速性能,可以将恒转矩调速与恒功率调速方法结合起来使用。

2-6　三相异步电动机的制动

异步电动机与直流电动机一样,除有电动运转状态外,也有三种制动方式,即反馈制动(发电制动)、反接制动与能耗制动。无论哪一种制动方式,其共同的特点都是电动机的电磁转矩 T 与转速 n 的方向相反,此时电磁转矩起制动作用,电动机从轴上吸取机械能并转换为电能。

一、反馈制动

当异步电动机由于某种原因,例如,位能负载的作用使其转速 $n > n_0$(n_0 为理想空载转速)时,转差率 $s = \dfrac{n_0 - n}{n_0} < 0$,异步电动机就进入发电状态。显然这时转子导体切割旋转磁场的方向与电动状态时的方向相反,电流 I_2 改变方向,电磁转矩 $T = K_m I_2 \Phi \cos\varphi_2$ 也随之改变方向,即 T 与 n 的方向相反,T 起制动作用。反馈制动时,电动机从轴上吸取功率后,一部分转换为转子铜耗,大部分则通过空气隙进入定子,并在供给定子铜耗和铁耗后,反馈给电网,所以反馈制动又称发电制动,这时异步电动机实际上是一台与电网并联运行的异步发电机。由于 T 为负,$s < 0$,所以反馈制动时异步电动机的机械特性是电动状态机械特性向第二象限(正转)或第四象限(反转)的延伸,如图 2-40 所示。

异步电动机的反馈制动运行状态有两种情况。

(1)起重机械下放重物时,负载转矩为位能性转矩。例如:在桥式吊车上,电动机反转(在第三象限)下放重物,开始在反转电动状态下工作,电磁转矩和负载转矩方向相同,系统加速,重物快速下降,直到 $|-n| > |-n_0|$,电动机被负载转矩拖入反馈制动运行状态(特性曲线进入第四象限),即电动机的实际转速超过同步转速,电磁转矩改变方向成为制动转矩,并随着转速的上升而增大。当 $T = T_L$ 时,达到稳定状态,重物匀速下降,如图2-40中的点 a,此时,重物将储存的位能释放出来,由电动机转换为电能反馈到电网。改变转子电路内的串入电阻,可以调节重物下降的稳定运行速度,如图 2-40 中的点 b,转子电阻越大,电动机转速就越高,但为了不致因电动机转速太高而造成运行事故,转子附加电阻的值不允许太大。

(2)电动机在变极调速或变频调速过程中,极对数突然增多或供电频率突然降低使同步转速 n_0 突然降低时,转子转速将超过同步速度,这时 $s < 0$,异步电动机运行在反馈制动状态。例如,某生产机械采用双速电动机传动,高速运行时为 4 极($2p = 4$),$n_{01} = \dfrac{60f}{p} =$

$\left(\dfrac{60\times50}{2}\right)$ r/min＝1 500 r/min；低速运行时为 8 极（$2p=8$），$n_{02}=750$ r/min；如图 2-41 所示，当电动机由高速挡切换到低速挡时，由于转速不能突变，在降速开始一段时间内，电动机将运行到 n_{02} 下的机械特性的发电区域内（点 b），此时，电枢所产生的电磁转矩为负，和负载转矩一起，迫使电动机降速。在降速过程中，电动机将运动系统中的动能转换成电能反馈到电网，当电动机在高速挡所储存的动能消耗完后，电动机就进入 $2p=8$ 的电动状态，直到电动机的电磁转矩又重新与负载转矩相平衡，电动机稳定运行在点 c。

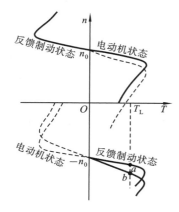

图 2-40　反馈制动时异步电动机
的机械特性

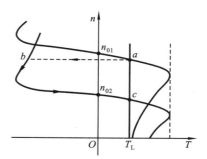

图 2-41　变极或变频调速时反馈
制动的机械特性

二、反接制动

异步电动机的反接制动有电源反接制动（两相反接）和倒拉反接制动（转速反接）两种。

1. 电源反接制动

若异步电动机在电动状态下稳定运行时，将其定子两相反接，即将三相电源的相序突然改变，也就是改变旋转磁场的方向，因而也就是改变电动机的旋转方向，那么电动状态下的机械特性曲线就将由第一象限的曲线 1 变成第三象限的曲线 2，如图 2-42 所示。但此时由于机械惯性，转速不能突变，系统运行点只能从点 a 平移至特性曲线 2 之点 b，电磁转矩由正变负，转子将在电磁转矩和负载转矩共同作用下其转速将迅速从点 b 降到点 c，电磁转矩 T 和转速 n 的方向相反，电动机进入反接制动状态。待 $n=0$（点 c）时，应将电源切断；否则，电动机将反向启动运行。

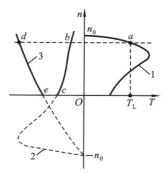

图 2-42　电源反接时反接制动
的机械特性

电源反接制动状态下，电动机的转差率 $s=\dfrac{-n_0-n}{-n_0}>1$，故转子中的感应电动势 sE_{20} 比启动时的转子电动势 E_{20} 要高，电源反接制动时的电流比启动电流要大得多。为了限制制动电流，常在鼠笼式电动机定子电路中串接电阻，对于线绕式电动机，则在转子回路中串接电阻，这时的人为机械特性如图 2-42 所示的曲线 3，制动工作点由点 a 转换到点 d，然后沿特性曲线 3 减速,至 $n=0$(点 e)时,切断电源。

在电源反接制动状态下,电动机不仅从电源吸取电能,而且从机械轴上吸收机械能(由系统降速时释放出的动能转换而来),将这两部分的能量转换成电能后,消耗在转子电阻上。

该制动方法的优点是制动强度大,缺点是能量损耗大,对电动机和机械的冲击都比较大,适用于要求迅速停车与迅速反向的生产机械。

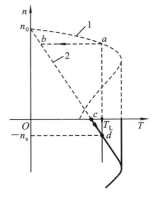

图 2-43　倒拉反接制动时的机械特性

2. 倒拉反接制动

当异步电动机的负载为位能转矩时,例如起重机械下放重物,异步电动机电源相序不变,而速度反向,进入倒拉反接制动状态。起重机提升重物时,电动机则运行在电动状态的固有机械特性曲线 1 的点 a 上,如图 2-43 所示,电磁转矩 T 与位能转矩 T_L 相平衡。欲使重物下降,就要在转子电路内串入较大的附加电阻,此时系统运行点将从机械特性曲线 1 之点 a 移至特性曲线 2 之点 b,负载转矩 T_L 将大于电动机的电磁转矩 T,电动机减速到点 c(即 $n=0$),这时由于电磁转矩 T 仍小于负载转矩,重物将迫使电动机反向旋转,重物开始下放,电动机转速 n 也就由正变负(转速反向),$s>1$,机械特性由第一象限延伸到第四象限,电动机进入倒拉反接制动状态。负载转矩成为拖动转矩,电动机电磁转矩起制动作用,随着下放速度的增大,s 增大,转子电流 I_2 和电磁转矩随之增大,直至 $T=T_L$,系统达到相对平衡状态,重物以 $-n_s$ 匀速下放。可见,这与电源反接的过渡制动状态不同,是一种能稳定运行的制动状态。下放重物的速度不宜太快,这样比较安全。改变串入电阻值的大小,可获得不同的下放速度。

在倒拉反接制动状态下,转子轴上输入的机械功率转变成电功率后,连同从定子输送来的电磁功率一起,消耗在转子电路的电阻上。

三、能耗制动

用异步电动机反接制动方法来准确地停车有一定的困难,因为它容易造成反转,而且电能损耗也比较大;反馈制动虽是比较经济的制动方法,但它只能在高于同步转速下使用;而能耗制动却是比较常用的能准确停车的方法。

异步电动机的能耗制动是这样实现的:把处于电动运转状态下的电动机的定子绕组,从三相交流电源上断开,接到直流电源上,即可实现能耗制动。其原理线路图一般如图 2-44(a)所示。进行能耗制动时,首先将定子绕组从三相交流电源断开(打开 KM1),接着立即将一低压直流电源与定子绕组接通(闭合 KM2)。直流电流通过定子绕组后,在电动机内部建立一个固定不变的磁场,而转子在运动系统储存的机械能作用下旋转,旋转转子切割磁力线时导体内就产生感应电势和电流,该电流与恒定磁场相互作用产生作用方向与转子实际旋转方向相反的制动转矩。在它的作用下,电动机转速迅速下降,此时运动系统储存的机械能被电动机转换成电能后消耗在转子电路的电阻中。

能耗制动时的机械特性如图 2-44(b)所示,制动时系统运行点从特性曲线 1 之点 a 平移至特性曲线 2 之点 b,在制动转矩和负载转矩共同作用下,沿特性曲线 2 迅速减速,直至 $n=0$,当 $n=0$ 时,$T=0$,所以能耗制动能准确停车。不过当电动机停止后,不应再接通直流电

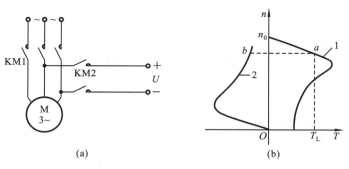

图 2-44　能耗制动时的原理线路图及机械特性

(a)原理线路图；　(b)机械特性

源,因为那样将会烧坏定子绕组。另外,在制动的后阶段,随着转速的降低,能耗制动转矩也很快减少,所以制动比较平稳,但制动效果则比反接制动差。制动力矩的大小,一方面取决于定子直流励磁电流 I_f 的大小(即恒定磁场的强弱),另一方面取决于转子电流的大小,即取决于转子转速和转子电阻,因此,对于鼠笼式电动机,可通过改变直流电压 U,改变定子的直流电流 I_f 的大小,而对线绕式电动机则可通过改变 I_f 和转子回路电阻来控制制动转矩的强弱。由于制动时间很短,所以 I_f 可以大于电动机的定子额定电流,一般取 $I_f=(2\sim3)I_{1N}$。由于能耗制动可以使生产机械准确地停车,故广泛应用于矿井提升、起重运输及机床等生产机械上。

2-7　单相异步电动机

单相异步电动机是由单相交流电源供电的电动机,具有结构简单、成本低廉、运行可靠等一系列优点,广泛用于家用电器、医疗器械等产品及自动控制装置中,容量一般从几瓦到几百瓦。单相异步电动机由于用途不同,其结构也不一样,但基本工作原理是相似的。

一、单相异步电动机的磁场

单相异步电动机的定子绕组为单相绕组,转子一般为鼠笼式,如图 2-45 所示。当定子绕组接入单相交流电源时,它在定、转子气隙中将产生一个如图 2-46(a)所示的交变脉动磁场,此磁场在空间不旋转,只是磁通或磁感应强度的大小随时间作正弦变化,即

$$B = B_m \sin\omega t \tag{2-43}$$

式中:B_m 为磁感应强度的幅值;ω 为交流电源频率。

**图 2-45　单相异步
电动机**

如果仅有一个单相绕组,则在通电前转子原来是静止的,通电后转子仍将静止不动。若此时用手拨动它,转子便顺着拨动方向转动起来,最后达到稳定运行状态。可见这种结构的电动机没有启动能力,但一经推动后,它就能转动起来,这是为什么?

可以证明,一个空间轴线固定而大小按正弦规律变化的脉动磁场(用磁感应强度 B 表示),可分解成两个转速相等而方向相反的旋转磁场 B_{m1} 和 B_{m2},磁感应强度的幅值相等,等

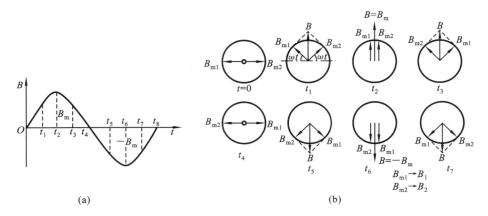

图 2-46　脉动磁场分解成两个转向相反的旋转磁场

(a) 交变脉动磁场；　(b) 脉动磁场的分解

于脉动磁场的磁感应强度幅值的一半,即

$$B_{m1} = B_{m2} = B_m/2$$

图 2-46(b)所示为在不同瞬时两个转向相反的旋转磁场的磁感应强度幅值在空间的位置,以及由它们合成的脉动磁场 B 随时间而改变的情况。

在 $t=0$ 时,两个旋转磁场的磁感应强度 B_{m1} 和 B_{m2} 相反,故其合成磁感应强度 $B=0$;到 $t=t_1$ 时,B_{m1} 和 B_{m2} 按相反方向各在空间转过 ωt_1 角,故合成磁感应强度为

$$B = B_{m1}\sin\omega t_1 + B_{m2}\sin\omega t_1 = 2 \times \frac{B_m}{2}\sin\omega t_1 = B_m\sin\omega t_1$$

由此可见,在任何瞬间 t,合成磁感应强度为

$$B = B_m\sin\omega t$$

当脉动磁场变化一个周期时,对应的两个旋转磁场正好各转一圈,若交流电源的频率为 f,定子绕组的磁极对数为 p,则两个旋转磁场的同步速度为

$$n_0 = \pm 60\frac{f}{p} \tag{2-44}$$

与三相异步电动机的同步转速相同。

如果电动机的转子是静止的,则分成的两个转向相反的旋转磁场分别在转子中感应出大小相等、方向相反的电动势和电流,因此,产生的转矩也是大小相等、方向相反的,所以互相抵消,也就是说启动转矩为零,转子不能自行启动。但是,如果将电动机的转子沿正方向推动一下,那么电动机就会继续转动下去。因为与电动机转向相同的正向旋转磁场对转子的作用和三相异步电动机一样,它对转子的转差率和转子频率分别为

$$s^+ = \frac{n_0 - n}{n_0} \tag{2-45}$$

和

$$f_2^+ = s^+ f \tag{2-46}$$

而反向旋转磁场与转子间的相对转速很大,转差率为

$$s^- = \frac{-n_0 - n}{-n_0} = \frac{n_0 + n}{n_0} = \frac{n_0 + (1 - s^+)n_0}{n_0} = 2 - s^+ \tag{2-47}$$

因此,反向旋转磁场在转子中产生的感应电动势很大,电流的频率也很大,差不多是电源频

率 f 的两倍,即

$$f_2^- = s^- f = (2 - s^+) f \approx 2f \qquad (2\text{-}48)$$

在此频率下,转子感抗很大,而决定转矩大小的 $I_2\cos\varphi_2$ 则很小。因此,正向和反向旋转磁场同转子作用产生的正向转矩 T^+ 和反向转矩 T^- 大小不等($T^- \ll T^+$),方向相反。这可用图 2-47 所示的 $T = f(s)$ 曲线表示。将正向转矩 T^+ 和反向转矩 T^- 合成而得合成转矩

$$T = T^+ - T^-$$

在合成转矩的作用下,转子得以继续转动。同理,如果沿反方向推动一下,则电动机就反向旋转。

由此可以得出结论:

(1) 在脉动磁场作用下的单相电动机没有启动能力,即启动转矩为零;

(2) 单相异步电动机一旦启动,它就能自行加速到稳定运行状态,其旋转方向不固定,完全取决于启动时的旋转方向。

二、单相异步电动机的启动方法

由上述分析可知,为了启动单相异步电动机,就必须在单相异步电动机中产生一个旋转磁场。下面介绍两种产生旋转磁场的方法,即两种常见的单相异步电动机。

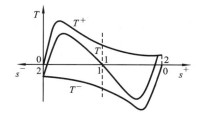

图 2-47　单相异步电动机的 $T = f(s)$ 曲线　　　图 2-48　电容分相式异步电动机接线原理图

因此,要解决单相异步电动机的应用问题,首先必须解决它的启动转矩问题。

1. 电容分相式异步电动机

图 2-48 所示的为电容分相式异步电动机的接线原理图。定子绕组由空间上相差 90°电角度的运行绕组 AX(或工作绕组)和启动绕组 BY 构成,在启动绕组 BY 电路中串有电容器 C,适当选择参数使该绕组中的电流 i_B 比 AX 绕组中的电流 i_A 在相位上超前 90°。其目的是:通电后能在定、转子气隙内产生一个旋转磁场,使其自行启动。利用 2-1 节中旋转磁场的分析来讨论电容分相式异步电动机的磁场,根据两个绕组的空间位置及图 2-49(a)所示的两相电流的波形,可以画出 t 为 $\frac{T}{8}$、$\frac{T}{4}$、$\frac{T}{2}$ 各时刻磁力线的分布,如图2-49(b)所示。从该图可以看出,磁场是旋转的,且旋转方向的规律也和三相旋转磁场一样,是由 BY 到 AX,即由电流超前的绕组转向电流滞后的绕组。在此旋转磁场作用下,鼠笼转子将跟着旋转磁场一起旋转,若在启动绕组 BY 支路中,接入离心开关 QC,如图 2-48 所示,电动机启动后,当转速达到额定值附近时,借离心力的作用,将 QC 打开,电动机就处于单相运行状态了。此种结构形式的电动机,称为电容分相式电动机。也可不用离心开关,即在运行时,并不切断电容支路。

值得指出的是,欲使电动机反转,不能像三相异步电动机那样交换两根电源线来实现,必须靠交换电容器 C 的串联位置来实现。如图 2-50 所示,改变 SA 的接通位置,就可以改

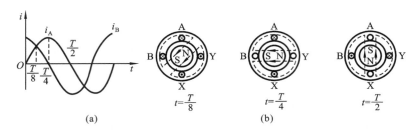

图 2-49　电容分相式异步电动机旋转磁场的产生

(a)两相电流；　(b)两相旋转磁场

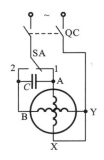

**图 2-50　电容分相式异步电动机
正反转接线原理图**

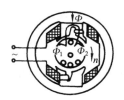

**图 2-51　罩极式单相异步电动机
定子的结构**

变旋转磁场的方向,从而实现电动机的反转。如洗衣机中的电动机,就是靠定时器中的自动转换开关来实现这种切换的。

2. 罩极式单相异步电动机

罩极式单相异步电动机的定子大多做成凸极式,结构如图 2-51 所示。在磁极一侧开有一小槽,用短路铜环罩住磁极的一部分。每个磁极的工作绕组串联后接单相电源。工作绕组接通交流电源时,磁极的磁通 Φ 分为两部分,即 Φ_1 与 Φ_2。当磁通变化时,由于电磁感应作用,在罩极线圈中产生感应电流,其作用是阻止通过罩极部分的磁通变化,使罩极部分的磁通 Φ_2 在相位上滞后于未罩部分磁通,合成效果与前述旋转磁场相似,即产生一个由未罩部分向罩极部分移动的磁场,从而在转子上产生一个启动转矩,使转子转动。

罩极电动机的启动转矩较小,效率也较低,但由于结构简单、坚固可靠、成本低,因而仍有广泛应用。

由于单相异步电动机运行时,气隙中始终存在着反转的旋转磁场,使得电动机最大电磁转矩减小,过载能力降低。同时反转磁场还会引起转子铜耗和铁损的增加,因而单相异步电动机的效率和功率因数均比三相异步电动机的低。

三相电动机接到电源的三根导线中,若由于某种原因断开了一线,就成为单相电动机运行。如果在启动时就断了一线,则不能启动,只听到嗡嗡声。这时电流很大,时间长了,电动机就会被烧坏。如果在运行中断了一线,则电动机仍将继续转动,若此时还带动额定负载,则势必超过额定电流。时间一长,电动机也会烧坏,这种情况往往不易察觉(特别在无过载保护的情况下),因此,在使用三相异步电动机时必须注意这一点。

2-8　同步电动机

同步电动机与其他电动机一样具有可逆性，既可作电动机运行，也可作发电机运行。同步电动机也是一种三相交流电动机，作为一种恒速电动机广泛用于拖动大容量恒速机械。它的功率因数可以调节，可用于补偿电网功率因数。

一、同步电动机的基本结构

同步电动机也分定子和转子两大基本部分。定子由铁芯、定子绕组（又叫电枢绕组，通常是三相对称绕组，并通有对称三相交流电流）、机座及端盖等主要部件组成。转子则包括主磁极，装在主磁极上的直流励磁绕组，特别设置了鼠笼式启动绕组、电刷及集电环等部件。

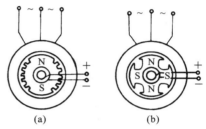

图 2-52　同步电动机的结构示意图
（a）隐极式；　（b）凸极式

同步电动机按转子主磁极的形状分为隐极式和凸极式两种，它们的结构简图如图 2-52 所示。隐极式转子的优点是转子圆周的气隙比较均匀，适用于高速电机；凸极式转子呈圆柱形，转子有明显的磁极，气隙不均匀，但制造较简单，适用于低速电机（转速低于 1 000 r/min）。

由于同步电动机中作为旋转部分的转子只通以较小的直流励磁功率，为电动机额定功率的 $0.3\% \sim 2\%$，故同步电动机特别适用于大功率、高电压的场合。

二、同步电动机的工作原理和运行特性

同步电动机的基本工作原理可用图 2-53 来说明，电枢绕组中通以三相交流电流后，气隙中便产生电枢旋转磁场，其旋转速度为同步转速，即

$$n_0 = 60\,\frac{f}{p} \qquad\qquad (2\text{-}49)$$

式中：f 为三相交流电源的频率；p 为定子旋转磁场的极对数。

在转子励磁绕组中通以直流电流后，同一空气隙中，又存在一个大小和极性固定、极对数与电枢旋转磁场相同的直流励磁磁场。这两个磁场的相互作用，使转子被电枢旋转磁场拖着以同步转速一起旋转，即 $n = n_0$，"同步"电动机由此而得名。

在电源频率 f 与电动机转子极对数 p 一定的情况下，转子转速 $n = n_0$ 为一常数，因此同步电动机具有恒定转速的特性，它的运转速度是不随负载转矩的变化而变化的。同步电动机的机械特性如图 2-54 所示。

因为异步电动机的转子没有直流电流励磁，它所需要的全部磁动势均由定子电流产生，所以，异步电动机必须从三相交流电源吸取滞后电流来建立电动机运行时所需要的旋转磁场。异步电动机的运行状态就相当于电源的电感性负载。它的功率因数总是小于 1 的。同步电动机与异步电动机则不相同，同步电动机所需要的磁动势是由定子与转子共同产生的。同步电动机转子励磁电流 I_f 产生磁通 Φ_f，而定子电流 I 产生磁通 Φ_0，总的磁通 Φ 为二者的

图 2-53　同步电动机工作原理示意图

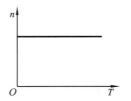

图 2-54　同步电动机的机械特性

合成。当外加三相交流电源的电压 U 一定时,总的磁通 Φ 也应该一定,这一点是和感应电动机的情况相似的。因此,当改变同步电动机转子的直流励磁电流 I_f 使 Φ_f 改变时,如果要保持总磁通不变,那么 Φ_0 就要改变,故产生 Φ_0 的定子电流 I 必然随着改变。当负载转矩 T_L 不变时,同步电动机输出功率 $P_2 = Tn/9\,550$ 也是恒定的,若略去电动机的内部损耗,则输入的功率 $P_1 = 3UI\cos\varphi$ 也是不变的,所以,改变 I_f 影响 I 改变时,功率因数 $\cos\varphi$ 也随着改变。因此,可以利用调节励磁电流 I_f 使 $\cos\varphi$ 刚好等于 1,这时,电动机的全部磁动势都是由直流产生的,交流方面不需供给励磁电流,在这种情况下,定子电流 I 与外加电压 U 同相,这时的励磁状态称为正常励磁。当直流励磁电流 I_f 小于正常励磁电流时,称为欠磁。若直流励磁的磁动势不足,则定子电流将要增加一个励磁分量,即交流电源需要供给电动机一部分励磁电流以保证总磁场不变。当定子电流出现励磁分量时,定子电路便成为电感性电路,输入电流滞后于电压,$\cos\varphi$ 小于 1,定子电流比正常励磁时要增大一些。另一方面,直流励磁电流 I_f 大于正常励磁电流时,称为过激励。直流励磁过剩,在交流方面不仅不需电源供给励磁电流,而且还向电网发出电感性电流与电感性无功功率,正好满足附近电感性负载的需要,使整个电网的功率因数提高。与电容器有类似作用,这时,同步电动机相当于从电源吸取电容性电流和电容性无功功率而成为电源的电容性负载,功率因数 $\cos\varphi$ 是超前的,也小于 1,定子电流也要加大。

　　根据上面的分析可以看出,调节同步电动机转子的直流励磁电流 I_f,便能控制 $\cos\varphi$ 的大小和性质(容性或感性),这是同步电动机最突出的优点。

　　同步电动机有时在过激励下空载运行,此时电动机仅用以补偿电网滞后的功率因数,这种专用的同步电动机称为同步补偿机。

三、同步电动机的启动

　　同步电动机本身是没有启动转矩的,因为它的转子尚未转动以前加直流励磁电流 I_f 时,产生的磁场是固定的。当定子绕组接上三相交流电源时,定子产生的旋转磁场以 n_0 的速度旋转,如图 2-55(a)所示。二者相吸,定子旋转磁场欲吸着转子旋转,但由于转子与转轴上的生产机械的惯性,它还没有来得及转动时,旋转磁场却已转到图 2-55(b)所示的位置,二者又相斥,转子忽被吸、忽被斥,平均转矩为零,不能启动。

　　为了启动同步电动机,可采用异步启动法,即在转子磁极的极掌上装上和鼠笼式绕组相似的启动绕组,如图 2-56 所示,启动时不先加入直流磁场,只在定子上加上三相对称电压以产生旋转磁场,鼠笼式绕组内的感应电动势产生了电流,从而使转子转动起来,等转速接近同步转速时,再在励磁绕组中通入直流励磁电流,产生固定极性的磁场,定子旋转磁场与转子磁场的相互作用,便可把转子拉入同步。转子到达同步转速后,启动绕组与旋转磁场同步

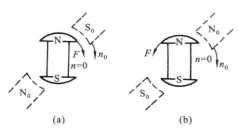

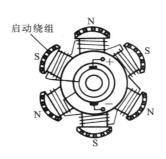

图 2-55　同步电动机的启动转矩为零

(a) 二者相吸；　(b) 二者相斥

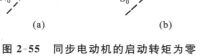

图 2-56　同步电动机的启动绕组

旋转，即无相对运动，这时，启动绕组中便不产生电动势、电流与转矩。因此，同步电动机在稳定运行时，转子上的鼠笼式绕组是不起作用的。

　　现在同步电动机多采用自动化的启动设备，只需按一下按钮，就能使启动过程自动完成。综上所述，同步电动机由于是双重励磁和异步启动，因此它的结构复杂，同时需要直流电源，启动和控制设备也较昂贵，它的一次性投资要比异步电动机高得多。然而，同步电动机具有运行速度恒定、功率因数可调、运行效率高等独特的优点，因此，在低速和大功率的场合，例如，大流量低水头的泵，面粉厂的主传动轴，搅拌机，破碎机，切片机，造纸工业中的纸浆研磨机，匀浆机，压缩机，直流发电机，轧钢机等都采用同步电动机来传动。

习题与思考题

第 2 章习题精解
和自测题

　　2-1　有一台三相异步电动机，其额定转速 $n = 975$ r/min，电源频率 $f = 50$ Hz，试求电动机的极对数和在额定负载时的转差率。

　　2-2　在三相异步电动机启动初始瞬间，即 $s = 1$ 时，为什么转子电流 I_2 大，而转子电路的功率因数 $\cos\varphi$ 小？

　　2-3　Y280M-2 型三相异步电动机的额定数据为功率 90 kW，转速 2 970 r/min，频率 50 Hz，试求额定转差率和转子电流的频率。

　　2-4　三相异步电动机在一定的负载转矩下运行时，如电源电压降低，电动机转矩、电流及转速有无变化？

　　2-5　有一台 Y225M-4 型三相异步电动机，其额定数据如下：

功率/kW	转速/(r/min)	电压/V	效率/(%)	功率因数	I_{st}/I_N	T_{st}/T_N	T_{max}/T_N
45	1 480	380	92.3	0.88	7.0	1.9	2.2

试求：

　　(1)额定电流 I_N；(2)额定转差率 s_N；(3)额定转矩 T_N，最大转矩 T_{max}，启动转矩 T_{st}。

　　2-6　三相异步电动机在满载和空载下启动时，启动电流和启动转矩是否一样？

　　2-7　线绕式电动机采用转子串电阻启动时，所串电阻愈大，启动转矩是否愈大？

　　2-8　已知 Y100L1-4 型异步电动机的某些额定技术数据为：功率 2.2 kW；电压 380 V；Y 接法；转速 1 420 r/min；功率因数 $\cos\varphi = 0.82$；效率 $\eta = 81\%$。试计算：

　　(1) 相电流和线电流的额定值及额定负载时的转矩；

（2）额定转差率及额定负载时的转子电流频率(电源频率为 50 Hz)。

2-9　有 Y112M-2 型和 Y160M1-B 型异步电动机各一台,额定功率都是 4 kW,但前者额定转速为 2 890 r/min,后者为 720 r/min。试比较它们的额定转矩,并由此说明电动机的极数、转速及转矩三者之间的大小关系。

2-10　对于线绕式电动机,为什么不用改变磁极数的方法来调速?

2-11　三相异步电动机断了一根电源线后,为什么不能启动? 而在运行时断了一根线后,为什么能继续转动? 这两种情况对电动机有何影响?

2-12　有一台二极三相异步电动机,电源频率为 50 Hz,带负载的转差率为 4%,求这台电动机的实际转速与同步转速。

2-13　三相、50 Hz 的电源对一台六极异步电动机供电,电动机运行时,转子电流的频率为 2.3 Hz。试求:

（1）转差率;

（2）转子转速。

2-14　异步电动机的运行状态与制动状态的主要区别是什么? 试说明能耗制动与反接制动的原理。

2-15　有一台三相异步电动机,其铭牌数据如下:

P_N/kW	n_N/(r/min)	U_N/V	η_N/(%)	$\cos\varphi_N$	I_{st}/I_N	T_{st}/T_N	T_{max}/T_N	接法
40	1 470	380	90	0.9	6.5	1.2	2.0	△

（1）当负载转矩为 250 N·m 时,在 $U=U_N$ 和 $U'=0.8U_N$ 两种情况下,电动机能否启动?

（2）欲采用 Y-△换接启动,在负载转矩为 $0.45T_N$ 和 $0.35T_N$ 两种情况下,电动机能否启动?

（3）若采用自耦变压器降压启动,设降压比为 0.64,求电源线路中通过的启动电流和电动机的启动转矩。

2-16　双鼠笼、深槽式异步电动机为什么可以改善启动性能? 高转差率鼠笼式异步电动机又是如何改善启动性能的?

2-17　为什么线绕式异步电动机在转子串入电阻启动时,启动电流减小,而启动转矩反而增大?

2-18　异步电动机有哪几种调速方法? 各种调速方法有何优缺点?

2-19　什么叫恒功率调速? 什么叫恒转矩调速?

2-20　异步电动机有哪几种制动状态? 各有何特点?

2-21　单相罩极式异步电动机是否可以用调换两根电源线端来使电动机反转? 为什么?

2-22　同步电动机的工作原理与异步电动机有何不同?

2-23　同步电动机为什么要采用异步启动法?

2-24　为什么可以利用同步电动机来提高电网的功率因数?

控制电机

控制电机一般是指用于自动控制、自动调节、远距离测量随动系统及计算装置中的微特电动机。它是构成开环控制、闭环控制、同步连接等系统的基础元件,根据它在自动控制系统中的职能可分为测量元件、放大元件、执行元件和校正元件四类。控制电机是在一般旋转电动机的基础上发展起来的小功率电动机。就电磁过程及所遵循的基本规律而言,它与一般旋转电动机没有本质区别,只是所起的作用不同。传动生产机械用的电动机主要用来完成能量的变换,具有较高的力能指标(如效率和功率因数等)。而控制用电动机则主要用来完成控制信号的传递和变换,要求它的技术性能稳定可靠、动作灵敏、精度高、体积小、质量小、耗电少。当然传动用电动机与控制用电动机也没有绝对严格的界线,有时既起控制电动机的作用,也起传动电动机的作用。

3-1 伺服电动机

伺服电动机(servo motor)是指在伺服系统中控制机械元件运转的电动机,是一种辅助变速装置。伺服电动机控制速度、位置的精度非常准确,可以将电压信号转化为转矩和转速,以驱动控制对象。伺服电动机转速受输入信号控制,并能快速反应,在自动控制系统中,用作执行元件,且具有机电时间常数小、线性度高、始动电压低等特性,可把所收到的电信号转换成电动机轴上的角位移或角速度输出。伺服电动机分为直流和交流伺服电动机两大类,它们的最大特点是转矩和转速受信号电压控制。当信号电压的大小和极性(或相位)发生变化时,电动机的转动方向将非常灵敏和准确地跟着变化。因此,它与普通电动机相比具有如下特点:

(1) 调速范围宽,即要求伺服电动机的转速随着控制电压改变,能在宽范围内连续调节;

(2) 转子的惯性小,响应快,随控制电压的改变反应很灵敏,即能实现迅速启动、停转;

(3) 控制功率小,过载能力强,可靠性好。

一、交流伺服电动机

1. 两相交流伺服电动机的结构

两相交流伺服电动机的结构与单相电容式异步电动机的结构相似,定子上装有两个绕组,FW 是励磁绕组,CW 是控制绕组,它们在空间相隔 90°,两个绕组通常分别接在两个不同的交流电源(二者频率相同)上,此点与单相电容式异步电动机不同,如图 3-1 所示。

交流伺服电动机的转子分两种:鼠笼转子和杯形转子。鼠笼转子与三相鼠笼式电动机的转子结构相似,只是为了减小转动惯量而做得细长一些。杯形转子伺服电动机的结构如图 3-2 所示。为了减小转动惯量,杯形转子通常用高电阻系数的非磁极性的铝合金或铜合金制成空心薄壁圆筒,在空心杯形转子内放置固定的内定子,起闭合磁路的作用,以减小磁路的磁阻。杯形转子可以把铝杯看作无数根鼠笼导条并联组成,因此,它的原理与鼠笼式相同。这种形式的伺服电动机由于转子质量小,惯性小,启动电压低,对信号反应快,调速范围宽,多用于运行平滑的系统。目前用得最多的是鼠笼转子交流伺服电动机,交流伺服电动机的特性和应用范围如表 3-1 所示。

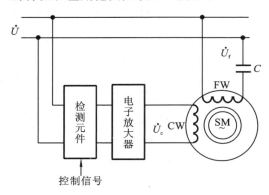

图 3-1　交流伺服电动机的接线图

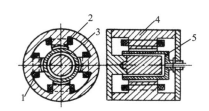

图 3-2　杯形转子伺服电动机的结构图

1—励磁绕组;2—控制绕组;3—内定子;

4—外定子;5—转子

表 3-1　交流伺服电动机的特点和应用范围

种　类	产品型号	结 构 特 点	性 能 特 点	应 用 范 围
鼠笼式转子	SL	与一般鼠笼式电动机结构相同,但转子做得细而长,转子导体用高电阻率的材料	励磁电流较小,体积较小,机械强度高,但是低速运行不够平稳,有时快时慢的抖动现象	小功率的自动控制系统
空心杯形转子	SK	转子做成薄壁圆筒形,放在内、外定子之间	转动惯量小,运行平稳,无抖动现象,但是励磁电流较大,体积也较大	要求运行平稳的系统

2. 基本工作原理

两相交流伺服电动机是以单相异步电动机原理为基础的,从图 3-1 可看出,励磁绕组接到电压一定的交流电网上,控制绕组接到控制电压 U_c 上,当有控制信号输入时,两相绕组便产生旋转磁场。该磁场与转子中的感应电流相互作用产生转矩,使转子跟随着旋转磁场以一定的转差率转动起来,其同步转速为

$$n_0 = \frac{60f}{p}$$

转向与旋转磁场的方向相同,把控制电压的相位改变 $180°$,则可改变伺服电动机的旋转方向。

对伺服电动机的要求是控制电压一旦取消,电动机必须立即停转,但根据单相异步电动机的原理,若电动机一旦转动以后,再取消控制电压,仅励磁电压单相供电,则它将继续转动,即存在"自转"现象,这意味着失去控制作用,这是不允许的,如何解决这个矛盾呢?下面将重点介绍消除"自转"现象的措施。

3. 消除"自转"现象的措施

其解决办法就是使转子导条具有较大电阻,从三相异步电动机的机械特性可知,转子电阻对电动机的转速、转矩特性影响很大(见图 3-3),转子电阻越大,达到最大转矩的转速越低,转子电阻增大到一定程度(例如图中 R_{23} 时),最大转矩将出现在 $s=1$ 附近。为此目的,一般把伺服电动机的转子电阻 R_2 设计得很大,这可使电动机在失去控制信号,即成单相运行时,正转矩或负转矩的最大值均出现在 $s_m>1$ 处,这样就可得出图 3-4 所示的机械特性曲线。

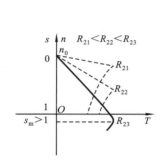

图 3-3　对应于不同转子电阻
R_2 的 $n=f(T)$ 曲线

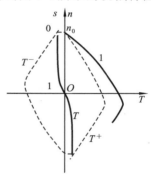

图 3-4　$U_c=0$ 时交流伺服电动机的
$n=f(T)$ 曲线

图 3-4 中曲线 1 为有控制电压时伺服电动机的机械特性曲线,曲线 T^+ 和 T^- 为去掉控制电压后,脉动磁场分解为正、反两个旋转磁场对应产生的转矩曲线。曲线 T 为 T^+ 与 T^- 合成的转矩曲线。从图看出,它与异步电动机的机械特性曲线不同,它是在第二和第四象限内。当速度 n 为正时,电磁转矩 T 为负;当 n 为负时,T 为正,即去掉控制电压后,电磁转矩的方向总是与转子转向相反,是一个制动转矩。制动转矩的存在,可使转子迅速停止转动,保证不会存在"自转"现象。停转所需要的时间,比两相电压 U_c 和 U_f 同时取消,单靠摩擦等制动方法所需的时间要少得多。这正是两相交流伺服电动机工作时,励磁绕组始终接在电源上的原因。

综上所述,增大转子电阻 R_2,可使单相供电时合成的电磁转矩在第二和第四象限,成为制动转矩,有利于消除"自转"现象,同时 R_2 的增大,还使稳定运行段加宽,启动转矩增大,有利于调速和启动。这就是两相交流伺服电动机的鼠笼导条通常都用高电阻材料制成和杯形转子的壁做得很薄(一般只有 0.2~0.8 mm)的缘故。

4. 特性和应用

交流伺服电动机运行时,若改变控制电压的大小或改变它与激励电压之间的相位角,则旋转磁场都将发生变化,从而影响到电磁转矩。当负载转矩一定时,可以通过调节控制电压的大小或相位来达到改变转速的目的。因此,两相交流伺服电动机的控制方法有三种:

(1) 幅值控制,即在保持 $\dot{U}_c$ 与 $\dot{U}_f$ 相差 90°条件下,改变 $\dot{U}_c$ 的幅值大小;

(2) 相位控制,即在保持 $\dot{U}_c$ 的幅值不变条件下,改变 $\dot{U}_c$ 与 $\dot{U}_f$ 之间相位差;

(3) 幅相控制,即同时改变 $\dot{U}_c$ 的幅值和相位。

　　幅值控制的控制电路比较简单,实际中应用最多,下面只讨论幅值控制法。

　　图 3-5 所示为幅值控制的一种接线图,从图中看出,两相绕组接于同一单相电源,适当选择电容 C,使 U_f 与 U_c 相角差 $90°$,改变电阻 R 的大小,即改变控制电压 U_c 的大小,可以得到图 3-6 所示的不同控制电压下的机械特性曲线族。由图可见,在一定负载转矩下,控制电压越高,转差率越小,电动机的转速就越高,不同的控制电压对应着不同的转速。

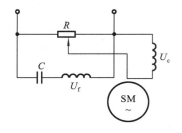

图 3-5　幅值控制接线图

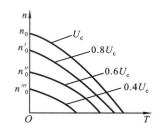

图 3-6　不同控制电压下的 $n = f(T)$ 曲线

　　交流伺服电动机可以方便地利用控制电压 U_c 的有无来进行启动、停止控制;利用改变电压的幅值(或相位)大小来调节转速的高低;利用改变 U_c 的极性来改变电动机的转向。它是控制系统中的原动机。例如,雷达系统中扫描天线的旋转,流量和温度控制中阀门的开启,数控机床中刀具运动,甚至船舶的方向舵与飞机驾驶盘的控制都是用伺服电动机来带动的。图 3-7 所示为交流伺服电动机在自动控制系统中的典型应用方框图。

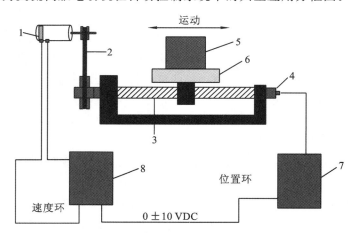

图 3-7　交流伺服电动机的典型应用

1—速度反馈;2—减速器;3—丝杠;4—编码器;5—负载;6—工作台;7—控制器;8—伺服放大器

　　由此看出,伺服电动机的性能直接影响整个系统的性能。因此,系统对伺服电动机的静态特性、动态特性都有相应的要求,在选择电动机时应该注意。

二、直流伺服电动机

　　传统式直流伺服电动机的基本结构和工作原理与普通直流电动机相同,不同之处只是它做得比较细长一些,以满足快速响应的要求。按励磁方式之不同,直流伺服电动机可分为电磁式和永磁式两种。电磁式又分为他励式、并励式和串励式三种,但一般多用他励式。永磁式的磁场由永久磁铁产生,如图 3-8 所示,其中图 3-8(a)所示为电磁式,图 3-8(b) 所示为永磁式。除传统式外,还有低惯量式直流伺服电动机,它有无槽、杯形、圆盘、无刷电枢几种,它们的特点及应用范围如表 3-2 所示。

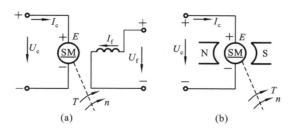

图 3-8　直流伺服电动机的接线图

(a) 电磁式(他励式);　(b) 永磁式

表 3-2　直流伺服电动机的特点和应用范围

名　称	励磁方式	产品型号	结 构 特 点	性 能 特 点	适 用 范 围
一般直流执行电动机	电磁或永磁	SZ或SY	与普通直流电动机相同,但电枢铁芯长度与直径之比大一些,气隙较小	具有下垂的机械特性和线性的调节特性,对控制信号响应快	一般直流伺服系统
无槽电枢直流执行电动机	电磁或永磁	SWC	电枢铁芯为光滑圆柱体,电枢绕组用环氧树脂粘在电枢铁芯表面,气隙较大	具有一般直流执行电动机的特点,而且转动惯量和机电时间常数小,换向良好	需要快速动作、功率较大的直流伺服系统
空心杯形电枢直流执行电动机	永磁	SYK	电枢绕组用环氧树脂浇注成杯形,置于内、外定子之间,内、外定子分别用软磁材料和永磁材料做成	除具有一般直流执行电动机的特点外,转动惯量和机电时间常数小,低速运行平稳,换向好	需要快速动作的直流伺服系统
印刷绕组直流执行电动机	永磁	SN	在圆盘形绝缘薄板上印制裸露的绕组构成电枢,磁极轴向安装	转动惯量小,机电时间常数小,低速运行性能好	低速和启动、反转频繁的控制系统
无刷直流执行电动机	永磁	SW	由晶体管开关电路和位置传感器代替电刷和换向器,转子用永久磁铁做成,电枢绕组在定子上且做成多相式	既保持了一般直流执行电动机的优点,又克服了换向器和电刷带来的缺点。另外,其寿命长,噪声低	要求噪声低、对无线电不产生干扰的控制系统

他励式直流伺服电动机的机械特性公式与他励式直流电动机的机械特性公式相同,即

$$n = \frac{U_c}{K_e\Phi} - \frac{R}{K_e K_m \Phi^2}T \tag{3-1}$$

式中:U_c 为电枢控制电压;R 为电枢回路电阻;Φ 为每极磁通;K_e、K_m 为电动机结构常数。

由式(3-1)看出,改变控制电压 U_c 或改变磁通 Φ 都可以控制直流伺服电动机的转速和转向,前者称为电枢控制,后者称为磁场控制。由于电枢控制具有响应迅速、机械特性硬、调速特性线性度好的优点,在实际生产中大都采用电枢控制方式(永磁式伺服电动机,只能采用电枢控制)。

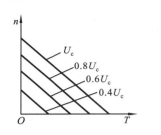

图 3-9　直流伺服电动机的 $n=f(T)$ 曲线(U_f＝常数)

图 3-9 所示为直流伺服电动机的机械特性曲线。从图中可以看出,机械特性是一组平行的直线,理想空载转速与控制电压成正比,启动转矩(堵转转矩)也与控制电压成正比,机械特性是向下的直线,故启动转矩也是最大转矩。在一定负载转矩下,当磁通 Φ 不变时,如果升高电枢电压 U_c,电动机的转速就上升;反之,转速下降,当 U_c＝0 时,电动机立即停止转动,因此无自转现象。

直流伺服电动机和交流伺服电动机被广泛应用于自动控制系统中,各有其特点。就机械特性和调节特性相比:前者的堵转转矩大,特性曲线线性度好,机械特性较硬;后者特性曲线为非线性的,这将影响到系统的动态精度。一般来说,机械特性的非线性度越大,系统的动态精度越低。

直流伺服电动机由于有电刷和换向器,因而结构复杂,制造麻烦,维护困难,换向器还能引起无线电干扰。而交流伺服电动机结构简单,运行可靠,维护方便。因此在确定系统中采用何种电动机时,要综合考虑各种电动机的特点。

三、无刷直流电动机

直流电动机具有启动转矩大、机械特性曲线的线性度好、机械特性较硬的特点,但有机械换向器和电刷,使其结构复杂,运行时降低了电动机的可靠性,电动机的维护和保养也不方便。自从铁氧体永磁材料在电动机上大量应用后,永磁电动机有了很大的发展。无刷永磁直流电动机在结构上克服了有刷直流电动机存在电刷和机械换向器而带来的各种限制,又具有直流电动机的优异性能,因而在自动化生产中获得了广泛的应用。

无刷直流电动机的运行特点是输入定子的电流为方波电流,它的气隙磁场是按方波分布的。它的运行特性与直流电动机相同,但无电刷及换向器,故称为无刷直流电动机。

无刷直流电动机的结构如图 3-10 所示。电动机的本体由定子和转子组成。其结构上相当于一台反装式直流电动机。它的电枢放置在定子上,转子为永磁体。定子上多相绕组放置在铁芯槽内,一般为三相,可接成星形或三角形。各相绕组分别与电子换向器电路中的晶体管开关连接。

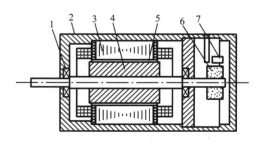

图 3-10　无刷直流电动机的结构

1—轴承;2—机壳;3—定子;4—永磁转子;5—气隙;6—转子位置传感器;7—定子位置传感器

从无刷直流电动机的结构来看,它是一台特殊的同步电动机。从无刷直流电动机的工作原理来看,它必须由电动机本体、位置传感器和电子换向器三部分所组成,如图 3-11 所示。

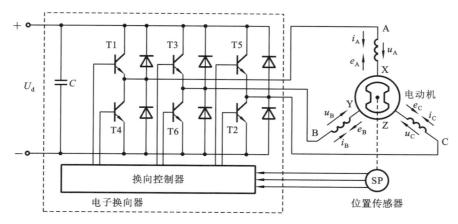

图 3-11　无刷直流电动机原理接线图

从图 3-10 中可见,在无刷直流电动机的轴上装有位置传感器。位置传感器有多种不同的结构形式,有电磁式、光电式、磁敏式等,它们各有特点。由于磁敏式霍尔位置传感器具有结构简单、体积小、安装灵活方便、易于实现机电一体化等优点,目前得到了越来越广泛的应用。霍尔位置传感器是以霍尔效应原理所构成的,即当磁场中的导体有电流通过时,其横向不仅受到力的作用,同时还出现电压。对于一定的半导体薄片,其霍尔电压可表示为

$$U = R_H \frac{I_H B}{d}$$

式中:R_H 为霍尔系数(m^3/C);I_H 为控制电流(A);B 为磁感应强度(T);d 为薄片的厚度(m)。

霍尔传感器按其功能和应用可分为线性型、开关型和锁定型三种。直流无刷电动机的位置传感器属于开关型传感器。它由电压调整器、霍尔元件、差分放大器、施密特触发器和输出级等部分组成。其输入为磁感应强度,输出为开关信号。

直流无刷电动机的霍尔位置传感器由静止部分和运动部分组成,有位置传感器定子和位置传感器转子。位置传感器转子和电动机转子一同旋转,以指示电动机转子的位置。定子由若干个霍尔元件按一定的间隔,等距离地安装在传感器定子上,以检测电动机转子的位置。

对于三相无刷直流电动机,其位置传感器有 3 个,安装位置间隔 120°电角度,其输出端信号如图 3-12 所示。图 3-13 为无刷直流电动机的电子换向器主电路,由 6 只功率开关管组成三相 H 形桥式逆变电路。

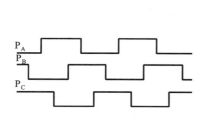

图 3-12　转子位置传感器发出的信号波形

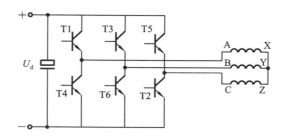

图 3-13　电子换向器与绕组的连接

电子换向器正是根据图 3-12 所示的这三路信号对电动机进行换向的,也就是电子换向器中的功率开关管的导通与截止是由 P_A、P_B、P_C 三路信号决定的。各相绕组分别与电子换

向器电路的功率开关管相连接,因此使定子电枢绕组依次通电,在电动机定子上产生一个跳跃式旋转磁场,拖动永磁转子旋转。随着转子的转动,位置传感器通过电子换向器不断地送出信号,以改变电枢绕组的通电状态,保证在一定范围内,定子磁场与转子磁场成正交关系,保持转矩连续不断地产生,使转子连续转动。

　　无刷直流电动机的绕组相数有三相、四相、五相等,种类较多。相数不同,其相应的通电方式也不同。在无刷直流电动机中,三相电动机应用最广。其通电方式通常有两-两通电方式(工作时总是有两相绕组同时通电)、三-三通电方式(工作时总是有三相绕组同时通电)和二-三轮换通电方式(工作时两相绕组同时通电,然后三相绕组同时通电,再变成两相绕组同时通电……依次轮换)。表3-3所示为三相、星形连接、两两通电方式的无刷直流电动机的换相过程中,开关管的导通和关断状态及转子位置的关系。

表 3-3　　三相无刷直流电动机的换相状态

转子磁场位置	0~60°	60°~120°	120°~180°	180°~240°	240°~300°	300°~360°
通电相序	C			A		B
	A		B		C		A
导通的开关管	T1、T2	T2、T3	T3、T4	T4、T5	T5、T6	T6、T1

　　目前,无刷直流电动机在工农业和其他行业的应用越来越广泛。在数控机床、工业机器人、医疗器件、仪器仪表、化工、家用电器等小功率场合应用更为广泛。例如:直流变频空调器采用无刷直流电动机带动压缩机和通风机;计算机的硬盘驱动器和软盘驱动器中的主轴电动机、录像机中的伺服电动机都采用了无刷直流电动机。无刷直流电动机在电动自行车上的应用与有刷高速直流电动机相比,具有效率高、寿命长、免维护、可靠性高等优点。可见,无刷直流电动机将作为信息时代的主要执行部件而得到广泛的应用。

四、力矩电动机

　　力矩电动机是一种能够长期处于堵转(启动)状态下工作的、低转速、高转矩的特殊电动机。它不经过齿轮等减速机构而直接驱动负载,避免了减速装置间隙引起的闭环控制系统的自激振荡,从而提高了系统的运行性能。

　　力矩电动机分交流和直流两大类。交流力矩电动机可分为异步型和同步型两种,异步型交流力矩电动机的工作原理与交流伺服电动机的工作原理相同,但为了产生低转速和大转矩,电动机做成径向尺寸大、轴向尺寸小的多极扁平形,虽然它的结构简单、工作可靠,但在低速性能方面还有待进一步完善。同步型交流力矩电动机详见3-2节。直流力矩电动机具有良好的低速平稳性和线性的机械特性及调节特性,在生产中应用最广泛。

(一)永磁式直流力矩电动机的结构特点

　　永磁式直流力矩电动机的工作原理和传统式直流伺服电动机相同,只是在结构和外形尺寸上有所不同。为了减少转动惯量,直流伺服电动机一般都做成细长圆柱形,而为了能在相同体积和电枢电压的前提下,产生比较大的转矩及较低的转速,直流力矩电动机一般都做成扁平形,采用永磁式电枢控制方式,其结构如图3-14所示。

1. 直流力矩电动机转矩大的原因

　　从直流电动机基本工作原理可知,设直流电动机每个磁极下磁感应强度平均值为B,电

枢绕组导体上的电流为 I_a，导体的有效长度（即电枢铁芯厚度）为 l，则每根导体所受的电磁力为

$$F = BI_a l$$

电磁转矩为

$$T = NF\frac{D}{2} = NBI_a l\frac{D}{2} = \frac{BI_a Nl}{2}D \qquad (3\text{-}2)$$

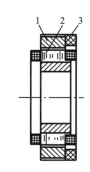

**图 3-14　永磁式直流力矩
电动机结构示意图**
1—定子；2—电枢；3—刷架

式中：N 为电枢绕组总匝数；D 为电枢铁芯直径。

式（3-2）表明了电磁转矩与电动机结构参数 l、D 的关系。电枢体积大小，在一定程度上反映了整个电动机的体积，因此，在电枢体积相同的条件下，即保持 $\pi D^2 l$ 不变，当 D 增大时，铁芯长度 l 就应减小；其次，在相同电流 I_a 及用铜量相同的条件下，电枢绕组的导线粗细不变，则总匝数 N 应随 l 的减小而增加，以保持 Nl 不变。满足上述条件，则式（3-2）中 $\dfrac{BI_a Nl}{2}$ 近似为常数，故转矩 T 与直径 D 近似成正比例关系。

2. 直流力矩电动机转速低的原因

导体在磁场中运动切割磁力线所产生的感应电动势为

$$e_a = Blv$$

式中：v 为导体运动的线速度，一般有

$$v = \frac{\pi Dn}{60}$$

设一对电刷之间的并联支路数为 2，则一对电刷间，$\dfrac{N}{2}$ 根导体串联后总的感应电动势为 E_a，且在理想空载条件下，外加电压 U_a 应与 E_a 相平衡，所以

$$U_a = E_a = \frac{NBl\pi Dn_0}{120}$$

即

$$n_0 = \frac{120}{\pi}\frac{U_a}{NBlD} \qquad (3\text{-}3)$$

式（3-3）说明，在保持 Nl 不变的情况下，理想空载转速 n_0 与电枢铁芯直径 D 近似成反比，即电枢直径 D 越大，电动机理想空载转速 n_0 就越低。

由以上分析可知，在其他条件相同的情况下，增大电动机直径，减小轴向长度，有利于增加电动机的转矩和降低空载转速，故力矩电动机都做成扁平圆盘状结构。

（二）直流力矩电动机的特点和应用

力矩电动机在低速或堵转运行情况下能产生足够大的力矩而不损坏，能直接驱动负载，提高了传动精度及转动惯量比。因此，它的特点是电气时间常数小、动态响应迅速、线性度好、精度高、振动小、机械噪声小、结构紧凑、运行可靠，能获得很好的精度和动态性能。在无爬行的平稳低速运行时这些特点尤为显著。由于上述特点，直流力矩电动机常在低速、需要力矩调节、力矩反馈和保持一定张力的随动系统中作执行元件。例如，雷达天线、X-Y 记录仪、人造卫星天线、潜艇定向仪和天文望远镜的驱动及电焊枪的焊条传动等。将它与直流测速发电机配合，可以组成高精度的宽调速系统，调速范围可达 0.000 17 r/min（即 4 天一转）至 25 r/min。

3-2　微型同步电动机

微型同步电动机具有转速恒定的特点,在恒速传动装置中被广泛作为驱动电动机,如驱动仪器仪表中的走纸、打印记录机构、自动记录仪、电钟、电唱机、录音机、录像机、磁带机、电影摄影机、放映机、无线电传真机等。在自动控制系统中,也可用来作为执行元件。功率从零点几瓦到数百瓦。

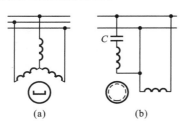

图 3-15　小功率同步电动机

(a) 三相永磁式;(b) 单相磁滞式

由于使用要求不同,微型同步电动机在结构特点和性能上有很大差别,这里所指的微型同步电动机为连续运转的同步电动机,以区别于步进电动机。它也是由定子和转子两部分组成的,按定子绕组所接电源种类不同,可分为三相和单相同步电动机两大类。三相同步电动机的定子结构与普通三相交流电动机相同,定子铁芯由带齿、槽的冲片叠成,槽内嵌入三相分布绕组,如图 3-15(a)所示。单相同步电动机按定子结构不同可分为电容移相式和罩极式两种,工作时都由单相电源供电,电容移相式的定子结构与交流伺服电动机的定子相同,利用电容移相方法来产生旋转磁场,如图 3-15(b)所示,其中不串电容的绕组称为主绕组,串电容的绕组称为副绕组。罩极式同步电动机的定子采用凸极式,磁极铁芯上除绕有单相电源供电的工作绕组外,每个磁极铁芯的一部分还套有一个短路线圈。通过它的作用,在磁极的端面上产生移动的磁场。这种电动机启动转矩小、运行性能差,但结构简单、价格低廉,一般其容量都比较小。

根据转子机械结构或转子材料,连续运转同步电动机可分为永磁式、磁阻式和磁滞式等。

一、永磁式同步电动机

(一) 结构特点与基本工作原理

永磁式同步电动机转子主要由两部分构成:用来产生转子磁通的永久磁铁和置于转子铁芯槽中的鼠笼绕组,如图 3-16 所示。

永磁式同步电动机的工作原理与 2-8 节中介绍的同步电动机是相似的,只是其转子磁通是永久磁铁产生的,如图 3-17 所示。

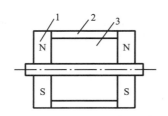

图 3-16　永磁式同步电动机转子示意图

1—永久磁铁;2—鼠笼绕组;3—转子铁芯

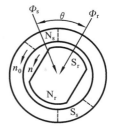

图 3-17　永磁式同步电动机工作原理

当同步电动机的定子绕组通以三相或两相(包括单相电源经电容分相)交流电流时,定子绕组便产生旋转磁场(以 N_s、S_s 表示),以同步角速度 n_0 逆时针方向旋转。根据两异性磁铁互相吸引的原理,定子磁铁的 N_s(或 S_s)极吸住转子磁铁的 S_r(或 N_r)极,以同步角速度在空间旋转,即转子和定子磁场同步旋转,维持转子旋转的电磁转矩是由定子旋转磁场和转子永久磁铁磁场的相互作用产生的。

和转子励磁的大功率同步电动机一样,当轴上负载增加或减小时,定、转子磁极轴线间的夹角 θ 也相应地增大或减小,但只要负载不超过一定限度,转子始终和定子磁场同步运转,此时,转子速度仅取决于电源频率和电动机的极对数,而与负载的大小无关,当负载超过一定限度时(以最大同步转矩来衡量)电动机可能会"失步",亦即不再按同步速度运行。

(二) 启 动 方 法

永磁式同步电动机启动比较困难。由于刚启动时,虽然合上电源,其定子产生了旋转磁场,但转子具有惯性,跟不上旋转磁场的转动,定子旋转磁场时而吸引转子,时而又排斥转子,如图 3-18 所示,因此作用在转子上的平均转矩为零,转子也就转不起来了。

为了使永磁式同步电动机能自行启动,在转子上一般都装有启动用的鼠笼绕组,如图3-19和图 3-16 所示。

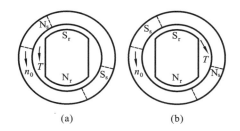

图 3-18　启动困难的原因

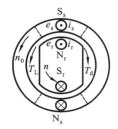

图 3-19　永磁式同步电动机的异步启动

定子旋转磁场以 n_0 的速度逆时针方向旋转时,在转子鼠笼绕组中会产生感应电动势 e_r,并产生电流 i_r,该电流与定子旋转磁场相互作用,产生异步转矩 T_i,使永磁式同步电动机能像异步电动机那样启动,与转子励磁的大功率同步电动机完全相同。值得注意的是,转子励磁的大功率同步电动机在异步启动过程中,只要转子速度没有达到同步速度的 95% 以上,转子励磁绕组是不加直流励磁的。而微型永磁同步电动机异步启动后,定子绕组切割转子磁场(以永久磁铁 N_r、S_r 表示),并在其中产生感应电动势和电流,如图 3-19 中 e_s 和 i_s 所示(e_s 的方向由右手定则决定),这个电流再与转子磁通相互作用产生转矩 T_d,其方向由左手定则决定,且也是逆时针方向,这个转矩力图使定子逆时针方向旋转,但定子是固定不动的,于是,转子便受到数值相等、但方向为顺时针的转矩 T_d 作用,由于 T_d 的方向与转子的转动方向相反,所以是制动转矩。T_d 的存在,对永磁式同步电动机的启动是不利的,如果电动机轴上总的负载转矩很大,合成转矩($T_i - T_d$)不能使转子达到同步速度的 95% 以上,转子就不能进入同步运转状态,但如果轴上负载转矩很小,合成转矩使永磁式同步电动机的转子在异步启动阶段可接近同步速度 n_0(约为 n_0 的 95%)时,定子旋转磁场和转子永久磁铁磁场相互作用,就可把转子拉入同步运转中。

永磁式同步电动机结构简单,制造方便,转子又能做成多对磁极,因此,电动机的转速能设计得较低,目前,在自动化仪表中应用广泛,其额定功率一般非常小。

二、磁阻式电磁减速同步电动机

(一) 结构特点

磁阻式电磁减速同步电动机的定子和转子由硅钢片叠装而成,定子做成圆环形式,其内表面有开口槽,转子做成圆盘形式,其外表面也有开口槽。定子、转子齿数是不相等的,一般转子齿数大于定子齿数,即 $Z_r > Z_s$。定子槽中装有可用三相或单相电源供电的定子绕组,定子绕组接通电源便产生旋转磁通 Φ_s,转子槽内不嵌绕组,如图 3-20 所示。

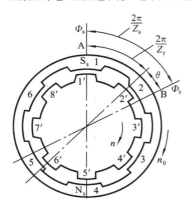

图 3-20 磁阻式电磁减速同步电动机

(二) 工作原理

假设电动机只有一对磁极,定子齿数 $Z_s = 6$,转子齿数 $Z_r = 8$,在图 3-20 所示瞬间(A 位置),定子绕组产生的二极旋转磁通 Φ_s,其轴线正好和定子齿 1 和齿 4 的中心线重合,运行原理遵循"磁阻最小原理"——磁通总是沿着磁阻最小的路径闭合,所以这时转子齿 $1'$ 和齿 $5'$ 处于定子齿 1 和齿 4 相对齐的位置。当旋转磁通转过一个定子齿距 $2\pi/Z_s$ 到圆中 B 位置时,由于磁力线要继续保持自己磁路的磁阻为最小,因此就力图使转子齿 $2'$ 和齿 $6'$ 转到与定子齿 2 和齿 5 相对齐的位置上,转子转过的角度为

$$\theta = \frac{2\pi}{Z_s} - \frac{2\pi}{Z_r} \tag{3-4}$$

因此,可求出定子旋转磁场的角速度 n_0 和转子旋转角速度 n 之比,即

$$K_R = \frac{n_0}{n} = \frac{2\pi}{Z_s} \left/ \left(\frac{2\pi}{Z_s} - \frac{2\pi}{Z_r} \right) \right. = \frac{Z_r}{Z_r - Z_s} \tag{3-5}$$

式中:K_R 为电磁减速系数。

由式(3-5)可知,电动机旋转角速度

$$n = \frac{Z_r - Z_s}{Z_r} n_0 = \frac{Z_r - Z_s}{Z_r} \frac{2\pi f}{p} \tag{3-6}$$

式中:p 为定子磁场的极对数。

对于图 3-20 所示同步电动机,有

$$n = \frac{8 - 6}{8} n_0 = \frac{1}{4} n_0$$

如果选取 $Z_r = 100$,$Z_s = 98$,则

$$n = \frac{100 - 98}{100} n_0 = \frac{1}{50} n_0$$

一般 $Z_r - Z_s = 2p$,这样既能保证每对极下都有两组定、转子对齐,以减小磁路的磁阻,又能使每对极下其他的各定、转子齿都不能对齐,以获得较大的磁阻转矩。由式(3-6)可以看出,Z_r 越大,Z_r 和 Z_s 越接近,则转子速度就越低。

一般磁阻式同步电动机转子上也加装鼠笼式启动绕组,采用异步启动法,当转子速度接近同步转速时,磁阻转矩使转子进入同步运转。

磁阻式减速同步电动机的结构简单、制造方便、成本较低,转速一般在每分钟几十转到上百转之间,功率一般在几百瓦以下。它在有低速和转速稳定要求的装置和系统中得到了广泛应用。

三、磁滞式同步电动机

磁滞式同步电动机简称磁滞电动机,它是利用磁滞现象以产生磁滞转矩。简单的磁滞电动机转子是带有齿、槽的圆柱体,用硬磁性材料制成,定子接到电源后产生旋转磁场,转子即磁化,产生电磁力。由于转子材料的磁滞现象,转子磁化的磁极轴线较旋转磁场磁势滞后一个角度 ψ,如图 3-21 所示。定、转磁场相互作用在转子上,产生与定子旋转磁场方向相同的磁滞转矩,很明显,磁滞角的大小完全是由磁性材料的磁滞特性决定的,磁滞转矩与磁滞角的正弦成正比,磁滞角与交变磁化的频率无关,而取决于磁性材料硬度。磁滞角一般为 $20° \sim 25°$。其机械特性如图 3-22 中的实线所示,转矩大小是恒定的,与速度无关,但由于铁芯中涡流也产生转矩,实际的机械特性则如图 3-22 中的虚线所示。磁滞电动机定子可以是三相的,也可以是单相的,采用罩极式或分相式启动方式。这种电动机多数是小容量的,由于硬磁性材料价格高,所以妨碍了其广泛应用。

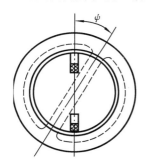

图 3-21 磁滞式电动机的原理图

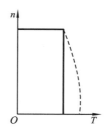

图 3-22 磁滞式电动机的机械特性

3-3 测速发电机

测速发电机是一种微型发电机,它的作用是将转速变为电压信号,在理想状态下,测速发电机的输出电压 $U_\circ$ 与转速成正比,可表示为

$$U_\circ = K_1 n = K_1 K_2 \frac{\mathrm{d}\theta}{\mathrm{d}t} = K \frac{\mathrm{d}\theta}{\mathrm{d}t} \tag{3-7}$$

式中:K 为比例常数(即输出特性的斜率);n 及 θ 分别为测速发电机转子的旋转速度及旋转角度。

可见,测速发电机主要有以下两种用途。

(1) 测速发电机的输出电压与转速成正比,因而可以用来测量转速(故称为测速发电机),作校正元件用,以提高系统的精度和稳定性。

(2) 如果以转子旋转角度 θ 为参数变量,由式(3-7)可知,其输出电压正比于转子转角对时间的微分,在解算装置中可作为机电微分、积分器。

根据结构和工作原理的不同,测速发电机分为直流测速发电机、异步测速发电机和同步测速发电机三种。同步测速发电机是一种永磁转子的单相同步发电机,工作原理与普通同步发电机相同,由于其输出电压的频率随转速的变化而变化,故用得极少。

近年来还出现了采用新原理、新结构研制成的霍尔效应测速发电机。本节主要介绍异步测速发电机和直流测速发电机。

一、异步(交流)测速发电机

(一) 基本结构和工作原理

异步测速发电机的结构和空心杯形转子伺服电动机的结构相似,如图 3-2 所示。其原理电路如图 3-23 所示。

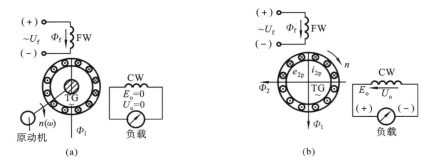

图 3-23　空心杯形转子交流测速发电机原理图

(a) 转子静止时;　(b) 转子运动时

在定子上安放两套彼此相差 90°的绕组,FW 作为励磁绕组,接于单相额定交流电源,CW 作为工作绕组(又称输出绕组),接入测量仪器作为负载。交流电源以旋转的杯形转子为媒介,在工作绕组上便感应出数值与转速成正比,频率与电网频率相同的电动势。

下面分析输出电压 U_o 与转速 n 成正比的原理。

为方便起见,杯形转子可看成一个导条数目非常多的鼠笼转子,当频率为 f_1 的励磁电压 U_f 加在绕组 FW 上时,在测速发电机内、外定子间的气隙中,将产生一个与 FW 轴线一致、频率为 f_1 的脉动磁通 Φ_f,即 $\Phi_f = \Phi_{fm}\sin\omega t$,如果转子静止不动,则类似一台变压器,励磁绕组相当于变压器的原绕组,转子绕组相当于变压器的副绕组。磁通 Φ_f 在杯形转子中感应出变压器电动势和涡流,涡流产生的磁通将阻碍 Φ_f 的变化,其合成磁通 Φ_1 的轴线仍与励磁绕组的轴线重合,而与输出绕组 CW 的轴线相互垂直,故不会在输出绕组上感应出电动势,所以输出电压 $U_o = 0$,如图 3-23(a)所示。但如果转子以转速 n 顺时针方向旋转,则杯形转子还要切割磁通 Φ_1 而产生切割电动势 e_{2p} 及电流 i_{2p},如图 3-23(b)所示。因 $e = Blv$,考虑到 B 与 Φ_m 成正比,U 与 n 成正比,故 e_{2p} 的有效值 E_{2p} 与 Φ_m 及 n 成正比,即 $E_{2p} \propto \Phi_m n_0$。当励磁电压 U_f 一定时,Φ_m 基本不变(因 $U_f = 4.44f_1N_1\Phi_{1m}$),故

$$E_{2p} \propto n \tag{3-8}$$

由 e_{2p} 产生的电流 i_{2p} 也要产生一个脉动磁通 Φ_2,其方向正好与输出绕组 CW 轴线重合,且穿

过 CW，所以就在输出绕组 CW 上感应出变压器电动势 e_o，其有效值 E_o 与磁通 Φ_2 成正比，即

$$E_o \propto \Phi_2 \tag{3-9}$$

而

$$\Phi_2 \propto E_{2p} \tag{3-10}$$

将式(3-10)及式(3-8)代入式(3-9)，可得

$$E_o \propto n \quad \text{或} \quad U_o = E_o = Kn \tag{3-11}$$

式(3-11)说明：在励磁电压 U_f 一定的情况下，当输出绕组的负载很小时，异步测速发电机的输出电压 U_o 与转子转速 n 成正比，如图3-24所示。

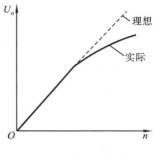

图 3-24　异步测速发电机的输出特性

（二）异步测速发电机的主要技术指标

1. 剩余电压

剩余电压是指测速发电机的转速为零时的输出电压。它的存在可能会使控制系统产生误动作，从而引起系统误差。一般规定剩余电压为几毫伏到十几毫伏。它是由加工工艺不完善，使内定子或转子杯变成了椭圆，两个绕组轴线不完全成 90°，气隙不均匀，磁路不对称等因素造成的，导致在转子不动时，输出绕组仍有电压输出。

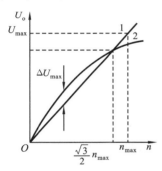

图 3-25　输出特性的线性度
1—工程上选取的输出特性曲线；
2—实际输出特性曲线

2. 线性误差

励磁绕组的电阻和漏抗及转子的漏抗的存在，使输出电压和转速之间的关系不再是直线关系，这种由非线性引起的误差称为线性误差，其计算式为

$$\delta = \frac{\Delta U_{max}}{U_{max}} \times 100\% \tag{3-12}$$

式中：ΔU_{max} 为实际输出电压和工程上选取的输出特性的输出电压的最大差值；U_{max} 为最大转速 n_{max} 对应的输出电压（见图3-25）。

一般系统要求 $\delta = (1 \sim 2)\%$，精密系统要求 $\delta = (0.1 \sim 0.25)\%$。在选用时，前者一般用于自动控制系统中作校正元件，后者一般作解算元件。

3. 相位误差

在控制系统中希望交流测速发电机的输出电压和励磁电压同相，而实际上它们之间有相位移 φ，且 φ 随转速 n 变化。所谓相位误差就是指在规定的转速范围内，输出电压与励磁电压之间相位移的变化量，一般要求交流测速发电机相位误差不超过 2°。

4. 输出斜率（灵敏度）

它是指额定励磁条件下，单位转速(1 000 r/min)产生的输出电压。交流测速发电机的输出斜率比较小，故灵敏度比较低，这是交流测速发电机的缺点。

二、直流测速发电机

1. 基本结构和工作原理

直流测速发电机的定、转子结构和直流伺服电动机基本相同，按励磁方式不同，可分为永磁式和他励式两种。如以电枢的不同结构形式来分，就有无槽电枢、有槽电枢、空心杯电

枢和圆盘印制绕组等几种,一般常用的是有槽电枢。按其应用场合的不同,可分为普通速度测速发电机和低速测速发电机。前者一般工作在每分钟几千转以上,甚至可达每分钟一万转以上;而后者的工作转速一般在每分钟几百转或几十转以下,甚至可达每年一转或更低。

直流测速发电机的工作原理与普通直流发电机基本相同,他励式直流测速发电机工作原理如图 3-26 所示。空载时,电枢两端电压

$$U_{\mathrm{ao}} = E = C_{\mathrm{e}} n \tag{3-13}$$

由此看出,空载时测速发电机的输出电压与它的转速成正比。

2. 特性

有负载时,直流测速发电机的输出电压将满足

$$U_{\mathrm{a}} = E - I_{\mathrm{a}} R_{\mathrm{a}} \tag{3-14}$$

式中:R_{a} 为电枢电阻与电刷接触电阻的电阻之和。

电枢电流

$$I_{\mathrm{a}} = \frac{U_{\mathrm{a}}}{R_{\mathrm{L}}} \tag{3-15}$$

式中:R_{L} 为负载电阻。

将式(3-13)及式(3-15)代入式(3-14),可得

$$U_{\mathrm{a}} = \frac{C_{\mathrm{e}} n}{1 + \dfrac{R_{\mathrm{a}}}{R_{\mathrm{L}}}} \tag{3-16}$$

式(3-16)就是有负载时直流测速发电机的输出特性方程,由此可作出图 3-27 所示特性曲线。

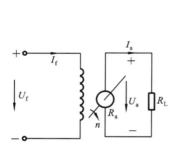

图 3-26　直流测速发电机工作
　　　　　原理图

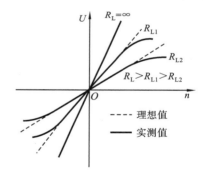

图 3-27　直流测速发电机的
　　　　　输出特性

由上可见,若 C_{e}、R_{a} 和 R_{L} 都能保持常数(即理想状态),则直流测速发电机在有负载时的输出电压与转速之间的关系仍然是线性关系。但实际上,由于电枢反应及温度变化的影响,输出特性曲线不完全是线性的。同时还可看出,负载电阻越小、转速越高,输出特性曲线弯曲得越厉害。

三、异步测速发电机与直流测速发电机的性能比较与选用

异步测速发电机的主要优点是:不需要电刷和换向器,因而结构简单,维护容易,惯量小,无滑动接触,输出特性稳定,精度高,摩擦转矩小,不产生无线电干扰信号,工作可靠,以及正、反向旋转时输出特性对称。其主要缺点是:存在剩余电压和相位误差,且负载的大小和性质会影响输出电压的幅值和相位。

直流测速发电机的主要优点是:没有相位波动,没有剩余电压,输出特性的斜率比异步测速发电机的大。其主要缺点是:由于有电刷和换向器,因而结构复杂,维护不便,摩擦转矩大,有换向火花,会产生无线电干扰信号,输出特性不稳定,且正、反向旋转时输出特性不对称。

选用时应注意以上特点,根据它在系统中所起的作用,提出不同的技术要求,如应根据系统的频率、电压、工作速度范围、精度要求等来选用。

四、测速发电机使用中应注意的问题

在自动控制系统中,测速发电机常用来做调速系统、位置伺服系统中的校正元件,用来检测和调节电动机的转速,用来产生反馈电压以提高控制系统的稳定性和精确度。然而实际使用时,有些因素会影响测速发电机的测量结果,这是应注意的。

对异步测速发电机而言,输出特性的线性度与磁通 Φ_m 及频率 f_1 有关,因此在使用时要维持 U_f 和 f_1 恒定。同时要注意负载阻抗对输出电压的影响。因为工作绕组接入负载后,就有电流通过,并在工作绕组中产生阻抗压降,使输出特性陡然下降,影响测速发电机的灵敏度,这一点在使用时应该注意到。

温度的变化会使定子绕组和杯形转子电阻及磁性材料的性能发生变化,使输出特性不稳定。如当温度升高时,转子电阻增加,使 Φ_1、Φ_2 减小,从而使输出特性的斜率降低。绕组电阻的增加,不仅会影响输出电压的大小,还会影响输出电压的相位。在实际使用时,可外加温度补偿装置,如在电路中串入具有负温度系数的热敏电阻来补偿温度变化的影响。

对直流测速发电机来说,由于电枢反应的影响,在一定的 R_L 下,n 越高,E 越大,I_a 就越大;在一定的转速 n 下,R_L 越小,I_a 也越大;电枢电流 I_a 越大,电枢反应的去磁作用越显著,励磁磁通减少得越多,实际的输出特性曲线弯曲得越厉害。因此,在直流测速发电机的技术数据中给出了最大线性工作转速和最小负载电阻值,在精度要求高的场合,负载电阻必须选得大些,不应小于最小负载电阻,转速也应不超过最大线性工作速度,使其工作在较低的转速范围内。

温度变化,励磁绕组电阻随之变化。励磁绕组电阻增加,励磁电流减小,会使磁通下降,导致电枢绕组的感应电动势和输出电压下降,输出特性斜率降低。实际使用时,可在直流测速发电机的励磁绕组回路中串联一个电阻值较大的附加电阻,附加电阻可用温度系数较低的康铜或锰铜材料制成。这样当温度变化时,励磁回路总电阻变化甚微,励磁电流就几乎不变。采用附加电阻后,相应的励磁电源的电压将增高,励磁功率也随之增大,这是它的缺点。

将 R_a 仅看成电枢绕组的电阻,电刷接触压降为 ΔU,则输出电压为

$$U_a = E_a - R_a I_a - \Delta U$$

由于电刷接触电阻的非线性,当发电机转速较低、相应的电枢电流较小时,接触电阻较大,这时测速发电机的输出电压变得很小。当转速较高,电枢电流较大,电刷压降 ΔU 几乎不变。考虑到电刷接触压降的影响,直流测速发电机的输出特性如图3-28中的虚线所示。在转速较低时,存在着不灵敏区,测速发电机虽然有输入信号(转速),但输出电压却很小。

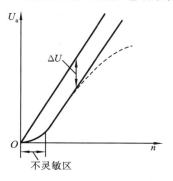

图 3-28 考虑电刷接触压降后直流
测速发电机的输出特性

3-4　步进电动机

步进电动机是一种将电脉冲信号变换成相应的角位移或直线位移的机电执行元件。每输入一个电脉冲,电动机就转动一个角度,前进一步。脉冲一个一个地输入,电动机便一步一步地转动,因此,这种电动机称为步进电动机。又因为它输入的既不是正弦交流电,又不是恒定直流电,而是电脉冲,所以又称它为脉冲电动机。它输出的角位移与输入的脉冲数成正比,转速与输入脉冲的频率成正比。控制输入脉冲的数量、频率及电动机各相绕组的通电顺序,就可以得到各种需要的运行特性,因而它广泛用于数字控制系统中。

一、步进电动机的基本结构

步进电动机种类繁多,常用的有反应式、永磁式和永磁感应式步进电动机。结构如图3-29所示。步进电动机和一般的旋转电动机一样,分为定子和转子两大部分。定子由硅钢片叠成,装上一定相数的控制绕组,输入电脉冲对多相定子绕组轮流进行励磁;转子用硅钢片叠成或用软磁性材料做成凸极结构。转子本身没有励磁绕组的称为反应式步进电动机;用永久磁铁做转子的称为永磁式步进电动机;永磁感应式步进电动机是反应式和永磁式的结合,也称为混合式步进电动机(HB)。

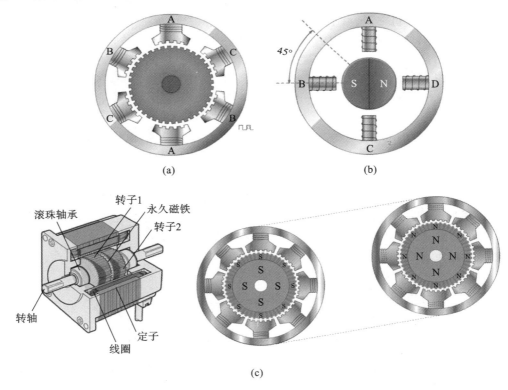

(a)　　　　　　　　　　　(b)

(c)

图 3-29　步进电动机的结构

(a)反应式步进电动机;(b)永磁式步进电动机;(c)混合式步进电动机

　　反应式步进电动机结构简单,步距角小;永磁式步进电动机转矩大,步距角也大,耗能小;混合式步进电动机(HB)输出转矩大,步距角小,耗能小,启动频率和运行频率高,但制造工艺复杂。当今市场上,混合式步进电动机应用最广,约占市场份额的 97%。

二、步进电动机的工作原理

(一)反应式步进电动机的工作原理

　　图 3-30(a)所示为一台三相反应式步进电动机的工作原理图。它的定子有 6 个极,每极上都绕有控制绕组,每两个相对的极组成一相。转子上面没有绕组。如图 3-30(a)所示,步进电动机的工作原理类似于电磁铁的工作原理。当 A 相绕组通电时,B 相和 C 相绕组都不通电。磁通总是要沿着磁阻最小的路径通过的特点,将使转子齿 1、3 的轴线向定子 A 极的轴线对齐,即在电磁吸力的作用下,将转子 1、3 齿吸引到 A 极下。此时,因转子只受到径向力而无切向力,故转矩为零,转子被自锁在这个位置上。A 相绕组断电、B 相绕组通电时,转子将在空间转过 30°角,使转子齿 2、4 与 B 相定子齿对齐,如图 3-30(b)所示。再使 B 相绕组断电、C 相绕组通电,转子又将在空间转过 30°角,使转子齿 1、3 与 C 相定子齿对齐,如图 3-30(c)所示。可见通电顺序为 A→B→C→A 时,电动机的转子便一步一步地按逆时针方向转动。每步转过的角度均为 30°,步进电动机每步转过的角度称为步距角。电流换接三次,磁场旋转一周,转子前进一个齿距角,图中转子有 4 个齿时齿距角为 $\frac{360°}{4}=90°$。若按 A→C→B→A 的顺序通电,则电动机就反向旋转。因此只要改变通电顺序,就可改变电动机的旋转方向。

图 3-30　三相反应式步进电动机的工作原理图

(二)通电方式

　　步进电动机有单相轮流通电、双相轮流通电和单双相轮流通电等方式。定子绕组每改变一次通电方式,称为一拍。"单"是指每次切换前后只有一相绕组通电;"双"是指每次有两相绕组通电。

　　现以三相步进电动机为例说明步进电动机的通电方式。

1. 三相单三拍通电方式

　　"三相"即表示三相步进电动机,每次只有一相绕组通电,而每一个循环只有三次通电,故称为三相单三拍通电。其通电顺序可以为 A→B→C→A。

　　单三拍通电方式每次只有一相绕组通电吸引转子,容易使转子在平衡位置附近产生振荡,运行稳定性较差。另外在切换时,一相绕组断电而另一相绕组开始通电,容易造成失步。

2. 三相双三拍通电方式

这种通电方式是两相同时通电,其通电顺序为 AB→BC→CA→AB。转子受到的感应力矩大,静态误差小,定位精度高。另外,转换时始终有一相绕组通电,所以工作稳定,不易失步。

3. 三相六拍通电方式

这种通电方式是单、双相轮流通电,其通电顺序为 A→AB→B→BC→C→CA→A。它具有双三拍的特点,且通电状态增加一倍,而使步距角减少一半。三相六拍步距角为 15°。但这种反应式步进电动机的步距角较大,不适合一般用途的要求。实际的步进电动机是一种小步距的步进电动机。

(三)小步距角步进电动机

图 3-29 所示为三相反应式步进电动机的结构图,它的定子上有 6 个极,上面绕有控制绕组并联成 A、B、C 三相。图 3-31 所示为其定、转子展开图。定子每段极弧上各有 5 个齿,定、转子的齿宽和齿距都相同。转子上均匀分布 40 个齿,则每个齿的齿距应为 $\frac{360°}{40}=9°$,每个定子磁极的极距为 $\frac{360°}{6}=60°$,所以每一个极距所占的齿距数不是整数。当 A 相的定子齿和转子齿对齐时,B 相的定子齿应相对于转子齿顺时针方向错开 1/3 齿距(即 3°),而 C 相的定子齿又应相对于转子齿顺时针方向错开 2/3 齿距。反应式步进电动机的转子齿数 z,基本上是由步距角的要求所决定的。转子的齿数必须满足一定条件:即当一相磁极下定子与转子的齿相对时,下一相磁极下定子与转子齿的位置应错开转子齿距的 $\frac{1}{m}$,m 为相数。设转子的齿数为 z,则齿距

$$t_{\mathrm{b}} = \frac{360°}{z} \tag{3-17}$$

因为每通电一次(即运行一拍),转子就走一步,各相绕组轮流通电一次,转子就转过一个齿距,所以步距角

$$\theta_{\mathrm{b}} = \frac{\text{齿距}}{\text{拍数}} = \frac{\text{齿距}}{Km} = \frac{360°}{Kmz} \tag{3-18}$$

式中:K 为状态系数。相邻两次通电的相的数目相同,$K=1$;相邻两次通电的相的数目不

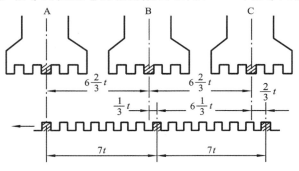

图 3-31　定、转子展开图

同,$K=2$。

若步进电动机的转子齿数 $z=40$,按三相单三拍运行时,则

$$\theta_b = \frac{360°}{1 \times 3 \times 40} = 3°$$

若按五相十拍运行,则

$$\theta_b = \frac{360°}{2 \times 5 \times 40} = 0.9°$$

可见,步进电动机的相数和转子齿数越多,步距角就越小,控制就越精确。故步进电动机可以做成三相的,也可做成二相、四相、五相、六相或更多相数的。

若步进电动机通电的脉冲频率为 f(脉冲数/秒),步距角用弧度表示,则步进电动机的转速

$$n = \frac{\theta_b f}{2\pi} 60 = \frac{\frac{2\pi}{Kmz} f 60}{2\pi} = \frac{60 f}{Kmz} \quad (\text{r/min}) \tag{3-19}$$

由式(3-19)可知,这种步进电动机在一定脉冲频率下,电动机的相数和转子齿数越多,转速就越低。而且相数越多,驱动电源也越复杂,成本也就较高。

三、步进电动机的主要技术指标与运行特性

(一) 步距角和静态步距误差

步距角也称为步距。它的大小可由式(3-18)决定,即与定子绕组的相数、转子的齿数和通电的方式有关。目前我国步进电动机的步距角为 $0.36°$ 至 $90°$。最常用的为 $7.5°/15°$、$3°/6°$、$1.5°/3°$、$0.9°/1.8°$、$0.75°/1.5°$、$0.6°/1.2°$、$0.36°/0.72°$ 等几种。

在不同的应用场合,对步距角的要求也不同。它的大小直接影响步进电动机的启动和运行频率,因此,在选择步进电动机的步距角时,若通电方式和系统的传动比已初步确定,则步距角应满足

$$\theta_b \leqslant i\alpha_{min} \tag{3-20}$$

式中:i 为传动比;α_{min} 为负载轴要求的最小位移增量(即每一个脉冲所对应的负载轴的位移增量)。

步距角 θ_b 也可用分辨率来表示,即每转步进了多少步。分辨率 b_s 等于 $360°$ 除以步距角,即 $360°/\theta_b = b_s$。如 $\theta_b = 15°$,其分辨率 b_s 为每转 24 步。如需要做 $15°$ 的步距运动,则需选用小于等于 $15°$ 步距角的电动机。若采用 $3°$ 步距角的电动机,则需走 5 步来实现 $15°$ 的步距运动,这样运动时的振动会减小,位置误差也减小,但要求的运行频率提高了,控制成本也提高了。

当步进电动机驱动的机械需做直线运动时,可用丝杠作为运动转换器。步进电动机的步距角的换算式为

$$\theta_b = \frac{360b}{L} \tag{3-21}$$

式中:b 为直线增量运动当量(m/脉冲);L 为丝杠螺距(m)。

例如所用丝杠的螺距为 $0.012\,7$ m,线性增量为 5.29×10^{-4} m/脉冲,则所需电动机的步

距角

$$\theta_{\mathrm{b}} = \frac{360 \times 5.29 \times 10^{-4}}{0.0127} = 15°$$

因此,需要一台每转 24 步(360°/15°)的步进电动机。

从理论上讲,每一个脉冲信号应使电动机转子转过相同的步距角。但实际上,由于定、转子的齿距分度不均匀,定、转子之间的气隙不均匀或铁芯分段时的错位误差等,实际步距角和理论步距角之间会存在偏差,这个偏差称为静态步距角误差。测定静态步距误差时,既要测量相邻步距角误差,又要计算步距角的累积误差。累积误差是指在一圈范围内,从任意位置开始,经任意步后转子角位移误差的最大值。在多数情况下,采用累积误差来衡量精度。步距精度 $\Delta\theta_{\mathrm{b}}$ 应满足

$$\Delta\theta_{\mathrm{b}} = i(\Delta\theta_{\mathrm{L}}) \tag{3-22}$$

式中:$\Delta\theta_{\mathrm{L}}$ 为负载轴上所允许的角度误差。

(二) 最大静转矩

步进电动机的静特性是指步进电动机在稳定状态(即步进电动机处于通电状态不变,转子保持不动的定位状态)时的特性,包括静转矩、矩角特性及静态稳定区。

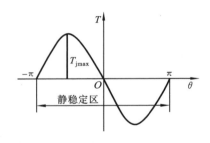

图 3-32 步进电动机的矩角特性

静转矩是指步进电动机处于稳定状态下的电磁转矩。它是绕组内电流和失调角的函数。在稳定状态下,如果在转子轴上加一负载转矩使转子转过一个角度 θ,并能稳定下来,这时转子受到的电磁转矩与负载转矩相等,该电磁转矩即为静转矩,而角度 θ 即为失调角。对应于某个失调角时,静转矩最大,称为最大静转矩 T_{jmax}。可从矩角特性上反映 T_{jmax},如图 3-32 所示,当失调角 $\theta=90°$ 时,将有最大静转矩。

从矩角特性可知,当失调角 θ 在 $-\pi$ 到 $+\pi$ 的范围内时,若去掉负载,转子仍能回到初始稳定平衡位置。区域 $-\pi<\theta<\pi$ 称为步进电动机的静态稳定区。但是,如果失调角 θ 超出这个范围,转子则不可能自动回到初始零位。当 $\theta=\pm\pi,\pm3\pi,\cdots$ 时,虽然此处的转矩为零,但是这些点是不稳定点。当控制脉冲停止输入时,最后一个脉冲还将控制绕组,这时继续通入直流电,使在通电相下定、转子的齿对齐,即定、转子齿轴线间夹角(即失调角)θ 为零,转子就可以固定在最后一个脉冲控制角位移的最终平衡点上不动。

在多相通电时的矩角特性和最大静态转矩,可按照叠加原理,根据各相通电时的矩角特性叠加起来求出。例如三相步进电动机常用单-双相通电的方式。当两相通电时,其矩角特性如图3-33(a)所示。由于正弦量可以用相量相加的方法求和,因此两相通电时的最大静态转矩可用相量图求取。用相量 T_{A} 和 T_{B} 分别表示 A 相绕组和 B 相绕组单独通电时的最大静态转矩,两相通电时的最大静态转矩 T_{AB} 如图 3-33(b)所示,这时

$$T_{\mathrm{AB}} = 2T_{\mathrm{max}}\cos\frac{\pi}{m} \tag{3-23}$$

其中

$$T_{\mathrm{max}} = T_{\mathrm{A}} = T_{\mathrm{B}}$$

从式(3-23)可知,对于三相步进电动机,$T_{AB} = T_A = T_B$,即两相通电时的最大静态转矩值与单相通电时的最大静态转矩值相等。此时三相步进电动机不能靠增加通电相数来提高转矩。

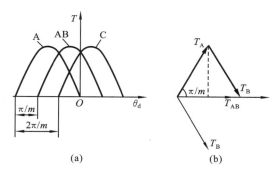

图 3-33　两相通电时的矩角特性及转矩相量图

当三相步进电动机三相通电时的矩角特性和转矩相量图如图 3-34 所示时,最大静态转矩为

$$T_{ABC} = \left(1 + 2\cos\frac{2\pi}{m}\right)T_{max} \tag{3-24}$$

其中

$$T_{max} = T_A = T_B = T_C$$

这时,$T_{ABC} = 1.618 T_{max}$。由于采用了二-三相通电方式,最大静态转矩提高了,而且矩角特性形状相同,对步进电动机的运行稳定性有利。

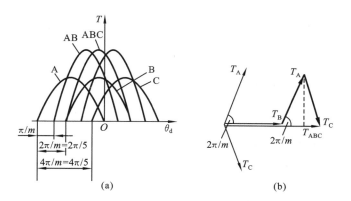

图 3-34　三相通电时的矩角特性及转矩相量图

在使用步进电动机时,一般电动机轴上的负载转矩应满足 $T_L = (0.3 \sim 0.5)T_{jmax}$,启动转矩 T_s(即最大负载转矩)总是小于 T_{jmax}(最大静态转矩)。

(三) 矩 频 特 性

当步进电动机控制绕组的电脉冲时间间隔大于电动机机电过渡过程所需的时间时,步进电动机进入连续运行状态,这时电动机产生的转矩称为动态转矩。步进电动机的动态转矩和脉冲频率的关系即 $T = F(f)$,称为矩频特性,如图 3-35 所示。由图可知,步进电动机的动态转矩随着脉冲频率的升高而降低。

步进电动机的控制绕组是一个电阻电感元件,其电流按指数函数增长。当电脉冲频率低时,电流可以达到稳定值,如图 3-36(a)所示。随着频率升高,达到稳定值的时间缩短,如图 3-36(b)所示。当频率高到一定值时,电流就达不到稳态值,如图 3-36(c)所示,故电动机的最大动态转矩小于最大静态转矩,而且脉冲频率越高,动态转矩也就越小。对于某一频率,只有当负载转矩小于它在该频率时的最大动态转矩时,步进电动机才能正常运转。

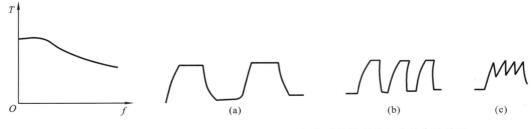

图 3-35　矩频特性　　　　图 3-36　不同频率时的控制绕组中的电流波形

为了提高步进电动机的矩频特性,必须设法减小控制绕组的电气时间常数($\tau = L/R$)。为此要尽量减小它的电感,使控制绕组匝数减少。所以步进电动机控制绕组的电流一般都比较大。有时也在控制绕组回路中再串接一个较大的附加电阻,以降低回路的电气时间常数,但这样就增加了在附加电阻上的功率损耗,导致步进电动机及系统效率降低。这时可以采用双电源供电,即在控制绕组电流的上升阶段由高压电源供电,以缩短达到预定稳定值的时间,然后再改为低压电源供电以维持其电流值,这样可大大提高步进电动机的矩频特性。

(四)启动频率和连续运行频率

步进电动机的工作频率一般包括启动频率、制动频率和连续运行频率。对同样的负载转矩来说,正、反向的启动频率和制动频率是一样的,所以一般技术数据中只给出启动频率和连续运行频率。

所谓"失步"包括丢步和越步。丢步是指转子前进的步距数少于脉冲数;越步是指转子前进的步距数多于脉冲数。丢步严重时,转子将停留在一个位置上或围绕一个位置振动。

步进电动机的启动频率 f_{st} 是指在一定负载转矩下能够不失步地启动的最高脉冲频率。f_{st} 的大小与驱动电路和负载大小有关。步距角 θ_b 越小,负载(包括负载转矩和转动惯量)越小,则启动频率越高。

步进电动机的连续运行频率 f_c 是指步进电动机启动后,当控制脉冲频率连续上升时,能不失步运行的最高频率。它的值也与负载有关。步进电动机的运行频率比启动频率高得多,这是因为在启动时除了要克服负载转矩外,还要克服轴上的惯性转矩。启动时转子的角加速度较大,它的负担要比连续运转时为重。若启动时脉冲频率过高,电动机就可能发生丢步或振荡。所以启动时,脉冲频率不宜过高。启动以后,再逐渐升高脉冲频率,由于这时的角加速度较小,就能随之正常升速。在这种情况下,电动机的运行频率就远大于启动频率。

四、步进电动机与交流伺服电动机的性能比较

步进电动机是一种离散运动的装置,它和现代数字控制技术有着本质的联系。在目前

国内的数字控制系统中,步进电动机的应用十分广泛。随着全数字式交流伺服系统的出现,交流伺服电动机也越来越多地应用于数字控制系统中。为了适应数字控制的发展趋势,运动控制系统中大多采用步进电动机或全数字式交流伺服电动机作为执行电动机。虽然两者在控制方式上相似(脉冲串和方向信号),但在使用性能和应用场合上存在着较大的差异。

1. 定位精度不同

两相混合式步进电动机步距角一般为 1.8°,五相混合式步进电动机步距角一般为 0.72°、0.36°,也有一些高性能的步进电动机步距角更小。步进电动机可以通过细分控制来实现 0.9°、0.72°、0.36°、0.18°、0.09°、0.072°、0.036° 等步距角。

交流伺服电动机的定位控制精度由电动机轴后端的旋转编码器保证。对于带 17 位编码器的电动机而言,其电动机每转一周发给伺服放大器的脉冲数为 131072 个,即其脉冲当量为 360°/131072＝0.00274658°,是步距角为 1.8° 的步进电动机的脉冲当量的 1/655。所以交流伺服电动机的定位精度远远高于步进电动机的定位精度。

2. 低频特性不同

步进电动机在低速时易出现低频振动现象。振动频率与负载情况和驱动器性能有关,一般认为振动频率为电动机空载起跳频率的一半。这种由步进电动机的工作原理所决定的低频振动现象对于机器的正常运转非常不利。当步进电动机低速工作时,一般应采用阻尼技术来克服低频振动现象,比如在电动机上加阻尼器,或在驱动器上采用细分技术等。

交流伺服电动机运转非常平稳,即使在低速时也不会出现振动现象。交流伺服系统具有共振抑制功能,可弥补机械的刚性不足,并且系统内部具有频率解析机能(FFT),可检测出机械的共振点,便于系统调整。

3. 矩频特性不同

步进电动机的输出力矩随转速升高而下降,且在较高转速时会急剧下降,所以其最高工作转速一般为 300～600 r/min。交流伺服电动机为恒力矩输出,即在其额定转速(一般为 2000 r/min 或 3000 r/min)以内,都能输出额定转矩,在额定转速以上为恒功率输出。

4. 过载能力不同

步进电动机一般不具有过载能力,但交流伺服电动机具有较强的过载能力。以松下交流伺服系统为例,它具有速度过载和转矩过载能力。其最大转矩为额定转矩的三倍,可用于克服惯性负载在启动瞬间的惯性力矩。步进电动机因为没有这种过载能力,在选型时为了克服这种惯性力矩,往往需要选取较大转矩的电动机,而机器在正常工作期间又不需要那么大的转矩,便出现了力矩浪费的现象。

5. 运行性能不同

常用的步进电动机的控制为开环控制,启动频率过高或负载过大时易出现丢步或堵转的现象,在转速过高的情况下停止运行易出现过冲的现象,所以为保证其定位控制精度,应处理好升、降速问题。

交流伺服驱动系统为闭环控制,驱动器可直接对电动机编码器反馈信号进行采样,内部构成位置环和速度环,一般不会出现步进电动机的丢步或过冲的现象,控制性能更为可靠。不过,新开发的步进伺服系统,在步进电动机后端也安装了编码器,形成了步进驱动闭环控制,消除了失步和过冲现象,从而提高了定位精度。

6. 速度响应性能不同

步进电动机从静止加速到工作转速(一般为每分钟几百转)需要 200~400 ms。交流伺服系统的加速性能较好,以松下 MSMA 400W 交流伺服电动机为例,从静止加速到其额定转速 3000 r/min 仅需几毫秒,可用于要求快速启停的控制场合。

7. 效率指标不同

步进电动机的效率比较低,一般为 60% 以下。交流伺服电动机的效率比较高,一般为 80% 以上。因此,步进电动机的温升也比交流伺服电动机的高。

综上所述,交流伺服电动机在许多性能方面都优于步进电动机。但在一些要求不高的场合也经常用步进电动机来做执行电动机。所以,在控制系统的设计过程中要综合考虑控制要求、成本等多方面的因素,选用适当的电动机。

3-5　直线电动机

直线电动机是直接产生直线运动的电动机,它可以看成是从旋转电动机演化而来的。与旋转电动机对应,直线电动机按机种分类可分为直线感应电动机、直线同步电动机、直线直流电动机和其他直线电动机(如直线步进电动机等)。由于直线感应电动机成本较低,适宜做得较长,所以直线感应电动机应用最广泛。但是直线感应电动机存在纵向和横向边缘效应,其运行原理和设计方法与旋转电动机有所不同。直线直流电动机由于可以做得惯量小、推力大,故在小行程场合有较多的应用。直线直流电动机的结构和运行方式都比较灵活,与旋转电动机差别较大。直线同步电动机由于成本较高,目前在工业上应用不多,但它的效率高,适宜于作为高速的水平或垂直运输的推进装置。它又可分成电磁式、永磁式和磁阻式三种。电子开关控制的永磁式和磁阻式直线同步电动机将有很好的发展前景。直线步进电动机作为高精度的直线位移控制装置已有一些应用。直线同步电动机和直线步进电动机的运行原理和设计方法与旋转电动机差别较小。这里仅对直线感应电动机和直线直流电动机作简单介绍。

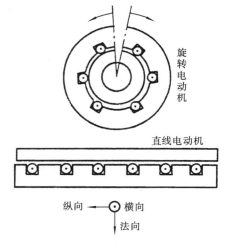

图 3-37　从旋转电动机到直线电动机的演化

一、直线电动机的结构特点

设想把旋转电动机沿径向剖开,并将圆周展开成直线,就变成了直线电动机,如图 3-37 所示。旋转电动机的径向、周向和轴向,在直线电动机中对应地称为法向、纵向和横向。旋转电动机的定子和转子,在直线电动机中称为初级和次级。

由于直线电动机磁路结构容易改变,因此比普通电动机有更多的结构形式。直线电动机按结构分类可分为平板形、管形、弧形和盘形等。平板形结构是最基本的结构,应用也最广泛。

如果把平板形结构沿横向卷起来,就得到了管形结构,如图 3-38 所示。管形结构的优点是没有绕组端部,不存在横向边缘效应,次级的支承也较方便;其缺点是铁芯必须沿周向叠片,才能阻挡由交变磁通在铁芯中感应的涡流,这在工艺上较复杂,散热条件也较差。

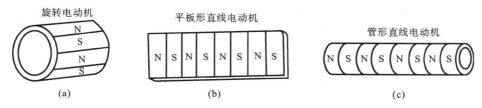

图 3-38　从旋转电动机到管形直线电动机的演化

弧形结构是将平板形初级沿运动方向改成弧形,并安放于圆柱形次级的柱面外侧,如图 3-39 所示。盘形结构是将平板形初级安放于圆盘形次级的端面外侧,并使次级沿切向运动,如图 3-40 所示。弧形和盘形结构的运动原理和设计方法与平板形结构相似。

图 3-39　弧形直线电动机

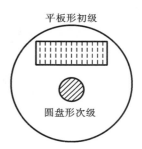

图 3-40　盘形直线电动机

二、直线感应电动机

直线感应电动机(linear induction motor,LIM)在运动过程中始终保持初级和次级耦合,初级侧或次级侧中的一侧做得较长。次级可以是由整块均匀的金属材料制成,即采用实心结构。只在次级的一侧安放初级的,称为单边结构;在次级的两侧各安放一个初级的,称为双边结构。双边结构可以消除单边磁拉力,次级的材料利用率也较高。按初级与次级之间的相对长度分,可分为短初级和短次级结构,如图 3-41、图 3-42 所示。

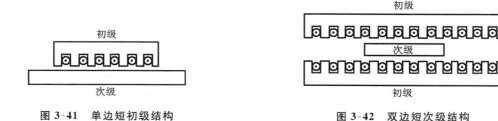

图 3-41　单边短初级结构　　　　　　　　图 3-42　双边短次级结构

(一) 基本工作原理

单边式直线感应电动机的初级由具有齿槽的电工钢片叠压而成,槽里嵌有绕组。次级导体一般是用铜或铝制成的金属板。初级和次级之间有一定距离,也就是存在着气隙。

当定子绕组通入两相或三相交流电时,产生的磁通密度为

$$B = B_0 \cos\left(\omega t - \frac{\pi x}{\tau}\right) \qquad (3\text{-}25)$$

式中：τ 为极距（m）；x 为初级表面距离（m）。

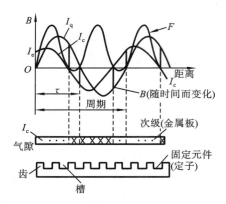

图 3-43　直线感应电动机的磁通 B（行波磁场）和涡流电流 I_{e}

极距 τ 是图 3-43 所示磁通密度 B 的半波长，也就是等于半个周期长度。B 既是 t 的函数，也是距离 x 的函数。图中 B 的波形是 $t=0$ 时的波形，随时间的延长，B 的波形将会向右方移动。

这种用 t 和 x 作为函数的磁通密度称为行波磁场，这与旋转感应电动机中的旋转磁场是同一道理。

根据楞次定律，通入交流电后在初级中产生的磁通，在次级的金属板上应感应出涡流，涡流也称感应电流，涡流方向如图 3-43 所示。

设引起涡流的感应电压为 E_{e}，在金属板上磁通作用的面积为 A，则

$$E_{\mathrm{e}} = -A\frac{\mathrm{d}B}{\mathrm{d}t} = \omega A B_0 \sin\left(\omega t - \pi\frac{x}{\tau}\right)$$

金属板上阻抗 $Z = R + \mathrm{j}\omega L$，则金属板上的涡流电流为

$$\dot{I}_{\mathrm{e}} = \frac{\dot{E}_{\mathrm{e}}}{Z} = \frac{E_{\mathrm{e}}}{Z}\sin\left(\omega t - \frac{\pi x}{\tau} - \varphi\right) \qquad (3\text{-}26)$$

其中

$$Z = \sqrt{R^2 + (\omega L)^2}$$

$$\varphi = \arctan\frac{\omega L}{R}$$

在涡流和行波磁场作用下，次级将受到连续的推力 F。F 有正负之分，但作用于次级的力主要是正推力。由于直流感应电动机初级铁芯断开形成两个纵向边缘，有边缘效应，在次级导体中所产生的涡流分布是非对称的，因此，推力的分布不均匀，即在初级长度方向上的推力不是一个恒值。当考虑动态纵向边缘效应和横向边缘效应时，直线感应电动机的特性会恶化，尤其在高速运行时更为显著，起减小推力作用，为此通常在主绕组外要增加一个补偿绕组，用于改进次级特性。也可以通过最佳品质因数来使直线感应电动机的设计最佳。

例 3-1　当工作频率为 f（Hz），极距为 τ（m）时，试证明直线感应电动机的同步速度为 $v_{\mathrm{s}} = 2\tau f$（m/s）。

解　根据涡流公式（3-26）可知

$$\omega t - \frac{\pi x}{\tau} - \varphi = 常数$$

对上式进行微分，得

$$\omega\mathrm{d}t - \frac{\pi}{\tau}\mathrm{d}x = 0$$

$$\frac{\mathrm{d}x}{\mathrm{d}t} = v_{\mathrm{s}} = \frac{\tau}{\pi}\omega = 2\tau f$$

例 3-2　当频率 $f=50$ Hz 时直线感应电动机的实际速度要达到 2 m/s，问极距应取多大？

解 行程较短或作往复运动的直线感应电动机,其实际速度大体是同步速度的一半。设实际速度为 v,则同步速度为 $v_s = 2v$。由公式 $v_s = 2v = 2\tau f$ 得

$$\tau = \frac{2v}{2f} = \frac{2}{50}\ \text{m} = 4 \times 10^{-2}\ \text{m}$$

极距应取 40 mm。

可见,极距的选择范围决定了运动速度的选择范围。极距太小会降低槽的利用率,增大槽漏抗和减小品质因数,从而降低电动机的效率和功率因数。极距的下限通常取 3 cm;对于工业用直线感应电动机,极距上限通常取 30 cm。

(二) 直线感应电动机的基本特性

1. 推力-速度特性

将直线感应电动机的推力-速度特性与已有的旋转感应电动机的特性进行比较,可得到如图 3-44 所示的特性曲线。图中 s 为滑差率,可表示为

$$s = \frac{v_s - v}{v_s} \tag{3-27}$$

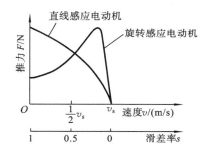

图 3-44 直线感应电动机与旋转感应电动机
的推力-速度特性的比较

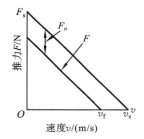

图 3-45 近似直线的推力-速度特性
F_s——启动推力;v_s——同步速度;
F_μ——摩擦力;v_f——空载速度

由图可见,旋转感应电动机推力力矩最大值在较低的滑差率,即 0.2 附近。直线感应电动机的最大推力在高滑差率,即 $s = 1$ 附近。可见,直线感应电动机的启动推力大,在高速区域的推力小,具有良好的控制品质。图 3-45 所示的直线感应电动机的推力-速度特性近似为直线,它的推力为

$$F = (F_s - F_\mu)\left(1 - \frac{v}{v_f}\right) \tag{3-28}$$

式中:F_s 为启动推力(N);F_μ 为摩擦力(N);v_f 为空载速度(m/s)。

直线感应电动机不能用变速箱改变速度和推力,因此它的推力不能扩大。若要获得较大的推力,只有加大电动机的尺寸。一般工业应用中,直线感应电动机适宜推动轻负载,如用于克服滚动摩擦的小车等。

2. 速度-时间特性

直线感应电动机的速度-时间特性如图 3-46 所示,由图可知

$$v = v_f\left(1 - e^{-\frac{t}{T}}\right)$$

式中:T 为时间常数(s)。

时间常数 T 随负载质量等因素的变化而变化。在图 3-46 所示情况下,时间常数 $T=1$ s。

3. 推力-气隙特性

如图 3-47 所示,直线感应电动机的推力 F 随气隙长度 g 的改变而变化。直线感应电动机的气隙长度比旋转电动机的大,其功率因数相应较低。当气隙小时,特性得到改善。为保证工作的稳定性,平板形直线感应电动机的气隙取 $g=3\sim5$ mm,圆筒形的气隙取 $g=0.5\sim1$ mm。

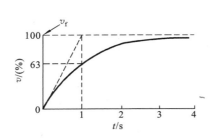

图 3-46　直线感应电动机的速度-时间特性

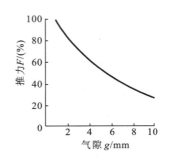

图 3-47　直线感应电动机的推力-气隙特性

4. 推力-负荷占空因数特性

负载占空因数(duty factor,DF)为

$$\mathrm{DF} = \frac{T_1 + T_2}{T} \times 100\%$$

式中:T 为 1 个周期的时间(s);T_1+T_2 为整个通电时间(s)。

当 DF 增大时,直线感应电动机的推力按指数函数下降。由于直线感应电动机本身没有冷却能力,故它的运动设计成间歇性运动。

三、直线直流电动机

直线直流电动机(linear DC motor,LDM)通常做成管形。它的优点是没有绕组端部,结构简单可靠。它的电枢铁芯相对磁场的运动速度较低,其涡流效应可忽略。有的直线直流电动机甚至没有电枢铁芯。

直线直流电动机按励磁方式可分为电磁式和永磁式两种。为了简化电动机的结构,提高效率和减少发热,多数直线直流电动机都做成了永磁式的,其磁场基本上是均匀的。

(一) 直线直流电动机的工作原理

图 3-48 所示的为永磁式直线直流电动机原理图,其工作原理是以旋转直流电动机的原理为基础的。在用低碳钢制作的圆柱铁芯的外表面绕上单层绕组,以形成电枢。它由两个匝数一样而绕向相反的线圈组成,得到一个无换向器(或无电刷)的电机结构。气隙磁通的径向分量与电枢电流相互作用,在每极上产生单方向的轴向力。根据左手法则判别推力的方向。

(二) 直线直流电动机的应用

直线直流电动机适宜应用于行程较短和速度较低的场合。主要有两种应用。一种是用于小推力、高定位精度的场合,例如,用于计算机读/写磁头驱动器和记录仪、绘图仪等。另

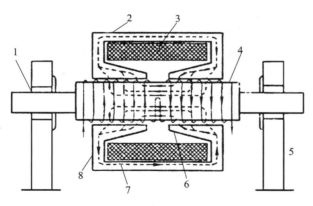

图 3-48 永磁式直线直流电动机原理图

1—直线轴承；2—外壳；3—磁场绕组；4—电枢绕组；5—电枢支架；6—极靴；7—主磁通；8—端板

一种是用于大推力的场合，例如，用于人工呼吸器、电磁推进船等。使用高性能永磁体，能提高电动机的推力体积比。

1. 音圈电动机用于定位装置

单极永磁直线直流电动机的工作方式类似于扬声器中永磁体对音圈的作用，常称该电动机为音圈电动机。它的组成中运用了稀土类永磁体，具有质量小、节能、机械时间常数小等特点，但是成本较高。

图 3-49 所示的为高存储密度的磁盘装置。磁盘装置是用一种磁头对高速旋转圆盘上的磁性介质表面进行扫描，以写入和读出信息的存储装置。伺服磁道写入器就是写入伺服信号的装置。磁盘装置的磁头定位性能很大程度取决于写入的伺服信号质量。

装置的驱动部分采用音圈直线直流电动机并直接与空气活塞连接。装置最终定位精度可达±0.8 μm 以下。以往的脉冲电动机和进给螺杆或以滚珠轴承作为导向机构的定位装置是难以达到微米数量级以下定位精度的。

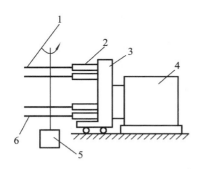

图 3-49 高存储密度的磁盘装置

1—盘片；2—读/写磁头；3—托架；
4—磁头（直线直流电动机）；
5—主轴电动机；6—伺服专用芯片

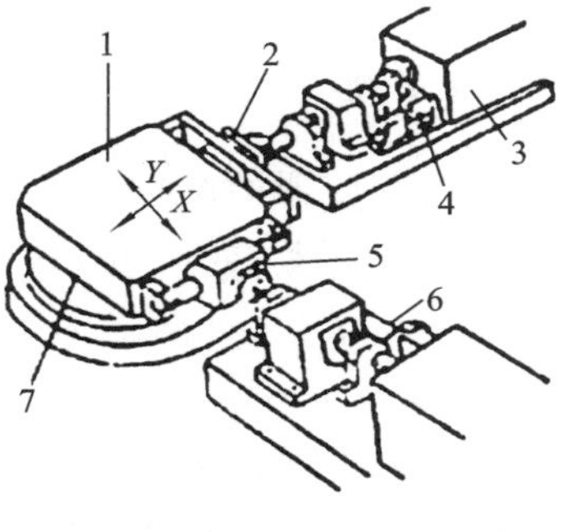

图 3-50 直线直流电动机驱动的 X-Y 工作台

1—工作台；2—导向轴承；3—直线直流电动机；
4—防转板；5—导向轴承（圆筒形）；
6—驱动轴；7—空气轴承

2. X-Y 双向工作台

在激光加工机械、半导体制造设备中用的 X-Y 工作台，对速度和精度要求越来越高。图 3-50 所示为采用直线直流电动机的 X-Y 工作台。这是在单一的工作台上装有 X-Y 导向轴,中间插入与驱动轴相垂直的导向空气轴承。与防转板构成一体的驱动轴由空气轴承支承并直接与安装在轴端的直线直流电动机相连接。这种工作台定位精度为±2 μm。

此外,直线直流电动机在打印机、电子缝纫机、笔式记录仪、指示器、条形码读出器、自动售货机等上都有应用。

3-6　旋转变压器

旋转变压器是自动装置中的一类精密控制微电动机,它能将转子转角变换成与之成某一函数关系的电信号,在控制系统中用作解算元件,进行坐标变换、三角运算等,在随动系统中用于传输与转角变化相应的信号。

按照使用要求,旋转变压器分为用于解算装置的旋转变压器和用于数据传输的旋转变压器。解算用旋转变压器按其电压与转子转角之间的函数关系,可分为正、余弦旋转变压器,线性旋转变压器等。

一、结构特点

旋转变压器从原理上说,相当于一个可以转动的变压器。从结构上说,它相当于一个两极两相线绕式异步电动机。为了获得良好的电气对称性,以提高精度,旋转变压器都设计成两极隐极式的四绕组旋转变压器。

旋转变压器的定、转子铁芯采用高磁导率的铁镍软磁合金片或高硅钢片经冲制、绝缘、叠装而成。为了使旋转变压器的磁导性能均匀一致,在定、转子铁芯叠片时采用每片错过一齿槽的旋转形叠片法。在定子铁芯的内圆周和转子铁芯外圆周上都冲有槽,里面各放置两组结构完全相同而空间轴线互相垂直的绕组,以便在运行时使原方或副方对称。转子绕组可由滑环和电刷引出。

二、正、余弦旋转变压器

(一) 工作原理

正、余弦旋转变压器的结构示意图和原理图分别如图 3-51(a)和(b)所示。$D_1 D_2$ 和 $D_3 D_4$ 是定子绕组,有效匝数为 N_D。$Z_1 Z_2$ 和 $Z_3 Z_4$ 是转子绕组,有效匝数为 N_Z。工作时,定子 $D_1 D_2$ 绕组加一个大小和频率一定的交流电压 $\dot{U}_D$,以产生需要的工作磁通,故称励磁绕组。转子绕组用来输出电压信号,故称输出绕组。假定转子绕组开路,即不接负载,这时定子 $D_3 D_4$ 绕组也处于开路状态。

交流励磁电流通过 $D_1 D_2$ 绕组时,将产生与 $D_1 D_2$ 绕组轴线方向一致的纵向脉振磁通 Φ_d。如果转子处于图中所示的 $Z_1 Z_2$ 与 $D_1 D_2$ 两绕组轴线重合的位置,则纵向脉振磁通 Φ_d 将全部通过 $Z_1 Z_2$ 绕组,于是与普通的静止变压器一样,Φ_d 将使 $D_1 D_2$ 和 $Z_1 Z_2$ 绕组中分别产生电动势 $\dot{E}_D$ 和 $\dot{E}_Z$,其有效值为

$$E_D = 4.44 f N_D \Phi_{dm}, \quad E_Z = 4.44 f N_Z \Phi_{dm}$$

式中:Φ_{dm} 为脉振磁通 Φ_d 的最大值。

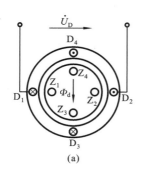 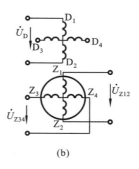

图 3-51 正、余弦旋转变压器的空载运行

(a)结构示意图； (b)工作原理图

$$\frac{E_Z}{E_D} = \frac{N_Z}{N_D} = K \tag{3-29}$$

式中:K 为旋转变压器的变比。

如果忽略励磁绕组的电阻和漏电抗,则

$$U_D = E_D$$

空载时,Z_1Z_2 绕组两端的电压用有效值表示为

$$U_{Z12} = E_Z$$

故

$$U_{Z12} = KU_D$$

由于 Φ_d 的方向与 Z_3Z_4 绕组轴线垂直,不会在该绕组中产生感应电动势。因而 $U_{Z34}=0$。

把图 3-51 所示的定、转子相对位置规定为旋转变压器的基准电气零位,而把转子偏离基准电气零位的角度称为转子转角。

当转子转角不等于零,例如从基准电气零位顺时针方向偏转 θ 角(见图 3-52)时,纵向脉振磁通 Φ_d 通过转子两绕组的磁通分别为

$$\Phi_{d12} = \Phi_d\cos\theta$$

$$\Phi_{d34} = \Phi_d\cos(90° - \theta) = \Phi_d\sin\theta$$

因而在转子绕组中产生的感应电动势分别为

$$\left.\begin{array}{l} E_{Z12} = E_Z\cos\theta = KE_D\cos\theta \\ E_{Z34} = E_Z\sin\theta = KE_D\sin\theta \end{array}\right\} \tag{3-30}$$

输出电压则为

$$\left.\begin{array}{l} U_{Z12} = KU_D\cos\theta \\ U_{Z34} = KU_D\sin\theta \end{array}\right\} \tag{3-31}$$

可见,只要励磁电压 U_D 的大小不变,转子绕组的输出电压就可以与转子转角保持准确的正、余弦函数关系。

(二) 负载运行中的问题及解决方法

实际工作中输出绕组总是要接一定的负载,如图 3-53 所示。

转子 Z_1Z_2 绕组接有负载 Z_L,于是 Z_1Z_2 绕组中有电流 I_{Z12} 通过,并产生相应的磁通 Φ_{Z12},将它分解成一个沿定子 D_1D_2 绕组的轴线方向的纵向磁通 Φ_{Zd},另一个沿 D_1D_2 绕组轴线垂直的横向磁通 Φ_{Zq}。纵向磁通与励磁磁通共同产生磁通 Φ_d,只要励磁电压 U_D 的大小和频率

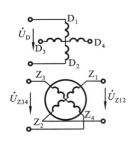

图 3-52　转子转角不等于
零时的工作情况

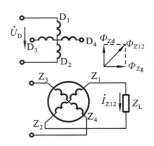

图 3-53　正、余弦旋转变压器
的负载运行

不变,则共同作用产生的磁通 Φ_d 便与空载时的 Φ_d 基本相同,只不过使 D_1D_2 绕组中的电流相应地增加而已。由于横向磁通的影响,在转子绕组 Z_1Z_2 和 Z_3Z_4 中除具有由于 Φ_d 而产生的符合式(3-30)的电动势外,还附加了由于 Φ_{Zq} 而产生的电动势,从而破坏了输出电压与转子转角的正弦和余弦成正比的关系,这种现象称为输出电压的畸变。负载电流越大,畸变越厉害。为了消除输出电压的畸变,必须在负载时设法对电动机中的横向磁通予以补偿。通常可以采用绕组副边和原边两种补偿方法。

1. 原边补偿

将图 3-53 所示的定子 D_3D_4 绕组短路,这时由于 D_3D_4 绕组的轴线与横向磁通轴线一致,横向磁通使该绕组中产生电动势,并使闭合电路内产生电流 I_{D34},根据楞次定律,由于 I_{D34} 而产生的磁通是阻碍原来磁通的变化的,即起着抵消转子横向磁通的作用。由于 D_3D_4 短路,产生了很强的去磁作用,致使横向磁通趋于零,从而消除了输出电压的畸变,这种补偿称为原边补偿,D_3D_4 称补偿绕组。

2. 副边补偿

如图 3-54 所示,两个转子绕组,一个作输出接负载 Z_L,另一个作补偿接一阻抗 Z_C,于是,转子两绕组中的电动势将分别在各自的回路内产生电流 $\dot{I}_{Z12}$ 和 $\dot{I}_{Z34}$。由此而产生的横向磁通分量方向相反,互相抵消。若选择 $Z_C=Z_L$,便可完全补偿横向磁通,这种方法称为副边补偿。显然,当负载阻抗 Z_L 变化时,为了能获得全补偿,阻抗 Z_C 也要同样变化,这在实际使用中往往不易达到。这是这种补偿方法的缺点。

在实际应用时,为了达到完善补偿的目的,通常采用原、副边同时补偿的方法。

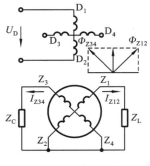

图 3-54　副边补偿

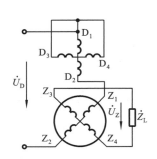

图 3-55　线性旋转变压器

三、线性旋转变压器

线性旋转变压器在相当大的角度范围内,输出电压与转角保持线性关系。接线方式如图 3-55 所示,定子 D_1D_2 绕组与转子余弦输出绕组 Z_1Z_2 串联后加上交流励磁电压 $\dot{U}_D$。转子正弦输出绕组 Z_3Z_4 接负载 Z_L,定子 D_3D_4 绕组短路作补偿用。

由于采用了定子边补偿措施,可认为横向磁通不存在,纵向磁通 Φ_d 分别在 D_1D_2 绕组和 Z_1Z_2 及 Z_3Z_4 绕组中产生电动势 $\dot{E}_D$、$\dot{E}_{Z12}$、$\dot{E}_{Z34}$。相位相同,大小符合式(3-30),若忽略定、转子绕组的漏阻抗不计,则有

$$U_D = E_D + E_{Z12} = E_D + KE_D\cos\theta$$
$$U_Z = E_{Z34} = KE_D\sin\theta$$

因此,输出电压与励磁电压的有效值之比为

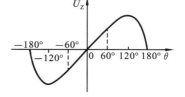

$$\frac{U_Z}{U_D} = \frac{K\sin\theta}{1 + K\cos\theta} \qquad (3\text{-}32)$$

或

$$U_Z = \frac{K\sin\theta}{1 + K\cos\theta}U_D \qquad (3\text{-}33)$$

在变比 $K = 0.52$ 时,输出电压 U_Z 与转角 θ 的关系如图 3-56 所示。在 $\theta = \pm60°$ 范围内,U_Z 与 θ 近似为线性关系,而

图 3-56 U_Z 与 θ 的关系

且误差不会超过 0.1%,上述结果是在忽略定、转子漏阻抗的情况下得到的。实际的线性旋转变压器,为了得到最佳的 U_Z 与 θ 之间的线性关系,一般取变比 $K = 0.56 \sim 0.57$。

四、数据传输用旋转变压器

数据传输用旋转变压器的接线方式如图 3-57 所示。左为旋转发送机,右为旋转变压器,工作原理与控制式自整角机相同。定子绕组对应相接,发送机的转子绕组 Z_1Z_2 加上交流励磁电压 $\dot{U}_f$,旋转变压器的转子绕组 Z_3Z_4 作输出绕组。它们的另一转子绕组 Z_3Z_4 和 Z_1Z_2 短路作补偿用。

当旋转发送机和旋转变压器处在图示的基准电气零位时,旋转发送机的转子将沿 Z_1Z_2 轴线方向产生脉振磁通。它只与旋转发送机的定子绕组 D_1D_2 交链,产生感应电动势 E_D,在两个 D_1D_2 绕组的闭合回路内产生电流 I_{D12}。该电流在旋转变压器中只产生沿 D_1D_2 轴线的交变磁通 Φ_d,与 Z_3Z_4 绕组轴线垂直,而且由于 Z_1Z_2 绕组短路,使得沿 D_1D_2 和 Z_1Z_2 轴线方向的交变磁通等于零。所以输出绕组不会有电压输出。

如图 3-58 所示,当旋转发送机和旋转变压器都沿同一方向偏离基准电气零位同一角度 θ 时,旋转发送机的转子励磁电流所产生的沿 Z_1Z_2 轴线的脉振磁通,在发送机的两定子绕组中分别产生感应电动势 E_{D12} 和 E_{D34},而且

$$E_{D12} = E_D\cos\theta$$
$$E_{D34} = E_D\sin\theta$$

从而在定子的两个闭合回路内分别产生正比于 $\cos\theta$ 和 $\sin\theta$ 的电流 I_{D12} 和 I_{D34} 及相应的磁通

$$\Phi_{D12} = \Phi_d\cos\theta$$
$$\Phi_{D34} = \Phi_d\sin\theta$$

定子合成磁通 Φ_d 与 Z_3Z_4 轴线垂直,而与 Z_1Z_2 轴线平行,如图 3-58 所示,在旋转变压器

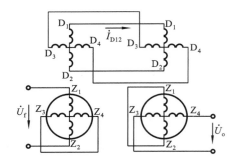

图 3-57　数据传输用旋转变压器的接线图

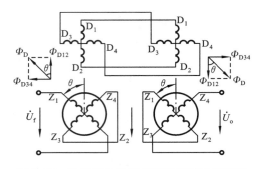

图 3-58　数据传输用旋转变压器的工作原理

中由于 Z_1Z_2 绕组短路，使得旋转变压器中的定、转子总磁通近乎等于零。所以，在这种情况下旋转变压器的输出绕组 Z_3Z_4 也不会有电压输出。

如果旋转发送机和旋转变压器的转角不等，例如前者的转角为 θ，后者的转角为零。则旋转变压器的定子合成磁通既不与 Z_1Z_2 绕组轴线平行，也不与 Z_3Z_4 绕组轴线垂直，合成磁通在 Z_1Z_2 轴线方向的分量，将因 Z_1Z_2 绕组的短路补偿作用而不会产生沿该轴线方向交变的脉振磁通。而合成磁通在 Z_3Z_4 轴线方向的分量将产生沿轴线方向的脉振磁通，并在 Z_3Z_4 绕组中产生感应电动势，输出绕组将有电压输出。与控制式自整角机一样，如果输出电压 $\dot{U}_\text{o}$ 经放大器加到伺服电动机的控制绕组上，则伺服电动机转子会带动旋转变压器的转子一起转动，直到后者的转角也等于 θ 为止。

正、余弦旋转变压器主要用在三角运算、坐标变换、移相、角度数据传输和角度数字转换等方面。线性旋转变压器主要用于机械角度与电信号之间的线性变换。数据传输用旋转变压器则用来组成同步连接系统，进行数据传输和角位测量。由于它的精度比自整角机高，故一般多用在对精度要求较高的系统中。

3-7　感应同步器

感应同步器是利用电磁耦合原理，将位移或转角转变为电信号的测量元件。按其运动方式和结构形式的不同，可分为圆盘式（或称旋转式）和直线式两种。前者用来检测转角位移，用于精密转台，各种回转伺服系统及导弹制导，陀螺平台，射击控制，雷达天线的定位等；后者用来检测直线位移，用于大型和精密机床的自动定位，位移数字显示和数控系统中。

感应同步器一般由频率为 1 000～10 000 Hz、幅值为几伏到几十伏的交流电压励磁，输出电压一般不超过几毫伏。

一、结构特点

从结构上看，感应同步器与旋转变压器及一般其他控制微电动机大不相同，它的可动部分和不动部分的绕组不是安装在圆筒形和圆柱形的铁芯槽内，而是用绝缘黏合剂把铜箔黏结在称为基板的金属或玻璃薄板上，利用印刷腐蚀方法制成曲线形状的平面绕组，其制造工艺与印制电路相同，故称印制绕组。如图 3-59 所示，定尺和滑尺均用绝缘黏合剂把铜箔贴在基尺上，用腐蚀方法，把铜箔做成印制线路绕组。定尺的表面还涂有一层耐切削液涂层，为了防止静电感应,在滑尺铜箔的绝缘黏合剂上面贴有一层铅箔。直线感应同步器的滑尺装在机床移动部件上时,铝箔与床身接触而接地,定尺一般做成 250 mm 长,使用时可以根据测量长度的需要,将几段连接起来应用。

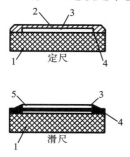

图 3-59　感应同步器结构

1—基尺;2—耐切削液涂层;3—铜箔;

4—绝缘黏合剂;5—铅箔

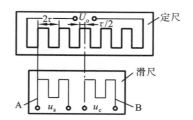

图 3-60　直线感应同步器的定尺和滑尺

A—正弦激磁绕组;B—余弦激磁绕组

二、工作原理

从工作原理上看,感应同步器与多极旋转变压器并无实质的区别,感应同步器的极对数很多,不是几十,而是几百,甚至上千,故精度要比旋转变压器高得多。

现以直线感应同步器为例简述其工作原理。直线感应同步器有定尺和滑尺两部分,如图 3-60 所示。定尺与滑尺平行安装,且保持一定间隙。定尺固定不动,当滑尺移动时,在定尺上产生感应电压,通过对感应电压的测量,可以精确地测量出位移量。滑尺上有两个励磁绕组,即正弦绕组 A 和余弦绕组 B,它们在空间位置上相差 1/4 节距(节距用 2τ 表示,其值一般为 2 mm)。定尺上的绕组是连续分布的。工作时,在滑尺的绕组上加上一定频率的交流电压后,根据电磁感应原理,在定尺上将感应出相同频率的感应电压。图 3-61 所示的为滑尺在不同位置时定尺上的感应电压。当定尺与滑尺绕组重合时,如图中点 a 所示,这时感应电压最大。当滑尺相对于定尺平行移动后,感应电压便逐渐减小,在错开 1/4 节距的点 b 处,感应电压为零。再继续移到 1/2 节距的点 c 时,得到的电压值与点 a 的相同,但极性相反。感应电压在 3/4 节距位置点 d 时又变为零,在移动到一个节距到点 e 时,电压幅值与点

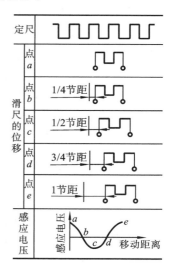

图 3-61　定尺上的感应电压与滑尺的关系

a 的相同。这样滑尺在移动一个节距的过程中,感应电压变化了一个余弦波形。由此可见,在励磁绕组中加上一定的交变励磁电压,感应绕组中就产生相同频率的感应电压。其幅值大小随着滑尺移动作余弦规律变化。滑尺移动一个节距,感应电压变化一个周期。感应同步器就是利用这个感应电压的变化来进行位置检测的。

圆盘感应同步器工作原理与直线感应同步器相同。只是圆盘感应同步器由定子和转子组成,如图 3-62 所示。图(a)所示的为转子示意图,图(b)所示的为定子示意图。圆盘感应同步器转子绕组为连续绕组,与直线感应同步器的定尺相似,而定子绕组与滑尺上的绕组相

似,分正、余弦绕组,一般每组都在一个扇形之内,相邻两组中心线的夹角应为节距的偶数倍再加减半个节距,相间隔的各组,即图中1、3、5、7和2、4、6、8各组彼此串联起来,分别作为正弦绕组和余弦绕组。

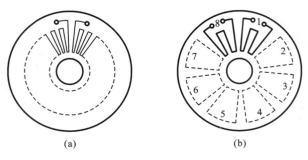

图 3-62 　圆盘式感应同步器

(a)转子; (b)定子

直线感应同步器因基尺不同可分为以下几种。

(1) 标准式　国内生产的标准式感应同步器,其基尺用优质碳素结构钢板制成。用绝缘黏合剂将导片粘在基尺上,根据设计要求用腐蚀方法将导片制成均匀分布的连续绕组,绕组允许通过的电流密度为 5 A/mm^2。标准式的精度高,用于精度要求比较高的机床。

(2) 窄长式　其定尺的宽度是标准式的 1/2,主要用于安装位置窄小的机床。

(3) 带式　采用钢带作为基尺,绕组可用腐蚀法印制在钢带上,两端用固定块固定在机床的床身上。滑尺通过导板夹持在带式定尺上,并与机床运动部件连接,属于普及型的感应同步器,由于它是组装式结构,所以对机床安装面的加工精度要求不高。安装简单,测量长度较长,特别适用于通用机床数控化改装。

欲得到更高的精度,可用多层印制绕组感应同步器,它是通过金属真空镀膜和绝缘材料真空喷涂的方法,获得很薄的电解薄膜而制成的。

三、鉴相型系统的工作原理

根据对滑尺绕组供电方式的不同,以及对输出电压检测方式的不同,感应同步器的测量系统可分为鉴幅型和鉴相型两种,前者是通过检测感应电压的幅值来测量位移的,而后者是通过检测感应电压的相位来测量位移的。

鉴相型系统中,供给滑尺的正、余弦绕组的励磁信号是频率、幅值相同,相位差为 90° 的交流电压,并根据定尺上感应电压的相位来测定滑尺和定尺之间的相对位移量,即

$$\left. \begin{array}{l} u_s = U_{sm}\sin\omega t \\ u_c = U_{cm}\cos\omega t \end{array} \right\} \tag{3-34}$$

开始时,正弦励磁绕组与定尺绕组重合,此时 $\theta = 0$,即两绕组间的相位角为零。当滑尺移动时,两绕组不再重合,此时在定尺上感应电压

$$u'_2 = KU_s\cos\theta = KU_{sm}\sin\omega t\cos\theta \tag{3-35}$$

同理,由于余弦励磁绕组与定尺绕组在空间相差 1/4 节距,在定尺上感应电压

$$u''_2 = KU_c\cos(\theta + \frac{\pi}{2}) = -KU_{cm}\cos\omega t\sin\theta \tag{3-36}$$

式中:K 为电磁耦合系数;U_m 为最大瞬时电压,$U_m = U_{cm} = U_{sm}$;θ 为滑尺绕组相对定尺绕组的空间相位角。

由于感应同步器的磁路可视为线性的,根据叠加原理,定尺上感应的总电压

$$u_2 = u'_2 + u''_2 = KU_m\sin\omega t\cos\theta - KU_m\cos\omega t\sin\theta = KU_m\sin(\omega t - \theta) \qquad (3\text{-}37)$$

若感应同步器的节距为 2τ,则滑尺直线位移量 x 和 θ 之间的关系为

$$\theta = \frac{x}{2\tau}2\pi = \frac{x\pi}{\tau} \qquad (3\text{-}38)$$

从式(3-38)可知,通过鉴别定尺上感应电压的相位,即可测得定尺和滑尺之间的相对位移。例如定尺感应电压与滑尺励磁电压之间的相角差 θ 为 $180°$,在节距 $2\tau = 2$ mm 的情况下,表明滑尺直线移动了 0.1 mm。

四、鉴幅型系统的工作原理

在这种系统中,供给滑尺的正、余弦绕组的励磁信号是频率和相位相同而幅值不同的交流电压,并根据定尺上感应电压的幅值变化来测定滑尺和定尺之间的相对位移量。

加在滑尺正、余弦绕组上励磁电压幅值的大小,应分别与要求工作台移动的 x_1(与位移相应的电角度为 θ_1)成正、余弦关系,即

$$\left.\begin{array}{l} u_s = U_m\sin\theta_1\sin\omega t \\ u_c = U_m\cos\theta_1\sin\omega t \end{array}\right\} \qquad (3\text{-}39)$$

当正弦绕组单独供电时,有

$$u_s = U_m\sin\theta_1\sin\omega t, \quad u_c = 0$$

当滑尺移动时,定尺上感应电压 u_2 随滑尺移动的距离 x(相应的位移角 θ)而变化。设滑尺正弦绕组与定尺绕组重合时 $x = 0$(即 $\theta = 0$),若滑尺从 $x = 0$ 开始移动,则在定尺上感应电压

$$u'_2 = KU_m\sin\theta_1\sin\omega t\cos\theta \qquad (3\text{-}40)$$

当余弦绕组单独供电时,有

$$u_c = u_m\cos\theta_1\sin\omega t, \quad u_s = 0$$

若滑尺从 $x = 0$(即 $\theta = 0$)开始移动,则定尺上感应电压

$$u''_2 = -KU_m\cos\theta_1\sin\omega t\sin\theta \qquad (3\text{-}41)$$

当正、余弦绕组同时供电时,根据叠加原理

$$u_2 = u'_2 + u''_2 = KU_m\sin\theta_1\sin\omega t\cos\theta$$
$$- KU_m\cos\theta_1\sin\omega t\sin\theta = KU_m\sin\omega t\sin(\theta_1 - \theta) \qquad (3\text{-}42)$$

由式(3-42)可知,定尺上感应电压的幅值随指令给定的位移量 $x_1(\theta_1)$ 与工作台实际位移量 $x(\theta)$ 的差值按正弦规律变化。

五、应用举例

(1) 鉴相型系统在数控机床闭环系统中的应用,其结构方框图如图 3-63 所示。误差信号 $\pm\Delta\theta_2$ 用来控制数控机床的伺服驱动机构,使机床向消除误差的方向运动,构成位置反馈,指令信号 $u_T = K''\sin(\omega t + \theta_1)$ 的相位角 θ_1 由数控装置发出。机床工作时,由于定尺和滑尺之间产生了相对移动,则定尺上感应电压 $u_2 = K\sin(\omega t + \theta)$ 的相位发生变化,其值为 θ。当

$\theta\neq\theta_1$ 时,鉴相器有信号 $\pm\Delta\theta_2$ 输出,使机床伺服驱动机构带动机床工作台移动。当滑尺与定尺的相对位置达到指令要求值 θ_1,即 $\theta=\theta_1$ 时,鉴相器输出电压为零,工作台停止移动。

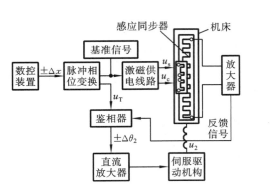

图 3-63　鉴相型感应同步器测量系统

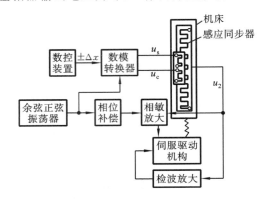

图 3-64　鉴幅型感应同步器测量系统的应用

(2) 鉴幅型系统用于数控机床闭环系统的结构方框图如图 3-64 所示。当工作台位移值未达到指令要求值时,即 $x\neq x_1(\theta\neq\theta_1)$,定尺上感应电压 $u_2\neq0$。该电压经检波放大控制伺服驱动机构带动机床工作台移动。当工作台移动至 $x=x_1(\theta=\theta_1)$ 时,定尺上感应电压 u_2 $=0$,误差信号消失,工作台停止移动。定尺上感应电压 u_2 同时输至相敏放大器,与来自相位补偿器的标准正弦信号进行比较,以控制工作台运动的方向。

六、感应同步器的特点及使用注意事项

下面介绍感应同步器的特点及使用注意事项。

(1) 精度高　感应同步器直接对机床位移进行测量,测量精度只受本身精度限制。定尺与滑尺的平面绕组,采用专门的工艺方法,制作精确,极对数多,定尺上的感应电压信号是多周期的平均效应,从而减少了制造绕组局部误差的影响,故测量精度高。目前直线感应同步器的精度可达 ±0.001 mm,重复精度为 0.000 2 mm,灵敏度为 0.000 05 mm。直径为 302 mm 的圆盘感应同步器的精度可达 0.5″,重复精度为 0.1″,灵敏度为 0.05″。

(2) 可拼接成各种需要的长度　根据测量长度的需要,采用多块定尺接长,相邻定尺间隔也可以调整,使拼接后总长度的精度保持(或略低于)单块定尺的精度。尺与尺之间的绕组连接方式如图 3-65 所示,当定尺少于 10 块时,将各绕组串联连接,如图 3-65(a)所示,当多于 10 块时,先将各绕组分成两组串联,然后将此两组再并联,如图 3-65(b)所示,以不使定尺绕组阻抗过高为原则。

(3) 对环境的适应性强　直线式感应同步器金属基尺与安装部件的材料(如钢或铸铁)的膨胀系数相近,当环境温度变化时,二者的变化规律相同,因而不会影响测量精度。感应同步器为非接触式电磁耦合器件,可选耐温性能好的非导磁材料作保护层,加强其抗温防湿能力,同时在绕组的每个周期内,任何时候都可给出与绝对位置相对应的单值电压信号,不受环境干扰的影响。

(4) 使用寿命长　由于定尺与滑尺不直接接触,没有磨损,使用寿命长。但感应同步器大多装在切屑或切削液容易入侵的部位,必须用钢带或罩来保护,以免切屑划伤滑尺与定尺绕组。

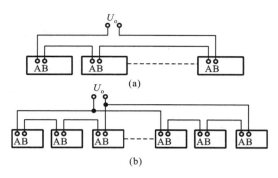

图 3-65　绕组连接方式

（5）注意安装间隙　定尺与滑尺之间的间隙一般在 0.02 mm～0.25 mm 之间，滑尺移动过程中，由于晃动所引起的间隙变化也必须控制在 0.01 mm 之内。如间隙过大，必将影响测量信号的灵敏度。

习题与思考题

第 3 章习题精解
和自测题

3-1　有一交流伺服电动机，若加上额定电压，电源频率为 50 Hz，极对数 $p=1$，试问它的理想空载转速是多少？

3-2　何谓"自转"现象？交流伺服电动机是怎样克服这一现象的？

3-3　改变交流伺服电动机的转动方向的方法有哪些？

3-4　有一直流伺服电动机，电枢控制电压和励磁电压均保持不变，当负载增加时，电动机的控制电流、电磁转矩和转速如何变化？

3-5　有一直流伺服电动机，当电枢控制电压 $U_c=110$ V 时，电枢电流 $I_{a1}=0.05$ A，转速 $n_1=3\,000$ r/min；加负载后，电枢电流 $I_{a2}=1$ A，转速 $n_2=1\,500$ r/min。试作出其机械特性 $n=f(T)$。

3-6　若直流伺服电动机的励磁电压一定，当电枢控制电压 $U_c=100$ V 时，理想空载转速 $n_0=3\,000$ r/min，当 $U_c=50$ V 时，n_0 等于多少？

3-7　为什么直流力矩电动机要做成扁平圆盘状结构？

3-8　永磁式同步电动机为什么要采用异步启动？

3-9　磁阻式电磁减速同步电动机有什么突出的优点？

3-10　同步电动机在负载增加时，转速是否下降？

3-11　交流测速发电机的转子静止时有无电压输出？转动时为何输出电压与转速成正比，但频率却与转速无关？何谓剩余电压和线性误差及相位误差？

3-12　一直流测速发电机，已知 $R_a=180\ \Omega$，$n=3\,000$ r/min，$R_L=2\,000\ \Omega$，$U=50$ V，求该转速下的输出电流和空载输出电压。

3-13　直流测速发电机在工作时为什么转速不应超过最大线性工作转速，负载电阻不应小于最小负载电阻？

3-14　为什么步进电动机的技术指标中步距角有两个值？

3-15　若有一台四相反应式步进电动机，其步距角为 1.8°/0.9°。

（1）步进电动机转子的齿数为多少？

（2）写出四相八拍运行方式时的通电顺序；

（3）测得电流频率为 600 Hz，其转速为多少？

3-16　一台反应式步进电动机，其步距角为 $\theta_b = 1.5°/0.75°$，若取相数 $m=3$，其转子齿数 z 是多少？每个齿的齿距 t_b 为多少？若取相数 $m=6$，其 z 和 t_b 又是多少？

3-17　为什么 $z=40$ 的反应式步进电动机的最小相数为 3？若取两相通电方式可行否？此时的步距角 θ_b 为多少？对应的启动转矩 T_s 为多少？

3-18　步进电动机连续运行时，为什么频率越高，电动机所能带动的负载越小？

3-19　旋转变压器在带负载时为什么要采取补偿措施？补偿方式有哪几种？

3-20　直线式感应同步器的空载输出电压与位移量 x 有什么关系？

3-21　鉴幅型、鉴相型工作方式的特点是什么？

第 4 章

机电传动控制系统的基础

机电传动控制系统包括电动机拖动生产机械这个主体以及对生产机械的运动实现控制的装置。

本章简述了开环控制系统和闭环控制系统的基本组成及工作原理;介绍了机电传动系统调速的技术指标及选择的原则。另外,还介绍了电动机选择方法。

4-1　机电传动控制系统的组成及方案选择

机电传动控制系统主要有直流传动控制系统和交流传动控制系统。直流传动控制系统以直流电动机为动力;交流传动控制系统以交流电动机为动力。由于直流电动机具有良好的调速性能,故直流传动控制系统一般用在自动控制要求比较高的生产部门。与直流电动机相比较,交流电动机具有结构简单、价格便宜、运行可靠、维修方便等优点,随着电力电子技术及现代控制理论的发展,交流传动系统在工业生产中的应用领域正在迅速扩大。

一、机电传动控制系统的组成

机电传动系统是由电动机、电气元件及电力电子装置等组成。根据生产机械的要求,机电传动系统可以构成开环控制系统和闭环控制系统。

1. 开环控制系统

开环控制系统是只有输入量对输出量的单方向控制,而没有对输出量的执行情况的检测的系统,其输出和输入没有联系。

开环控制系统的一般组成结构如图 4-1 所示。现以直流电动机开环调速系统(见图4-2)为例来介绍开环控制系统。

图 4-1　开环控制系统的方框图

图 4-2 中,被控对象为电动机,控制装置为电位器、放大器。当改变给定电压 U_n 时,经放大器放大后的电压 U_d 随之变化,作为被控量的电动机转速 n 也随之发生变化。就是说,系统正常工作时,应由 U_n 来确定 n。

若电网电压的波动,或负载的改变等扰动量的影响使得转速 n 发生变化,而这种变化未

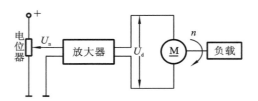

图 4-2　直流电动机开环调速系统

能被反馈至控制装置并影响控制过程,则系统无法克服由此产生的偏差。

开环控制的特点:系统结构和控制过程均很简单,但由于这类系统无抗干扰能力,因而控制精度较低,这大大限制了其应用范围。开环控制一般只能用于对控制性能要求不高的场合。

2. 闭环控制系统

闭环控制系统又称反馈控制系统,它是利用对输出量的检测并与给定的输入的比较值来控制系统运行的。

闭环控制系统的一般组成结构如图 4-3 所示。现以采用转速负反馈的直流电动机调速系统为例介绍闭环控制系统。

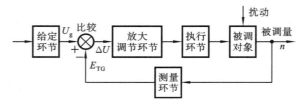

图 4-3　闭环控制系统的组成结构

图 4-4 所示为采用转速负反馈的直流电动机调速系统,此系统与开环控制系统不同的是增加了作为测量装置的测速发电机以及分电位器。电动机的转速 n 被转换成反馈电压 U_f,并反馈给输入端,形成闭合环路。加在放大器输入端的电压 e 为给定电压 U_d 与反馈电压 U_f 的差值,即

$$e = U_n - U_f \tag{4-1}$$

此闭环系统中,输出转速 n 取决于给定电压 U_n。而对于由电网电压波动、负载变化以及除测量装置之外的其他部分的参数变化所引起的转速变化,都可以通过自动调速加以抑

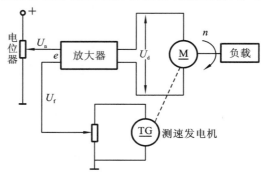

图 4-4　转速闭环控制调速系统

制。例如,如果由于以上原因使得转速下降($n\downarrow$),系统将通过以下的调节过程使 n 基本维持恒定。此过程可表示为 $n\downarrow \rightarrow U_f\downarrow \rightarrow e\uparrow \rightarrow U_d\uparrow \rightarrow n\uparrow$。

由以上分析可知,闭环系统具有如下特点。

(1)系统具有两种传输信号的通道,由给定值至被控量的通道称为顺向通道,由被控量至系统输入端的通道称为反向通道。

(2)系统能减少或消除顺向通道上的扰动所引起的被控量的偏差值,因而具有较高的控制精度和较强的抗干扰能力。

(3)若设计调试不当,系统易产生振荡甚至不能正常工作。

二、机电传动系统调速方案的选择

(一) 机械调速与电气调速

为了改变机电传动系统的运行速度,一般可采用机械调速和电气调速。相比而言,电气调速优点很多,如:可使机械减速装置结构简单,传动效率高;易于实现无级调速;可实现远距离集中控制和自动控制等。但在生产实际中,为满足生产工艺的调速要求及减小初期投资,通常将机械调速与电气调速配合起来使用。

(二) 生产机械对自动调速系统技术指标的要求

机电传动系统调速方案的选择主要是根据生产机械对调速系统提出的调速技术指标来确定的。技术指标有静态技术指标和动态技术指标。

1. 静态技术指标

(1)静差度　它是生产机械对调速系统相对稳定性的要求,即负载波动时,转速的变化程度。所谓静差度是指电动机在额定负载时的转速降落 Δn 和对应机械特性的理想空载转速 n_0 之比,即

$$s = \frac{n_0 - n_N}{n_0} = \frac{\Delta n_N}{n_0}\bigg|_{T=T_N} \tag{4-2}$$

从静差度的定义可看出,它是一个与机械特性硬度有关的量,机械特性越硬,静差度越小,系统相对稳定性越好,这时负载变化对转速变化的影响小。除此之外,静差度还与机械特性的理想空载转速有关,几条相互平行的机械特性,静差度的值将随理想空载转速的降低而增大,其相对稳定性变差。静差度一定时,电动机运行的最低转速将受到限制。

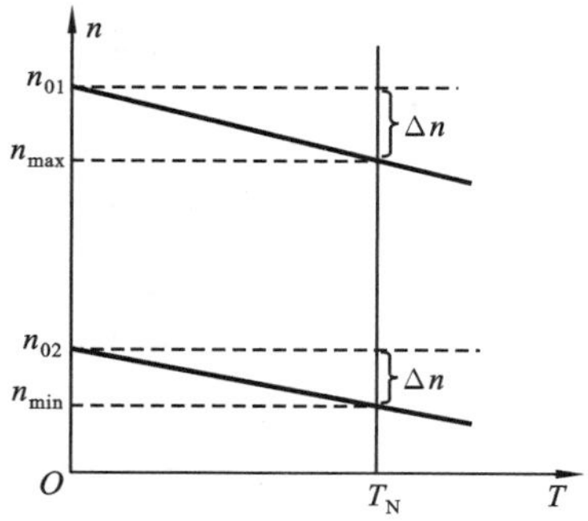

(2)调速范围　它是指电动机在额定负载时最高转速 n_{max} 与最低转速 n_{min} 之比,即

$$D = \frac{n_{max}}{n_{min}}\bigg|_{T=T_N} \tag{4-3}$$

图 4-5　直流电动机的调速特性

图 4-5 所示为直流电动机高速和低速时两条机械特性曲线。

调速范围是由生产机械对传动系统提出的转速调节的范围,其中最高转速受系统机械

强度的限制,最低转速受生产机械对静差度要求的限制。也正是生产机械对静差度的要求,限制了传动系统的最低运行速度,从而限制了转速的调节范围,最大的静差度决定了最低的运行速度。在满足生产机械对静差度的要求前提下,电动机的调速范围为

$$D = \frac{n_{\max}}{n_{\min}} = \frac{n_{\max}}{n_{0\min} - \Delta n_N} = \frac{n_{\max}}{n_{0\min}\left(1 - \frac{\Delta n_N}{n_{0\min}}\right)} = \frac{n_{\max}}{\frac{\Delta n_N}{s_L}}\frac{1}{(1 - s_L)}$$

$$= \frac{n_{\max}}{\Delta n_N} \cdot \frac{s_L}{1 - s_L} \tag{4-4}$$

通常 $n_{\max}$ 为 n_N,由电动机铭牌而确定,s_L 等于或小于生产机械要求的静差度,D 由生产机械要求决定。

当机械特性的静差度一定、额定负载下的最高转速一定时,若是直流传动系统采用改变电枢电压调速,则调速范围就只取决于机械特性的硬度,在开环系统中 Δn 的最小值取决于电枢的等效内阻,为了进一步扩大调速范围,必须考虑用反馈控制系统来进一步减小系统的 Δn。

(3)调速的平滑性 调速的平滑性用两个相邻的转速 n_i 与 n_{i-1} 之比来衡量,其比值越接近1,调速的平滑性越好,在一定的调速范围内可得到的调节转速的级数就越多。相邻的转速之比趋近1的调速,称为无级调速。不同的生产机械对调速的平滑性的要求是不同的,一般分为有级调速和无级调速。

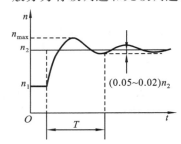

图 4-6 自动调速系统的动态特性

2. 动态技术指标

机电传动系统在从一种稳定速度向另一种稳定速度变化的过程中,由于电磁惯性和机械惯性的影响,这一过程不可能瞬间完成,而需要一定的时间,整个变化过程称为动态过程或过渡过程。生产机械对自动调速系统动态品质指标有过渡过程时间、最大超调量、振荡次数等。如果现有一自动调速系统的转速由 n_1 向 n_2 过渡,其动态响应如图 4-6 所示。

(1)最大超调量 最大超调量是指当系统由一个稳定速度向另一个稳定速度调节的过程中,可能出现的超过新稳定速度的最大值。一般用与新稳态值的相对大小来表示,即

$$M_p = \frac{n_{\max} - n_2}{n_2} \times 100\% \tag{4-5}$$

超调量太大,系统的稳定性差;但太小,又会使系统过渡过程变得缓慢,不利于提高生产效率等,一般 M_p 为$(10\sim35)\%$。

(2)过渡过程时间 T 从系统的转速开始变化到进入$(0.05\sim0.02)n_2$ 稳定值区间为止(并且以后不再超出这个范围)的这段时间,称为过渡过程时间。过渡过程时间 T 小,表示系统跟随的快速性好。然而在实际系统中,快速性和稳定性往往是互相矛盾的。降低超调量就将延长过渡过程时间,缩短过渡过程时间却又会加大超调量。对于一般系统来说,可以根据生产工艺要求,哪方面需重点考虑,就作为主要方面。

(3)振荡次数 振荡次数是在过渡过程时间内,被调量 n 在其稳定值上下摆动的次数。图 4-6 所示的为 1 次。

以上三个动态指标是衡量自动调速系统过渡过程品质好坏的主要指标。不同的生产机

械对动态指标的要求是不同的,可用调节闭环系统的参数来满足不同生产机械的要求。

(三) 机电传动控制系统调速方案的确定原则

机电传动系统调速方案的确定要从生产机械对调速的静态、动态指标及技术经济指标等多方面综合考虑。

1. 对于不要求电气调速的生产机械

当生产机械不要求电气调速时,除电动机与生产机械之间要装必要的减速装置外,重点是对电动机类型的选择,一般应考虑选用交流电动机。若生产机械是在轻载或空载时启动的,启动次数不频繁,则可选择鼠笼式异步电动机拖动。如果生产机械要求重载启动,则一般可选择特殊型鼠笼式异步电动机或绕线式异步电动机拖动。当生产机械负载变化小、容量大且启制动次数少时,可考虑选用同步电动机拖动。系统的控制一般采用继电器-接触器控制,如果系统的动作复杂,可采用可编程控制器来实现系统的控制。

2. 对于要求电气调速的生产机械

当生产机械要求电气调速时,调速方案需根据生产机械的技术经济指标来确定。一般是首先根据生产机械对调速范围的要求确定基本的调速方案,再综合考虑其他技术要求。

若要求调速范围 $D=2\sim3$、调速级数为 $2\sim4$,在轻载或空载下启动,且启制动不频繁,则一般可选用可变极的双速和多速鼠笼式异步电动机拖动;若要求重载启动,且经常启制动,则可考虑选用绕线式异步电动机拖动。

若要求调速范围 $D=3\sim10$、无级调速,在功率不大,不频繁正反转,且不经常工作在低速的情况下,可选用带滑差离合器的异步电动机;若经常工作在低速下,又要求频繁地正反转,则可用开环的晶闸管直流传动系统或压频变比交流传动系统。

当要求调速范围 $D=10\sim100$ 时,根据需要可选用带反馈的晶闸管直流传动系统或晶体管交流变频调速系统。

当要求调速范围 $D>100$ 时,可选用直流脉宽调速系统或交流变频调速系统。

实际生产的情况是复杂的,在确定调速方案时,需根据具体的情况进行具体的分析,从各方面加以综合考虑。

3. 根据生产机械的负载性质来选择电动机的调速方法

对机电传动系统的调速性能分析是以电动机的机械特性方程式为基本依据的,但是传动系统是要为生产机械服务的,这就既要在技术性能上满足生产机械与生产工艺条件提出的要求,又必须让电动机的负载能力得到充分的利用。

所谓电动机的负载能力的合理利用是指:电动机在调速的过程中,以不同的稳定转速运行时,电枢的电流始终接近或等于电动机的额定电流,使电动机在保证使用寿命的基础上,各部分的材料都得到充分的利用。

根据传动系统的运动方程式可知,系统在不同的稳定转速下运行时,电动机发出的转矩必须与负载转矩相平衡。那么,系统稳定运行时,电枢电流的大小就由负载的大小和性质来决定。这样研究电动机负载能力的合理利用,实质上是研究电动机在不同调速方法下,应各用于什么性质的负载,才能保证电动机的电枢电流在不同的稳定速度下,始终接近或等于额定电流。

(1) 直流他励电动机改变电枢电压调速的负载能力　当采用电枢回路串电阻调速与改

变电枢电源电压调速方式时,由于主极磁通保持不变,并为额定值,若要求电枢电流为额定值不变,则电动机发出的转矩 $T=C_M\Phi_N I_N=$ 常数,而输出功率 $P_2=Tn/9.55=Cn$,其中,C 为常数。

这表明:用改变电枢电压来对传动系统的速度进行调节时,如果调速前后电枢电流保持为额定值不变,则电动机在调速前后的输出转矩就不变。而电枢电流的大小在稳定状态下,取决于负载转矩的大小,因此,生产机械在调速前后其转矩不变,就能保证电动机电枢电流在调速前后为额定值。所以这种调速方法适合于恒转矩负载,也称为恒转矩调速。

(2) 直流他励电动机弱磁调速的负载能力　电动机在弱磁调速时,若要保持电枢电流为额定,则输出转矩 $T=C_M\Phi I_N=C/n$,其中,C 为常数,输出的功率 $P=Tn/9.55=Cn/(9.55n)=$ 常数。

这表明:弱磁调速时,如果调速前后电枢电流保持为额定值,则电动机发出的功率是常数。与生产机械联系在一起,是指如果生产机械在弱磁调速前后的负载功率保持不变,就能保证电动机调速前后的电枢电流不变。所以这种调速方法适合于恒功率负载,也称为恒功率调速。

由以上的讨论可知,他励直流电动机额定转速以下的调节适合于恒转矩负载,额定转速以上的调节适合于恒功率负载,对应的 $P=f(n)$ 及 $T=f(n)$ 关系如图 4-7 所示。如果他励电动机拖动的传动系统在额定转速以下带恒转矩负载,在额定转速以上带恒功率负载,则对应的匹配关系是合理的,其配合情况如图 4-8 所示。

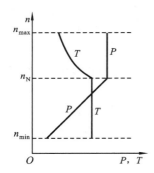

图 4-7　他励直流电动机调速时
容许输出转矩与功率

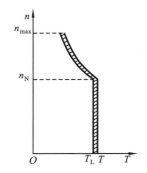

图 4-8　电动机的调速转矩
与负载一致

(3) 异步电动机变极调速的负载能力　当定子接线形式由星形改接成并联双星形接线时,$P_{YY}=3\times\dfrac{U_1}{\sqrt{3}}(2I_1)\cos\psi_{YY}=2P_Y$,而 $T_{YY}=9\,550\,\dfrac{P_{YY}}{n_{YY}}=9\,550\,\dfrac{2P_Y}{2n_Y}=T_Y$,因此,如果负载转矩在调速前后保持不变,电动机输出转矩就保持不变,从而保证了调速前后电动机定子绕组电流不变,使电动机得到充分利用,显然这种调速为恒转矩调速。

当定子接线形式由三角形改接成双星形时,$P_\triangle=\sqrt{3}\,U_L I_L\cos\varphi_\triangle$,$P_{YY}=\sqrt{3}\,\dfrac{U_L}{\sqrt{3}}\cdot 2I_L\cos\varphi_{YY}$,而 $\cos\varphi_\triangle\approx\cos\varphi_{YY}$,因此,$P_{YY}/P_\triangle=1.15$,可以近似地看成恒功率调速。

(4) 异步电动机变频调速的负载能力　异步电动机变频调速时,为维持气隙主磁通不变,应保持 $\dfrac{U_1}{f_1}=\dfrac{U_{1N}}{f_{1N}}$,即定子电源电压将跟随着频率变化,将该比例式代入异步电动机转矩的参数表达式中可得出 $T=$ 常数,因此,这种调速称为恒转矩调速。

当异步电动机在额定频率以上调节时,根据 $U_1/f_1=$ 常数,定子电压将超过额定电压 U_{1N},这是不允许的。为保证安全运行,当 $f_1>f_{1N}$ 时,保持 $U_1=U_{1N}$,这时,Φ 将随 f_1 的上升而下降,使转矩随转速的上升而减小。电动机的电磁功率 $P=T\omega_1\approx K_1\dfrac{1}{f_1}2\pi f_1=2\pi K_1=$ 常数,即调速过程中电磁功率近似不变,这种调速为恒功率调速。

4. 调速系统的经济性

调速的经济性是指调速装置的初期投资、运行维修费用及调速过程中的电能损耗等。

例 4-1　一台他励直流电动机,$P_N=10\text{ kW}$,$U_N=220\text{ V}$,$I_N=53\text{ A}$,$n_N=1\,100\text{ r/min}$,$R_a=0.3\ \Omega$,试求静差度 $s\le0.3$ 和 $s\le0.2$,降压调速时的调速范围。

解　降压调速时,
$$n_{\max}=n_N=1\,100\text{ r/min}$$

$$C_e\Phi_N=\frac{U_N-I_N R_a}{n_N}=\frac{220-53\times0.3}{1\,100}=0.186$$

$$n_0=\frac{U_N}{C_e\Phi_N}=\frac{220}{0.186}\text{ r/min}=1\,183\text{ r/min}$$

$$\Delta n_N=n_0-n_N=(1\,183-1\,100)\text{ r/min}=83\text{ r/min}$$

故当 $s\le0.3$ 时,
$$D=\frac{n_{\max}}{\Delta n_N}\cdot\frac{s}{1-s}=\frac{1\,100}{83}\times\frac{0.3}{1-0.3}=5.68$$

当 $s\le0.2$ 时,
$$D=\frac{n_{\max}}{\Delta n_N}\cdot\frac{s}{1-s}=\frac{1\,100}{83}\times\frac{0.2}{1-0.2}=3.3$$

可见,对 s 要求越高,即 s 越小,D 就越小。

4-2　选择电动机额定功率的基本依据

电动机在能量转换过程中,必然会产生损耗,如铜损耗、铁损耗、机械损耗等,这些损耗都以热能的形式表现出来,除了一部分热能散发到周围介质中去以外,其余部分则使电动机的温度升高。

一台电动机在运行中损耗功率的大小可表示为
$$\Delta P=P_1-P_2=P_2\left(\frac{1}{\eta}-1\right)$$

式中:P_1 是电动机的输入功率;P_2 是电动机的输出功率;η 是电动机的运行效率。

损耗功率也可表示为
$$\Delta P=P_0+P_{Cu}=P_{Cu}(\alpha+1)=I_L r(\alpha+1)$$

式中:P_0 为空载损耗;P_{Cu} 为铜耗;$\alpha=P_0/P_{Cu}$;I_L 为电动机负载电流;r 为电动机电枢绕组的等效电阻。

单位时间内产生的热量为
$$Q=1.005\Delta P$$

由此可看出:损耗功率与电动机运行中的输出功率和工作电流 I_L 的平方成正比,而热量与 ΔP 成正比。

这说明损耗是使电动机温度上升的主要原因。一定的输出功率对应一个最高温度而在选择电动机额定功率时,这个最高温度应受到电动机绝缘材料允许的最高温度 θ_r 的限制。如果电动机的温度过高,其绝缘寿命就要缩短。例如:根据 A 级绝缘材料的试验表明,当电动机的温度 $\theta=95\ ℃$ 时,它能可靠地工作 16～17 年,在电动机的温度超过 95 ℃后,每升高 8～10 ℃,电动机的绝缘寿命就将减少一半。这表明,保证运行中电动机绝缘的最高温度不超过允许的最高工作温度 θ_r,即 $\theta\leqslant\theta_r$ 是保证电动机长期安全运行的必要条件。

由于我国幅员辽阔,不同地区,电动机工作的环境温度就各不相同。为了统一起见,国家标准规定空气温度或冷却介质温度为 $+40\ ℃$,而用相对 $+40\ ℃$ 的温度的升高值来衡量电动机的发热情况,即用温升值来表示。如果用 θ 表示实际温度,而 θ_0 表示空气或冷却介质温度,则温升 $\tau=\theta-\theta_0$。改用温升后,选择电动机额定功率的基本依据为

$$\tau_{max}\leqslant\tau_r$$

式中:$\tau_{max}=\theta_{max}-\theta_0$,为电动机运行中的最高温升;$\tau_r=\theta_r-\theta_0$,为电动机绝缘材料所允许的最高温升。例如:若电动机的实际温度为 100 ℃,其温升应为 60 ℃。

从上面分析可知:对电动机额定功率的选择,可以通过校验电动机运行时温度或温升是否接近允许值来进行。若温度过高,说明所选择的电动机长期过载运行,其使用寿命将受影响;若温度过低,说明所选择的电动机长期轻载运行,这时不仅电动机的各部分材料没有得到充分利用,还会限制生产机械的输出功率,对于交流电动机其功率因数将降低。

不同绝缘材料的允许温度是不一样的,按照允许温度的高低,电动机常用的绝缘材料分为 A、E、B、F、H 五种,按环境温度 $+40\ ℃$ 计算,这五种绝缘材料及允许的最高温度和最高温升如表 4-1 所示。

表 4-1　绝缘材料允许的最高温度和最高温升

等级	绝 缘 材 料	允许温度/℃	允许温升/℃
A	经过浸渍处理的棉、丝、纸板、木材等,普通绝缘漆	105	65
E	环氧树脂、聚酯薄膜、青壳纸、三醋酸纤维薄膜,高强度绝缘漆	120	80
B	用提高了耐热性能的有机漆作黏合剂的云母、石棉和玻璃纤维组合物	130	90
F	用耐热优良的环氧树脂黏合或浸渍的云母、石棉和玻璃纤维组合物	155	115
H	用硅有机树脂黏合或浸渍的云母、石棉和玻璃纤维组合物,硅有机橡胶	180	140

4-3　电动机的发热与冷却

在电动机运行过程中,由于损耗的存在,热量将不断产生,电动机本身的温度就要升高。当单位时间内发出的热量等于散出的热量时,电动机自身的温度就不再增加,处于发热与散热平衡的状态,整个过程是一个发热的过渡过程,称为发热。如果电动机在运行过程中,减少它的负载或是停车,电动机内部的损耗功率及单位时间内产生的热量将减少或不再继续产生,电动机的温度下降,当过渡到发热量等于散热量时,电动机的温升又稳定在一个新的

数值上;在停车时,电动机的温度将下降到周围介质的温度,这个温度下降的过程称为冷却。

由于电动机是由许多种材料及形状各异的部件构成的复杂件,所以它的发热过程十分复杂。各部分的发热情况不一样,其散热形式也不相同。为了简化分析过程,可以忽略某些次要因素。因此,做如下假设:电动机各部分的温度总是均匀、相等的;周围介质的温度是恒定不变的。

一、电动机的发热

电动机单位时间内产生的热量为 $Q = 1.005\Delta P$,dt 时间内产生的总热量则为 Qdt,Q 的单位为 kJ/s;ΔP 的单位为 kW。

电动机单位时间内散出的热量为 $A\tau$,其中,A 为散热系数,单位为 kJ/(s·℃);τ 为电动机的温升,单位为℃。那么,在 dt 时间内散出的热量为 $A\tau dt$。

在发热的过渡过程中,电动机本身也要吸收一部分热量,设电动机的热容量为 C,若在 dt 时间内电动机的温升为 $d\tau$,则电动机吸收的热量为 $Cd\tau$,C 的单位为 kJ/℃。

这样 dt 时间内电动机所产生的总热量应等于自身吸收热量与散发热量的和,即

$$Qdt = Cd\tau + A\tau dt \tag{4-6}$$

这就是热平衡方程式,整理后得

$$\frac{C}{A}\frac{d\tau}{dt} + \tau = \frac{Q}{A}$$

令 $T_Q = \frac{C}{A}$;$\tau_{st} = \frac{Q}{A}$,则描述电动机发热过程的微分方程式为

$$T_Q\frac{d\tau}{dt} + \tau = \tau_{st} \tag{4-7}$$

该方程式在初始条件为:$t = 0$,$\tau = \tau_0$ 时,方程式的解为

$$\tau = \tau_{st} - (\tau_{st} - \tau_0)e^{-\frac{t}{T_Q}} \tag{4-8}$$

式中:T_Q 称为发热时间常数,它表征了电动机热惯性的大小,单位为 s;τ_{st} 为稳定温升,单位为℃;τ_0 为发热的起始温升,单位为℃。

由式(4-8)可看出,电动机的温升曲线是按指数规律变化的,如图 4-9 所示。在电动机长期未运行条件下,当它带某一负载运行时 $\tau_0 = 0$,电动机的温升从介质温升开始,按指数规律上升,在 $t \to \infty$ 时,达到稳定温升,但当 $t = (3 \sim 4)$ T_Q 时,其温升值已达 $(97 \sim 98)\% \tau_{st}$,工程上近似认为这时发热过渡过程已结束;若电动机运行一段时间后,停车,在温度还未降至介质温度时,再投入运行,或者是正运行着的电动机负载增加,这时 $\tau_0 \neq 0$,而为某一具体数值,电动机的发热曲线从 $\tau_0 = \tau_{qs}$ 开始按指数规律增加至稳定温升。

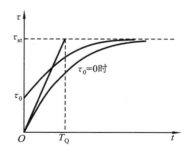

图 4-9　电动机的温升曲线

二、电动机的冷却

由于热平衡方程式对电动机冷却过程同样适用,所以可用式(4-8)研究电动机的冷却过程。只是其中的起始值 τ_0、稳定温升值 τ_{st} 及冷却时间常数不同而已。电动机的冷却常发生

在下述两种情况下。

1.电动机运行过程中负载减少

当运行过程中的电动机负载减少时,其损耗减少,单位时间内产生的热量减少为 Q',则电动机的初始温升 $\tau_0 = \tau_{st}$,稳态值为 τ'_{st},假设电动机的散热率 A 保持不变,此时 $\tau = f(t)$,即

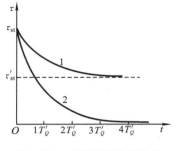

图 4-10　电动机的冷却曲线
$\tau = f(t)$

$$\tau = \tau'_{st} - (\tau'_{st} - \tau_{st}) e^{-\frac{t}{T'_Q}} \qquad (4\text{-}9)$$

式中: $\tau'_{st} = \dfrac{Q'}{A}$ 为冷却过程的稳态温升; $T'_Q = \dfrac{L}{A}$ 为电动机的冷却时间常数。冷却过程的温升曲线是按指数衰减规律变化的曲线,如图 4-10 中的曲线 1 所示。

2.断电停车

电动机脱离电源后,对应的损耗为零,不再产生热量,其温度逐渐下降,直到与周围介质温度相同为止。因此,稳态温升 $\tau'_{st} = 0$,有

$$\tau = \tau_{st} e^{-\frac{t}{T'_Q}} \qquad (4\text{-}10)$$

此时冷却过程的温升曲线如图 4-10 中的曲线 2 所示。

由于电动机的散热率 A 与通风条件有关,所以在某些条件下, $T_Q \neq T'_Q$。如:电动机采用的是自带风扇的散热条件,即自扇冷式,则电机断电停车,或速度降低时,散热条件变差,散热率 A 减小,这时 T'_Q 一般为 T_Q 的(2~3)倍。如果电动机是依靠自然环境散热,或由另一台电动机带动风扇来散热,即为他扇冷却式,则发热时间常数与冷却时间常数是相等的。

从上面对电动机发热与冷却过程的分析可看出,电动机的温升曲线 $\tau = f(t)$ 曲线,依赖于起始值,稳态值和时间常数三个要素,热过渡过程也是一个典型的一阶过渡过程,其中 T_Q 反映了热惯性对温度变化过程的影响,电动机容量越大, T_Q 值也就越大,达到热平衡所需时间就越长。而电动机的热惯性比自身的电磁惯性和机械惯性要大得多,故电动机内部温度变化是一个比较缓慢的过程。

4-4　不同工作方式下电动机容量的选择

不同工作方式电动机容量的确定,通常分三步进行:第一步,计算生产机械负载功率 P_L;第二步,根据第一步结果,预选电动机,其额定功率 $P_N \geqslant P_L$,尽量接近 P_L;第三步,校核预选电动机的发热、过载能力及启动能力,直至合适为止。

由于电动机的热惯性很大,在较短时间内,电动机承受高于铭牌若干倍的负载功率,仍可保证 $\tau_{max} \leqslant \tau_r$,这时限制电动机额定功率大小的主要因素,不是发热,而是电动机的过载能力,即所预选的电动机的最大转矩 T_{max}(对异步电动机而言)或最大电流 I_{am}(对直流电动机而言),必须大于运行中可能出现的最大负载转矩 T_{Lmax} 或最大负载电流 I_{Lm}。

对于异步电动机,有

$$T_{Lmax} \leqslant T_{max} = \lambda_m T_N$$

考虑电网电压向下波动 10%, $T_{Lmax} \leqslant 0.9 T_{max}$。

对于直流电动机

$$I_{Lm} \leqslant I_{am} = \lambda_I I_N$$

式中：λ_m 为异步电动机的转矩过载倍数，即电动机的过载能力系数；λ_I 为直流电动机电流过载倍数。具体数值可以从产品目录中查出。

启动能力校验主要是针对鼠笼式异步电动机而言的。由于鼠笼式异步电动机的启动转矩一般比较小，所以为使电动机可靠启动，必须保证启动时，$T_L < \lambda_{st} T_N$；而 $\lambda_{st} = T_{st}/T_N$ 为鼠笼式转子异步电动机的启动转矩倍数，具体数据也可以从产品目录中查到。

校核电动机的发热是电动机容量选择中最重要的，故以介绍发热校验方法为主。

一、电动机负载基本恒定时电动机额定功率的选择

在指定的工作时间 t_P 内，负载的大小恒定或基本不变的情况下，电动机额定功率的选择是假设在标准环境温度 +40℃ 及额定散热条件下，而且在电动机不调速的前提下进行的。

（一）连续工作方式

计算出负载功率 P_L 后，发热校验合格的条件为

$$P_N \geqslant P_L$$

按照这个简单的结论选择电动机的额定功率 P_N，就能保证 $\tau_{max} \leqslant \tau_r$，发热校验合格。

（二）短时工作方式

1. 短时工作方式电动机的选用

从发热的观点出发，选择电动机功率时，可根据生产机械的功率、工作时间及转速要求，从产品目录中直接选用不同规格的电动机，选择的条件是 $P_N \geqslant P_L$。

但根据实际的工艺要求，电动机的工作时间不一定总是符合标准工作时间，这时必须将实际工作时间 t_p 下计算出的所需功率大小 P_p，折算成标准工作时间 t_s 下的功率 P_s，才能确定预选电动机的发热是否在允许的范围内，折算的原则是：实际工作时间下电动机的发热与标准时间下的发热相等。分别假设 t_p 与 t_s 下的损耗分别为 ΔP_p 和 ΔP_s，它们均由不变损耗与定损耗组成，而且在标准时间 t_s 下定耗与变耗的比值为 α，因此有

$$P_s \approx P_p \sqrt{\frac{t_p}{t_s}} \tag{4-11}$$

注意，式（4-11）中 t_p 应尽量与 t_s 接近。若满足 $P_N \geqslant P_s$，则发热校验通过。

2. 作短时工作方式用的连续工作方式电动机的选用

由于连续工作方式的电动机种类、型号比专为短时服务的电动机多，故在短时工作方式时，根据需要也可选用连续工作方式的电动机为其服务。但由于工作时间较短，为使电动机能充分利用，应该使它在短时工作结束时，电动机的最高温升正好接近于所选电动机绝缘所允许的最高温升。很显然，这时连续工作方式的电动机应过载运行。

由于电动机的热惯性比较大，故在为短时负载服务时，只要电动机过载能力能满足，一般来讲发热校验基本能通过。所以连续工作方式的电动机为短时工作方式服务时，首先应校核过载能力，这可使计算变得简单。

按过载倍数确定电动机额定功率的公式为

$$P_N \geqslant \frac{P_L}{\lambda} \tag{4-12}$$

式中:λ 为过载倍数,对于直流电动机 $\lambda=\lambda_1$;对于异步电动机 $\lambda=\lambda_m$。但是异步电动机一定要考虑电网电压的波动,一般取 $\lambda=0.9\lambda_m$。

(三)电动机额定功率的修正

电动机铭牌上的额定功率是在环境温度为 $+40\ ℃$ 的情况下定义的,在环境温度长期偏离 $+40\ ℃$ 较远时,为让电动机得到充分利用,一般要对输出功率进行修正。已知环境温度为 $+40\ ℃$ 时,电动机允许最高温升为 τ_{max},额定功率为 P_N;环境温度为 $\theta℃$ 时,电动机允许温升变为 $(40-\theta)+\tau_{max}$。根据等效发热原理,其电动机允许输出的功率变为

$$P \approx P_e \sqrt{1+\frac{40-\theta}{\tau_{max}}(\alpha+1)} \tag{4-13}$$

式中:α 为额定情况下定耗与变耗的比值,对于一般直流电动机,$\alpha=1\sim1.5$;对于一般鼠笼式异步电动机,$\alpha=0.5\sim0.7$;对于小型绕线式异步电动机,$\alpha=0.45\sim0.6$。

只要满足 $P \geqslant P_L$,发热校验就可通过。

二、变动负载下电动机额定功率的选择

当电动机工作期间负载非恒定时,它的输出功率是不断变化的,其发热和温升也在波动,但经过一段时间后,温升可达到一种稳定的波动。这时对应的最高温升需在绝缘的允许范围内。对该情况下电动机容量的选择,无论为何种工作方式,首先都要根据等效发热的原理,将变化的负载等效为一个不变的负载,而后再进行发热校验。因此,仅以连续工作方式为例来推导对应的等效公式,其结论对其他两种工作方式也适合。

(一)电动机额定功率的选择

连续工作方式下负载周期性变化时,电动机额定功率根据如下方法选择。

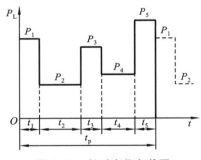

图 4-11 长时变化负载图

首先根据生产工艺过程,作出折算到电动机轴上的生产机械的负载图,即 $P_L=f(t)$ 或 $T_L=f(t)$,如图 4-11 所示。利用负载图可求出负载的平均功率 $\overline{P}$ 或平均转矩 $\overline{T}$,即

$$\overline{P}=\frac{P_1 t_1 + P_2 t_2 + \cdots + P_5 t_5}{t_1 + t_2 + \cdots + t_5}$$

或

$$\overline{T}=\frac{T_1 t_1 + T_2 t_2 + \cdots + T_5 t_5}{t_1 + t_2 + \cdots + t_5}=\frac{\sum\limits_{i=1}^{5} T_i t_i}{\sum\limits_{i=1}^{5} t_i}$$

然后按下述经验公式预选一台电动机,其额定容量可选为

$$P_N=(1.1\sim1.6)\overline{P}$$

或

$$P_N=(1.1\sim1.6)\frac{\overline{T}n_N}{9550} \tag{4-14}$$

预选好电动机后,可进行发热校验,或过载能力、启动能力的校检。

发热校验采用等效发热的原则。首先将变化的负载电流或负载功率变为不变的电流

I_{eg} 或功率 P_{eq}，二者产生的热量相等。若这时满足 $P_{eq} \leqslant P_N$ 或 $I_{eq} \leqslant I_N$，则预选成功；否则重新选。

不能用等效转矩法的情况，均不能用等效功率法。另外，等效功率法也不能用于调速系统的发热校验。但若机械特性较硬，则可认为空载转速与额定转速相等，这时负载变化，可用等效功率法进行发热校验。

（二）应用等效法时几种特殊情况的处理

1. 直流他励电动机弱磁调速

如果有一他励电动机的负载图 $T = f(t)$，其中有若干段为弱磁调速，原则上讲，不能用等效转矩法进行发热校验。在工程上，为了简化计算，往往采用修正的方法，使等效转矩法仍能沿用。

修正的原则：把弱磁段的转速在发热相等的原则下，向着额定磁通折算，便可认为整个工作周期内均为恒磁通运行。现假设在负载图上的第 i 段为弱磁调速，对应的转矩为 T_i，对应磁通为 Φ_i，在发热相等的原则下，即电枢电流保持不变，则折算后的磁通为额定值，对应转矩为

$$T'_i = \frac{\Phi_L}{\Phi_i} T_i$$

一般情况下弱磁调速时，保持电源电压不变，由 $U \approx E = C_e \Phi n$，有 $\Phi \propto \frac{1}{n}$，上式可改写为

$$T'_i = \frac{n_i}{n_N} T_i \tag{4-15}$$

将修正后的值代入等效转矩法对应的公式 $T_{eq} = \sqrt{\dfrac{\sum T_i^2 t_i}{\sum t_i}}$ 中，即可进行发热校验。

2. 转速低于额定转速

在负载功率图上，若有几段为调速段，使 $P \propto T$ 关系不满足，为了继续使用等效功率法进行发热校验，也可在等效发热的原则下进行修正。若在第 i 段上，转速低于额定转速，则对额定转速进行修正时，要使发热相等，只有修正前后电流不变，即对应转矩不变，这时 $P \propto n$，则有

$$P'_i = \frac{n_N}{n_i} P_i \tag{4-16}$$

将修正后的值代入等效功率法对应的公式 $P_{eq} = \sqrt{\dfrac{\sum P_i^2 t_i}{\sum t_i}}$ 中，即可进行发热校验。

3. 负载图中某段负载不为常数时等效值求法

在各等效法中，对应时间内的电流、转矩或功率是不变的。但在实际中，对应启动、制动段的电流、转矩或功率是变化的，在用等效法时，必须将对应的电流、转矩或功率进行修正，其原则是，用一个不变的量代替变化的量，但二者发热相等，然后将修正后的值代入等效法中进行发热校验。要满足等效发热的原则，这个不变量应是变化量的均方根值。现以 $I = f(t)$ 为例，如图 4-12 所示。其中第一段和第三段电流随时间按线性变化，因此，第一段的直线方程为

$$I_1 = \frac{I_2}{t_2}t, \quad (0 < t < t_1)$$

其均方根值为

$$I'_1 = \sqrt{\frac{\int_0^{t_1} I_1^2 \, dt}{t_1}} = \sqrt{\frac{\int_0^{t_1} \left(\frac{I_2}{t_2}\right)^2 t^2 \, dt}{t_1}} = \frac{1}{\sqrt{3}} I_2 \tag{4-17}$$

同理,可以推出 t_3 段,I_3 的均方根值为

$$I'_3 = \sqrt{\frac{\int_0^{t_3} I_3^2 \, dt}{t_3}} = \sqrt{\frac{I_2^2 + I_2 I_{cp} + I_\varphi^2}{3}} \tag{4-18}$$

将 I'_1、I'_3 代入等效电流法公式 $I_{eq} = \sqrt{\dfrac{\sum_i I_i^2 t_i}{\sum_i t_i}}$ 中即可。

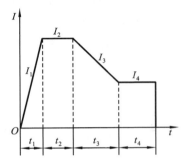

图 4-12　各段不全为直线的负载图

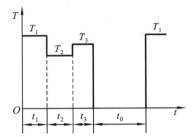

图 4-13　重复短时工作制电动机的负载图

三、重复短时工作方式电动机额定功率的选择

在重复短时工作方式下,每周期中都有启动、运行、制动和停歇各阶段,因此,专为该工作方式服务的电动机在结构上也有与此相适应的特点:机械强度大,转子细长,飞轮惯量小,启动和过载能力强,绝缘材料等级高等。因此,一般不选用其他工作方式的电动机。

如图 4-13 所示的为重复短时工作方式下电动机的负载图。首先求出一个周期内等效转矩与负载持续率,即

$$T_{eq} = \sqrt{\frac{T_1^2 t_1 + T_2^2 t_2 + T_3^2 t_3}{t_1 + t_2 + t_3}}$$

$$z_c = \frac{t_1 + t_2 + t_3}{t_1 + t_2 + t_3 + t_0} \times 100\%$$

对于自扇冷却式,考虑启动、制动与停车时,电动机散热条件恶化,为使计算值更接近电动机发热的实际情况,常对负载持续率进行修正。

$$z_c = \frac{t_1 + t_2 + t_3}{\alpha t_1 + \alpha t_2 + \alpha t_3 + \beta t_0} \times 100\%$$

如果 z_c 等于或接近标准负载持续率的数值,则选择与 z_c 相近的电动机,并使 $T_N \geqslant T_{eq}$,发热校验即能通过。如果 z_c 与标准值相差较多,则应把实际负载持续率 z_{cp} 下的功率 P_{eq} 换算成标准负载持续率 z_c 下的功率 P,换算的原则也是损耗相等,在对应负载持续率下发热相等,又因 $(t_s/t_p) = (z_c/z_{cp})$,所以有

$$P \approx P_{eq} \sqrt{\frac{z_{cp}}{z_c}} \tag{4-19}$$

使之满足 $P_N \geqslant P$，发热校验通过。

关于重复短时工作方式电动机额定功率的选择，还需说明以下几点：

（1）如果负载持续率 $z_c \leqslant 10\%$，按短时工作方式处理；

（2）如果负载持续率 $z_c \geqslant 70\%$，按连续工作方式处理；

（3）如果 $z_{cp} < z_c$，则 $P_{eq} > P$，需校验电动机的过载能力和鼠笼式异步电动机的启动能力。

4-5　电动机的种类、额定电压、额定转速及形式的选择

一般来讲，电动机的选择除额定功率的选择外，还有电动机种类、形式、电压和转速的选择。

一、电动机种类的选择

为生产机械选择电动机的种类，首先应该满足生产机械对电动机启动、调速性能和制动的要求，在此前提下考虑经济性。交流电动机比直流电动机结构简单、运行可靠、维护方便、价格便宜。在这些方面，鼠笼式异步电动机就更为优越。所以，在满足工艺要求的前提下，应尽量选用交流电动机。但是，从我国目前情况看，在对调速性能要求高，且要求快速、平滑启/制动时，可选用直流电动机。

近年来，交流调速系统中的串级调速、变频调速发展很快，尤其是变频调速，具有能和直流调速系统相媲美的调速性能。因此，交流调速系统的应用日趋广泛。在一些要求频繁启/制动、快速制动，并且要求平滑调速的场合，采用交流调速系统。

综上所述，在选择电动机种类时，应根据当前科学技术发展情况，综合考虑技术和经济指标，再予以确定。

二、电动机额定电压的选择

依据电源情况和控制装置的要求选择电动机的额定电压。交流电动机的电压是依据电网电压来设计的，有 220/380 V，380 V，380/660 V，3 kV，6 kV，10 kV 几种供选用。直流电动机的额定电压有 110 V，220 V，330 V，440 V 和 660 V 等，还有专门为单相整流电源设计的 160 V 直流电动机等以供选用。

三、电动机额定转速的选择

额定功率相同的电动机，转速高，体积小，造价低，一般地说 GD^2 也越小。但转速越高的电动机，拖动系统传动机构将越复杂，成本又将提高。另外，电动机 GD^2 和转速 n 将影响电动机过渡过程时间的长短和过渡过程中能量损耗的大小。电动机的 n_N 与 GD^2 的乘积越小，过渡过程越快，能量损失越小。

因此，电动机额定转速的选择需根据生产机械具体情况，综合考虑上面各因素来确定。

四、电动机形式的选择

电动机的结构形式有卧式和立式两种,一般情况选用卧式。通常选用一个轴伸端的电动机,需要时可选择两个轴伸端的电动机。电动机的防护形式有:开启式,其价格便宜,散热好,但外部液、固、气三态物质均可进入电动机内部,只适用于清洁、干燥的环境中;防护式,可防止45°倾斜落体进入电动机中,多用于干燥、少灰尘、无腐蚀、无爆炸性气体的场合,这种电动机散热条件好,应用很广;封闭式,电动机外部的气体或液体绝对不能进入电动机内,如潜水电动机等;防爆式,应用于有爆炸危险的环境中,如有瓦斯的井下或油池附近等。

特殊环境中应选用特殊电动机。

习题与思考题

第 4 章习题精解
和自测题

4-1　调速范围和静差度的概念是什么?二者有何关系?

4-2　什么是恒转矩调速?什么是恒功率调速?它们和恒转矩负载及恒功率负载有何区别?

4-3　试简述开环系统与闭环系统优、缺点。

4-4　生产机械对调速系统提出的静态、动态技术指标主要有哪些?为什么要提出这些技术指标?

4-5　为什么电动机的调速性质应与生产机械的负载特性相配合?两者如何配合才能算相适应?

4-6　试简述闭环系统减少转速降落的调节过程。

4-7　他励直流电动机,$U_N=220$ V,$I_N=115$ A,$n_N=980$ r/min,$R_a=0.1$ Ω,拖动额定恒转矩负载运行,采用降低电源电压调速,要求 $s\leqslant0.3$。求:

(1)电动机的最低转速,调速范围;

(2)电源电压降低后的最低值。

4-8　已知龙门刨床直流发电机-电动机系统中,发电机的 $P_{NF}=70$ kW,$U_{NF}=230$ V,$I_{NF}=305$ A,$R_{aF}=0.042$ Ω;他励电动机的 $P_{NM}=60$ kW,$U_{NM}=220$ V,$I_{NM}=305$ A,$R_{aM}=0.058$ Ω,$n_{NM}=1\,000$ r/min。

(1)若发电机电势 $E_F=230$ V,$I_{aF}=305$ A,电动机磁通为额定时,求电动机转速是多少?此时的静差度是多少?

(2)若要求该系统静差度 $s\leqslant0.3$,电动机最高转速不得超过 $1.2n_N$ 的条件下,采用弱磁升速与降压调速方法,可使系统调速范围为多少?

(3)若要求该系统调速范围 $D=10$,电动机最高转速与调速方法同(2),该系统最大静差度是多少?

4-9　电动机的选择主要包括哪些内容?

4-10　电动机运行时温升按什么规律变化?两台同样的电动机,在下列条件下拖动负载运行时,它们的起始温升、稳定温升是否相同?发热时间常数是否相同?

(1)相同的负载,但一台环境温度为一般室温,另一台为高温环境;

(2)相同的负载,相同的环境,一台原来没运行,一台是运行刚停后又接着运行;

（3）同一环境下，一台半载，另一台满载；

（4）同一房间内，一台自然冷却，一台用冷风吹冷却，都是满载运行。

4-11 同一台电动机，如果不考虑机械强度等问题，在下列条件下拖动负载运行时，为充分利用电动机，它的输出功率是否一样？哪个大？哪个小？

（1）自然冷却，环境温度为 40 ℃；

（2）强迫通风，环境温度为 40 ℃；

（3）自然冷却，高温环境。

4-12 试比较 $z_c = 15\%$，$P_N = 30$ kW 与 $z_c = 40\%$，$P_N = 20$ kW 时的普通鼠笼式三相异步电动机，哪一台实际功率大？

4-13 需要用一台电动机来拖动 $t_p = 5$ min 的短时工作的负载，负载功率 $P_L = 18$ kW，空载启动。现有两台鼠笼式电动机可供选用，它们是：

（1）$P_N = 10$ kW，$n_N = 1\ 460$ r/min，$\lambda_m = 2.1$，$K_M = 1.2$；

（2）$P_N = 14$ kW，$n_N = 1\ 460$ r/min，$\lambda_m = 1.8$，$K_M = 1.2$。

请确定哪一台能用。

第 5 章

控制电器与继电器-接触器控制系统

绝大多数的生产机械必须有电动机拖动,而且还需要配置一定的控制设备将它们组合成控制线路,用以实现生产机械的自动控制。

用继电器、接触器等有触点电器组成的控制电路,称为继电器-接触器控制电路。它的主要特点是操作简单、直观形象、抗干扰能力强,并可进行远距离控制。但是这种控制电路是以继电器、接触器触点的接通或断开方式对电路进行控制的,系统的精度不高。在接通与断开电路时,触点之间会产生电弧,容易烧蚀触头,造成线路故障,影响工作的可靠性。另外,控制电路是固定接线,没有通用性和灵活性。近年来,电力拖动的自动控制已向无触点、数字控制、微机控制方向发展。尤其是,通信工程的发展,推动了低压电器的网络化和集成化的发展,已有将低压开关、驱动装置和自动化工程组合为一个整体的系统;也出现了远距离的线路开/关控制、预先程序开/关控制等;还有电磁接触器配有外部终端适配器、智能化电器等系统。

但由于继电器-接触器控制系统所用的控制电器结构简单、投资小,能满足一般生产工艺要求,因此在一些比较简单的自动控制系统中应用仍然很广泛。

本章将扼要地介绍常用的各种控制电器的结构、工作原理、应用范围,对控制电动机的启动、正反转、制动等的基本控制电路进行讨论,并分析了几种典型的继电器-接触器控制线路。

5-1 常用控制电器

用来对电能的产生、输送、分配与应用,起开关、控制、保护与调节作用的电工设备称为电器。低压电器通常是指工作在交、直流电压 1 200V 及以下电路内的电器设备。生产机械中所用的控制电器多属于低压电器。

常用的控制电器种类繁多,大体上可分为手动电器和自动电器两大类。手动电器是由操作人员用手来控制的,如刀开关、组合开关、按钮等。自动电器是按照指令、信号或参数变化而自动动作的,如继电器、接触器、自动开关等。常用电气图形符号及文字符号如附录 A、附录 B 所示。

一、手动电器

（一）刀开关

刀开关又称闸刀，是一种最常见的手动电器。用于不频繁开断或接通的低压电路中。主要用作电源与用电设备分离的隔离开关。

刀开关的结构如图5-1(a)所示。它由安装在底板上的刀夹座（静触点）和手动或手柄操作的刀极（动触点）等组成。在具有较大电流的电路，特别是交流电路上，为迅速熄灭断路时在静触点和动刀极之间出现的电弧，可采用带有快速断弧弹簧的刀开关。

根据触点个数不同，刀开关可分为单极、双极和三极等几种。双极和三极的刀开关应用最多，其电路图形符号如图5-1(b)所示，其文字符号用Q或QG表示。常用的三极刀开关长期允许通过电流有100A、200A、400A、600A、1 000A五种。目前生产的产品有HD（单投）和HS（双投）等系列型号。刀开关常与接触器配合使用，刀开关作隔离电源用，接触器作接通和切断负载用。

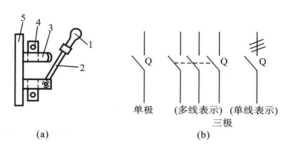

图 5-1 刀开关

（a）刀开关的结构； （b）刀开关的图形及文字符号

1—刀极支架和手柄；2—刀极（动触点）；3—刀夹座（静触点）；4—接线端子；5—绝缘底板

（二）低压断路器

低压断路器又称空气开关，目前常用作与电源隔离的开关。

它在电路发生故障时，可自动断开，是一种保护型电源开关。可用作低压配电的总电源开关，也可用作电动机主电路短路、过载或欠电压保护电源开关。

目前，已有智能型断路器，运用电子技术具有智能化保护功能，在额定极限下有短路分断能力。最大额定电压为690 V，额定电流为10～800 A、1 000 A、1 250 A、1 600 A、2 000 A和3 200 A等。其工作原理图如图5-2所示。

（三）转换开关

转换开关又称组合开关。它由数层动、静触片组装在绝缘盒内制成。图5-3所示的为其结构和接线示意图。动触片装在转轴上，转动手柄时，动触片与静触片变更通、断位置，故可分别接通或切断相应的电路。不同规格的转换开关，其触片断、合关系各不相同，可按具体要求选用。转换开关的文字符号用QB表示。

转换开关装有快速动作机构，即利用扭簧使动、静触片快速接通或断开，电弧快速熄灭。

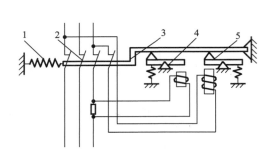

图 5-2　低压断路器工作原理图

1—释放弹簧；2—主触点；3—钩子；
4—过电流脱扣器；5—失压脱扣器

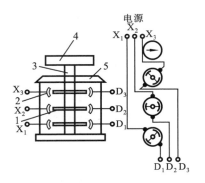

图 5-3　转换开关结构和接线示意图

1—动触片；2—静触片；3—轴；
4—转换手柄；5—定位机构

用转换开关可以直接控制功率不大的负载。例如 7.5 kW 以下的三相鼠笼式异步电动机的启、停和正、反转，有时也作控制线路及信号线路的转换开关。

转换开关与刀开关相比，具有体积小，使用方便，通断电路能力高等优点，所以在机床上广泛地使用转换开关作为电源的引入开关，直接启动、停止小功率异步电动机。

转换开关的图形符号，如用在主电路中同刀开关，用在控制电路中则同主令开关。

（四）主令控制器

主令控制器(又称主令开关)是一种多挡的转换开关，具有多组触点，采用凸轮传动原理，使转轴转动时触点接通或断开。凸轮形状不同，可获得触点通、断的不同规律。

图 5-4 所示的为 3 路主令控制器的图形符号及触点通断表。表中×表示手柄转动在该位置，触点闭合，空格表示断开。如手柄从 0 位置向左转动到Ⅰ位后，触点 2、4 闭合；当手柄从 0 位置向右转动到Ⅰ位置，触点 2、3 闭合，其余类推。

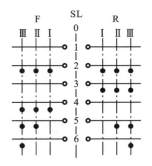

线路号	F			0	R		
	Ⅲ	Ⅱ	Ⅰ		Ⅰ	Ⅱ	Ⅲ
1				×			
2	×	×	×		×	×	×
3					×	×	×
4	×	×	×				
5							×
6	×						×

图 5-4　主令控制器

在电气传动系统图中，主令控制器的文字符号是 SL。常用的有 LK14、LK15 和 LK16 型等。

（五）按钮

按钮是专门用来操纵控制电路通、断的电器。它是一种手动主令电器，可用作给自动电器传递指令。按钮有接通式和分断式两种，但通常做成复合的形式，包括一个常开触点和一个连动的常闭触点,按钮的结构图及符号如图 5-5 所示,文字符号用 SB 表示。

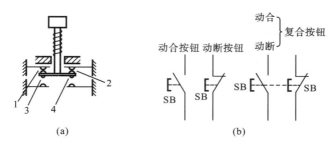

图 5-5　按钮开关
(a) 按钮的结构示意图;　(b) 按钮的图形及文字符号
1、2—常闭触点；3、4—常开触点

按钮在未按下之前,称为常态。常态时闭合的触点称为常闭触点,如图中触点 1、2;常态时断开的触点称为常开触点,如图中的 3、4 触点。

将按钮按下时,常闭触点被切断,常开触点被桥式动触点接通。所以常闭触点又称动断触点,常开触点又称动合触点。这种按钮在控制电路中常作为发出接通或断开电路命令的元件,又称启动按钮或停机按钮。

按钮触点的额定电流一般为 5 A,用在 500 V 以下的电路中。

二、自动电器

(一) 接触器

接触器是最常用的一种自动开关,是利用电磁吸力使触点闭合或断开的电器。接触器根据外部信号(例如按钮或其他电器触点的闭合或断开)来接通或断开带负载的电路,适用于远距离接通和断开的交、直流电路及大容量控制电路。主要控制对象是电动机及其他电力负载。

根据主触点所接回路的电流种类不同,接触器可分为交流接触器和直流接触器两大类。交流接触器用于通断交流负载,直流接触器用于通断直流负载。

1. 接触器的结构与工作原理

从结构上讲,接触器都是由电磁机构、触点系统和灭弧装置三部分组成。图 5-6(a)所示的为接触器的结构示意图。当电磁铁的线圈通电后,产生磁通,电磁吸力克服弹簧阻力,吸引衔铁使磁路闭合,衔铁运动时通过机械机构将动合触点闭合,而原来闭合的触点即动断触点打开,从而接通或断开外电路。当电磁铁线圈断电时,电磁吸力消失,依靠弹簧作用释放衔铁,使触点又恢复到通电前的状态(即动断触点闭合,动合触点断开)。图 5-6(b)所示的为图形符号,其文字符号用 KM 表示。

根据用途不同,接触器的触点分为主触点和辅助触点两种。主触点的接触面积大,能通过较大的电流,并有灭弧装置,可用作主开关接在电动机的主电路中;辅助触点只能通过较小的电流(一般不超过 5 A),通常接在电动机的控制电路中。

2. 电磁机构

它由吸引线圈、固定铁芯、衔铁(动铁芯)和弹簧等组成。

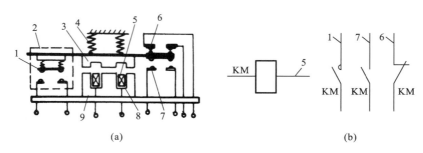

图 5-6　接触器

(a) 接触器的结构；　(b) 接触器的图形及文字符号

1—动合主触点；2—灭弧罩；3—衔铁；4—复位弹簧；5—接触器吸引线圈；

6—辅助动断触点；7—辅助动合触点；8—固定铁芯；9—底板

交流接触器的电磁铁的铁芯是用硅钢片叠成的。因为线圈通入交流电流后铁芯内出现交变磁通，因此，铁芯内将产生涡流，产生铁损耗。为了减少涡流损耗，铁芯采用硅钢片叠成。

当线圈中通入交变电流时，交流电磁机构的磁通是交变的。当磁通为零时，吸力也为零，衔铁有离开趋势，但磁通很快通过零位而上升，衔铁又被吸回。这样在衔铁与固定铁芯间因吸力变化而产生振动和噪声。如果使铁芯间通过两个在时间上不同相的磁通，总磁通将不为零。为此，在交流电磁铁的铁芯上要加装一个短路铜环。

短路环的设置如图 5-7(a)所示。交变磁通穿过短路铜环时，在短路环内产生感应电动势及感应电流，电流所产生的磁通将企图阻止环内铁芯 B 面中磁通的变化，因此，B 面磁通 Φ_B 滞后于 Φ_A 一个相位角度，它产生的吸力 F_B 也将滞后于 F_A，总吸力 F 将总是大于零，脉动减小了，这样也就减小交流振动和噪声。图 5-7(b)所示的为交流电磁铁的吸力变化情况。

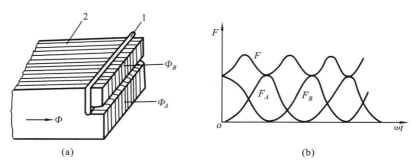

图 5-7　短路环及铁芯吸力变化

(a)短路环；　(b)铁芯吸力的变化

1—短路环；2—铁芯

交流电磁机构另一个特点是励磁线圈电压一定时，线圈电流在衔铁未吸合前与吸合后在数值上是不同的。交流线圈匝数较少，电阻小。在接通电路的瞬间，铁芯气隙大、电抗小，因此电流可达 15 倍的工作电流。所以交流接触器不适宜用于频繁操作的控制电路，一般最大操作频率在每小时 600 次以下。

直流电磁机构的吸引线圈工作电流是直流电。线圈的电流值仅由线圈的工作电压与线圈导线电阻决定,与磁路是否闭合无关,所以没有启动电流的问题,适用于较频繁操作的控制电路。

3. 灭弧装置

接触器的主触点在通断电路时,触点间会产生强烈的电弧,烧坏触点,并使切断时间拉长,为使接触器可靠工作,必须迅速熄灭触点间出现的电弧,这可在主触点外面装灭弧装置来实现。常见的灭弧装置有以下几种。

(1)磁吹灭弧如图 5-8(a)所示。当接触器的主触点分开时,触点之间出现电弧,这时灭弧线圈产生的磁通在导磁板的作用下,集中于触点之间。在图示电流向下,磁场与电弧作用,电弧上产生电磁力,根据左手定则,可判断电弧受到向上拉力 F 作用,这个力使电弧迅速被拉长,并把它引入灭弧罩中,在罩中冷却而迅速熄灭。电弧电流越大,吹弧的能力也越大。磁吹灭弧装置结构复杂,但灭弧能力强。在直流接触器中得到广泛应用。在要求频繁操作的中、大容量的交流接触器中也有使用。

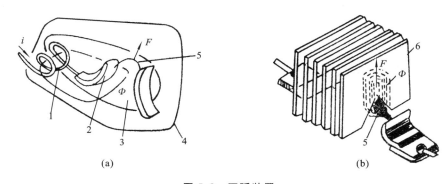

(a)　　　　　　　　　　　(b)

图 5-8　灭弧装置

(a)磁吹灭弧;　(b)灭弧栅灭弧

1—灭弧线圈;2—触点;3—导磁板;4—灭弧罩;5—电弧;6—灭弧栅片

(2)灭弧栅灭弧如图 5-8(b)所示,在灭弧罩内触点的上方装有导磁性能良好的灭弧栅片,通常由镀铜或镀锌的薄铁片组成。当触点分开时产生电弧,电弧产生磁场,磁通 Φ 力图向磁导率高的铁片偏移而产生作用力 F,电弧穿入栅片被分成许多短电弧,而维持若干个短电弧比维持一个长电弧需要更高的电压,因此在一定的电压下,电弧不能维持而熄灭。同时电弧进入灭弧栅后,电弧的热量被迅速散去,也使电弧易于熄灭。这种灭弧装置结构简单,触点通断交流电时,灭弧较容易,广泛应用于交流接触器中。

另外,在有些接触器中,为了帮助灭弧,将触点的断点增多,即多断口灭弧。如图 5-6 所示的接触器,断开时有两个断点,这种结构触点称为桥式触点。当被断开的电路电压一定时,接触器断电后,每个触点断开处的电弧电压较只有一个断点时的降低,因此电弧容易熄灭。

在选用接触器时,应注意它的额定电流、线圈电压及触点数量等。目前常用的交流接触器型号有 CJ0—A、CJ10、CJ12、CJ12B 等系列,例如 CJ0—40 A,其主触点的额定工作电流为 40 A,可以控制额定电压为 380 V,额定功率为 20 kW 的三相异步电动机。直流接触器目前常用的是 CZ0 系列。

（二）继电器

继电器实质上是一种传递信号的电器，根据输入信号不同而达到不同的控制目的。它广泛应用于生产过程自动化的控制系统及电动机的保护系统。继电器一般用来接通和断开控制电路，故电流容量、触点、体积都很小，只有当电动机的功率很小时，才可用某些继电器来直接接通和断开电动机的主电路。电磁式继电器具有工作可靠、结构简单、制造方便、寿命长等一系列的优点，故在机床电气传动系统中应用得最为广泛，约有90％以上的继电器是电磁式的。电磁式继电器有直流和交流之分，它们的主要结构和工作原理与接触器基本相同，但触点通断的电流值比接触器小，没有灭弧装置。继电器的输入信号可以是电信号（如电压、电流）也可以是非电信号（如温度、压力等），其输出作用与接触器相同，都是驱动触点动作。

继电器的种类很多，按动作原理可分：电流、电压、速度、压力、热继电器等，现介绍如下几种。

1. 电压继电器和中间继电器

这类继电器是根据电压信号动作的，当电路中线圈端电压达到规定值时就能使触点动作。电压继电器主要作为电动机失压保护或欠压保护和制动，以及反转控制等。中间继电器的触点数量较多，可作中间传递信号和同时控制多条线路。电压继电器和中间继电器的图形符号见附录 A。

2. 电流继电器

这类继电器是根据电流信号而动作的。当电路中通过的电流达到规定值时，触头动作。电流继电器的吸引线圈通常串联于控制电路中。主要用于过载及短路保护。广泛用作直流电动机和线绕式异步电动机的短路保护和瞬时最大电流（超载）保护。

3. 热继电器

这种继电器是根据控制对象温度的变化来控制电流流通的继电器，即利用电流的热效应而动作的电器。它主要由发热元件、双金属片、脱扣机构和常闭触点等构成，图5-9（a）所示的是热继电器的原理示意图。双金属片2由两种膨胀系数不同的金属片碾压而成。当温

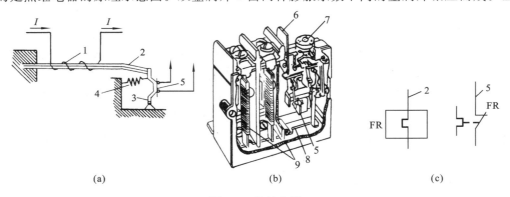

图 5-9　热继电器

(a)原理图；　(b)结构；　(c)图形符号

1—电阻丝；2—双金属片；3—扣板；4—弹簧；5—常闭触点；6—复位按钮；

7—调整电流装置；8—动作机构；9—热元件

度升高时,因两种金属的膨胀系数不同而发生弯曲。双金属片上绕有电阻丝 1(电阻丝与双金属片之间绝缘),构成发热元件。发热元件常接在电动机的主电路中。常闭触点 5 串联在电动机的控制电路中。当电动机的电流超过容许值时,发热元件使双金属片温度升高而变形弯曲,引起脱扣机构动作,扣板 3 在弹簧 4 作用下使常闭触点 5 断开,控制电路因而断路,触发线圈断电,从而断开电动机的主电路。由于双金属片升温需要一段时间,因此从电流超限到常闭触点断开有一段延时,可用来对电动机长期过载起保护。在电动机启动时或短时过载时,由于热惯性,热继电器一般不会动作,这样可以避免电动机不必要的停车。

热继电器动作后经过一段时间(一般需 2 min)双金属片恢复原状,此时可使用复位按钮将常闭触点复位,但必须查找故障原因、排除故障后方可复位,再重新启动。

能长期通过热继电器发热元件而不致使热继电器动作的最大电流称为热继电器的整定电流。每一台热继电器的整定电流是可以通过调节扣板位置来调节的。各种型号的热继电器有不同的整定电流规格,选择时应使整定电流与电动机的额定电流基本一致。热继电器的符号为 FR,图 5-9(c)所示为其图形符号。

电动机运行时,为了避免短路事故造成严重损失,在电路中应安装短路保护装置。熔断器(即保险丝)是最简单而又有效的短路保护电器。电路中一旦发生短路或严重过载,熔断器中的熔丝立即熔断,切断电源避免事故扩大。图 5-10 所示的为熔断器的结构。

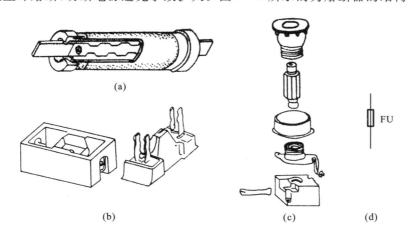

图 5-10　熔断器的结构
(a)管式熔断器；　(b)插式熔断器；　(c)螺旋式熔断器；　(d)熔断器的图形及电气符号

对于照明、电热等电路中熔断器的熔丝,其额定电流(熔断电流)应等于或稍大于负载的额定电流。

为防止电动机启动时电流较大而将熔丝烧断,应按

$$熔丝额定电流 \geq \frac{电动机的启动电流}{2.5}$$

计算。若电动机启动频繁,则上式右边系数取 1.6~2。

若熔丝为几台电动机合用,则大致可按

$$熔丝额定电流 = (1.5 \sim 2.5) \times (最大容量电动机的启动电流$$
$$+ 其余电动机的额定电流之和)$$

选择。

5-2　生产机械电气设备的基本控制线路

在生产机械的电气自动控制系统中,需要应用多种电器元件按一定的要求和方法联系起来,才能实现电气的自动控制。随着生产的发展,控制系统日趋复杂,使用的电器元件也越来越多。为了便于对控制系统进行设计、研究分析、安装和使用,控制系统中的元件,必须按国家规定的统一符号、文字和图形来表示(附录 A、附录 B)。线路图可以根据工作原理绘制成原理图。

电气原理图(或电气控制线路图)一般由主电路、控制电路、辅助电路(保护、显示和报警电路)等组成。

为了便于有规律地阅读原理图或设计简单的原理图,下面着重介绍绘制原理图的原则与要求,并以图 5-11 所示电路图为例加以说明。

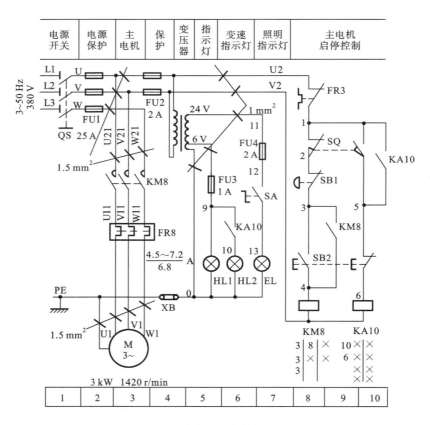

图 5-11　某专用机床电气原理图

(1)在原理图中,电源电路绘成水平线,主电路即受电的动力装置(如电动机)及保护电器应垂直于电源电路。

(2)控制电路垂直在两条水平电源线之间;耗能元件(如线圈、电磁铁、信号灯等)直接连接在接地的水平电源线上;控制触点连接在上方水平电源线与耗能元件之间。

(3)控制线路中的电器元件,属于同一电器的各个部件(如接触器的线圈和触头)都用同一文字符号表示。图中有几个种类相同的电器,在代号后加数字以示区别,如 FU1,FU2,…,HL1,HL2 等。

(4) 各种电器都绘制成未通电时的状态,机械开关应是动作开始前的状态(如接触器和电磁式继电器为电磁铁未吸上时的位置,行程开关、按钮为未压合的位置)。

(5) 在原理图中导线的连接处用"实心圆"表示。线路交叉点,需要测试和拆、接外部引出线的端子用"空心圆"表示。

(6) 为了区分元件和便于分析控制电路,电器元件可采用数字编号来表示其位置。数字编号应按自上而下或自左至右的顺序排列。

(7) 为了便于检索电气线路,方便阅读原理图,将图面分成若干个区域(以下简称图区)。图区编号一般写在图的下部。图中接触器、继电器的线圈及触头的具体标志说明如下。

在每个接触器线圈的文字符号 KM 下面画两条垂直线,分成左、中、右三栏。左栏表示主触点所处图区号;中栏表示辅助动合(常开)触点所处图区号;右栏表示辅助动断(常闭)触点所处图区号。

在每个继电器线圈文字符号 KA 下面画一条垂直线,分成左、右两栏。左栏表示动合(常开)触点所处图区号;右栏表示动断(常闭)触点所处图区号。

对备而未用的触点,在相应的栏中用记号"×"示出。

(8) 电路图上每个电路或器件在机械设备工作程序中的用途,必须用文字标明在用途栏内。用途栏一般以方框形式放置在图面的上部。

(9) 电路图上应标明:各个电源电路的电压值、极性、频率及相数;某些元器件的特性(如电阻、电容的数值等);不常用的电器(如位置传感器、手动触头、电磁阀或气动阀、定时器等)的操作方式和功能。

生产机械的运动部件的动作往往是较复杂的,它的电气线路一般也是复杂的,但是这些复杂的控制电路都是由一些基本的电气控制环节构成。

下面对异步电动机的启动、正反转、制动及其他的基本控制线路逐一进行分析,为不使图面过分复杂,下面列举的各类电路图均略作简化。

一、异步电动机的启动电路

异步电动机有直接启动和降压启动两种方式。

(一) 直接启动控制电路

(1) 对于小型台钻、冷却泵、砂轮机等,可用开关直接启动。

(2) 对于小容量鼠笼式异步电动机,可采用接触器直接启动,图 5-12 所示的为控制电路原理图。它包括电源开关 QS,交流接触器 KM、热继电器 FR、按钮 SB 及熔断器 FU 等控制和保护电器。

启动电动机时,先将开关 QS 合上,接通电源,作启动准备。按下启动按钮 SB2,交流接触器 KM 的线圈通电,衔铁吸合而将三个主触点闭合,电动机定子电路接通电源,电动机便开始启动。与此同时,与启动按钮 SB2 并联的常开辅助触点也闭合,因而当松开 SB2 启动按钮时,接触器线圈的电路仍然与电源接通,电动机继续运转。这个辅助触点称为自锁或自

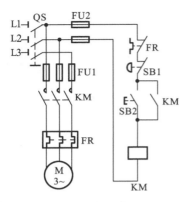

图 5-12　电动机直接启动控制电路

保触点。这种利用电器自身的常开触点使自己线圈保持通电的状态称为自锁或自保。若将停止按钮 SB1 按下,则线圈电路切断,衔铁和触点恢复到断电状态,电动机的主电路断开,电动机停止运行。若要电动机再次工作,必须再次按下启动按钮才能启动。

图 5-12 所示的电路,可对电动机的运行实现短路保护、过载保护和零压(或欠压)保护。

起短路保护的是熔断器 FU。一旦发生短路或严重过载,熔断器将立即熔断,电动机立即停车。熔断器一般是根据线路的工作电压和额定电流来选择的。一般鼠笼式异步电动机的熔断器按启动电流的 $1/K$(K =1.6～2.5)来选择。

起过载保护的是热继电器 FR。当电动机过载时,串联在电动机主电路中的热继电器发热元件因电流过大而发热,经一段延时后其常闭触点断开,因而接触器线圈断电,主触点断开,电动机停转。

目前普遍应用具有三个发热元件的三相热继电器,它的三个发热元件分别串接在定子中或使用三个这种类型的热继电器(每相一个)。当一相断电时,电动机定子绕组的某一相电流可能超过额定值,这时热继电器动作,将主电路断开,起到过载或断相保护作用。

起零压保护作用的是交流接触器。当电源暂时停电时,电动机即自动从电源上切除。因为这时接触器线圈中的电流消失,衔铁释放而使主触点断开。当电源电压恢复时,如不重按动按钮,则电动机不能自行启动,因为自锁触点也是断开的。如果是用刀开关或转换开关进行手动控制,由于在停电时未及时拉开开关,当电源恢复时,电动机即可自行启动,这可能会造成设备或人身事故。

将图 5-12 所示的自锁触点 KM 除去,则可对电动机实现点动。当按下启动按钮 SB2 时,电动机就转动,一松手,电动机就停止。这在生产上也是常用的,例如试车调整时。

(二) 降压启动控制电路

对较大容量的异步电动机,一般都采用降压的方式启动。

在 Y-△降压启动控制中,电动机定子绕组在正常运行时为△连接,而在启动时将它接成 Y,待启动完毕时再自动接成△。这种从一种状态经过延时再自动转换成另一种状态的控制就需要采用时间继电器来控制。

1. 时间继电器

时间继电器的种类较多,常用的有空气式时间继电器和电子式时间继电器。下面介绍的空气式时间继电器是利用空气阻尼作用实现延时动作的。

图 5-13 所示的为空气式时间继电器的结构原理图,它由电磁机构、触点系统和空气室三部分组成。其工作原理如下。

当吸引线圈 1 通电后,衔铁 2 被吸下,胶木杆 3 失去支撑,在弹簧 4 及自重作用下带动活塞 5 及橡皮薄膜 6 一起下落。当活塞下移时,气室上部因进气孔 7 受调节螺钉 8 阻挡,外部空气不能很快流入气室,从而形成空气稀薄的上层,活塞受到下部空气的压力而不能迅速

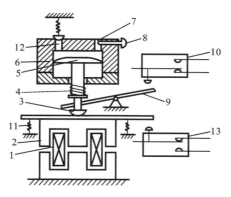

图 5-13　空气式时间继电器的结构原理图
1—吸引线圈；2—衔铁；3—胶木杆；4、11—弹簧；5—伞形活塞；6—橡皮薄膜；
7—进气孔；8—调节螺钉；9—压杆；10—微动开关；12—出气孔；13—瞬时触点

下降，活塞缓慢下降，经过一段时间延时，达到最终位置。此时压杆 9 触动微动开关 10，使触点动作（动断触点断开，动合触点闭合）。从线圈通电到微动开关动作，这段时间为时间继电器的延时时间。通过螺钉 8 调节进气孔的大小，即可调节延时时间的长短。

当吸引线圈失电后，衔铁在恢复弹簧 11 作用下回到原位，气室中的空气由出气孔 12 排出。

此外，还有一个微动开关的瞬时触点 13，在线圈通电时，其动合触点和动断触点立即动作，称之为瞬时触点，与普通继电器的触点是一样的。

图 5-13 所示的为通电延时的时间继电器。吸引线圈通电时，它的动断触点延时断开，动合触点延时闭合；吸引线圈断电后，它的动断触点瞬时闭合，动合触点瞬时断开。时间继电器的图形及字母符号如图 5-14 所示。

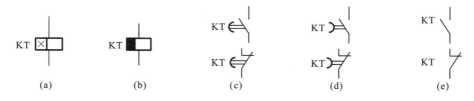

图 5-14　时间继电器的图形及字母符号
（a）通电延时线圈；　（b）断电延时线圈；　（c）通电延时常开、常闭触点；
（d）断电延时常开、常闭触点；　（e）瞬时动作常开、常闭触点

改变时间继电器的电磁机构，使其衔铁装在下面，就可以制成断电延时的空气式时间继电器。

空气式时间继电器的延时范围大，有 0.4～60 s 和 0.4～180 s 两种，结构简单、价格便宜、通用性强，但准确度低，延时误差≤20%，因此在要求准确延时的生产机械中不宜采用。

目前电子式时间继电器，由于延时范围广，精度较空气式的高，延时时间调节方便、功耗小、寿命长，因此使用日益广泛。其中模数化时间继电器由于体积小、易安装、延时时间范围广，被广泛应用于自动或半自动控制系统中。

2. Y-△降压启动控制线路

图 5-15 所示的是应用通电延时空气式时间继电器实现异步电动机 Y-△降压启动的控制电路。合上三相电源开关 QS,按下启动按钮 SB2,KM1、KT、KM3 线圈得电并自锁,KM1 主触点闭合接通电动机三相电源,KM3 的主触点闭合将电动机的尾端连接,电动机接成星形,开始启动。时间继电器 KT 延时时间设定为电动机启动过程时间,当电动机转速接近额定转速时,时间继电器整定时间到,KT 延时触点动作,其对应的常闭触点断开,常开触点闭合,前者使 KM3 线圈断电,KM3 的常闭触点闭合,为 KM2 线圈的通电做好准备,后者使 KM2 线圈通电,KM2 的主触点闭合,电动机由星形转接为三角形,进入正常运行,而 KM2 常闭触点断开,使时间继电器 KT 在电动机 Y-△启动完成后断电,电路中实现 KM2 与 KM3 的电气互锁。

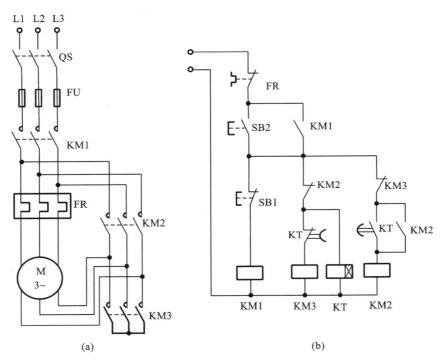

图 5-15　Y-△降压启动控制电路

(a) 主电路；　(b) 控制电路

3. 定子串电阻降压启动控制线路

Y-△启动只能适用于正常运行时为三角形接法的电动机。正常运用时为星形接法的电动机,可以使用定子串电阻启动。

图 5-16 所示的为定子串电阻降压启动电路。按下启动按钮 SB2 后,KM1 首先得电并自锁,同时使时间继电器 KT 得电。定子串电阻 R 启动。经延时,KT 动合触点闭合,使 KM2 得电,其动断触点断开,KT 和 KM1 失电,其动合触点闭合,KM2 继续得电。电动机的定子绕组串接电阻启动后自动切除电阻,电动机正常运行。

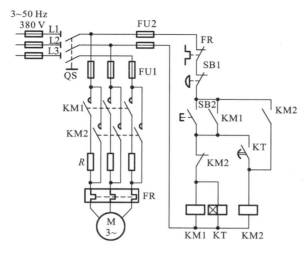

图 5-16　定子串电阻降压启动电路

二、异步电动机的正反转控制线路

在生产上经常要求运动部件作正反两个方向的运动。例如,机床工作台的前进与后退、主轴的正转与反转、起重机的提升与下降等,都可用电动机正反转来实现。为了电动机能正反转,应使接到电动机定子绕组上的三根电源线中的任意两根能进行对调,这可用两只接触器来分别控制。控制线路可以在图 5-12 所示的控制电路的基础上再增加一条电动机的反转控制电路,如图 5-17 所示。

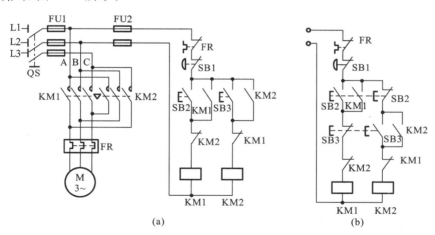

(a)　　　　　　　　　　　　(b)

图 5-17　异步电动机正反转控制电路
(a) 采用两个按钮；(b) 采用复合按钮

图中,KM1 控制电动机正转,KM2 控制反转。按下启动按钮 SB2,接触器 KM1 吸引线圈得电,其主触点闭合,电动机定子绕组接入三相电源 A、B、C 线上,电动机正转。需要电动机反转时,必须先按下停止按钮 SB1,使 KM1 失电,其主触点断开,电动机定子绕组与电源断开后才能按反转启动按钮 SB3,使 KM2 吸引线圈得电,其主触点闭合,定子绕组分别接电源的 C、B、A 相,因而电动机反转。由图可知,如果两个接触器同时工作,将有两根电源线通过它们的主触点而将电源短路。所以正反转线路必须保证两个接触器不能同时工作。

图 5-17(a)所示的控制线路中,正转接触器 KM1 的一个动断触点接在反转接触器 KM2 的线圈电路中,而反转接触器的一个动断触点接在正转接触器的线圈电路中。这样在同一时间里,两个接触器只能一个工作,这种控制状态称为互锁或连锁。这两个动断触点称为连锁触点。

图 5-17(b)所示电路中还采用了复合按钮。当电动机从正转改为反转,或是从反转改为正转时,只要按下正转按钮 SB2(或反转按钮 SB3)。电路总是按照先停机再开机这样的规律,再进行正转(或反转)。这样保证两只接触器不会同时通电。此电路是较完整的正反向自动控制线路。在实际生产中,常把此线路做成一套电气设备,称为磁力启动器,或称电磁开关。常用的启动器有 QC10 系列。

三、异步电动机的制动线路

需精确定位或尽可能减少辅助时间的机械,都要求快速制动。电气制动是由电动机产生一个与原来转子的旋转方向相反的制动转矩来完成的。常用的是反接制动和能耗制动,此外,也有用电磁方式制动的,也有用机械抱闸实现机械制动的。反接制动由速度继电器来完成,下面首先介绍速度继电器的结构和工作原理。

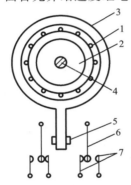

图 5-18 速度继电器的示意图
1—鼠笼绕组;2—永久磁铁;3—外环;
4—轴;5—杠杆(顶块);6—动触点;7—静触点

(一)速度继电器

速度继电器的结构示意图如图 5-18 所示,它的轴与电机轴或中间轴相连。轴上套有圆柱形铁镍合金制成的永久磁铁,它的外边有一个可以转动一定角度的外环,外环内圆表面有和鼠笼式绕组相似的绕组。当轴旋转时,由于永久磁铁的磁通切割外环绕组而在其中产生感应电流及电磁转矩,和鼠笼式电动机的工作原理一样,外环因而转动,和外环固定的杠杆触动簧片,使触点系统动作。根据电动机的转向,外环可左转,也可右转,两边各有一个常开触点和常闭触点。当轴的速度低于 100 r/min 时,触点恢复原位。

速度继电器的结构较简单、价格便宜,但它只能反映转动的方向和反映是否转动,所以它仅被使用在异步电动机的反接制动中。它的图形符号见附录 A,文字符号为 KS。

(二)异步电动机反接制动控制线路

反接制动是利用异步电动机定子绕组中三相电源相序的改变,使电动机转子切割反向旋转磁场,从而产生制动转矩实现的。

图 5-19 所示为应用速度继电器的反接制动电路。按下 SB2 后,KM1 得电自锁并使电动机旋转,电动机和速度继电器是同轴连接的,当电动机启动至一定转速时,速度继电器的动合触点闭合,为 KM2 的通电做好准备。因此当按下停止按钮 SB1 时,KM1 失电,电动机定子绕组与电源断开,但由于惯性仍继续按原方向转动,KM1 的动断触点闭合,使 KM2 得电,电动机定子绕组又与电源连接,但电动机内的旋转磁场转动方向与电动机转子运行方向

相反,使转子产生制动转矩,因而使电动机转速降低。当转子转速低于 100 r/min 时,速度继电器的动合触点断开,恢复原位,KM2 失电,电动机与电源断开,电动机制动结束。

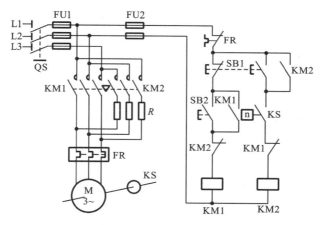

图 5-19　反接制动控制电路

由于反接制动时,电动机电流很大,因此在大容量电动机的反接制动过程中需要串入电阻 R,以限制电流。

(三)异步电动机的能耗制动控制线路

能耗制动是三相异步电动机在切除三相电源的同时,将定子绕组接入直流电源,在转速接近零时,再切除直流电源的制动。

图 5-20(a)所示为采用复合按钮手动操纵的能耗制动控制电路。主电路中,交流电经控制变压器降压后,再进行桥式整流而成为直流电。按下启动按钮 SB2 后,KM1 得电,电动机旋转,这时,KM2 失电。按下停止按钮(复合按钮)SB1,KM1 失电,电动机定子绕组与电源断开。与此同时,KM2 得电,其动合触点接通整流电路,使直流电通入定子绕组,产生制动转矩,使电动机转速迅速下降,当转速接近零时,松开复合按钮 SB1,能耗制动结束。

为了实现自动控制,可在图 5-20(a)所示的电路基础上增加通电延时的时间继电器,进行能耗制动控制,如图 5-20(b)所示。当按下停止按钮 SB1 后可即松开,此时 KM1 失电,KM2 和 KT 得电,通过 KM2 的辅助触点自锁,KM2 的触点接通直流电路进行能耗制动。能耗制动电路的断开是由 KT 控制的,即经过一段延时后,其延时断开的动断触点断开,使 KM2 失电,切断接入电动机定子的直流电源,能耗制动停止。

四、行程的自动控制

生产机械的工作部件往往要做各种移动或转动,对运动部件的位置或行程进行的自动控制称为行程自动控制。

为了实现这种控制,在电路中就要使用位置开关,其文字符号为 SQ。通常把放在终端位置用以限制生产机械的极限行程的开关称为终端开关或极限开关。位置开关可以实现行程控制和往复运动的控制。例如,车间内的吊车通常都安装有极限控制装置,当吊车运行到终点时,它就能自动停止运行。在许多机床上也需对其往复运动进行控制,例如龙门刨床、铣床工作台等的自动往返运行控制。

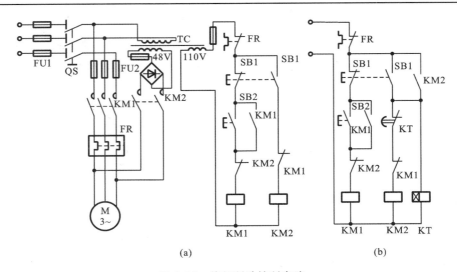

图 5-20　能耗制动控制电路

(a) 手动方式控制；　(b) 自动方式控制

（一）位置开关

位置开关主要用于将机械位移变为电信号，以实现对机械运动的电气控制。位置开关包括行程、终端、保护等开关。

位置开关有机械式有触点和电子式无触点两种。机械式有按钮式和滑轮式等。

1. 按钮式行程开关

图 5-21(a)所示的为按钮式行程开关结构图，在构造上和按钮相似，但它不是用手按，而是由生产机械的运动部件上的挡块碰撞，而使触点动作的。触点的通、断速度与运动部件推动推杆的速度有关。当运动部件移动速度较慢时，触点就不能瞬时切换电路，电弧在触点上停留的时间较长，易于烧坏触点，因此不宜用在移动速度小于 0.4 m/min 的运动部件上。但其结构简单、价格便宜。常用的型号有 LX2、LX19 系列。组合机床上常用的 JW2 系列组合行程开关(含有五对触头)也属此类。

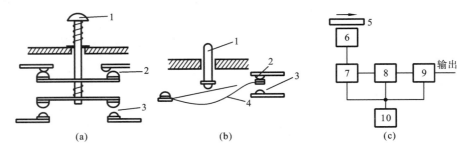

图 5-21　位置开关示意图

1—推杆；2—动断触点；3—动合触点；4—弹簧片；5—铁磁体；
6—感应头；7—电子振荡器；8—电子开关电路；9—驱动电路；10—电源

2. 微动开关

微动开关也是一种常用的行程开关。它具有体积小、质量小、工作灵敏等特点。其结构如图 5-21(b)所示,外形很小,推杆行程很短,触点能快速接通和断开。常用的微动开关有 JW、JWL、JLXW、JXW、JLXS 等系列。

3. 接近开关

接近开关是一种无触点位置开关。接近开关有高频振荡型、电容型、感应电桥型、永久磁铁型、霍尔效应型等,其中以高频振荡型最为常用,它是由感应头、电子振荡器、电子开关电路、供电电源等几部分组成。装在运动部件上的铁磁体靠近感应头时,感应头的参数将发生变化,影响振荡器的工作,使晶体管开关电路导通(或关断),从而输出相应的信号,发出切换电路的命令改变生产机械的运动状态。其构成框图如图 5-21(c)所示。

行程开关与微动开关工作时均有挡块与触杆的机械碰撞和触点的机械分合,动作频繁时,易产生故障,工作可靠性低。接近开关是无触点开关,使用寿命长,操作频率高、动作迅速可靠,故得到了广泛的应用。常用的型号有 LXJ0、LJ2、WLX1、LXU1 等系列。

(二)限位控制与限位保护

将行程开关的动断触点接在控制电路中,如图 5-22 所示。当生产机械运动部件到位后,行程开关 SQ1 碰到挡块,开关就开始动作,动断触点断开,接触器 KM 吸引线圈失电,使电动机断电而停止运行。行程开关起"停止"按钮的作用。如果行程开关 SQ1 动作次数太多,则其可靠性会大为下降。为保证工作可靠,可再装一个极限保护开关 SQ2 作限位保护作用。

(三)循环运动控制

当生产机械的某个运动部件需在一定行程范围内往复循环运动,以便能连续加工。这种情况就要求拖动运动部件的电动机能够自动地实现正、反转控制。控制电路如图 5-23 所示。

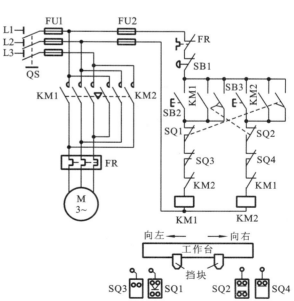

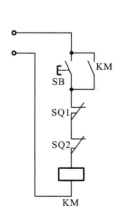

图 5-22 限位控制电路　　　　　　图 5-23 循环运动控制电路

图中使用了具有一对动断触点和动合触点的行程开关。当按下正向启动按钮 SB2 时，接触器 KM1 线圈得电并自锁，电动机正转，运动部件向左运动，到位后碰撞行程开关 SQ1，SQ1 的触点动作，动断触点断开，KM1 线圈失电，电动机与电源断开，动合触点闭合，使控制电动机反转的接触器 KM2 线圈得电并自锁，电动机又被接入电源反向启动，拖动运动部件向右运动。

当电动机反向启动后，运动部件与行程开关 SQ1 分开，SQ1 的动触点复位，即动合触点断开，动断触点闭合。向右运动到位，碰撞到行程开关 SQ2 后，其触点又开始动作，动断触点断开，使 KM2 线圈失电，电动机与电源断开，动合触点闭合使 KM1 线圈得电并自锁，电动机接入电源又向左运动。这样，通过行程开关，电动机就能自动进行往复循环运动。图 5-22 中，SQ3、SQ4 作限位保护用。

五、多速电动机的变速控制

多速电动机能代替笨重的齿轮变速箱，满足只需要几种特定的转速的调速要求，而且对启动性能没有高要求的情况下，在空载或轻载下启动，在中小型的磨床中用得很普遍。

根据电动机转速公式(2-38)可知，改变定子绕组的磁极对数 p，就可以改变电动机的转速。多速电动机是通过改变绕组的连接方法来改变磁极对数的。

双速电动机是最简单的多速电动机，常见的连接方式有△/YY 和 Y/YY 两种。

(一) 双速电动机的连接方法

图 5-24(a)所示为双速电动机的△/YY 接法。当绕组的 1、2、3 端接电源，而 4、5、6 端悬空时，电动机绕组接成△形；若绕组 1、2、3 端短接，4、5、6 端接电源，则电动机绕组接成 YY 形。从△连接改为 YY 连接时，其极对数减少了一半，故转速升高一倍，即 $n_{YY}=2n_{\triangle}$。双速电动机可作高、低速变换。

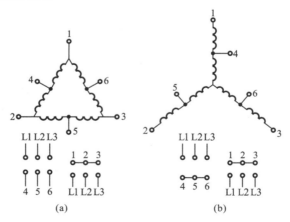

图 5-24　双速电动机三相绕组连接

(a) △/YY 接法；　(b) Y/YY 接法

图 5-24(b)所示为双速电动机的 Y/YY 接法。当电动机绕组从 Y 连接改成 YY 连接时，其极对数也减少一半，故有 $n_{YY}=2n_Y$。

（二）双速电动机的高、低速控制线路

图 5-25(a)所示的控制电路是用复合按钮 SB2、SB3 作高、低速控制的。按下启动按钮 SB2，接触器 KM1 得电并自锁，定子绕组为△连接，电动机低速运行。当按下 SB3 按钮时，接触器 KM2 和 KM3 同时得电并自锁，电动机定子绕组接成 YY 连接，高速运行。在高速与低速之间用动断触点互锁。

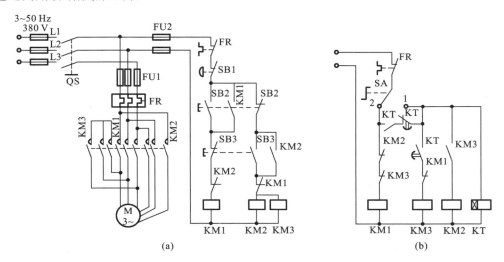

图 5-25　双速电动机高低速控制线路

（a）用复合按钮控制；　（b）用选择开关控制

对功率较小的双速电动机可采用以上控制方式，但对较大容量的双速电动机，在高速启动时，首先要接通低速，经一定延时后再换接成高速，这样可获得较大的启动转矩。

图 5-25(b)所示的控制线路，是用选择开关 SA 实现高、低速变换的，另外用时间继电器 KT 作延时转换。当 SA 在高速位置时，时间继电器的两个触点首先接通 KM1 实现低速运行，经延时后再自动接通 KM2、KM3 实现高速运行。

六、其他基本控制电路

1. 点动与长动控制

生产机械除了需要连续运转，即长动外，有时还要求作短暂的运转，即点动。点动控制就是用不带自锁的按钮去控制接触器吸引线圈的通断电。而一般生产机械通常要求既具有点动控制又要求能进行正常工作的控制，所以许多控制电路中同时具备长动和点动控制。长动和点动的主要区别是控制电器能否自锁。采用的控制电器不同，控制电路的形式也会不同，图 5-26(a)、(b)、(c)所示的分别是采用复合按钮、转换开关和中间继电器组成的电路。

2. 多地点控制

有些生产机械，为了操作的方便，常需要多个地点进行控制。每个控制点必须设有一个启动按钮和一个停止按钮。多地点控制是将分散在各控制点的启动按钮并联，停止按钮串联的方法。图5-27所示的为三处启动和停止的控制电路。

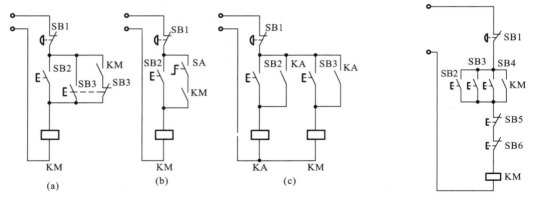

图 5-26　长动与点动控制电路

（a）用复合按钮；（b）用选择开关；（c）用中间继电器

图 5-27　多地点控制

3. 顺序控制

在生产机械的加工生产中,根据工艺要求,加工往往需要按一定的程序进行,即工步依次转换,一个工步完成后,能自动转换到下一个工步。在组合机床和专用机床中常用继电器控制线路来完成这一任务,如图 5-28 所示。按下启动按钮后,继电器 KA1 得电并自锁,进行第一个程序,且 KA1 的另一动合触点闭合,为继电器 KA2 得电作准备。当第一个程序工作完成后,行程开关 SQ1 被压合,KA2 得电并自锁,进行第二个程序,同时 KA2 一个动断触点断开,使 KA1 失电,下面的程序则以此类推。

4. 联合控制与分别控制

生产机械中广泛采用多电机拖动,在一台设备上采用几台,甚至几十台电动机拖动各个部件,而设备的各个运动部件之间是相互联系的。多电动机拖动常需要联合动作,而在调整时又需单独动作,如机床主运动和进给运动之间就有这种要求,所以需要对其进行联合控制与分别控制。在控制中常采用转换开关来实现控制线路连锁、转换等。

图 5-29 所示为两台电动机的联合控制和分别控制的线路。其中采用两个旋转开关 SA1 和 SA2 来控制所需的动作。旋转开关在 I 位置时为联合动作,即按下 SB2,KM1 和

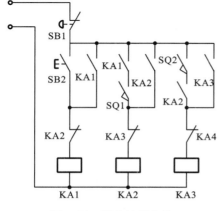

图 5-28　顺序控制电路

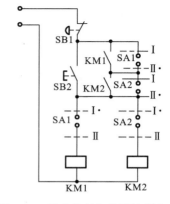

图 5-29　联合控制与分别控制电路

KM2 同时得电,两台电动机同时工作。在调整时,若将 SA1 转 90°到 Ⅱ 位置,则只有 KM2 得电,第二台电动机单独工作;若不转动 SA1,而是将 SA2 转到 Ⅱ 位置,则第一台电动机单独工作。三台以上电动机的联合控制与分别控制的原理和线路也类同,不再进一步介绍。

5-3　生产机械的继电器-接触器控制线路

目前生产机械的电气控制线路,较普遍的是采用继电器-接触器控制线路。实际的电气控制线路往往是一个复杂的控制线路。为了实现一个工艺过程的控制要求,需要同时采用几种控制方法,但它们也都是由一些基本的电气控制环节所构成的。

在分析电气控制线路之前,首先要了解生产机械的工艺过程及生产设备对电气控制的要求。其次,应将电路化整为零,先分析主电路,看采用的是什么传动方案(直流还是交流的),是否有正反转、调速、制动的要求等。然后再分析控制电路,一般控制电路的排列顺序是依据生产设备动作的先后次序由左而右并联排列的,分析时也需一排排地分析。另外,一般是先从接触器入手,再看由哪些电器控制元件控制接触器吸引线圈。最后再分析有哪些保护、连锁控制环节。

一、组合机床电气控制线路

组合机床是由一些通用部件及少量专用部件组成的,在组合机床上可完成钻孔、扩孔、铰孔、镗孔、攻丝、车削、铣削及精加工等工序,一般采用多轴、多刀、多工序同时加工。

组合机床控制系统大多采用机械、液压、电气或气动相结合的控制方式,其中电气控制起着重要的作用。

组合机床由大量的通用部件组成,组合机床的电气控制线路也是由通用部件的典型控制线路和一些基本控制环节组成的。

组合机床的通用部件一般划分为:动力部件,如动力头和动力滑台;支承件,如滑座、床身、立柱和中间底座;输送部件,如回转分度工作台、回转鼓轮、自动线工作回转台及零件输送装置;控制部件,如液压元件、控制板、按钮台及电气挡块;其他部件,如排屑装置和润滑装置等。

组合机床上最主要的通用部件是动力头和动力滑台,它们是完成刀具切削运动和进给运动的部件。通常将能同时完成切削运动及进给运动的动力部件称为动力头,而将只能完成进给运动的动力部件称为动力滑台。动力滑台按结构分有机械动力滑台和液压动力滑台两种。动力滑台可配置成卧式或立式的组合机床,动力滑台配置不同的控制线路,可完成多种自动工作循环,动力滑台的基本工作循环形式有:

(1) 一次工作进给　快进→工作进给→快退;

(2) 双向工作进给　快进→工作进给→反向工作进给→快退;

(3) 二次工作进给　快进→一次工进→二次工进→快退;

(4) 跳跃进给　快进→工进→快进→工进→快退;

(5) 分级进给　快进→工进→快退→快进→工进→快退…快进→工进→快退。

机械动力滑台由滑台、滑座和双电机(快速及进给电机)传动装置三部分组成。滑台的自动工作循环是靠传动装置将动力传递给丝杠来实现的。

下面以 JT4522、JT4532、JT4542 和 JT4552 系列机械滑台控制线路为例,说明其工作原理、控制电路及工作循环。

(一) 机械滑台具有一次工作进给的电气控制

图 5-30 所示为机械滑台一次工作进给控制电路。

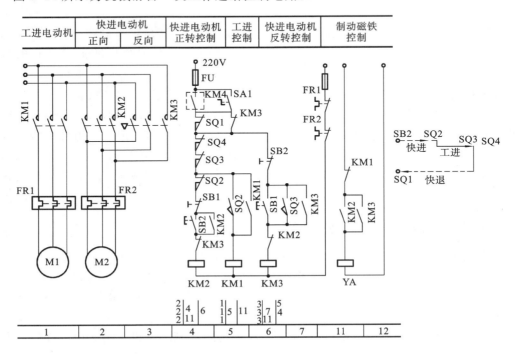

图 5-30　机械滑台具有一次工作进给控制电路

图中具有两台进给电动机,一台为快速进给电动机 M2,用来拖动滑台快进和快退运动;另一台为工进电动机 M1,拖动滑台工作进给运动。主轴旋转靠一台专门电动机拖动,由接触器 KM4 来控制。在工进时,只允许工进电动机单独工作,快速进给电动机应有制动器制动。控制电路是由电动机正反转基本控制环节及按行程控制原则组成的,其中 SQ1、SQ2、SQ3 分别是原位、快进转工进、终点行程开关,SQ4 为超程保护行程开关。

(1) 主电路,工进电动机 M1 由接触器 KM1 控制接通。快进电动机 M2 由接触器 KM2、KM3 控制快进和快退。两台电动机都有过载保护和短路保护。

(2) 工进控制,接触器 KM4 控制主轴电动机,只有 KM4 接通后,电动机 M1、M2 才能启动,所以主轴电动机与 M1、M2 电动机有顺序启停关系。YA 是断电型(机械式)制动器,为快速电动机 M2 的制动器。其工作过程如下所述。

按下 SB2,KM2 线圈得电并自锁。KM2 辅助常开触点闭合,YA 得电使制动器松开,则电动机 M2 正转,滑台快速前进。当滑台的撞块压动 SQ2 时,切断 KM2,接通 KM1 并自锁,YA 失电制动,M2 电动机迅速停止,而电动机 M1 则启动运转,滑台由快进转为工进。当工作进给到位时,撞块压动 SQ3,切断 KM1,电动机 M1 停止转动。同时接通 KM3 并自锁,YA 得电,松开制动器,电动机 M2 反转使工作台快速退回。退至原位时,压动 SQ1,切断

KM3，YA 和 M2 失电，电动机 M2 被迅速制动，滑台停在原位。

图中 SA1 为滑台单独调整开关。SQ4 为向前超程保护开关。当滑台向前越位时，SQ4 被压下，切断滑台进给电路而停车。

SB1 为停止向前，并快速后退的按钮。

（二）机械滑台具有正反向工作进给的控制线路

图 5-31 所示的为机械滑台双向工作进给控制电路。图中，M1 为工作进给电动机，M2 为快速运动电动机，它经齿轮使丝杠快速旋转实现滑台的快进。

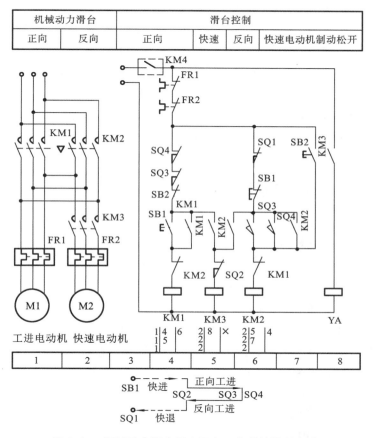

图 5-31　机械动力滑台具有双向工作进给控制电路

在工作循环图中 SQ1 为原位行程开关，SQ2 为转换工作进给行程开关，SQ3 为终点行程开关，SQ4 为限位保护开关。KM1、KM2 为控制 M1、M2 正反转用的接触器，M2 还受 KM3 接触器的控制。YA 为断电型（机械式）制动器，在 YA 失电时电动机 M2 被制动。

（1）主电路的结构原理　主电路中有两台电动机，M1 为工进电动机，由 KM1、KM2 控制 M1 正反转，实现正向工进和反向工进。M2 为快速电动机，当 KM1、KM3 接通时，电动机 M2 快进，当 KM2、KM3 接通时 M2 快退。三个接触器的控制电路中串有两个热继电器，只要其中之一过载，电路就会断开，实现过载保护。

（2）正反向工进控制　　滑台的正反向工进是按行程原则,通过滑台压动行程开关来完成工作循环的。滑台正向运动由快进转工进是通过压动 SQ2,使 SQ2 常闭触点断开,KM3 断开来实现的。由反向工进转为快退也是通过松开 SQ2,使 KM2 再次得电来实现的。KM4 是主轴电动机控制用接触器,主轴电动机启动后,电动机 M1、M2 才能启动,因此,主轴电动机与 M1、M2 电动机有顺序启停关系。正反向工进的工作过程如下所述。

按下 SB1,KM1 得电并自锁,KM3 和 YA 得电,快速电动机制动松开,电动机 M1 和 M2 同时正向启动,机械滑台快速前进。当快进到由长挡块压动 SQ2 时,SQ2 的常闭触点断开,KM3 线圈失电,KM3 主触点断开,电动机 M2 失电,同时 YA 失电,对 M2 进行机械制动。此时只有电动机 M1 拖动滑台正向工进。正向工进至终点压动 SQ3,其常闭触点断开而使 KM1 失电,其常开触点闭合而使 KM2 得电并自锁,此时电动机 M1 反转而使滑台反向工进。反向工进到长挡块松开 SQ2 时,SQ2 的触点恢复原状态,KM3 和 YA 得电,制动松开,电动机 M1 和 M2 同时反向运转,则滑台快退。当快退回到原位时,压动 SQ1,其常闭触点断开,使 KM2、KM3、YA 均失电,M2 电动机实现机械制动,机械滑台停在原位。

SQ4 为向前超程开关,当 SQ4 被压时,接触器 KM1 线圈失电,并接通 KM2 线圈,继而使接触器 KM3 线圈得电,滑台先从工进退回,而后快速退回原位。

SB2 为停止向前,并快速后退的按钮。

二、液压动力滑台控制线路

液压滑台由滑台、滑座及油缸三部分组成。液压动力滑台是应用压力油,使油缸拖动滑台向前或向后运动的。它是由电气控制液压系统,实现滑台的自动工作循环的。

1. 具有一次工作进给的液压动力滑台的电气控制

它的工作循环程序是:滑台快进→工进→快退至原位停止。液压系统、工作循环图、工作程序表及控制电路如图 5-32 所示。

图中,当 YA1 和 YA3 电磁铁得电时,三位五通电磁阀 HF1 的阀杆推向右端,二位二通阀 HF2 推向左端,油缸 YG 拖动滑台向前快进。当 YA1 得电时,油缸 YG 拖动滑台工进。当 YA2 电磁铁得电时,电磁阀 HF1 的阀杆向左移,YG 拖动滑台快速退回。由按钮 SB1 作为启动按钮,按下 SB1 开始执行快进。由 SQ3、SQ4、SQ1 来自动控制行程。挡铁装在滑台上,在动作转换位置时行程开关被挡铁压动而发出信号,保证自动循环的进行。

控制电路工作过程如下所述。

将转换开关 SA 扳到 1 位置,按下 SB1,继电器 KA1 得电并自锁,同时电磁铁 YA1、YA3 得电,电磁阀 HF1 的阀杆推向右端,滑台快进。

在滑台快进过程中,当挡铁压动行程开关 SQ3 时,SQ3 常开触点闭合而使 KA2 得电,YA3 电磁铁失电,电磁阀 HF2 复位,使 YA1 保持得电,滑台自动转为工进。由于 KA2 自锁,因此 KA2 线圈不会因挡铁松开 SQ3 而失电。

当滑台工进到终点时,挡铁压动 SQ4,其常开触点闭合,从而使继电器 KA3 得电并自锁。KA3 的常闭触头动作,使 YA1 失电,滑台停止工进。又因其常开触点闭合使 YA2 得电,电磁阀 HF1 阀杆向左移,使滑台快速退回。当滑台退到原位时,SQ1 被压,其常闭触

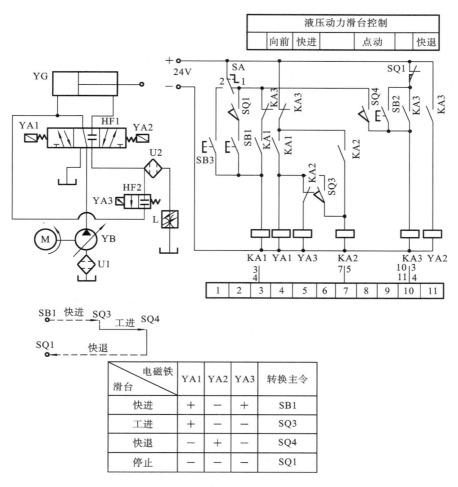

电磁铁 滑台	YA1	YA2	YA3	转换主令
快进	+	−	+	SB1
工进	+	−		SQ3
快退	−	+	−	SQ4
停止	−	−	−	SQ1

图 5-32   一次工作进给控制电路

点断开,KA3 失电,YA2 也失电。此时 YA1、YA2、YA3 都处于断电状态,滑台停在原位。

当滑台不在原位需快退时,可按动 SB2 按钮,KA3 线圈得电,KA3 的触点动作,使 YA2 得电,滑台实现快退,直退到原位时压下 SQ1,YA2 失电,滑台停止。

滑台进行点动调整时,首先将转换开关 SA 扳到 2 位置,按下启动按钮 SB3,KA1 继电器动作,使 YA1、YA3 电磁铁得电,滑台快进,但 KA1 电路不能自锁,因此当 SB3 松开时,滑台立即停止。

2. 具有延时功能的一次工进滑台的电气控制

在上述控制电路基础上,加一延时线路,就可以得到这样的工作循环:快进→工进→延时停留→快退。其控制电路如图 5-33 所示。

与图 5-32 所示电路比较,图 5-33 所示电路只是多加了一个时间继电器 KT。当工进到终点后,压动行程开关 SQ4,使时间继电器 KT 得电,其瞬时常闭触点断开,从而使 YA1、YA3 失电,滑台停止工进。延时闭合的动合触点 KT 延时后闭合,使 KA3 接通,这时 YA2 得电,滑台开始快退。这样达到工进后有一延时停留再快退的目的。

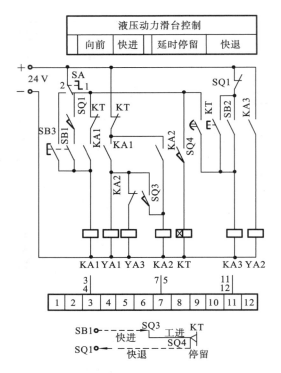

图 5-33　具有延时停留的控制电路

5-4　继电器-接触器控制线路的设计方法

　　在掌握生产机械电气设备的基本控制线路基础上,在学会对一般机械电气控制电路进行分析的基础上,就可根据生产机械的工艺过程及对电气控制的要求,设计自动控制线路的原理图,然后再根据原理图选择所需要的电器元件,绘出安装图和位置图。

　　对电气控制线路设计的基本要求是:

　　(1) 满足生产工艺所提出的技术要求;

　　(2) 设计线路简单、合理,电器元件选择正确;

　　(3) 操作、维修方便,能长期准确、稳定、可靠地工作;

　　(4) 具有各种保护和防止故障措施,保证使用的安全性。

　　控制线路的设计方法通常有两种:一种是经验设计法;另一种是逻辑分析设计法。

一、经验设计法

　　经验设计法是指根据生产工艺的要求,根据设计人员的实际经验,用一些基本控制线路和典型环节加以合理组合,来完成控制线路图的设计的方法。这种方法较简单,但在设计比较复杂线路时,设计人员需要反复修改后,才能设计出一个较完善合理的线路。一般需要做模拟试验,方可确定最后方案。

（一）设计的基本步骤

（1）首先调查研究国内外同类设备资料，使所设计的控制系统满足设计要求。

（2）一般机床电气控制线路设计应包括主电路、控制电路和辅助电路等。

主电路设计主要考虑电动机的启动，正、反转，制动及多速电动机调速和电动机的短路，过载保护等。

控制电路的设计主要考虑满足电动机的各种运动的功能、生产工艺要求，以及完善控制的辅助环节。其中包括加工过程自动化及半自动化的控制，各种保护、连锁、光电测试、信号、照明等。

（3）合理选择各种电器元件、便于使用和维修。

（4）全面检查所设计的电路，有条件时，进行模拟试验，进一步完善电气控制电路的设计。

（二）设计中应注意的问题

（1）根据工艺要求和工作程序，逐一画出控制电路。对要求记忆保持元件状态的，要接自锁环节；对电磁阀、电磁铁等无记忆功能的元件，应增设中间继电器进行记忆。

（2）线路中，中间继电器除用来记忆输入信号或程序状态外，还可用来作输入与输出或前后程序的联系，起信号传递作用。从一种状态转换成另一种状态，有时间控制要求时，可以采用时间继电器实现自动控制。

（3）简化电路、合并同类触点，提高线路可靠性。如图 5-34 所示，在获得同样功能情况下，图（b）所示电路比图（a）所示电路中少一个触点。但是在合并触点时应注意触点的额定电流值的限制。也可利用转换开关或逻辑代数进行电路的化简。

（4）正确连接电器的线圈，交流电器的线圈不能串联使用。如图 5-35（a）所示，两个电磁机构的衔铁不能同时动作，当其中一个接触器先动作时，其吸引线圈的电感会增大，感抗增大，线圈端电压增大，使未吸合的接触器因线圈电压达不到额定电压而不能吸合。这样两线圈等效感抗减小，电流增大，引起线圈烧毁。所以在需要两个电器同时动作时，其线圈应并联。

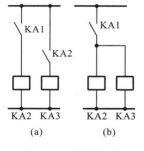

图 5-34　简化电路

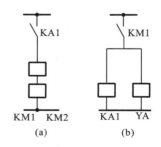

图 5-35　错误接法

另外，对于大容量直流电磁铁线圈不能与继电器线圈直接并联。如图 5-35（b）所示，当触点 KM1 断开时，因电磁铁 YA 线圈电感量大，产生的感应电动势加在中间继电器 KA1

上,将使继电器重新吸合,从而产生误动作。因此在 KA1 的线圈电路内应单独串联常开触点 KM1 控制。

(5) 避免在控制电路中出现寄生回路和竞争现象。在控制电路动作过程中或事故情况下,意外接通的电路称为寄生电路,如图 5-36 所示。

在正常情况下,电路能满足各种需要的动作,但在电动机过热时,FR 的触点断开,会出现图中虚线所示的寄生回路,使接触器 KM1 线圈无法释放,电动机不能得到过载保护。

(6) 尽量避免多级控制接通一个电器。图 5-37(a)所示电路中的继电器 KA1 得电动作后,继电器 KA2 才动作,而后继电器 KA3 才能接通。KA3 的动作要通过 KA1 和 KA2 两个继电器的动作。而图(b)所示的电路只需经 KA1 继电器动作,KA3 即可动作。

(7) 根据被控对象要求选择电器元件和合理安排元件位置。图 5-38(a)所示的接法,需要四根连接线从控制柜引向操作台的按钮上。采用图(b)所示的接法,启动按钮和停止按钮直接连接,只需三根连接线从控制柜引向按钮处。另外图(a)中线圈未直接与动力线相连,不合理,应采用图(b)所示的接线方法。

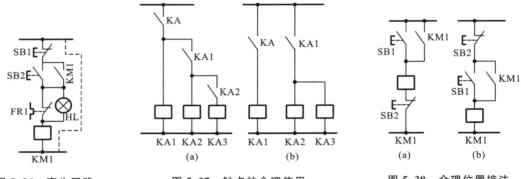

图 5-36　寄生回路　　　　　图 5-37　触点的合理使用　　　　　图 5-38　合理位置接法

(8) 为防止误操作,避免事故,应具有必要的安全保护环节,在控制电路中应加各种保护措施如短路、过载、超程、零压、连锁等控制环节。

二、设计举例

Z3032×10 型摇臂钻床控制线路的设计。

(一) 摇臂钻床总体方案的设计

(1) 由电动机 M1 驱动切削液泵为工件输送切削液。

(2) 由主轴电动机 M2 驱动机床的主运动和进给运动。

(3) 摇臂升降电动机 M3 驱动摇臂的升降运动。

(4) 用手柄操纵液压系统的操作阀,再由操作阀控制液压驱动摩擦离合器来完成主轴的正、反转运动。

(5) 各电路均需具有过载、短路保护。

根据总体方案,确定各电动机的型号和规格如表 5-1 所示。

表 5-1　电动机型号

设　备　名　称		型　　号	功率/kW	转速/(r/min)
切削液泵电动机	M1	DB-25B	0.12	2 760
主轴电动机	M2	Y100L1-4	2.2	1 470
升降电动机	M3	Y802-4	0.75	1 470

（二）主电路设计

机床供电电源为三相交流电源，50 Hz、380 V。总电源开关采用三相自动开关 QF1，具有过载、短路保护功能。电动机 M2 为主电动机，由接触器 KM1 控制，其单向启动和停止。由接触器 KM2、KM3 控制摇臂升降电动机 M3 的正、反转。由 QM1、QM2、QM3 作电动机 M1、M2、M3 的保护开关，不使用熔断器，使维修简单，运行可靠安全。

（三）控制电路的设计

由控制变压器 TC 供给交流 110 V 电压。由十字开关 SA1 来进行电气操纵，以接通控制电路，操纵主轴电动机 M2 正转、摇臂上升及下降。设有零压保护、急停自锁按钮等保护环节。

用位置开关 SQ1、SQ2 限制摇臂的升降行程。摇臂升降与摇臂夹紧的互锁由 SP1 开关完成。

（四）辅助电路的设计

控制变压器 TC 将 380 V 电压降至 24 V，供照明灯 EL 的用电。SA2 作为直接控制灯开关。

具有开门断电保护。用门开关 SQ3 或 SQ4 的推杆推压或置于常态与电源总开关 QF1 起电气连锁，实现开门断电。另外，SQ3 或 SQ4 具备把推杆拉出后能锁定的性能，在开门时也能接通电源，便于带电检修。最后，根据各局部线路之间相互关系，完善电气控制图，表 5-2 给出电气元件清单，其原理图如图 5-39 所示。

逻辑设计法与数字电路中组合逻辑电路的设计方法类同。应用逻辑设计法设计，可使线路简单、合理，使用的电器元件较少，且能充分发挥元件的作用。对于连锁多较复杂的线路，特别是生产自动线的控制线路的设计，用此法更方便而准确。但逻辑设计法的整个设计过程较复杂，因此在一般的电气控制电路设计中，逻辑设计法仅作为经验设计法的辅助和补充方法。

表 5-2　Z3032X10 型摇臂钻床电气设备清单

电器代号	图区	名称和用途	技术数据	数量
M2	4	Y100L1-4，主轴电动机	2.2 kW　1 470 r/min	1
M3	5	Y802-4，摇臂升降电动机	0.75 kW　1 470 r/min	1
M1	3	DB-25B，切削液泵电动机	0.12 kW　2 760 r/min	1

电器代号	图区	三极自动开关	整定电流调节范围 (电流/整定)	数量
QF1	2	DZ5-20FSH/330	$\dfrac{6.5\sim10}{7}$A	1
QM1	3	DZ5-20	$\dfrac{0.3\sim0.45}{0.35}$A	1
QM2	4	DZ5-20	$\dfrac{4.5\sim6.5}{5.5}$A	1
QM3	5	DZ5-20	$\dfrac{2\sim3}{2.5}$A	1

电器代号	图区	单极自动开关	整定电流调节范围 (电流/整定)	数量
QF2	11	单 DZ5-10	1A	1
QF3	8	单 DZ5-10	3A	1

电器代号	图区	名称和用途	技术数据	数量
TC	7	控制变压器	原边　1~50 Hz 副边　110 V BKC-100 V·A　　　　50 V·A 　　　　　　　　　　24 V 　　　　　　　　　　50 V·A	1
KM1 KM2 KM3	13 14 15	交流接触器 CJ0-10	线圈 1~50 Hz,110 V	3
KA	12	中间继电器 JZ7-44	线圈 1~50 Hz,110 V	1
SA1	12、13、 14、15	十字开关	4《a》+4《b》	1
SQ1 SQ2	14 15	位置(行程)开关 KW1-1	1《a》+1《b》	2
SQ3 SQ4	9	门开关 JWMb-11	1《a》+1《b》	2
SB1	12	急停按钮,蘑菇头	LAY3-01ZS/1,红,自锁式	1
SP1		按钮,摇臂夹紧连锁	LA19-11,1《a》+1《b》	1

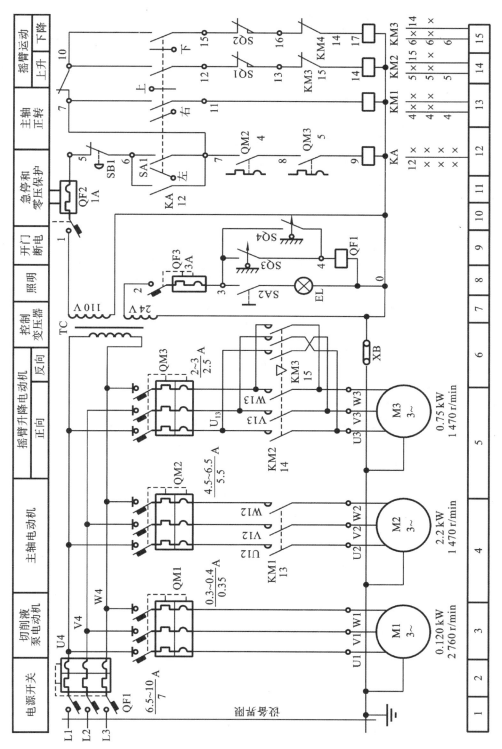

图 5-39　Z3032×10 型摇臂钻床电路图

习题与思考题

5-1　若交流电器的线圈误接入同电压的直流电源,或直流电器的线圈误接入同电压的交流电源,会产生什么问题?为什么?

5-2　交流接触器极频繁通断时为什么会过热?

5-3　在交流接触器铁芯上安装短路环为什么会减少振动和噪声?

5-4　电动机控制线路中的短路保护、过电流保护和过载保护有何区别?

5-5　电气控制线路原理图画法的原则主要有哪些?

5-6　用接触器控制电动机时,控制电路为什么就具有欠压和失压保护作用?

5-7　对电气控制的机床,电动机由于过载而自动停车后,如果立即按启动按钮则不能开车,这是什么原因?

5-8　为了限制点动调整时电动机的冲击电流,试设计电气控制线路,要求正常运行时为直接启动,而点动调整时串入限流电阻。

5-9　试设计一异步电动机的能耗制动电路,要求用断电延时时间继电器设计控制电路。

5-10　某机床主轴由一台异步电动机驱动,润滑油泵由另一台电动机驱动。现要求:

(1)主轴必须在油泵开动后才能启动;

(2)主轴要求能用电器实现正反转,并能单独停车;

(3)有短路、零压及过载保护。

试画出控制线路。

5-11　三台电动机 M1、M2 和 M3 按一定顺序先后启动,即 M1 启动后,M2 才能启动;M2 启动后,M3 才能启动;停车时则同时停止。试设计其控制线路。

5-12　三台鼠笼式电动机,要求按 M1、M2、M3 顺序启动。但每两台电动机的启动时间应顺序相差一段时间,停车时则同时停止。试画出其控制线路。

5-13　试设计一条自动运输线。电动机 M1 拖动运输车,M2 拖动卸料车。现要求:

(1)运输车先启动,然后运料到达目的地自动停车;

(2)运输车在目的地停车时,卸料车才启动进行工作;

(3)运输车停车 30 s 后自动返回出发地点停车;

(4)卸料车停止工作 5 s 后,运输车才能离开目的地;

(5)两台电动机均有短路和过载保护。

5-14　试设计机床主轴电动机控制线路,要求:

(1)可以正反转;

(2)正转可以点动,且能实现反接制动;

(3)有短路和过载保护。

5-15　有一台双速电动机,试设计满足如下要求的控制线路:

(1)分别用两个按钮控制电动机低速启动和高速启动,用一个总停按钮控制电动机停止;

(2)启动高速时,应先接通低速,经一段时间后再换接到高速;

（3）控制电路供电电源为 110 V；

（4）有短路和过载保护。

5-16　有一台直流他励电动机，试设计其控制线路（试采用时间继电器和直流接触器设计），要求：

（1）启动采用电枢回路中串限流电阻，在电枢回路所串电阻启动至一定时刻应自动分两段切除；

（2）在励磁绕组两端并联放电电阻；

（3）具有过电流保护，欠励磁保护。

5-17　试设计一个工作台的控制线路。工作台由电动机 M 拖动。行程开关 SQ1 和 SQ2 分别装在工作台的原位和终点。要求：

（1）启动后能实现前进，前进到达终点能延时停留再后退，至原位停止；

（2）工作台在前进中能立即后退到原位；

（3）在前进中能实现点动。

5-18　小型梁式吊车上有三台电动机，现要求：

（1）横梁电动机 M1 驱动横梁在车间前后移动（在横梁两端必须有行程开关作前后端的终端保护）；

（2）提升机构的小车由电动机 M2 驱动，在横梁左右移动；

（3）提升电动机 M3，能升降重物，有终端保护；

（4）三台电动机都可以采用点动控制；

（5）有过电流、欠电压和零压保护。

试画出其控制线路。

第 6 章 PPT

第6章

可编程序控制器

可编程序控制器是一种电子控制装置,能在工业现场可靠地进行各种方式的工业控制。可编程序控制器与其他类型的控制器相比,其最突出的特点是使用方便、工作可靠。它可以进行开关量控制和模拟量控制。目前,PLC可编程控制器被广泛应用于冶金、石油、化工、建材、机械制造、电力等各行各业,随着性价比的不断提高,其应用领域也在不断扩大。

本章首先介绍了可编程控制器基础知识,然后介绍了三菱公司的 FX2N 系列 PLC 和西门子公司的 S7-200 系列 PLC 的编程元件及指令系统,最后给出了控制系统的应用实例。

6-1　可编程控制器基础知识

一、可编程序控制器的产生与发展

可编程序控制器(programmable controller)简称 PC,为了不与个人计算机(personal computer,PC)混淆,通常将可编程序控制器简称为 PLC。PLC 是在电气控制技术和计算机技术的基础上开发出来的,并逐渐发展成为以微处理器为核心,把自动化技术、计算机技术、通信技术融为一体的新型工业控制装置。目前,PLC 已被广泛应用于各种生产机械和生产过程的自动控制中,被公认为现代工业自动化的三大支柱(可编程控制器、工业机器人、计算机辅助设计/计算机辅助制造)之一。

国际电工委员会(IEC)于 1987 年颁布了可编程控制器标准草案第三稿。在草案中对可编程控制器定义如下:可编程控制器是一种数字运算操作的电子系统,专为在工业环境下应用而设计;它采用可编程序的存储器,用来在其内部存储执行逻辑运算、顺序控制、定时、计数和算术运算等操作的指令,并通过数字式和模拟式的输入和输出,控制各种类型的机械或生产过程;可编程控制器及其有关外围设备,都应按易于与工业系统连成一个整体,易于扩充其功能的原则设计。

定义强调了 PLC 应直接应用于工业环境,必须具有很强的抗干扰能力、广泛的适应能力和广阔的应用范围,这是区别于一般微机控制系统的重要特征。同时,也强调了 PLC 用软件方式实现的"可编程"与传统控制装置中通过硬件或硬接线的变更的本质区别。近年来,可编程控制器发展很快,几乎每年都推出不少新系列产品,其功能已远远超出了上述定义的范围。

在可编程控制器出现前,在工业控制领域中,继电器控制系统占主导地位,应用广泛。但是继电器控制系统存在体积大、可靠性低、查找和排除故障困难等缺点,特别是其接线复杂、不易更改,对生产工艺变化的适应性差。

1968 年,美国通用汽车公司(GM)为了适应汽车型号的不断更新、生产工艺不断变化的需要,实现小批量、多品种生产,希望能有一种新型工业控制器,它能做到尽可能减少重新设计和更换电气控制系统及接线,以降低成本,缩短生产周期,于是就设想将计算机功能强大、灵活、通用性好等优点与电气控制系统简单易懂、价格便宜等优点结合起来,制成一种通用控制装置,而且这种装置采用面向控制过程、面向问题的"自然语言"进行编程,使不熟悉计算机的人也能很快掌握使用。

1969 年,美国数字设备公司(DEC)根据美国通用汽车公司的这种要求,研制成功了世界上第一台可编程控制器,并在通用汽车公司的自动装配线上试用,取得很好的效果。从此这项技术迅速发展起来。

早期的可编程控制器仅有逻辑运算、定时、计数等顺序控制功能,只是用来取代传统的继电器控制,通常称为可编程逻辑控制器(programmable logic controller)。随着微电子技术和计算机技术的发展,在 20 世纪 70 年代中期,微处理器技术应用到 PLC 中,使 PLC 不仅具有逻辑控制功能,还增加了算术运算、数据传送和数据处理等功能。

20 世纪 80 年代以后,随着大规模、超大规模集成电路等微电子技术的迅速发展,16 位和 32 位微处理器应用于 PLC 中,使 PLC 得到迅速发展。PLC 不仅控制功能增强,同时可靠性提高,功耗、体积减小,成本降低,编程和故障检测更加灵活方便,而且具有通信和联网、数据处理和图像显示等功能,使 PLC 真正成为具有逻辑控制、过程控制、运动控制、数据处理、联网通信等功能的名副其实的多功能控制器。

自从第一台 PLC 出现以后,日本、德国、法国等也相继开始研制 PLC,并得到迅速的发展。目前,世界上有 200 多家 PLC 厂商,按地域可分成美国、欧洲和日本等三个流派产品,各流派 PLC 产品都各具特色,如日本主要发展中小型 PLC,其小型 PLC 性能先进,结构紧凑,价格便宜,在世界市场上占用重要地位。著名的 PLC 生产厂家主要有美国的 A-B(Allen-Bradly)公司、GE(General Electric)公司,日本的三菱电机(Mitsubishi Electric)公司、欧姆龙(OMRON)公司,德国的 AEG 公司、西门子(Siemens)公司,法国的 TE(Telemecanique)公司等。

我国的 PLC 研制、生产和应用也发展很快,尤其在应用方面更为突出。在 20 世纪 70 年代末和 80 年代初,我国随国外成套设备、专用设备引进了不少国外的 PLC。此后,在传统设备改造和新设备设计中,PLC 的应用逐年增多,并取得显著的经济效益。PLC 在我国的应用越来越广泛,对提高我国工业自动化水平起到了巨大的作用。目前,我国不少科研单位和工厂在研制和生产 PLC,如辽宁无线电二厂、无锡华光电子公司、上海香岛电机制造公司、厦门 A-B 公司等。

从近年的统计数据看,在世界范围,PLC 产品的产量、销量、用量高居工业控制装置榜首,而且市场需求量每年有 15% 的上升。PLC 已成为工业自动化控制领域中占主导地位的通用工业控制装置。

二、可编程序控制器的特点与发展趋势

1. 可编程序控制器的主要特点

(1) 抗干扰能力强、工作可靠　这是可编程序控制器最突出的特点之一。一般可编程序控制器硬件都采用屏蔽;电源采用多级滤波;在 CPU 和 I/O 回路之间采用光电隔离措施。

在软件方面,可编程序控制器采用顺序扫描的工作方式,具有断电保护和故障自诊断功能,适应在各种恶劣的环境下,直接安装在机械设备上工作。

(2) 与现场信号直接连接,接线简单　针对不同的现场信号(如直流和交流、开关量与模拟量、电压或电流、脉冲或电位、强电或弱电等),有相应的输入和输出模块可与现场的工业器件(如按钮、行程开关、传感器、变换器、电磁阀、电动机启动装置、控制阀等)直接连接,并通过数据总线与微处理器模块相连接。

(3) 编程简单　编程一般使用与继电器电路原理图相似的梯形图编程方式。由于简单、形象,易于现场操作人员理解和掌握。

(4) 组合灵活　可编程序控制器通常采用积木式结构,便于将可编程序控制器与数据总线连接,可灵活地组合成各种规模的控制系统。

(5) 安装简单、维修迅速方便　可编程序控制器对现场环境的要求不高,使用时只需将检测器件及执行设备与可编程序控制器的 I/O 端子连接无误,系统即可工作。故障的 80% 以上是出现在外围的输入/输出部件上,能快速准确地诊断故障。

2. 可编程序控制器的发展趋势

(1) 向高速度、多功能、适应多级分布控制系统的方向发展　大型的可编程序控制器采用多微处理器系统,有的还采用 32 位微处理器,可同时进行多任务操作,如由一个 CPU 分管逻辑运算及专用的功能指令,另一个 CPU 专与输入/输出模块通信,还可单独用一个 CPU 作故障诊断及处理等,这增加了可编程序控制器工作速度及功能;采用多种多功能编程语言和先进指令系统,增强了过程控制和数据处理的功能,如多 PID 回路和用户组态模拟、报警编程、数据文件传送、浮点运算等;提高了联网通信能力,实现可编程序控制器与可编程序控制器、可编程序控制器与计算机的通信网络,构成由计算机集中管理,用可编程序控制器进行分散控制的集散控制管理系统。

(2) 向小型化、低成本、功能更强、可靠性更高方向发展　小型微型的可编程序控制器(I/O 总数小于 128 点)除应具有开关型逻辑控制、定时器、计数器、逻辑运算功能外,还应具有处理模拟量 I/O,增加字运算的功能;同时增加通信功能,能与其他可编程序控制器、调速装置、智能现场设备和各种网络连接,并和个人计算机连接,构成分布式控制系统。可编程序控制器的发展趋势要求具有更高度集成化的微处理器,即包括 I/O,定时/计数,A/D、D/A 转换,存储器为一体的单片可编程序控制器。

(3) 向开放性转变　PLC 的软、硬件体系结构是封闭而不是开放的,绝大多数的 PLC 采用的是专用总线、专用通信网络及协议,编程语言虽多为梯形图,但各类 PLC 编程语言的组态、寻址、语法结构不一致,使各类 PLC 互不兼容。国际电工委员会(IEC)在 1992 年颁布了《可编程序控制器的编程软件标准》(IEC 1131-3),为各 PLC 厂家编程语言的标准化铺平了道路。现在开发以计算机为基础,在 WINDOWS 平台下,符合 IEC 1131-3 国际标准的新一代开放体系结构的 PLC 正在规划中。

(4) 开发智能模块,加强网络化方面发展　为满足各种控制系统的要求,不断开发出许多智能功能模块,如高速计数模块、温度控制模块、远程 I/O 模块、通信和人机接口模块等。

计算机与 PLC 之间,以及各 PLC 之间的联网和通信能力的不断增强,使工业网络可以有效地节省资源、降低成本、提高系统可靠性和灵活性,使网络的应用逐渐普及。工业中普遍采用金字塔结构的多级工业网络,与可编程序控制器硬件技术的发展相适应。随着工业软件的迅速发展,它使系统应用更加简单易行,大大方便了 PLC 系统的开发人员和操作使用人员。

(5) 增强外部故障的检测和处理能力　统计资料表明:在 PLC 控制系统故障中,CPU 占 5%,I/O 接口占 15%,输入设备占 45%,输出设备占 30%,线路故障占 5%。前两项属于 PLC 的内部故障(占 20%),可以通过 PLC 本身的软硬件实现检测、处理、而其他的都属于 PLC 的外部故障。因此,PLC 厂家都致力于研制、发展用于检测外部故障的专用功能模块,以进一步提高系统的可靠性。

近几年来控制系统正在推广应用可编程序控制器。近代微机控制系统有各种类型,并各有其特点,表 6-1 所列为各种微机控制系统的性能。

表 6-1　各种微机控制系统性能对比

比较项目	控制装置					
	普通微机系统		工业控制机		可编程序控制器	
	单片(单板)系统	PC 扩展系统	STD 总线系统	工业 PC 系统	小型 PLC(256 点以内)	大型 PLC
控制系统的组成	自行研制(非标准化)	配置各类功能接口板	选购标准化 STD 模板	整机已成系统,外部另行配置	按使用要求选购相应的产品	
系统功能	简单的逻辑控制或模拟量控制	数据处理功能强,可组成功能完整的控制系统	可组成从简单到复杂的各类测控系统	本身已具备完整的控制功能,软件丰富,执行速度快	逻辑控制为主,也可组成模拟量控制系统	大型复杂的多点控制系统
通信功能	按需自行配置	已备 1 个串行口,根据需要可另行配置	选用通信模板	产品已提供串行口	选用 RS-232C 通信模块	选取相应的模块
硬件制作工作量	多	稍多	少	少	很少	很少
程序语言	汇编语言	汇编语言和高级语言均可	汇编语言和高级语言均可	高级语言为主	梯形图编程为主	多种高级语言
软件开发工作量	很多	多	较多	较多	很少	较多
执行速度	快	很快	快	很快	稍慢	很快
输出带负载能力	差	较差	较强	较强	强	强
抗电干扰能力	较差	较差	好	好	很好	很好
可靠性	较差	较差	好	好	很好	很好
环境适应性	较差	差	较好	一般	很好	很好
应用场合	智能仪器,单机简单控制	实验室环境的信号采集及控制	一般工业现场控制	较大规模的工业现场控制	一般规模的工业现场控制	大规模工业现场控制,可组成监控网络
价格	最低	较高	稍高	高	低	高

三、PLC 的基本组成

(一) PLC 的硬件组成

PLC 的种类型号很多,从结构形式上主要可分为整体单元式和模块式两种。整体单元式 PLC 的组成如图 6-1(a)所示,将 PLC 的中央处理器单元、输入、输出部件安装在一块印刷电路板上,并连同电源一起装在一个标准机壳内,形成一个箱体。图 6-1(b)所示为三菱单元式 PLC,这种 PLC 结构简单,体积小,质量小,通过输入、输出端子与外部设备连接。一般小

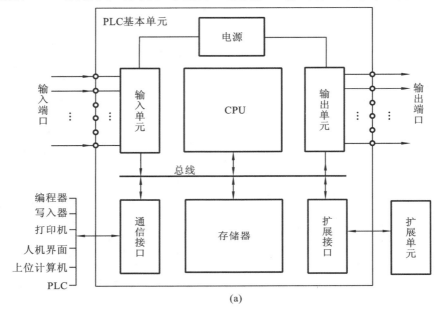

(a)

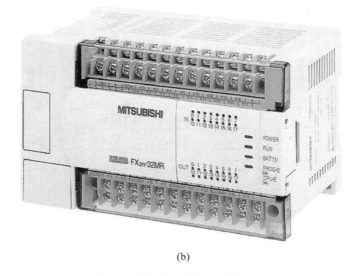

(b)

图 6-1　整体单元式 PLC 结构

(a) 整体单元式 PLC 组成框图；　(b) 三菱 PLC FX2N-32MR

型 PLC 常采用这种结构,它适用于单机自动控制。

　　模块式 PLC 的组成如图 6-2(a)所示。将 PLC 的各个部分制成独立的标准尺寸的模块,主要有 CPU 模块(包括存储器)、通信模块、输入模块、输出模块、电源模块以及其他各种模块,将这些模块直接插入机架底板的插座上即可构成模块式 PLC。图 6-2(b)所示为西门子模块式 PLC S7-300,这种结构形式配置灵活,装配方便,便于扩展,用户根据控制要求灵活地配置各种模块,构成各种控制系统。一般大型、中型 PLC 采用这种结构。

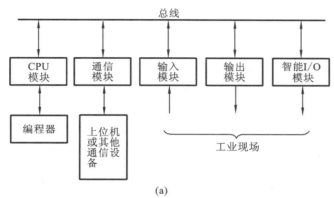

(a)

(b)

图 6-2　模块式 PLC 结构

(a)模块式 PLC 组成框图;　(b)西门子 PLC S7-300

　　尽管单元式 PLC 与模块式 PLC 在结构上有所不同,但各部分功能作用是相同的,下面对 PLC 主要组成部分进行简单介绍。

1. 中央处理单元(CPU)

　　CPU 是 PLC 的核心,PLC 中所配置的 CPU 随机型不同而不同。PLC 常用的 CPU 有三类:通用微处理器、单片微处理器和位片式微处理器。小型 PLC 大多采用 8 位通用微处理器和单片微处理器;中型 PLC 大多采用 16 位通用微处理器或单片微处理器;大型 PLC 大多采用高速位片式微处理器。

目前,小型 PLC 为单 CPU 系统,而中、大型 PLC 则大多为双 CPU 系统,甚至有些 PLC 多达 8 CPU。对于双 CPU 系统,一般一片为字处理器,一般采用 8 位或 16 位处理器;另一片为位处理器,采用由各厂家设计制造的专用芯片。字处理器为主处理器,用于执行编程器接口功能、监视内部定时器、监视扫描时间、处理字节指令以及对系统总线和位处理器进行控制等。位处理器为从处理器,主要用于处理位操作指令和实现 PLC 编程语言向机器语言的转换。采用位处理器提高了 PLC 的速度,使 PLC 更好地满足实时控制要求。

在 PLC 中,CPU 按系统程序赋予的功能,指挥 PLC 有条不紊地进行工作,归纳起来其主要有以下几个方面。

(1) 接收从编程器输入的用户程序和数据。

(2) 诊断电源、PLC 内部电路的工作故障和编程中的语法错误等。

(3) 通过输入接口接收现场的状态或数据,并存入输入映象寄存器或数据寄存器中。

(4) 从存储器逐条读取用户程序,经过解释后执行。

(5) 根据执行的结果,更新有关标志位的状态和输出映象寄存器的内容,通过输出单元实现输出控制。有些 PLC 还具有制表打印或数据通信等功能。

2. 存储器

在 PLC 中,存储器主要用于存放系统程序、用户程序及工作数据。

系统程序是由 PLC 的制造厂家编写的,与 PLC 的硬件组成有关,完成系统诊断、命令解释、功能子程序调用管理、逻辑运算、通信及各种参数设定等功能,提供 PLC 运行的平台。系统程序关系到 PLC 的性能,而且在 PLC 使用过程中不会变动,所以是由制造厂家直接固化在只读存储器 ROM、PROM 或 EPROM 中,用户不能访问和修改。

用户程序是随 PLC 的控制对象而定的,是用户根据对象生产工艺的控制要求而编制的应用程序。为了便于读出、检查和修改,用户程序一般存于 CMOS 静态 RAM 中,用锂电池作为后备电源,以保证掉电时不会丢失信息。为了防止干扰对 RAM 中程序的破坏,用户程序经过运行正常、不需要改变后,可将其固化在只读存储器 EPROM 中。现在有许多 PLC 直接采用 EEPROM 作为用户存储器。

工作数据是 PLC 运行过程中经常变化、经常存取的一些数据,存放在 RAM 中,以适应随机存取的要求。在 PLC 的工作数据存储器中,设有存放输入/输出继电器、辅助继电器、定时器、计数器等逻辑器件的存储区,这些器件的状态都是由用户程序的初始设置和运行情况而确定的。根据需要,部分数据在掉电时用后备电池维持其现有的状态,这部分在掉电时可保存数据的存储区域称为保持数据区。

由于系统程序及工作数据与用户无直接联系,所以在 PLC 产品样本或使用手册中所列存储器的形式及容量是指用户程序存储器。当 PLC 提供的用户存储器容量不够用,许多 PLC 还提供有存储器扩展功能。

3. 输入/输出单元

输入/输出单元通常也称 I/O 单元或 I/O 模块,是 PLC 与工业生产现场之间的连接部件。

输入单元用来接收生产过程中的各种输入信号。输入信号有两类:一类是从按钮、选择开关、数字拨码开关、限位开关、接近开关、光电开关、压力继电器等传来的开关量输入信号;另一类是由电位器、热电偶、测速发电机、各种变送器提供的连续变化的模拟量输入信号。

　　常用的开关量输入接口按其使用的电源不同有三种类型:直流输入接口、交流输入接口和交/直流输入接口,其基本电路结构如图 6-3 所示。

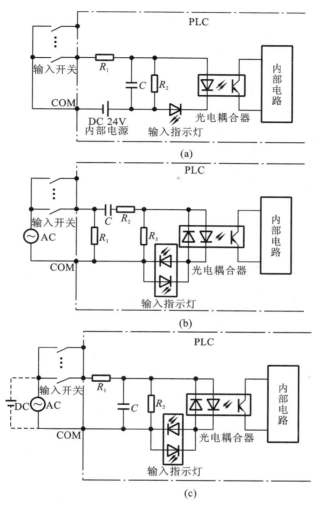

图 6-3　开关量输入接口结构

(a) 直流输入；　(b) 交流输入；　(c) 交/直流输入

　　输出单元用来输出可编程控制器运算后得出的控制信息,控制接触器、电磁阀、电磁铁、调节阀、调速装置等执行器。可编程控制器的另一类外部负载是指示灯、数字显示装置和报警装置等。

　　常用的开关量输出接口按输出开关器件不同有三种类型:继电器输出、晶体管输出和双向晶闸管输出,其基本电路结构如图 6-4 所示。继电器输出接口可驱动交流或直流负载,但其响应时间长,动作频率低,而晶体管输出和双向晶闸管输出接口的响应速度快,动作频率高,但前者只能用于驱动直流负载,后者只能用于交流负载。

　　PLC 的 I/O 接口所能接受的输入信号个数和输出信号个数称为 PLC 输入/输出(I/O)点数。I/O 点数是选择 PLC 的重要依据之一。当系统的 I/O 点数不够时,可通过 PLC 的 I/O 扩展接口对系统进行扩展。

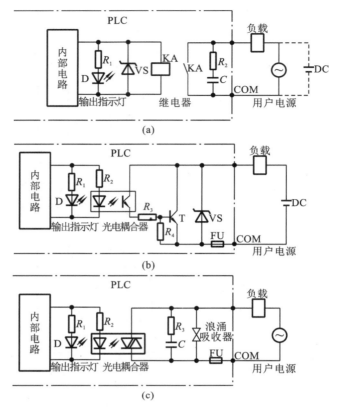

图 6-4 开关量输出接口结构

(a) 继电器输出； (b) 晶体管输出； (c) 双向晶闸管输出

4. 电源

PLC 配有开关电源,以供内部电路使用。与普通电源相比,PLC 电源的稳定性好,抗干扰能力强。对电网提供的电源稳定度要求不高,一般允许电源电压在其额定值±15%的范围内波动。许多 PLC 还向外提供直流 24 V 稳压电源,用于对外部传感器供电。

5. 通信接口

PLC 配有多种通信接口,这些通信接口一般都带有通信处理器。PLC 通过这些通信接口可与监视器、打印机、其他 PLC、计算机等设备实现通信。PLC 与打印机连接,可将过程信息、系统参数等输出打印;与监视器连接,可将控制过程图像显示出来;与其他 PLC 连接,可组成多机系统或连成网络,实现更大规模的控制;与计算机连接,可组成多级分布式控制系统,实现控制与管理相结合。

远程 I/O 系统也必须配备相应的通信接口模块。

6. 智能接口模块

智能接口模块是一独立的计算机系统,它有自己的 CPU、系统程序、存储器以及与 PLC 系统总线相连的接口。它作为 PLC 系统的一个模块,通过总线与 PLC 相连,进行数据交换,并在 PLC 的协调管理下独立地进行工作。

PLC 的智能接口模块种类很多,如:高速计数模块、闭环控制模块、运动控制模块、中断控制模块等。

7. 编程装置

编程装置的作用是编辑、调试、输入用户程序,也可在线监控 PLC 内部状态和参数,与 PLC 进行人机对话。它是开发、应用、维护 PLC 不可缺少的工具。编程装置可以是专用编程器,也可以是配有专用编程软件包的通用计算机系统。专用编程器是由 PLC 厂家生产,专供该厂家生产的某些 PLC 产品使用,它主要由键盘、显示器和外存储器接插口等部件组成。专用编程器有简易编程器和智能编程器两类。基于个人计算机的程序开发系统功能强大,它既可以编制、修改 PLC 的梯形图程序,又可以监视系统运行、打印文件、系统仿真等。配上相应的软件还可实现数据采集和分析等许多功能。

(二)PLC 的软件组成

PLC 软件系统分为系统程序和用户程序两大类。系统程序包含系统的管理程序,用户指令的解释程序,专用标准程序块和系统调用三个部分。系统管理程序用以完成机内运行相关时间分配、存储空间分配管理及系统自检等工作。用户程序是用户为达到某种控制目的,采用 PLC 厂家提供的编程语言编写的程序,是具有一定控制功能的表述。用户程序存入 PLC 后,如需改变控制目的,还可以多次改写。

目前 PLC 常用的编程语言包含梯形图、指令语句表、功能图、高级编程语言等。

1. 梯形图

梯形图是用图形符号在图中的互相关系来表示控制逻辑的编程语言。通过连线,可将许多功能的 PLC 指令的图形符号连在一起,以表达所调用的 PLC 指令及其前后顺序关系,即梯形图,这是目前最为常用的可编程控制器程序设计语言。

梯形图的优点是简单、直观。它是从继电控制电路图变化过来的,因此,梯形图在形式上与继电器控制电路图相似,梯形图符号和继电器控制电路图的元器件符号有一定的对应关系,如图 6-5 所示。读图方法和习惯也相似。对从事电气专业人员来说,易学、易懂。

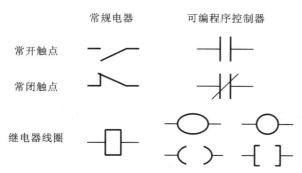

图 6-5　梯形图符号和继电器控制电路的元器件符号对应关系

梯形图由左母线、右母线、逻辑行组成。逻辑行由各软元件的触点和线圈组成,右母线可省略不画。图 6-6 所示为三菱 FX2N 系列 PLC 的简单梯形图和继电器控制系统的比较图。

2. 指令语句表

指令语句规定 PLC 中 CPU 如何动作。每个控制功能由一条或多条语句组成的程序来

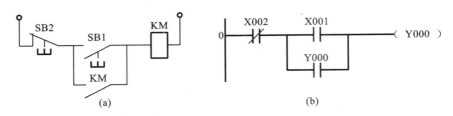

图 6-6　继电器控制电器原理图与相应的梯形图的比较示例

(a)继电器控制电气图；　(b) PLC 梯形图

执行,语句是指令语句表的基本单元。PLC 的指令是一种与微型计算机的汇编语言类似的助记符表达式。基本指令语句的基本格式包括地址(或步序)、助记符、操作元件等部分。

图 6-6 对应的指令语句表如图 6-7 所示。其中助记符常由 2～4 个英文字母组成,表示操作功能。操作元件为执行该指令所用的元件、设定值等。某些基本指令仅有助记符,没有操作元件,而有些则有两个或多个操作元件。

地址（或步序）	助记符	操作元件
0	LDI	X002
1	LD	X001
2	OR	Y000
3	ANB	
4	OUT	Y000

图 6-7　指令语句表

3．功能图

功能图又称状态流程图、状态转移图,是用状态来描述控制过程的流程图。如图 6-8 所示,它包含状态、转移条件、动作三要素。功能图的特点是逻辑功能清晰,输入、输出关系明确,适用于顺序控制系统的程序编制。

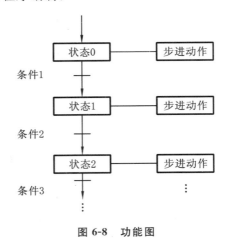

图 6-8　功能图

4．高级编程语言

随着 PLC 技术的发展,大型、高档的 PLC 具有很强的运算和数据处理等功能。为方便用户编程,增加程序的可移植性,许多高档 PLC 都配备了 BASIC、C 等高级编程语言。

四、可编程序控制器的基本工作原理

（一）可编程序控制器的等效电路

虽然可编程序控制器是以微处理器为核心的装置，但应用时不必从计算机的概念去做深入的了解，只需将它看成是由继电器、定时器、计数器等组成的装置。这是因为可编程序控制器内部有很多存储器，每个存储器单元由 8 位寄存器（R-S 触发器）组成，每一位都同继电器控制电路中的继电器具有一样的作用。线圈接通如同触发器的"S"端置"1"，线圈断开如同给触发器"S"端复位成"0"。这种触发器的功能称之为"软继电器"。在可编程序控制器中，就是用这些软继电器来实现各种逻辑功能的，与硬继电器有不可比拟的优越性。

可编程序控制器内部的等效继电器电路由输入部分、输出部分和内部控制电路三部分组成，如图 6-9 所示。

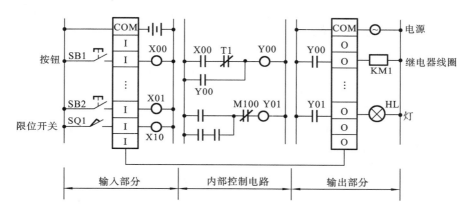

图 6-9　可编程序控制器的等效电路

输入部分是收集被控设备的信息或操作命令用的。外部的开关、传感器转换信号等外部信号通过输入端口送入可编程序控制器内部。输入继电器（X）由接到输入端口的外部信号来驱动。每一个输入继电器都对应可编程序控制器输入端一个输入端点及其对应的输入电路。它可提供用软件实现的许多动合和动断触点，供可编程序控制器内部控制电路使用。

输出部分是驱动外部负载用的。在可编程序控制器内部有多个输出继电器（Y），它有许多用软件实现的动合和动断触点供可编程序控制器内部控制电路使用。每个输出端点对应一个动合触点。每个输出继电器仅有一个外部输出动合触点，可以驱动外部负载。

内部控制电路是运算和处理输入部分的信息，并判断哪些功能作输出的部分。这部分是由用户根据控制要求而编制的程序，而程序表达方法是用梯形图表示的。电路结构形式和继电器接触器控制电路图大致相同，由一条条线路画成阶梯状图形。在可编程序控制器内部还有定时器（T）、计数器（C）、辅助继电器（M）等器件，它们都是用软件实现的，还有它们的许多动合、动断触点也都是用编程软件实现的，且只能在可编程序控制器内部控制电路中使用。也就是内部控制电路是虚拟的，无实际的连线。

PLC 组成的控制系统与电气控制系统有许多相似之处，也有许多不同，不同之处有以下几个方面。

(1)实施控制的方法不同 电气控制系统控制逻辑采用硬件接线,由于控制功能已经包含在固定线路之间,因此功能专一、不灵活。而 PLC 控制功能的改变只需改变程序,因而 PLC 系统的控制方式灵活多变。

(2)触点数量不同 继电器的触点数量有限,用于控制的硬继电器触点数一般只有 4~8 对,所以电气控制系统的可扩展性受到很大限制。而 PLC 所谓"软继电器"实质上是存储器单元的状态,所以"软继电器"的触点数量是无限的,PLC 系统的可扩展性好。

(3)工作方式不同 电气控制系统采用硬逻辑的并行工作方式,如果某个继电器的线圈通电或断电,那么该继电器的所有常开和常闭触点不论处在控制线路的哪个位置上,都会立即同时动作;而 PLC 采用循环扫描工作方式,是一种串行工作方式,当某个软继电器的线圈被接通或断开,其所有的触点不会立即动作,必须等扫描到该触点时才会动作。

(4)定时和计数控制不同 电气控制系统采用时间继电器的延时动作进行时间控制,时间继电器的延时时间易受环境温度和温度变化的影响,定时精度不高。而 PLC 采用半导体集成电路作定时器,时钟脉冲由晶体振荡器产生,精度高,定时范围宽,用户可根据需要在程序中设定定时值,修改方便,不受环境的影响,且 PLC 具有计数功能,而电气控制系统不具备计数功能。

(5)可靠性和可维护性不同 由于电气控制系统使用了大量有触点器件,存在机械磨损、电弧烧伤、寿命短、系统连线多等诸多问题,可靠性和可维护性较差。而 PLC 具有大量的无触点半导体电路,即"软继电器",其寿命长、可靠性高。此外,PLC 还具有自诊断功能,能查出自身故障,并显示给操作人员。PLC 能动态地监视控制程序执行情况,为现场调试和维护提供了方便。

(二)可编程序控制器的工作方式

可编程序控制器执行程序采用对用户程序循环扫描的工作方式。一般 PLC 执行程序过程可分三个阶段进行,即输入采样、程序执行和输出刷新,如图 6-10 所示。

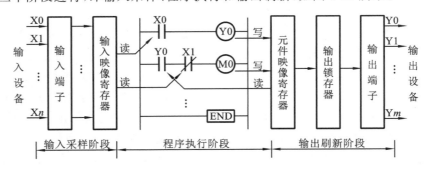

图 6-10 PLC 程序运行过程

(1)输入采样阶段 当可编程序控制器开始工作时,微处理器首先以扫描方式顺序读入所有输入端的信号状态(1 或 0),并逐一存入输入状态寄存器。输入采样结束后即转入程序执行阶段。在程序执行期间,即使输入状态变化,输入状态寄存器的内容也不会改变。这些变化只能在下一个工作周期的输入采样阶段才被读入。

(2)程序执行阶段 组成程序的每条指令都有顺序号,在可编程序控制器中称步序号。

指令按步序号依次存入存储单元。程序执行期间,微处理器将指令顺序调出并执行。执行时,对输入和输出状态进行"处理",即按程序进行逻辑、算术运算,再将结果存入输出状态寄存器。也就是在程序执行阶段,输出状态寄存器的内容会随程序执行而变化。

(3) 输出刷新阶段　在所有的指令执行完毕后,输出状态寄存器中所有输出继电器(Y)的状态,通过输出锁存电路转换成被控设备所能接收的电压或电流信号,以驱动被控设备。

可编程序控制器经过这三个阶段的工作过程为一个扫描周期。可见全部输入、输出状态的改变需一个扫描周期,也就是输入、输出状态的保持为一个扫描周期。扫描时间主要取决于程序的长短。在输出端通常接入继电器控制装置,由信号电流流入线圈,使触头完成动作需一段时间。如电磁继电器一般为 30～40 ms。因此可编程序控制器的周期工作方式在实际应用中其速度在多数情况下是不成问题的。

可编程序控制器在工作中最显著的不足之处是输入/输出有响应的滞后现象。对一般工业控制设备来说,这些滞后现象是完全允许的。但对有些要求输入/输出作快速反应的场合,则是不允许的。但可采用快速响应模块,高速计数模块及中断处理等措施来尽量减少滞后时间。一般来说,输入/输出响应滞后的最大滞后时间为 2～3 个工作周期,这也与编程方法有关。可以在编制和调试程序时得到改善。

6-2　FX 系列 PLC 及指令系统

FX 系列 PLC 是由三菱公司推出的高性能小型可编程控制器,以逐步替代三菱公司原 F、F1、F2 系列 PLC 产品。近年来又连续推出了将众多功能凝集在超小型机壳内的 FX0S、FX1S、FX0N、FX1N、FX2N、FX2NC 等系列 PLC,具有较高的性能价格比,应用广泛。它们采用整体式和模块式相结合的叠装式结构。

一、FX 系列 PLC 型号含义

FX 系列 PLC 型号含义如下。

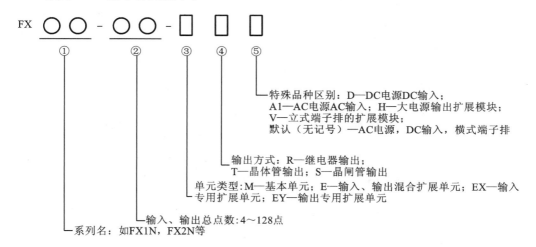

FX2N 系列 PLC 的基本单元如表 6-2 所示。

表 6-2　FX2N 系列 PLC 的基本单元

型　号			输入点数	输出点数	扩展模块可用点数
继电器输出	晶闸管输出	晶体管输出			
FX2N-16MR-001	FX2N-16MS	FX2N-16MT	8	8	24～32
FX2N-32MR-001	FX2N-32MS	FX2N-32MT	16	16	24～32
FX2N-48MR-001	FX2N-48MS	FX2N-48MT	24	24	48～64
FX2N-64MR-001	FX2N-64MS	FX2N-64MT	32	32	48～64
FX2N-80MR-001	FX2N-80MS	FX2N-80MT	40	40	48～64
FX2N-128MR-001		FX2N-128MT	64	64	48～64

二、FX 系列 PLC 的编程元件

不同厂家、不同系列的 PLC,其内部软继电器(编程元件)的功能和编号也不相同,因此用户在编制程序时,必须熟悉所选用 PLC 的每条指令以及编程元件的功能和编号。

FX 系列中几种常用型号 PLC 的编程元件及编号如表 6-3 所示。FX 系列 PLC 编程元件的编号由字母和数字组成,其中输入继电器和输出继电器用八进制数编号,其他均采用十进制数编号。

表 6-3　FX 系列 PLC 的编程元件及编号

编程元件种类		PLC 型号				
		FX0S	FX1S	FX0N	FX1N	FX2N(FX2NC)
输入继电器 X (按八进制数编号)		X0～X17 (不可扩展)	X0～X17 (不可扩展)	X0～X43 (可扩展)	X0～X43 (可扩展)	X0～X77 (可扩展)
输出继电器 Y (按八进制数编号)		Y0～Y15 (不可扩展)	Y0～Y15 (不可扩展)	Y0～Y27 (可扩展)	Y0～Y27 (可扩展)	Y0～Y77 (可扩展)
辅助继电器 M	普通用	M0～M495	M0～M383	M0～M383	M0～M383	M0～M499
	保持用	M496～M511	M384～M511	M384～M511	M384～M1535	M500～M3071
	特殊用	M8000～M8255(具体见相关使用手册)				
状态寄存器 S	初始状态用	S0～S9	S0～S9	S0～S9	S0～S9	S0～S9
	返回原点用	—	—	—	—	S10～S19
	普通用	S10～S63	S10～S127	S10～S127	S10～S999	S20～S499
	保持用	—	S0～S127	S0～S127	S0～S999	S500～S899
	信号报警用	—	—	—	—	S900～S999
定时器 T	100 ms	T0～T49	T0～T62	T0～T62	T0～T199	T0～T199
	10 ms	T24～T49	T32～T62	T32～T62	T200～T245	T200～T245
	1 ms	—	—	T63	—	—
	1 ms 累积	—	T63	—	T246～T249	T246～T249
	100 ms 累积	—	—	—	T250～T255	T250～T255

续表

编程元件种类		PLC 型号				
		FX0S	FX1S	FX0N	FX1N	FX2N(FX2NC)
计数器 C	16 位增计数（普通）	C0～C13	C0～C15	C0～C15	C0～C15	C0～C99
	16 位增计数（保持）	C14,C15	C16～C31	C16～C31	C16～C199	C100～C199
	32 位可逆计数（普通）	—	—	—	C200～C219	C200～C219
	32 位可逆计数（保持）	—	—	—	C220～C234	C220～C234
	高速计数器	C235～C255（具体见相关使用手册）				
数据寄存器 D	16 位普通用	D0～D29	D0～D127	D0～D127	D0～D127	D0～D199
	16 位保持用	D30,D31	D128～D255	D128～D255	D128～D7999	D200～D7999
	16 位特殊用	D8000～D8069	D8000～D8255	D8000～D8255	D8000～D8255	D8000～D8195
	16 位变址用	V Z	V0～V7 Z0～Z7	V Z	V0～V7 Z0～Z7	V0～V7 Z0～Z7
指针 N、P、I	嵌套用	N0～N7	N0～N7	N0～N7	N0～N7	N0～N7
	跳转用	P0～P63	P0～P63	P0～P63	P0～P127	P0～P127
	输入中断用	I00 * ～ I30 *	I00 * ～ I50 *	I00 * ～ I30 *	I00 * ～ I50 *	I00 * ～ I50 *
	定时器中断	—	—	—	—	I6 * * ～ I8 * *
	计数器中断	—	—	—	—	I010～I060
常数 K、H	16 位	K:－32 768～32 767			H:0000～FFFFH	
	32 位	K:－2 147 483 648～2 147 483 647			H:00000000～FFFFFFFF	

为了能全面了解 FX 系列 PLC 的内部软继电器（编程元件），下面以 FX2N 为背景进行详细介绍。

（一）输入继电器 X（X000～X267）

输入继电器与输入端相连，它是专门用来接收 PLC 外部开关信号的元件。输入继电器只能由外部信号驱动改变，不能用程序驱动，PLC 通过输入接口将外部输入信号状态（接通时为"1"，断开时为"0"）读入并存储在输入状态寄存器中。由于输入继电器（X）为输入状态寄存器中的状态，所以有无数个常开、常闭触点在编程中使用。

FX 系列 PLC 的输入继电器以八进制进行编号，FX2N 输入继电器的编号范围为 X000

～X267(184 点)。注意,基本单元输入继电器的编号是固定的,扩展单元和扩展模块是按照跟这些地址号相连的顺序分配地址号。如基本单元 FX2N-48M·的输入继电器编号为 X000～X027(24 点),如果接有扩展单元或扩展模块,则扩展的输入继电器从 X030 开始编号。

(二) 输出继电器 Y(Y000～Y267)

输出继电器是 PLC 中用来传送信号给外部负载(用户输出设备)的软元件,它只能由 PLC 内部用程序指令来驱动。每个输出继电器在输出单元中都对应有唯一的常开硬触点,输出触点的通和断取决于输出继电器的通和断的状态。还有许多常开、常闭触点可供编程使用。

FX 系列 PLC 的输出继电器也是八进制编号,其中 FX2N 编号范围为 Y000～Y267(184 点)。与输入继电器一样,基本单元的输出继电器编号是固定的,扩展单元和扩展模块是按照与这些地址号相连的顺序分配地址号。

(三) 辅助继电器 M

辅助继电器是 PLC 中数量最多的一种继电器,作用类同于中间继电器,起数据信号传递作用。

辅助继电器具有无数常开与常闭触点,供编程时使用。但是,它是软继电器,不能直接驱动外部负载,负载只能由输出继电器的外部触点驱动。

辅助继电器采用 M 与十进制数共同组成编号。辅助继电器可分为以下三种。

1. 通用辅助继电器(M000～M499)

FX2N 系列共有 500 点通用辅助继电器。如果 PLC 在运行过程中停电,则输出继电器和通用辅助继电器都断开。当电源再次接通时,除了因外部输入信号而变为接通以外,其余的仍将保持断开状态,它们没有断电保护功能。

2. 断电保持辅助继电器(M500～M3071)

FX2N 系列有 M500～M3071 共 2 572 个断电保持辅助继电器。其中 M500～M1023 是断电保持用继电器,M1024～M3071 是断电保持专用继电器。通用辅助继电器 M000～M499 和断电保持辅助继电器 M500～M1023 可通过外围设备的参数设定来进行调整(FX1N 及 FX1S 系列不可以)。

断电保持辅助继电器具有断电保护功能,即能记忆电源中断瞬时的状态,并在重新通电后再现其状态。它利用的是 PLC 内部的备用锂电池或 EEPROM 进行断电保持。

3. 特殊辅助继电器

PLC 内有大量的特殊辅助继电器,它们都有各自的特殊功能。FX2N 系列中有 256 个特殊辅助继电器,可分成触点利用型和线圈驱动型两大类。

(1) 触点利用型　利用 PLC 直接驱动线圈,用户只可使用其触点。常用的触点利用型特殊辅助继电器如下。

M8000:运行监视器,在 PLC 运行中接通。M8001 与 M8000 逻辑相反。

M8002:初始脉冲,仅在运行开始时瞬间接通。M8003 与 M8002 逻辑相反。

M8011:10 ms 的时钟脉冲,以 10 ms 为振荡周期,可用于驱动计数器等。

M8012:100 ms 的时钟脉冲。

M8013:1 s 的时钟脉冲。

M8014:1 min 的时钟脉冲。

（2）线圈驱动型　由用户程序驱动线圈后,PLC 执行特定的动作。常用的线圈驱动型特殊辅助继电器如下。

M8033:若使其线圈得电,则 PLC 停止时保持输出。

M8034:若使其线圈得电,则 PLC 的输出全部禁止。

M8039:若使其线圈得电,则固定为扫描模式,PLC 按 D8039 中指定的扫描时间工作。其中存在驱动时有效与 END 指令执行后有效两种情况,使用时需要注意。

（四）状态器 S(S000～S999)

状态器是编制顺序控制程序的重要元件,它与步进梯形图指令 STL 配合应用。状态器采用十进制编号。FX2N 系列有 S000～S999 共 1 000 点状态器。状态器有以下五种类型。

初始状态器:S000～S009,共 10 点。

回零(返回原点)状态器:S010～S019,共 10 点。

通用状态器:S020～S499,共 480 点。

具有状态断电保持的状态器:S500～S899,共 400 点。

供报警用的状态器(可用作外部故障诊断输出):S900～S999,共 100 点。

状态器同样有无数的常开和常闭触点,在不与步进指令 STL 配合使用时,可作为辅助继电器 M 使用。

（五）定时器 T(T000～T255)

PLC 中的定时器(T)相当于继电器控制系统中的通电延时型的时间继电器。定时器实际是内部脉冲计数器,可对内部 1 ms、10 ms 和 100 ms 时钟脉冲进行加计数,当达到用户设定值时,其输出触点动作。可用常数 K 或 H 作为设定值,也可以用数据寄存器 D 的内容来设置。

FX2N 系列中定时器可分为通用定时器、累积型定时器两种。

1. 通用定时器

通用定时器不具备断电的保持功能,即当输入电路断开或停电时定时器复位。有 100 ms 和 10 ms 两种通用定时器。

（1）100 ms 通用定时器(T000～T199)　共 200 点。其中 T192～T199 为子程序和中断服务程序专用定时器。这类定时器是对 100 ms 时钟累积计数,设定值为 1～32 767,其定时范围为 0.1～3 276.7 s。

（2）10 ms 通用定时器(T200～T245)　共 46 点。这类定时器是对 10 ms 时钟累积计数,设定值为 1～32 767,其定时范围为 0.01～327.67 s。

如图 6-11 所示为通用定时器的工作原理,当输入 X0 接通时,定时器 T2 从 0 开始对 100 ms 时钟脉冲进行累积计数,当计数值与设定值 K35 相等时,定时器 T2 的常开接通 Y1,经过的时间为 0.1 s×35＝3.5 s。当 X0 断开后定时器 T2 复位,计数值变为 0,其常开触点断开,输出继电器 Y1 也随之断开。若外部电源断电,定时器 T2 也将复位。

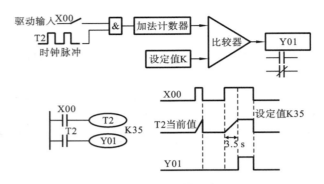

图 6-11　通用定时器工作原理

2. 累积型定时器

累积型定时器具有计数累积的功能。在定时过程中如果断电或定时器线圈 OFF，累积型定时器将保持当前的计数值(当前值)，通电或定时器线圈 ON 后继续累积，即其当前值具有保持功能，只有将积算定时器复位，当前值才变为 0。

(1) 1 ms 累积型定时器(T246～T249)　共 4 点，是对 1 ms 时钟脉冲进行累积计数的，定时的时间范围为 0.001～32.767 s。

(2) 100 ms 累积型定时器(T250～T255)　共 6 点，是对 100 ms 时钟脉冲进行累积计数的，定时的时间范围为 0.1～3 276.7 s。

图 6-12 所示为累积型定时器的工作原理，当 X0 接通时，T250 当前值计数器开始累积 100 ms 的时钟脉冲的个数。当 X0 断开，而 T250 未到设定值 K334，其保留计数的当前值。当 X0 再次接通，T250 从保留的当前值开始继续累积达到 K334 时，定时器的触点动作。累积的时间为 0.1 s×334＝33.4 s。当复位输入 X2 接通时，定时器才复位，当前值变为 0，触点也随之复位。

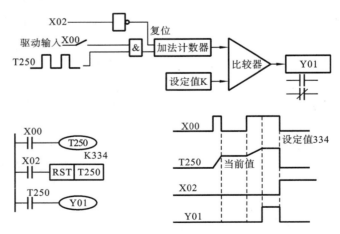

图 6-12　累积型定时器工作原理

(六) 计数器 C(C000～C255)

FX2N 系列提供了 256 个计数器，根据计数方式、工作特点可以分为内部计数器和高速计数器两类。

1. 内部计数器

在执行扫描操作时对内部信号,如 X、Y、M、S、T 等进行计数,为了保证信号计数的准确性,内部输入信号的接通和断开时间应比 PLC 的扫描周期长。

(1) 16 位加计数器(C000～C199)　共 200 点,其中 C000～C099 为通用型,C100～C199 为断电保持型(断电后能保持当前值待通电后继续计数)。这类计数器为递增计数,设置一设定值,当输入信号(上升沿)个数累加到设定值时,计数器动作,其常开触点闭合、常闭触点断开。计数器的设定值为 1～32 767(即 16 位二进制数),设定值除了用常数 K 设定外,还可间接通过指定数据寄存器设定。

如图 6-13 所示为通用型 16 位加计数器的工作原理。X10 为复位信号,当 X0 为 ON 时 C0 复位。X1 是计数输入,每当 X1 接通一次计数器当前值增加 1。当计数器当前值为设定值 10 时,计数器 C0 的输出触点动作,Y1 被接通。此后即使输入 X1 再接通,计数器的当前值也保持不变。当复位输入 X0 接通时 ,计数器复位,Y1 被断开。

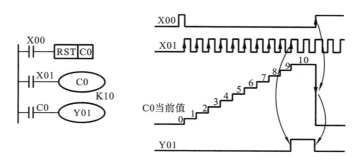

图 6-13　通用型 16 位加计数器的工作原理

(2) 32 位加/减计数器(C200～C234)　共有 35 点 32 位加/减计数器,其中 C200～C219 (共 20 点)为通用型,C220～C234(共 15 点)为断电保持型。这类计数器与 16 位加计数器除位数不同外,还在于它能通过控制实现加/减双向计数。设定值范围均为 $-2\,147\,483\,648$～$+2\,147\,483\,647$(即 32 位二进制数)。

C200～C234 是加计数还是减计数,分别由特殊辅助继电器 M8200～M8234 设定。对应的特殊辅助继电器被置为 ON 时为减计数,置为 OFF 时为加计数。

计数器的设定值与 16 位计数器一样,可直接用常数 K 或间接用数据寄存器 D 的内容作为设定值。在间接设定时,要用编号连在一起的两个数据寄存器。

2. 高速计数器(C235～C255)

高速计数器均具有断电保持功能,通过参数设定也可变成非断电保持。FX2N 有 C235～C255 共 21 点高速计数器。它是 32 位计数器,计数范围为 $-2\,147\,483\,648$～$+2\,147\,483\,647$。适合用来作为高速计数器输入的 PLC 输入端口有 X00～X07。X00～X07 不能重复使用,即某一个输入端已被某个高速计数器占用,它就不能再用于其他高速计数器,也不能用做他用。X06、X07 只能用作启动信号,不能用作计数信号。各高速计数器对应的输入端如表 6-4 所示。

表 6-4　高速计数器简表

输入计数器		X00	X01	X02	X03	X04	X05	X06	X07
单相单计数输入	C235	U/D	—	—	—	—	—	—	—
	C236	—	U/D	—	—	—	—	—	—
	C237	—	—	U/D	—	—	—	—	—
	C238	—	—	—	U/D	—	—	—	—
	C239	—	—	—	—	U/D	—	—	—
	C240	—	—	—	—	—	U/D	—	—
	C241	U/D	R	—	—	—	—	—	—
	C242	—	—	U/D	R	—	—	—	—
	C243	—	—	—	U/D	R	—	—	—
	C244	U/D	R	—	—	—	—	S	—
	C245	—	—	U/D	R	—	—	—	S
单相双计数输入	C246	U	D	—	—	—	—	—	—
	C247	U	D	R	—	—	—	—	—
	C248	—	—	—	U	D	R	—	—
	C249	U	D	—	—	—	—	S	—
	C250	—	—	—	U	D	R	—	S
双相双计数输入	C251	A	B	—	—	—	—	—	—
	C252	A	B	R	—	—	—	—	—
	C253	—	—	—	A	B	R	—	—
	C254	A	B	R	—	—	—	S	—
	C255	—	—	—	A	B	R	—	S

注:U—加计数输入;D—减计数输入;A—A 相输入,B—B 相输入;R—复位输入,S—启动输入。

高速计数器可分为以下三类。

(1) 单相单计数输入高速计数器(C235～C245)　其触点动作与 32 位加/减计数器相同,可进行加/减计数(取决于 M8235～M8245 的状态)。

(2) 单相双计数输入高速计数器(C246～C250)　这类高速计数器具有两个输入端,一个为加计数输入端,另一个为减计数输入端。对应于加计数器输入或减计数器的输入,计数器自动进行加/减计数。利用 M8246～M8250 的 ON/OFF 动作可监控 C246～C250 的加/减计数。

(3) 双相双计数输入高速计数器(C251～C255)　A 相和 B 相信号决定计数器是加计数还是减计数。当 A 相为 ON 时,B 相由 OFF 到 ON,则为加计数;当 A 相为 ON 时,若 B 相由 ON 到 OFF,则为减计数。利用 M8246～M8250 的 ON/OFF 动作可监控 C246～C250 的加/减计数。

高速计数器的计数频率较高,它们的输入信号的频率受两方面的限制:一是全部高速计数器的处理时间。因它们采用中断方式,所以计数器用得越少,则可计数频率就越高;二是输入端的响应速度,其中 X0、X2、X3 最高,频率为 10 kHz,X1、X4、X5 最高频率为 7 kHz。

（七）数据寄存器 D(D0～D8195)

数据寄存器为 16 位,最高位为符号位。用两个数据寄存器来存储 32 位数据,最高位仍为符号位。数据寄存器有以下几种类型。

1. 通用数据寄存器(D000～D199)

通用数据寄存器共 200 点。当 M8033 为 ON 时,D000～D199 有断电保护功能;当 M8033 为 OFF 时则它们无断电保护功能。当 PLC 由 RUN→STOP 或停电时,数据全部清零。

2. 断电保持数据寄存器(D200～D7999)

断电保持数据寄存器共 7 800 点,其中 D200～D511(共 312 点)有断电保持功能,可以利用外部设备的参数设定改变通用数据寄存器与有断电保持功能数据寄存器的分配;D490～D509 供通信用;D512～D7999 的断电保持功能不能用软件改变,但可用指令清除它们的内容。根据参数设定可以将 D1000 以上作为文件寄存器。

3. 特殊数据寄存器(D8000～D8195)

特殊数据寄存器共 106 点。特殊数据寄存器的作用是用来监控 PLC 的运行状态,如扫描时间、电池电压等。

4. 变址寄存器(V/Z)

变址寄存器 V0～V7 和 Z0～Z7 共 16 个。V 与 Z 也是一种数据寄存器,是能进行数值数据的读入、写入的 16 位寄存器。在应用指令的操作数中,还可以同其他的软元件编号及数值组合使用,可在程序中改变软元件的编号或数值内容,是一种特殊用途的数据寄存器,主要用于运算操作数地址的修改。例如十进制的软元件 D,当 V1=K4,执行 D20V1 时,被执行的软元件编号为 D24(D20+4);八进制的软元件 X,当 Z0=K8,执行 X0Z0 时,V、Z 的内容要换成八进制,被执行的软元件编号为 X10(X0+8)。需要进行 32 位操作时,可将 V、Z 串联使用(Z 为低位,V 为高位)。需要注意的是,基本指令如 LD、AND、OUT 或步进指令软元件编号不能同变址寄存器组合使用。

（八）指针

指针用来指示分支指令的跳转目标和中断程序的入口。分为分支用指针、输入中断指针、定时中断指针及记数中断指针。

（九）常数

K 是表示十进制数的符号,主要用来指定定时器或计数器的设定值及应用功能指令操作数中的数值;H 是表示十六进制数的符号,主要用来表示应用功能指令的操作数值。例如:十六进制数表示的 H10 就是十进制数表示的 K16。

三、FX 系列 PLC 的指令系统与编程方法

（一）可编程序控制器的基本指令及编程方法

不同型号的可编程序控制器,其编程语言不尽相同,但指令的基本功能大致是相同的。

只要熟悉一种,掌握其他各种编程语言也就不困难了。下面用梯形图和指令两种编程语言,二者相互对应,下面对 FX 系列可编程序控制器基本逻辑指令作说明。

1. 输入、输出指令

LD:取指令,用于与左母线连接的常开触点。

LDI:取反指令,用于与左母线连接的常闭触点。

以上两指令还可与电路块指令 ANB、ORB 配合,用于分支路的开始点。适用于 X、Y、M、T、C、S 的触点。

OUT:输出指令,用于对线圈进行驱动。驱动 Y、M、T、C、S 的线圈,但不能用于输入继电器。OUT 指令用于计数器、定时器时,后面必须紧跟常数 K 值,常数 K 的设定也作为一个步序。

图 6-14 所示的为 LD、LDI、OUT 的指令应用电路及相应的语句表程序。

地址	指令	数据	说明
000	LD	X01	取常开触点X01的状态
001	OUT	Y00	驱动输出继电器Y00
002	LDI	X02	取常闭触点X02的状态
003	OUT	T0	驱动定时器T0
004	K	190	设定时常数
005	OUT	M100	驱动辅助继电器M100
006	LD	T0	取定时器T0常开触点状态
007	OUT	Y01	驱动输出继电器Y01

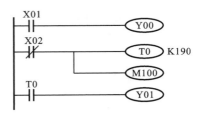

图 6-14　LD、LDI、OUT 的使用

2. 逻辑"与"指令

AND:常开触点串联连接指令,用于实现逻辑"与"运算。

ANI:常闭触点串联连接指令,用于实现逻辑"与非"运算。

图 6-15 所示的为 AND、ANI 指令的应用电路及它们的语句表程序。图中,OUT M110 后,经过 X407 触点,再利用 OUT 驱动 Y433,称为连续输出。

地址	指令	数据	说明
000	LD	X02	
001	ANI	T0	常闭触点串联连接
002	OUT	Y01	
003	LD	Y01	
004	AND	X06	常开触点串联连接
005	OUT	M110	
006	AND	X07	常开触点串联连接
007	OUT	Y03	连续输出

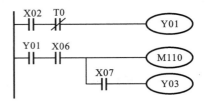

图 6-15　AND、ANI 的使用

3. 逻辑"或"指令

OR:常开触点并联连接指令,用于实现逻辑"或"运算。

ORI:常闭触点并联连接指令,用于实现逻辑"或非"运算。

图 6-16 所示的为 OR、ORI 指令的应用电路及它们的语句表程序。

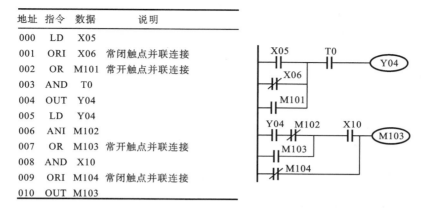

地址	指令	数据	说明
000	LD	X05	
001	ORI	X06	常闭触点并联连接
002	OR	M101	常开触点并联连接
003	AND	T0	
004	OUT	Y04	
005	LD	Y04	
006	ANI	M102	
007	OR	M103	常开触点并联连接
008	AND	X10	
009	ORI	M104	常闭触点并联连接
010	OUT	M103	

图 6-16　OR、ORI 的使用

以上介绍的"与"指令 AND、ANI 是用于串联连接一个触点的指令,"或"指令 OR、ORI 是用于并联连接一个触点的指令。

4. 电路块"或"指令

ORB:电路块并联连接指令。

两个或两个以上的触点串联连接的电路称为"串联电路块"。在并联连接这种串联电路块时,支路起点用 LD 或 LDI 指令。ORB 指令是一条独立指令,它不带器件号。图 6-17 所示的是 ORB 指令的应用电路及相应的语句表程序。

地址	指令	数据	说明
000	LD	X00	
001	ANI	M111	
002	LDI	Y04	第一个串联电路块
003	OR	X10	与前面电路并联
004	AND	T01	
005	ORB		
006	LD	M101	第二个串联电路块
007	AND	X03	与前面电路并联
008	ORB		
009	OUT	Y05	

图 6-17　ORB 的使用

对于图 6-17 所示的梯形图,ORB 的使用方法有两种。可以在并联每一个串联电路块后加 ORB。也可以将 ORB 指令集中起来使用,在最后写若干个 ORB,但这种块电路的并联个数不能超过 8 个,一般不希望用这种编程方法。

5. 电路块"与"指令

ANB:电路块串联连接指令。

两个或两个以上触点并联连接的电路称为"并联电路块"。使用 ANB 指令的方法与 ORB 指令相似。图 6-18 所示的是 ANB 指令电路及对应的语句表程序。

6. 置位与复位指令

SET(置位指令):它是使目标元件 Y、M、S 保持 ON 状态。

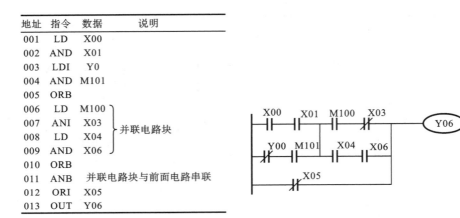

地址	指令	数据	说明
001	LD	X00	
002	AND	X01	
003	LDI	Y0	
004	AND	M101	
005	ORB		
006	LD	M100	并联电路块
007	ANI	X03	
008	LD	X04	
009	AND	X06	
010	ORB		
011	ANB		并联电路块与前面电路串联
012	ORI	X05	
013	OUT	Y06	

图 6-18　ANB 的使用

RST(复位指令)：它是使目标元件保持 OFF 状态。它的目标元件为 Y、M、S、T、C、D、V、Z。可清除计数器、移位寄存器的逻辑内容，可将计数器的当前计数值恢复到设定值或清除移位寄存器的内容。

图 6-19 所示的为 SET、RST 的使用情况。当 X01 常开触点接通时，Y00 变为 ON 状态，并一直保持该状态，即使 X01 断开，Y00 的 ON 状态仍然维持；只有当 X02 的常开触点闭合时，Y00 才变为 OFF 状态，即使 X02 断开，Y00 仍保持 OFF 状态。当 X01、X02 同时接通时，优先执行 RST 指令。

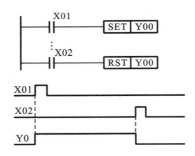

地址	指令	数据	说明
050	LD	X01	
051	SET	Y00	使Y00置位并保持
⋮			
083	LD	X02	
084	RST	Y00	使Y00复位并保持

图 6-19　SET、RST 的使用

所有的计数器和一部分定时器具有掉电保护功能。在开始工作前，要用初始化脉冲，使计数器或定时器复位。

7. 主令控制指令

MC：主令控制起始指令，用于公共串联触点的连接。左母线移到 MC 触点后面。

MCR：主令控制结束指令，用于 MC 指令的复位指令，即返回母线。

MC、MCR 指令可用辅助继电器 M100～M177。

图 6-20 所示为 MC、MCR 的应用电路，图 6-21 所示为 MC、MCR 应用电路对应的语句表程序。

图 6-20(a)所示电路用前面介绍的"连续输出"方法达不到要求。图 6-20(b)所示电路用 MC 指令就可达到图(a)电路的要求。

使用 MC 指令前，必须接通线圈 M100，然后才能使用 MC 指令。

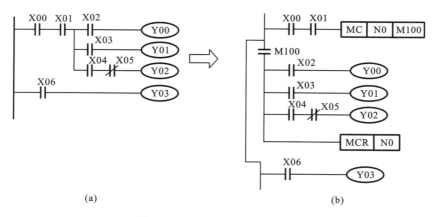

图 6-20   MC、MCR 的应用电路

地址	指令	数据	说明	地址	指令	数据	说明
00	LD	X00		09	LD	X04	
01	AND	X01		10	ANI	X05	
02	MC	N0	主令控制开始	11	OUT	Y02	
		M100		12	MCR	N0	主令控制结束
05	LD	X02		14	LD	X06	
06	OUT	Y00		15	OUT	Y03	
07	LD	X03					
08	OUT	Y01					

图 6-21   MC、MCR 应用电路对应的语句表程序

主控点必须是常开触点(M100),主控点后面的电路均由 LD 或 LDI 开始,相当于母线移到主控点后面,最后用 MCR 指令使各支路起点回到原母线上。如果在同一电路中连续使用 MC 指令,嵌套级数最多为 8 级,编号为 N0→N1→N2→N3→N4→N5→N6→N7 顺序增大。N0 为最高层,N7 为最低层,最低层最先开始复位。没有嵌套时,一般使用 N0 编程,N0 使用次数不限。如图 6-22 所示。

8. 微分指令

PLS:上升沿微分输出指令。辅助继电器触点接通后产生一个扫描周期的脉冲信号。

PLF:下降沿微分输出指令。

图 6-23 所示为应用电路及程序。

9. 堆栈指令

在 FX 系列 PLC 中有 11 个存储单元(见图 6-24),它们专门用来存储程序运算的中间结果,被称为栈存储器。

(1) MPS(进栈指令) 将该处指令之前的逻辑运算结果存储起来。将运算结果送入栈存储器的第一段,同时将先前送入的数据依次移到栈的下一段。

(2) MRD(读栈指令) 读出该处由 MPS 指令存储的逻辑运算结果。将栈存储器的第一段数据(最后进栈的数据)读出且该数据继续保存在栈存储器的第一段,栈内的数据不发生移动。

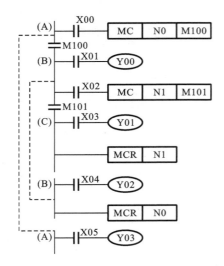

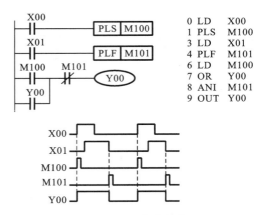

图 6-22　主控指令的嵌套使用

图 6-23　微分指令的使用

（3）MPP(出栈指令)　读出并清除由 MPS 指令存储的逻辑运算结果。将栈存储器的第一段数据(最后进栈的数据)读出且该数据从栈中消失,同时将栈中其他数据依次上移。

堆栈指令的使用如图 6-25 所示,其中图 6-25(a)为一层栈,进栈后的信息可无限使用,最后一次使用 MPP 指令弹出信号;图 6-25(b)为二层栈,它用了两个栈单元。

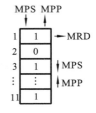

图 6-24　PLC 的堆栈结构

10. 空操作指令

NOP:使该步序(或指令)不起作用或空操作指令。

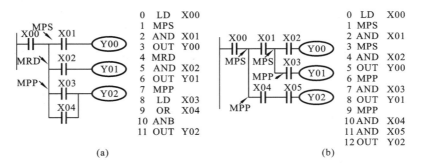

图 6-25　堆栈指令的使用

(a)一层栈；　(b)二层栈

预先在程序中插入 NOP 指令,则遇修改或增加指令时,可使步序号的更改减少。

11. 结束指令

END:程序结束时用 END 指令。

当有效程序结束后,写一条 END 指令,程序在 000～END 之间执行,缩短循环周期,否则认为程序未结束,继续本周期的扫描。

FX2N 系列的基本逻辑指令有 27 条,如表 6-5 所示。

表 6-5　FX2N 系列 27 条基本逻辑指令

指　令	梯形图符号		功　　能
LD		常开触点	在左母线或分支开头使用
LDI		常闭触点	
AND		常开触点	触点与前面电路串联连接
ANI		常闭触点	
OR		常开触点	触点与前面的电路并联连接
ORI		常闭触点	
ANB			"并联电路块"与前面电路串联连接
ORB			"串联电路块"与前面电路并联连接
OUT			驱动 Y、M、T、C、S 输出
SET	SET		使 Y、M、S 的线圈接通置位并保持
RST	RST		使接通的 Y、M、S、T、C 线圈清除,保持复位
PLS	PLS		使 Y、M 产生脉冲、上升沿微分输出
PLF	PLF		使 Y、M 产生脉冲、下降沿微分输出
MC	MC　N		公共串联触点的连接起始
MCR	MCR　N		公共串联触点的连接结束
MPS			连接点数据入栈
MRD			从堆栈读出连接点数据
MPP			从堆栈读出数据并复位
NOP			空操作
END	END		程序结束时使用,可缩短扫描周期
LDP			与左母线连接的上升沿检测,逻辑运算开始

续表

指　令	梯形图符号	功　　能
LDF	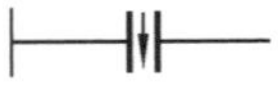	与左母线连接的下降沿检测,逻辑运算开始
ANDP		串联连接的上升沿检测
ANDF	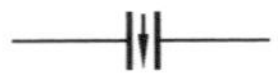	串联连接的下降沿检测
ORP	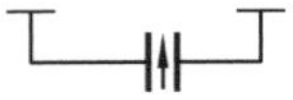	并联连接上升沿检测
ORF	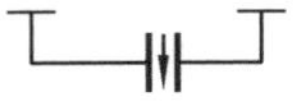	并联连接下降沿检测
INV	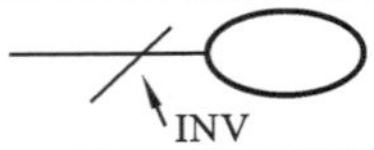 INV	运算结果取反

(二) 步进指令及编程方法

STL:步进触点指令。

RET:步进返回。

STL/RET 称步进指令,可用来实现时间或位移等顺序控制的操作过程。通常用顺序功能图设计步进梯形图,每个状态表示顺序工作的一种操作。使用步进指令可达到直观地表示顺序操作流程,缩短程序,并使程序容易理解的目的。

步进指令使用状态继电器供步进指令使用,状态器有五种类型,可查阅 6-2 节。

1. 步进指令的使用方法

步进指令用于状态转换图和步进梯形图中,每个状态提供如下三个功能。

(1) 驱动负载　用横线相连输出继电器 Y。

(2) 转换条件　用短横线相连转换条件。通常用限位开关的通断、定时器或计数器的接通提供转换条件。它可以是若干个信号的逻辑组合。

(3) 置位新状态　当新状态置位(接通)时,才具有步进控制功能。原状态自动复位(断开),即相当于状态转向新状态。

步进触点只有常开触点,用 ⊓⊔ 表示,指令用 STL 表示。STL 指令只适用于步进触点,只有步进触点接通时,它后面的电路才能动作。

如图 6-26(b)梯形图所示,步进触点 S60 与左母线相连接,LD(或 LDI)指令点则被右移;用 RET 指令返回母线;状态继电器线圈只有在使用 SET 指令后,才具有步进功能(S61)。

步进触点指令使用说明如下。

(1) 步进触点是与左母线相连的常开触点,称为 STL 触点。某 STL 触点接通,则对应的状态为活动步。

(2) 与 STL 触点相连的触点应用 LD 或 LDI 指令,只有执行完 RET 后才返回左母线。

(3) STL 触点可直接驱动或通过别的触点驱动 Y、M、S、T 等元件的线圈。

(4) PLC 只执行活动步对应的电路块,所以使用 STL 指令时允许双线圈输出(顺控程

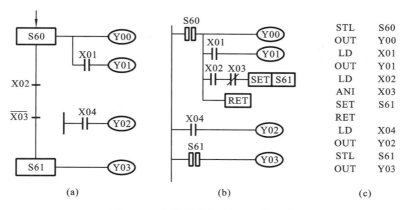

图 6-26　步进触点指令 STL 的用法

(a) 顺序功能图；　(b) 梯形图；　(c) 指令格式

序在不同的步可多次驱动同一线圈)。

(5) STL 触点驱动的电路块中不能使用 MC 和 MCR 指令,但可以用 CJ 跳转指令。

(6) 在中断程序和子程序内,不能使用 STL 指令。

2. 多流程步进的结构

在顺序控制中,常需要将不同的条件转向不同的分支,或者将同一条件转向多路分支,这些称为多流程。常用的几种步进流程结构如图 6-27 所示。

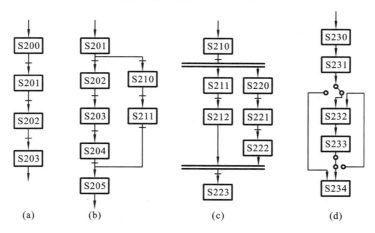

图 6-27　步进流程的几种结构

(a) 单流程；　(b) 条件分支/连接；　(c) 并联分支/连接；　(d)跳步与循环

图(b)所示的条件分支/连接用于多流程的分支选择,每个分支由转换条件决定,分支的转换条件每次只满足一个条件。

图(c)所示的并联分支/连接只需转换条件满足,各个并联分支就能同时接通运行。并联分支支路最多不能超过 8 个。

图(d)所示的跳步与循环状态可用图 6-28 状态转换图表示。当常开触点 X10 接通时,状态返回到 S201;否则顺序执行。当常开触点 X11 接通时,由 S203 状态跳转到 S206 状态。当常开触点 X12 接通时,状态由 S206 返回 S201;否则返回 S200。

STL	S200	LD	X04
LD	X00	ANI	X11
SET	S201	SET	S204
STL	S201	STL	S204
OUT	Y00	OUT	Y03
LD	X01	LD	X05
SET	S202	SET	S205
STL	S202	STL	S205
OUT	Y01	OUT	Y04
LD	X02	LD	X06
AND	X10	SET	S206
SET	S201	STL	S206
LD	X02	OUT	Y05
ANI	X10	LD	X07
SET	S203	AND	X12
STL	S203	SET	S201
OUT	Y02	LD	X07
LD	X04	ANI	X12
AND	X11	SET	S200
SET	S206	RET	

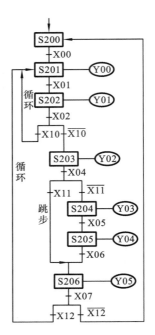

图 6-28　跳步与循环的使用

在程序中,循环操作的次数可以用计数器的设定值控制。

(三) FX 系列可编程序控制器的功能指令

前面介绍的基本指令可以用于简单的控制系统中或是替代继电器用于控制电路中。但对于复杂的控制系统,要实现控制,就不能仅仅依靠几条基本指令,还需一些功能指令。FX系列可编程序控制器提供了 100 多条功能指令。这些功能指令可以实现输入与输出高速处理、数据传输、算术运算,以及提供计数器的特殊应用等。

功能指令表示格式与基本指令不同。功能指令采用计算机通用的助记符形式表示(编号 FNC00~FNC294 表示),大多用英文名称或缩写表示。例如 FNC45 的助记符是 MEAN,表示取平均值指令。

有的功能指令没有操作数,而大多数功能指令有 1~4 个操作数。如图 6-29 所示为一个计算平均值指令,它有三个操作数,[S]表示源操作数,[D]表示目标操作数,如果使用变址功能,则可表示为[S.]和[D.]。当源或目标不止一个时,用[S1.]、[S2.]、[D1.]、[D2.]表示。用 n 和 m 表示其他操作数,它们常用来表示常数 K 和 H,或作为源和目标操作数的补充说明,当这样的操作数多时,可用 $n1$、$n2$ 和 $m1$、$m2$ 等来表示。

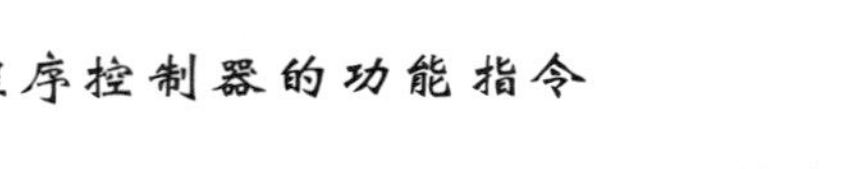

图 6-29　功能指令的梯形图形式

图 6-29 中源操作数为 D0、D1、D2,目标操作数为 D5Z0(Z0 为变址寄存器),K3 表示有 3个数,当 X0 接通时,执行的操作为[(D0)+(D1)+(D2)]÷3→(D5Z0),如果 Z0 的内容为

20,则运算结果送入 D25 中。功能指令的指令段通常占 1 个程序步,16 位操作数占 2 步,32 位操作数占 4 步。现将主要功能指令列于表 6-6 中。

表 6-6　FX 系列 PLC 功能指令表

分类	FNC 编号	指令助记符	功能说明	分类	FNC 编号	指令助记符	功能说明
程序流程	00	CJ	条件跳转	循环与移位	30	ROR	循环右移
	01	CALL	子程序调用		31	ROL	循环左移
	02	SRET	子程序返回		32	RCR	带进位右移
	03	IRET	中断返回		33	RCL	带进位左移
	04	EI	开中断		34	SFTR	位右移
	05	DI	关中断		35	SFTL	位左移
	06	FEND	主程序结束		36	WSFR	字右移
	07	WDT	监视定时器刷新		37	WSFL	字左移
	08	FOR	循环的起点与次数		38	SFWR	FIFO(先入先出)写入
	09	NEXT	循环的终点		39	SFRD	FIFO(先入先出)读出
传送与比较	10	CMP	比较	数据处理	40	ZRST	区间复位
	11	ZCP	区间比较		41	DECO	解码
	12	MOV	传送		42	ENCO	编码
	13	SMOV	位传送		43	SUM	统计 ON 位数
	14	CML	取反传送		44	BON	查询位某状态
	15	BMOV	成批传送		45	MEAN	求平均值
	16	FMOV	多点传送		46	ANS	报警器置位
	17	XCH	交换		47	ANR	报警器复位
	18	BCD	二进制数转换成 BCD 码		48	SQR	求平方根
	19	BIN	BCD 码转换成二进制数		49	FLT	整数与浮点数转换
算术与逻辑运算	20	ADD	二进制数加法运算	高速处理	50	REF	输入输出刷新
	21	SUB	二进制数减法运算		51	REFF	输入滤波时间调整
	22	MUL	二进制数乘法运算		52	MTR	矩阵输入
	23	DIV	二进制数除法运算		53	HSCS	比较置位(高速计数用)
	24	INC	二进制数加 1 运算		54	HSCR	比较复位(高速计数用)
	25	DEC	二进制数减 1 运算		55	HSZ	区间比较(高速计数用)
	26	WAND	字逻辑与		56	SPD	脉冲密度
	27	WOR	字逻辑或		57	PLSY	指定频率脉冲输出
	28	WXOR	字逻辑异或		58	PWM	脉宽调制输出
	29	NEG	求二进制数补码		59	PLSR	带加减速脉冲输出

续表

分类	FNC 编号	指令 助记符	功 能 说 明	分类	FNC 编号	指令 助记符	功 能 说 明
方便指令	60	IST	状态初始化	外围设备	87	—	—
	61	SER	数据查找		88	PID	PID 运算
	62	ABSD	凸轮控制(绝对式)		89	—	—
	63	INCD	凸轮控制(增量式)	浮点数运算	110	ECMP	二进制浮点数比较
	64	TTMR	示教定时器		111	EZCP	二进制浮点数区间比较
	65	STMR	特殊定时器		118	EBCD	二进制浮点数→十进制 浮点数
	66	ALT	交替输出				
	67	RAMP	斜波信号		119	EBIN	十进制浮点数→二进制 浮点数
	68	ROTC	旋转工作台控制				
	69	SORT	列表数据排序		120	EADD	二进制浮点数加法
外部 I/O 设备	70	TKY	10 键输入		121	EUSB	二进制浮点数减法
	71	HKY	16 键输入		122	EMUL	二进制浮点数乘法
	72	DSW	BCD 数字开关输入		123	EDIV	二进制浮点数除法
	73	SEGD	七段码译码		127	ESQR	二进制浮点数开平方
	74	SEGL	七段码分时显示		129	INT	二进制浮点数→二进制整数
	75	ARWS	方向开关		130	SIN	二进制浮点数 sin 运算
	76	ASC	ASCII 码转换		131	COS	二进制浮点数 cos 运算
	77	PR	ASCII 码打印输出		132	TAN	二进制浮点数 tan 运算
	78	FROM	BFM 读出	定位	147	SWAP	高低字节交换
	79	TO	BFM 写入				
外围设备	80	RS	串行数据传送	时钟运算	160	TCMP	时钟数据比较
	81	PRUN	八进制位传送(♯)		161	TZCP	时钟数据区间比较
	82	ASCI	十六进制数转换成 ASCII 码		162	TADD	时钟数据加法
					163	TSUB	时钟数据减法
	83	HEX	ASCII 码转换成 十六进制数		166	TRD	时钟数据读出
					167	TWR	时钟数据写入
	84	CCD	校验		169	HOUR	计时仪
	85	VRRD	电位器变量输入	外围设备	170	GRY	二进制数→格雷码
	86	VRSC	电位器变量区间		171	GBIN	格雷码→二进制数

续表

分类	FNC 编号	指令 助记符	功能说明	分类	FNC 编号	指令 助记符	功能说明
触点比较	224	LD=	（S1）=（S2）时起始触点接通	触点比较	236	AND<>	（S1）≠（S2）时串联触点接通
	225	LD>	（S1）>（S2）时起始触点接通		237	AND≤	（S1）≤（S2）时串联触点接通
	226	LD<	（S1）<（S2）时起始触点接通		238	AND≥	（S1）≥（S2）时串联触点接通
	228	LD<>	（S1）≠（S2）时起始触点接通		240	OR=	（S1）=（S2）时并联触点接通
	229	LD≤	（S1）≤（S2）时起始触点接通		241	OR>	（S1）>（S2）时并联触点接通
	230	LD≥	（S1）≥（S2）时起始触点接通		242	OR<	（S1）<（S2）时并联触点接通
	232	AND=	（S1）=（S2）时串联触点接通		244	OR<>	（S1）≠（S2）时并联触点接通
	233	AND>	（S1）>（S2）时串联触点接通		245	OR≤	（S1）≤（S2）时并联触点接通
	234	AND<	（S1）<（S2）时串联触点接通		246	OR≥	（S1）≥（S2）时并联触点接通

6-3　S7 系列 PLC 及指令系统

一、概述

西门子（Siemens）公司生产的可编程序控制器在我国的应用也相当广泛，在冶金、化工、印刷等生产线等领域都有应用。西门子公司的 PLC 产品包括 LOGO、S7-200、S7-300、S7-400，工业网络，HMI 人机界面，工业软件等。

西门子 S7 系列 PLC 体积小、速度快、标准化，具有网络通信能力，功能更强，可靠性更高。S7 系列 PLC 产品可分为微型 PLC（如 S7-200），小规模性能要求的 PLC（如 S7-300）和中、高性能要求的 PLC（如 S7-400）等。本书主要介绍 S7-200 系列 PLC。

（一）S7-200 系列 PLC 的基本硬件组成

S7-200 系列 PLC 可提供 4 种不同的基本单元和 6 种型号的扩展单元。其系统构成包括基本单元、扩展单元、编程器、存储卡、写入器、文本显示器等。

1. 基本单元

S7-200 系列 PLC 中可提供 4 种不同的基本型号的 8 种 CPU 供选择使用，其输入输出点数的分配如表 6-7 所示。

表 6-7　S7-200 系列 PLC 中 CPU22X 的基本单元

型　号	输入点	输出点	可带扩展模块数
S7-200CPU221	6	4	—
S7-200CPU222	8	6	2 个扩展模块 78 路数字量 I/O 点或 10 路模拟量 I/O 点
S7-200CPU224	14	10	7 个扩展模块 168 路数字量 I/O 点或 35 路模拟量 I/O 点
S7-200CPU226	24	16	2 个扩展模块 248 路数字量 I/O 点或 35 路模拟量 I/O 点
S7-200CPU226XM	24	16	2 个扩展模块 248 路数字量 I/O 点或 35 路模拟量 I/O 点

S7-200CPU226XM 除有 26KB 程序和数据存储空间外，其他与 CPU226 相同。

2. 扩展单元

S7-200 系列 PLC 主要有 6 种扩展单元，它本身没有 CPU，只能与基本单元连接使用，用于扩展 I/O 点数。S7-200 系列 PLC 扩展单元型号及输入/输出点数的分配如表 6-8 所示。

表 6-8　S7-200 系列 PLC 扩展单元型号及输入/输出点数

类　型	型　号	输入点	输出点
数字量扩展模块	EM221	8	无
	EM222	无	8
	EM223	4/8/16	4/8/16
模拟量扩展模块	EM231	3	无
	EM232	无	2
	EM235	3	1

3. 编程器

S7-200 系列 PLC 可采用多种编程器，一般可分为简易型和智能型。简易型编程器是袖珍型的，简单实用，价格低廉，是一种很好的现场编程及监测工具，但显示功能较差，只能用指令表方式输入，使用不够方便。智能型编程器采用计算机进行编程操作，将专用的编程软件装入计算机内，可直接采用梯形图语言编程，实现在线监测，非常直观，且功能强大，S7-200 系列 PLC 的专用编程软件为 STEP7-Micro/WIN。

4. 存储卡

为了保证程序及重要参数的安全，一般小型 PLC 设有外接 EEPROM 卡盒接口，通过该接口可以将卡盒的内容写入 PLC，也可将 PLC 内的程序及重要参数传到外接 EEPROM 卡盒内作为备份。存储卡 EEPROM 有 6ES 7291-8GC00-0XA0 和 6ES 7291-8GD00-0XA0 两种，程序容量分别为 8K 和 16K 程序步。

5. 写入器

写入器的功能是实现 PLC 和 EPROM 之间的程序传送，是将 PLC 中 RAM 区的程序通过写入器固化到存储卡中,或将 PLC 存储卡中的程序通过写入器传送到 RAM 区。

6. 文本显示器

文本显示器 TD200 不仅是一个用于显示系统信息的显示设备,还可以作为控制单元对某个量的数值进行修改,或直接设置输入/输出量。文本信息的显示用选择/确认的方法,最多可显示 80 条信息,每条信息最多 4 个变量的状态。过程参数可在显示器上显示,并可以随时修改。TD200 面板上的 8 个可编程序的功能键,每个都分配了一个存储器位,这些功能键在启动和测试系统时,可以进行参数设置和诊断。

（二）S7-200 系列 PLC 的主要技术性能

本书以 S7-200 CPU224 为例说明 S7 系列 PLC 的主要技术性能。

1. 一般性能

S7-200 CPU224 的一般性能如表 6-9 所示。

表 6-9　S7-200 CPU224 的一般性能

类型	说明
电源电压	DC 24 V,AC 100～230 V
电源电压波动	DC 20.4～28.8 V,AC 84～264 V(47～63 Hz)
环境温度、湿度	水平安装 0～55℃,垂直安装 0～45℃,5％～95％
大气压	860～1080 hPa
保护等级	IP20～IEC529
输出给传感器的电压	DC 24 V(20.4～28.8 V)
输出给传感器的电流	280 mA,电子式短路保护(600 mA)
为扩展模块提供的输出电流	660 mA
程序存储器	8K 字节/典型值为 2.6K 条指令
数据存储器	2.5K 字
存储器子模块	1 个可插入的存储器子模块
数据后备	整个 BD1 在 EEPROM 中不需要维护 在 RAM 中当前的 DB1 标志位、定时器、计数器等 通过高能电容或电池维持,后备时间 190 h(40℃时 120 h),插入电池后备 200 d
编程语言	LAD,FBD,STL
程序结构	一个主程序块(可以包括子程序)
程序执行	自由循环,中断控制,定时控制(1～255 ms)
子程序级	8 级
用户程序保护	3 级口令保护
指令集	逻辑运算、应用功能

续表

类型	说明
位操作执行时间	0.37 μs
扫描时间监控	300 ms(可重启动)
内部标志位	256,可保持:EEPROM 中 0～112
计数器	0～256,可保持:256,6 个高速计数器
定时器	可保持:256, 4 个定时器,1 ms～30 s 16 个定时器,10 ms～5 min 236 个定时器,100 ms～54 min
接口	一个 RS-485 通信接口
可连接的编程器/PC	PG740PII,PG760PII,PC(AT)
本机 I/O	数字量输入:14,其中 4 个可用作硬件中断, 14 个用于高速功能 数字量输出:10,其中 2 个可用作本机功能, 模拟电位器:2 个
可连接的 I/O	数字量输入/输出:最多 94/74 模拟量输入/输出:最多 28/7(或 14) AS 接口输入/输出:496
最多可接扩展模块	7 个

2. 输入特性

S7-200 CPU224 的输入特性如表 6-10 所示。

表 6-10　S7-200 CPU224 的输入特性

类型	源型或汇型
输入电压	DC 24 V:"1 信号":14～35 A,"0 信号":0～5 A
隔离	光耦隔离,6 点和 8 点
输入电流	"1信号":最大 4 mA
输入延迟(额定输入电压)	所有标准输入:全部 0.2～12.8 ms(可调节) 中断输入:(I0.0～0.3)0.2～12.8 ms(可调节) 高速计数器:(I0.0～0.5)最高 30 kHz

3. 输出特性

S7-200 CPU224 的输出特性如表 6-11 所示。

表 6-11　S7-200 CPU224 的输出特性

类型	晶体管输出型	继电器输出型
额定负载电压	DC 24 V(20.4～28.8 V)	DC 24 V(4～30 V) AC 24～230 V(20～250 V)

续表

类型	晶体管输出型	继电器输出型
输出电压	"1 信号"：最小 DC 20 V	L＋/L－
隔离	光耦隔离,5 点	继电器隔离,3 点和 4 点
最大输出电流	"1 信号"：0.75 A	"1 信号"：2 A
最小输出电流	"0 信号"：10 μA	"0 信号"：0 mA
输出开关容量	阻性负载：0.75 A 灯负载：5 W	阻性负载：2 A 灯负载：DC 30 W,AC 200 W

4. 扩展单元的主要技术特性

S7-200 系列 PLC 是模块式结构,可以通过配接各种扩展模块来达到扩展功能、增加控制能力的目的。目前 S7-200 主要有三大类扩展模块。

(1)输入/输出扩展模块　S7-200 CPU 上已经集成了一定数量的数字量 I/O 点,但如用户需要多于 CPU 单元 I/O 点时,必须对系统做相应的扩展。CPU224 最多可连接 7 个扩展模块。

S7-200 PLC 系列目前总共提供共 5 大类扩展模块:数字量输入扩展板 EM221(8 路扩展输入);数字量输出扩展板 EM222(8 路扩展输出);数字量输入和输出混合扩展板 EM223(8I/O,16I/O,32I/O);模拟量输入扩展板 EM231,每个 EM231 可扩展 3 路模拟量输入通道,A/D 转换时间为 25 μs,12 位;模拟量输入和输出混合扩展模板 EM235,每个 EM235 可同时扩展 3 路模拟输入和 1 路模拟量输出通道,其中 A/D 转换时间为 25 μs,D/A 转换时间为 100 μs,位数均为 12 位。

基本单元通过其右侧的扩展接口用总线连接器(插件)与扩展单元左侧的扩展接口相连接。扩展单元正常工作需要＋5V DC 工作电源,此电源由基本单元通过总线连接器提供,扩展单元的 24V DC 输入点和输出点电源,可由基本单元的 24V DC 电源供电,但需注意基本单元所提供的最大电流能力。

(2)热电偶/热电阻扩展模块　热电偶、热电阻模块(EM231)是为 CPU222、CPU224、CPU226 设计的,S7-200 与多种热电偶、热电阻的连接备有隔离接口。用户通过模块上的 DIP 开关来选择热电偶或热电阻的类型、接线方式、测量单位和开路故障的方向。

(3)通信扩展模块　除了 CPU 集成通信口外,S7-200 还可以通过通信扩展模块连接成更大的网络。S7-200 系列目前有两种通信扩展模块:PROFIBUS-DP 扩展从站模块(EM277)和 AS-i 接口扩展模块(CP243-2)。

S7-200 系列 PLC 输入/输出扩展模块的主要技术性能如表 6-12 所示。

表 6-12　S7-200 系列 PLC 输入/输出扩展模块的主要技术性能

类型	数字量扩展模块			模拟量扩展模块		
型号	EM221	EM222	EM223	EM231	EM232	EM235
输入点	8	无	4/8/16	3	无	3
输出点	无	8	4/8/16	无	2	1
隔离组点数	8	2	4	无	无	无

续表

类型	数字量扩展模块		模拟量扩展模块		
输入电压	DC 24 V		DC 24 V		
输出电压		DC 24 V 或 AC 24～230 V	DC 24 V 或 AC24～230V		
A/D 转换时间				<250 μs	<250 μs
分辨率			12 bit A/D 转换	电压:12 bit 电流:11 bit	12 bit A/D 转换

二、S7-200 系列 PLC 的编程元件

（一）S7-200 系列 PLC 的存储器空间

S7-200 PLC 的存储器空间大致分为三个空间,即程序空间、数据空间和参数空间。

1. 程序空间

程序空间主要用于存放用户应用程序。程序空间容量在不同的 CPU 中是不同的。另外,CPU 中的 RAM 区与内置 EEPROM 上都有程序存储器,但它们互为映像,且空间大小一样。

2. 数据空间

数据空间用于存放工作数据的部分称为数据存储器;另外有一部分作寄存器使用,称为数据对象。

（1）数据存储器　它包括:变量存储器(V)、输入信号缓存区(输入映象存储器 I)、输出信号缓冲区(输出映象存储区 Q)、内部标志位存储器(M,又称内部辅助继电器),特殊标志位存储器(SM)。除特殊标志位外,其他部分都能以位、字节和双字的格式自由读取或写入。

变量存储器(V)是保存程序执行过程中控制逻辑操作的中间结果,所有的 V 存储器都可以存储在永久存储器区内,其内容可与 EEPROM 或编程设备双向传送。

输入映象存储器(I)是以字节为单位的寄存器,它的每一位对应于一个数字量输入结点。在每个扫描周期开始,PLC 依次对各个输入节点采样,并把采样结果送入输入映象存储器。PLC 在执行用户程序过程中,不再理会输入节点的状态,它所处理的数据为输入映象存储器中的值。

输出映象存储器(Q)是以字节为单位的寄存器,它的每一位对应于一个数字输出量结点。PLC 在执行用户程序的过程中,并不把输出信号随时送到输出点,而是送到输出映象存储器,只有到了每个扫描周期的最后阶段,才将输出映象寄存器的输出信号几乎同时送到各输出点。

内部标志位(M)又称内部线圈(内部继电器等),它一般以位为单位使用,但也能以字、双字为单位使用。内部标志位容量根据 CPU 型号不同而不同。

特殊标志位(SM)用来存储系统的状态变量和有关控制信息,特殊标志位分为只读区和可写区,具体划分随 CPU 不同而不同。

（2）数据对象　数据对象包括定时器、计数器、高速计数器、累加器、模拟量输入/输出。

　　定时器类似于继电器电路中的时间继电器,但它的精度更高,定时精度分为1 ms、10 ms和 100 ms 三种,根据精度需要由编程者选用。定时器的数量根据 CPU 型号不同。

　　计数器的计数脉冲由外部输入,计数脉冲的有效沿是输入脉冲的上升沿或下降沿,计数的方式有"累加 1"和"累减 1"两种方式。计数器的个数同各 CPU 的定时器个数。

　　高速计数器与一般计数器不同之处在于,计数脉冲频率更高可达 2kHz(或 7kHz),计数容量大,一般计数器为 16 位,而高速计数器为 32 位,一般计数器可读可写,而高速计数器一般只能做读操作。

　　在 S7-200CPU 中有 4 个 32 位累加器,即 AC0~AC3,用它可把参数传给子程序或任何带参数的指令和指令块。此外,PLC 在响应外部或内部的中断请求而调用中断服务程序时,累加器中的数据是不会丢失的,即 PLC 会将其中的内容压入堆栈。因此,用户在中断服务程序中仍可使用这些累加器,待中断程序执行完返回时,将自动从堆栈中弹出原先的内容,以恢复中断前累加器的内容。但应注意,不能利用累加器做主程序和中断服务子程序之间的参数传递。

　　模拟量输入/输出可实现模拟量的 A/D 和 D/A 转换,而 PLC 所处理的是其中的数字量。

3. 参数空间

　　用于存放有关 PLC 组态参数的区域称为参数空间,如保护口令、PLC 栈地址、停电记忆保持区、软件滤波、强制操作的设定信息等,存储器为 EEPROM。

(二) S7-200 系列 PLC 的数据存储器寻址

　　在 S7-200PLC 中所处理数据有三种,即常数、数据存储器中的数据和数据对象中的数据。

1. 常数及类型

　　在 S7-200 的指令中可以使用字节、字、双字类型的常数,常数的类型可指定为十进制、十六进制(6♯7AB4)、二进制(2♯10001100)或 ASCII 字符('SIMATIC')。PLC 不支持数据类型的处理和检查,因此在有些指令隐含规定字符类型的条件下,必须注意输入数据的格式。

2. 数据存储器的寻址

　　(1)数据地址的一般格式　数据地址一般由两个部分组成,格式为:Aa1.a2。其中:A 区域代码(I,Q,M,SM,V),a1 字节首址,a2 位地址(0~7)。例如 I10.1 表示该数据在 I 存储区 10 号地址的第 1 位。

　　(2)数据类型符的使用　在使用以字节、字或双字类型的数据时,除非所用指令已隐含有规定的类型外,一般都应使用数据类型符来指明所取数据的类型。数据类型符共有三个,即 B(字节),W(字)和 D(双字),它的位置应紧跟在数据区域地址符后面。例如对变量存储器有 VB100、VW100、VD100。同一个地址,在使用不同的数据类型后,所取出数据占用的内存量是不同的。

3. 数据对象的寻址

　　数据对象的地址基本格式为:An,其中 A 为该数据对象所在的区域地址。A 共有 6 种:T(定时器)、C(计数器)、HC(高速计数器)、AC(累加器)、AIW(模拟量输入)、AQW(模拟量输出)。

S7-200 CPU 存储器(编程元器件)范围和特性如表 6-13 所示。

表 6-13　S7-200 CPU 存储器(编程元器件)范围和特性表

描述	CPU 221	CPU 222	CPU 224	CPU 226
用户程序大小	2 KB	2 KB	4 KB	4 KB
用户数据大小	1 KB	1 KB	2.5 KB	2.5 KB
输入映像寄存器	I0.0～I15.7	I0.0～I15.7	I0.0～I15.7	I0.0～I15.7
输出映像寄存器	Q0.0～Q15.7	Q0.0～Q15.7	Q0.0～Q15.7	Q0.0～Q15.7
模拟量输入 (只读)	—	AIW0～AIW30	AIW0～AIW62	AIW0～AIW62
模拟量输出 (只写)	—	AQW0～AQW30	AQW0～AQW62	AQW0～AQW62
变量存储器(V)[1]	VB0.0～VB2047.7	VB0.0～VB2047.7	VB0.0～VB5119.7	VB0.0～VB5119.7
局部存储器(L)[2]	LB0.0～LB63.7	LB0.0～LB63.7	LB0.0～LB63.7	LB0.0～LB63.7
位存储器(M)	M0.0～M31.7	M0.0～M31.7	M0.0～M31.7	M0.0～M31.7
特殊存储器(SM) 只读	SM0.0～SM179.7 SM0.0～SM29.7	SM0.0～SM179.7 SM0.0～SM29.7	SM0.0～SM179.7 SM0.0～SM29.7	SM0.0～SM179.7 SM0.0～SM29.7
定时器	256(T0～T255)	256(T0～T255)	256(T0～T255)	256(T0～T255)
有记忆接通 延迟 1 ms	T0,T64	T0,T64	T0,T64	T0,T64
有记忆接通 延迟 10 ms	T1～T4,T65～T68	T1～T4,T65～T68	T1～T4,T65～T68	T1～T4,T65～T68
有记忆接通 延迟 100 ms	T5～T31 T69～T95	T5～T31 T69～T95	T5～T31 T69～T95	T5～T31 T69～T95
接通/关断 延迟 1 ms	T32,T96 T33～T36	T32,T96 T33～T36	T32,T96 T33～T36	T32,T96 T33～T36
接通/关断 延迟 10 ms	T97～T100 T37～T63	T97～T100 T37～T63	T97～T100 T37～T63	T97～T100 T37～T63
接通/关断 延迟 100 ms	T101～T255	T101～T255	T101～T255	T101～T255
计数器	C0～C255	C0～C255	C0～C255	C0～C255
高速计数器	HC0,HC3, HC4,HC5	HC0,HC3, HC4,HC5	HC0,HC3, HC4,HC5	HC0,HC3, HC4,HC5

描述	CPU 221	CPU 222	CPU 224	CPU 226
顺序控制 继电器(S)	S0.0~S31.7	S0.0~S31.7	S0.0~S31.7	S0.0~S31.7
累加寄存器	AC0~AC3	AC0~AC3	AC0~AC3	AC0~AC3
跳转/标号	0~255	0~255	0~255	0~255
调用/子程序	0~63	0~63	0~63	0~63
中断时间	0~127	0~127	0~127	0~127
PID 回路	0~7	0~7	0~7	0~7
端口	0	0	0	0,1

注:①所有的 V 存储器都可以存储在永久存储器区。

②LB60~LB63 为 STEP 7-Micro/Win 32 的 3.0 版本或以后的版本软件保留。

三、S7-200 系列 PLC 指令系统

S7 系列 PLC 具有丰富的指令集,本节主要介绍 S7-200 的常用指令及使用方法。

(一) 基本指令

S7-200 系列的基本逻辑指令与 FX 系列基本逻辑指令大体相似,编程和梯形图表达方式也相差不多,这里列表表示 S7-200 系列的基本逻辑指令(见表 6-14)。

表 6-14　S7-200 系列的基本逻辑指令

指令名称	指令符	功能	操作数
取	LD bit	读入逻辑行或电路块的第一个常开接点	bit: I,Q,M,SM, T,C,V,S
取反	LDN bit	读入逻辑行或电路块的第一个常闭接点	
与	A bit	串联一个常开接点	
与非	AN bit	串联一个常闭接点	
或	O bit	并联一个常开接点	
或非	ON bit	并联一个常闭接点	
电路块与	ALD	串联一个电路块	无
电路块或	OLD	并联一个电路块	
输出	= bit	输出逻辑行的运算结果	bit:Q,M,SM, T,C,V,S
置位	S bit,N	置继电器状态为接通	bit: Q,M,SM,V,S
复位	R bit,N	使继电器复位为断开	

1. 基本逻辑指令的应用

基本逻辑指令的应用如图 6-30 所示。

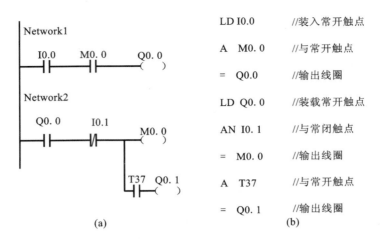

图 6-30　基本逻辑指令的应用

(a)梯形图；　(b)对应的指令语句

2. 电路块串联的编程

电路块串联的编程如图 6-31 所示。

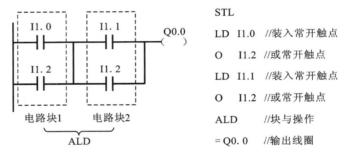

图 6-31　电路块串联的编程

3. 电路块串/并联的编程

电路块并联的编程如图 6-32 所示,电路块串/并联的编程如图 6-33 所示。

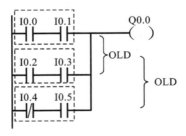

图 6-32　电路块并联的编程

4. 置位/复位指令 S/R 的编程

置位/复位指令 S/R 的编程如图 6-34 所示。I0.2 的上升沿令 Q0.0 接通并保持,即使 I0.2 断开也不再影响 Q0.0 的状态。I0.3 的上升沿状态使其断开并保持断开状态。

对同一元件可以多次合用 S/R 指令。实际上,图 6-34 所示的例子组成一个 S-R 触发

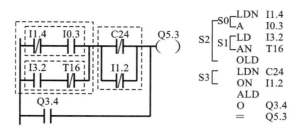

图 6-33　电路块串/并联的编程

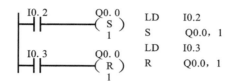

图 6-34　置位/复位指令 S/R 的编程

器,当然也可把次序反过来组成 R-S 触发器。但要注意,由于是扫描工作方式,故写在后面的指令有优先权。如此例中,若 I0.2 和 I0.3 同时为 1,则 Q0.0 为 0,因为 R 指令写在后因而有优先权。

5. 定时器指令的应用

S7-200 系列 PLC 按时基脉冲分为 1ms、10ms、100ms 三种,按工作方式分为通电延时型(TON)、断电延时型(TOF)、保持型延时通定时器(TONR)三种类型。定时器的指令格式如表 6-15 所示。

表 6-15　定时器的指令格式

LAD	STL	功能
???? —IN　　TON ????—PT	TON	通电延时
???? —IN　　TONR ????—PT	TONR	有记忆通电延时
???? —IN　　TOF ????—PT	TOF	断电延时

注:IN 是使能输入端,编程范围 T0～T255;PT 是预置输入端,最大预置值 32767;PT 类型为 INT。

通电延时型定时器的应用如图 6-35 所示。通电延时型定时器均有一个 16 bit 当前值寄存器及一个 1 bit 的状态位(反映其触点状态)。在图 6-35 中,当 I0.2 接通时,即驱动 T33 开始计数(数时基脉冲);计时到设定值 PT 时,T33 状态位置 1,其常开触点接通,驱动 Q0.0 有输出;之后当前值仍增加,但不影响状态位。当 I0.2 断开时,T33 复位,当前值清 0,状态位也清0,即回复原始状态。若I0.2接通时间未到设定值就断开,则T33跟随复位,Q0.0不会有输出。

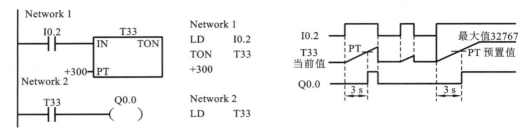

图6-35　通电延时型定时器的应用

当前值寄存器为16 bit,最大计数值为32767,由此可推算不同分辨率的定时器的设定时间范围。

保持型定时器的应用如图6-36所示,对于保持型定时器T65,则当输入IN为1时,定时器计时(基脉冲数);当IN为0时,其当前值保持(不像TON一样复位);下次IN再为1时,T65当前值从原保持值开始再往上加,并将当前值与设定值PT做比较,当前值大于等于设定值时,T65状态位置1,驱动Q0.0有输出;以后即使IN再为0也不会使T65复位,要令T3复位必须用复位指令。

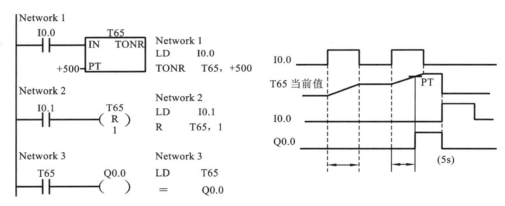

图6-36　保持型定时器的应用

断电延时型定时器的应用如图6-37所示。

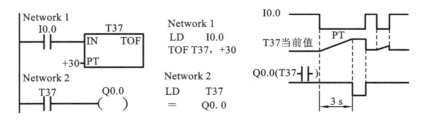

图6-37　断电延时型定时器的应用

注意:S7-200系列PLC的定时器中1 ms、10 ms、100 ms的定时器的刷新方式是不同的。

（1）1 ms 定时器 由系统每隔 1 ms 刷新一次，与扫描周期及程序处理无关。所以当扫描周期较长时，在一个周期内可能被多次刷新，其当前值在一个扫描周期内不一定保持一致。

（2）10 ms 定时器 由系统在每个扫描周期开始时自动刷新。由于是每个扫描周期只刷新一次，就在每次程序处理期间，其当前值为常数。

（3）100 ms 定时器 在该定时器指令执行时被刷新。因而要留意，如果该定时器线圈被激励而该定时器指令并不是每个扫描周期都执行的话，那么该定时器不能及时刷新，丢失时基脉冲，造成计时失准。若同一个 100 ms 定时器指令在一个扫描周期中多次被执行，则该定时器就会多计数时基脉冲，相当于时钟走快了。

6. 计数器指令的应用

S7-200 系列 PLC 有加计数器（CTU）、加/减计数器（CTUD）、减计数器（CTD）三类计数指令。计数器的使用方法和基本结构与定时器基本相同，主要由预置值寄存器、当前值寄存器、状态位等组成。计数器的梯形图指令格式见表 6-16。

表 6-16 计数器指令格式

LAD			STL	功能
CU CTU / R / ????—PV	CD CTD / LD / ????—PV	CU CTUD / CD / R / ????—PV	CTU / CTD / CTUD	增计数器 / 减计数器 / 增/减计数器

每个计数器有一个 16 位的当前值寄存器及一个状态位。CU 为加计数脉冲输入端，CD 为减计数脉冲输入端，R 为复位端，PV 为设定值。当 R 端为 0 时，计数脉冲有效；当 CU 端（CD 端）有上升沿输入时，计数器当前值加 1（减 1）。当计数器当前值大于或等于设定值时，状态位也清零。计数范围为 $-32\ 768 \sim 32\ 767$，当达到最大值 32 767 时，再来一个加计数脉冲，则当前值转为 $-32\ 768$。同样，当达到最小值 $-32\ 768$ 时，再来一个减计数脉冲，则当前值转为最大值 32 767。其应用如图 6-38 所示。

7. 脉冲产生指令 EU/ED 的应用

EU 指令在 EU 指令前的逻辑运算结果由 OFF 到 ON 时就产生一个宽度为一个扫描周期的脉冲，驱动其后面的输出线圈。其应用见图 6-39，即当 I0.0 有上升沿时，EU 指令产生一个宽度为一个扫描周期的脉冲，驱动其后的输出线圈 M0.0。

而 ED 指令则在对应输入（I0.1）有下降沿时产生一宽度为一个扫描周期的脉冲，驱动其后的输出线圈（M0.1）。

8. 逻辑堆栈的操作

LPS 为进栈操作，LRD 为读栈操作，LPP 为出栈操作。

S7-200 系列 PLC 中有一个 9 层堆栈，用于处理逻辑运算结果，称为逻辑堆栈。执行 LPS、LPD、LPP 指令对逻辑堆栈的影响如图 6-40 所示。图中仅用了 2 层栈，实际上因为逻辑堆栈有 9 层，所以可以多次使用 LPS，形成多层分支，使用时应注意 LPS 和 LPP 必须成对使用。逻辑堆栈指令的应用如图 6-41 所示。

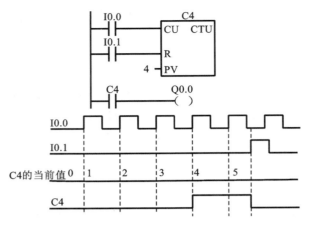

图 6-38　计数器指令的应用

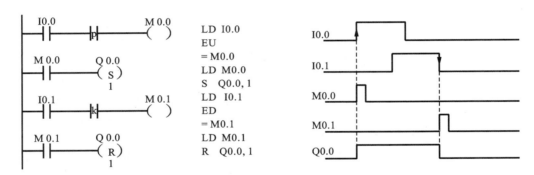

图 6-39　EU/ED 指令的应用

图 6-40　执行 LPS、LPD、LPP 指令时对逻辑堆栈的影响

9. NOT、NOP 和 MEND 指令

NOT、NOP 及 MEND 指令的形式及功能如表 6-17 所示。

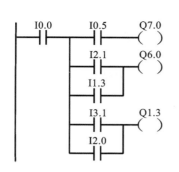

```
LD    I0.0    //装入常开触点
LPS           //逻辑入栈,主控
A     I0.5    //与常开触点
=     Q7.0    //输出触点
LRD           //逻辑读栈,新母线
LD    I2.1    //装入常开触点
O     I1.3    //或常开触点
ALD           //栈装载与
=     Q6.0    //输出触点
LPP           //逻辑弹出栈,母线复原
LD    I3.1    //装入常开出触点
ALD           //栈装载与
=     Q1.3    //输出触点
```

图 6-41   逻辑堆栈指令的应用

表 6-17   NOT、NOP 及 MEND 指令的形式及功能

STL	功能	操作数
NOT	逻辑结果取反	—
NOP	空操作	—
MEND	无条件结束	—

NOT 为逻辑结果取反指令,在复杂逻辑结果取反时为用户提供方便。NOP 为空操作,对程序没有实质影响。MEND 为无条件结束指令,在编程结束时一定要写上该指令,否则会出现编译错误。调试程序时,在程序的适当位置插入 MEND 指令可以实现程序的分段调试。

10. 比较指令

比较指令是将两个操作数按规定的条件作比较,条件成立时,触点就闭合。比较运算符有:=、>=、<=、>、<和<>。

(1) 字节比较   字节比较用于比较两个字节型整数值 IN1 和 IN2 的大小,字节比较是无符号的。比较式可以是 LDB、AB 或 OB 后直接加比较运算符构成。如:LDB=、AB<>、OB>=等。

整数 IN1 和 IN2 的寻址范围:VB、IB、QB、MB、SB、SMB、LB、* VD、* AC、* LD和常数。

指令格式:LDB=   VB10,VB12

(2) 整数比较   整数比较用于比较两个一字长整数值 IN1 和 IN2 的大小,整数比较是有符号的(整数范围为 16#8000 和 16#7FFF 之间)。比较式可以是 LDW、AW 或 OW 后直接加比较运算符构成。如:LDW=、AW<>、OW>=等。

整数 IN1 和 IN2 的寻址范围:VW、IW、QW、MW、SW、SMW、LW、AIW、T、C、AC、* VD、* AC、* LD和常数。

指令格式:LDW=   VW10,VW12

(3) 双字整数比较   双字整数比较用于比较两个双字长整数值 IN1 和 IN2 的大小,双字整数比较是有符号的(双字整数范围为 16#80000000 和 16#7FFFFFFF 之间)。比较式可以是 LDD、AD 或 OD 后直接加比较运算符构成。如:LDD=、AD<>、OD>=等。

双字整数 IN1 和 IN2 的寻址范围:VD、ID、QD、MD、SD、SMD、LD、HC、AC、* VD、* AC、* LD和常数。

指令格式:LDD= VD10,VD12

（4）实数比较　实数比较用于比较两个双字长实数值 IN1 和 IN2 的大小,实数比较是有符号的（负实数范围为 $-1.175495E-38$ 和 $-3.402823E+38$,正实数范围为 $+1.175495E-38$ 和 $+3.402823E+38$）。比较式可以是 LDR、AR 或 OR 后直接加比较运算符构成。如:LDR=、AR<>、OR>= 等。

实数 IN1 和 IN2 的寻址范围:VD、ID、QD、MD、SD、SMD、LD、AC、* VD、* AC、* LD 和常数。

指令格式:LDR= VD10,VD12

（二）功能指令

一般的逻辑控制系统用软继电器、定时器和计数器及基本指令就可以实现。利用功能指令可以开发出更复杂的控制系统,以致构成网络控制系统。功能指令的丰富程度及其合用的方便程度是衡量 PLC 性能的一个重要指标。

S7-200 的功能指令很丰富,大致包括这几方面:算术与逻辑运算、传送、移位与循环移位、程序流控制、数据表处理、PID 指令、数据格式变换、高速处理、通信以及实时时钟等。

功能指令的助记符与汇编语言相似,略具计算机知识的人学习起来也不会有太大困难。但 S7-200 系列 PLC 功能指令太多,一般读者不必准确记忆其详尽用法,需要时可可查阅产品手册。本节仅对 S7-200 系列 PLC 的功能指令列表归纳,不再一一说明。

1. 四则运算指令

四则运算指令如表 6-18 所示。

表 6-18　四则运算指令

名称	指令格式（语句表）	功能	操作数寻址范围
加法指令	+I IN1,OUT	两个 16 位带符号整数相加,得到一个 16 位带符号整数 执行结果:IN1+OUT=OUT（在 LAD 和 FBD 中为:IN1+IN2=OUT）	IN1,IN2,OUT:VW、IW、QW、MW、SW、SMW、LW、T、C、AC、* VD、* AC、* LD IN1 和 IN2 还可以是 AIW 和常数
	+D IN1,IN2	两个 32 位带符号整数相加,得到一个 32 位带符号整数 执行结果:IN1+OUT=OUT（在 LAD 和 FBD 中为:IN1+IN2=OUT）	IN1,IN2,OUT:VD、ID、QD、MD、SD、SMD、LD、AC、* VD、* AC、* LD IN1 和 IN2 还可以是 HC 和常数
	+R IN1,OUT	两个 32 位实数相加,得到一个 32 位实数 执行结果:IN1+OUT=OUT（在 LAD 和 FBD 中为:IN1+IN2=OUT）	IN1,IN2,OUT:VD、ID、QD、MD、SD、SMD、LD、AC、* VD、* AC、* LD IN1 和 IN2 还可以是常数

续表

名称	指令格式 （语句表）	功能	操作数寻址范围
减法指令	－I IN1,OUT	两个 16 位带符号整数相减,得到一个 16 位带符号整数 　执行结果:OUT－IN1＝OUT(在 LAD 和 FBD 中为:IN1－IN2＝OUT)	IN1,IN2,OUT:VW,IW,QW, MW,SW,SMW,LW,T,C,AC, ＊VD,＊AC,＊LD 　IN1 和 IN2 还可以是 AIW 和常数
减法指令	－D IN1,OUT	两个 32 位带符号整数相减,得到一个 32 位带符号整数 　执行结果:OUT－IN1＝OUT(在 LAD 和 FBD 中为:IN1－IN2＝OUT)	IN1,IN2,OUT:VD,ID,QD, MD,SD,SMD,LD,AC,＊VD, ＊AC,＊LD 　IN1 和 IN2 还可以是 HC 和常数
	－R IN1,OUT	两个 32 位实数相加,得到一个 32 位实数 　执行结果:OUT－IN1＝OUT(在 LAD 和 FBD 中为:IN1－IN2＝OUT)	IN1,IN2,OUT:VD,ID,QD, MD,SD,SMD,LD,AC,＊VD, ＊AC,＊LD 　IN1 和 IN2 还可以是常数
乘法指令	＊I IN1,OUT	两个 16 位符号整数相乘,得到一个 16 位整数 　执行结果:IN1＊OUT＝OUT(在 LAD 和 FBD 中为:IN1＊IN2＝OUT)	IN1,IN2,OUT:VW,IW,QW, MW,SW,SMW,LW,T,C,AC, ＊VD,＊AC,＊LD 　IN1 和 IN2 还可以是 AIW 和常数
	MUL IN1,OUT	两个 16 位带符号整数相乘,得到一个 32 位带符号整数 　执行结果:IN1＊OUT＝OUT(在 LAD 和 FBD 中为:IN1＊IN2＝OUT)	IN1,IN2:VW,IW,QW,MW, SW,SMW,LW,AIW,T,C,AC, ＊VD,＊AC,＊LD和常数 　OUT:VD,ID,QD,MD,SD, SMD,LD,AC,＊VD,＊AC,＊LD
	＊D IN1,OUT	两个 32 位带符号整数相乘,得到一个 32 位带符号整数 　执行结果:IN1＊OUT＝OUT(在 LAD 和 FBD 中为:IN1＊IN2＝OUT)	IN1,IN2,OUT:VD,ID,QD, MD,SD,SMD,LD,AC,＊VD, ＊AC,＊LD 　IN1 和 IN2 还可以是 HC 和常数
	＊R IN1,OUT	两个 32 位实数相乘,得到一个 32 位实数 　执行结果:IN1＊OUT＝OUT(在 LAD 和 FBD 中为:IN1＊IN2＝OUT)	IN1,IN2,OUT:VD,ID,QD, MD,SD,SMD,LD,AC,＊VD, ＊AC,＊LD 　IN1 和 IN2 还可以是常数

续表

名称	指令格式 (语句表)	功能	操作数寻址范围
除法指令	/I IN1,OUT	两个 16 位带符号整数相除,得到一个 16 位带符号整数商,不保留余数 执行结果:OUT/IN1 = OUT(在 LAD 和 FBD 中为:IN1/IN2=OUT)	IN1, IN2, OUT: VW, IW, QW, MW, SW, SMW, LW, T, C, AC, ˚VD, ˚AC, ˚LD IN1 和 IN2 还可以是 AIW 和常数
	DIV IN1,OUT	两个 16 位带符号整数相除,得到一个 32 位结果,其中低 16 位为商,高 16 位为结果 执行结果:OUT/IN1 = OUT(在 LAD 和 FBD 中为:IN1/IN2=OUT)	IN1, IN2: VW, IW, QW, MW, SW, SMW, LW, AIW, T, C, AC, ˚VD, ˚AC, ˚LD和常数 OUT: VD, ID, QD, MD, SD, SMD, LD, AC, ˚VD, ˚AC, ˚LD
	/D IN1,OUT	两个 32 位带符号整数相除,得到一个 32 位整数商,不保留余数 执行结果:OUT/IN1 = OUT(在 LAD 和 FBD 中为:IN1/IN2=OUT)	IN1, IN2, OUT: VD, ID, QD, MD, SD, SMD, LD, AC, ˚VD, ˚AC, ˚LD IN1 和 IN2 还可以是 HC 和常数
	/R IN1,OUT	两个 32 位实数相除,得到一个 32 位实数商 执行结果:OUT/IN1 = OUT(在 LAD 和 FBD 中为:IN1/IN2=OUT)	IN1, IN2, OUT: VD, ID, QD, MD, SD, SMD, LD, AC, ˚VD, ˚AC, ˚LD IN1 和 IN2 还可以是常数
数学函数指令	SQRT IN,OUT	把一个 32 位实数(IN)开平方,得到 32 位实数结果(OUT)	IN, OUT: VD, ID, QD, MD, SD, SMD, LD, AC, ˚VD, ˚AC, ˚LD IN 还可以是常数
	LN IN,OUT	对一个 32 位实数(IN)取自然对数,得到 32 位实数结果(OUT)	
	EXP IN,OUT	对一个 32 位实数(IN)取以 e 为底数的指数,得到 32 位实数结果(OUT)	
	SIN IN,OUT	分别对一个 32 位实数弧度值(IN)取正弦、余弦、正切,得到 32 位实数结果(OUT)	
	COS IN,OUT		
	TAN IN,OUT		

续表

名称	指令格式 （语句表）	功能	操作数寻址范围
增减指令	INCB OUT	将字节无符号输入数加 1 执行结果：OUT ＋ 1 ＝ OUT（在 LAD 和 FBD 中为：IN＋1＝OUT）	IN，OUT：VB，IB，QB，MB，SB， SMB，LB，AC，* VD，* AC，* LD IN 还可以是常数
	DECB OUT	将字节无符号输入数减 1 执行结果：OUT － 1 ＝ OUT（在 LAD 和 FBD 中为：IN－1＝OUT）	
	INCW OUT	将字(16 位)有符号输入数加 1 执行结果：OUT ＋ 1 ＝ OUT（在 LAD 和 FBD 中为：IN＋1＝OUT）	IN，OUT：VW，IW，QW，MW， SW，SMW，LW，T，C，AC，* VD， * AC，* LD IN 还可以是 AIW 和常数
	DECW OUT	将字(16 位)有符号输入数减 1 执行结果：OUT － 1 ＝ OUT（在 LAD 和 FBD 中为：IN－1＝OUT）	
	INCD OUT	将双字(32 位)有符号输入数加 1 执行结果：OUT ＋ 1 ＝ OUT（在 LAD 和 FBD 中为：IN＋1＝OUT）	IN，OUT：VD，ID，QD，MD，SD， SMD，LD，AC，* VD，* AC，* LD IN 还可以是 HC 和常数
	DECD OUT	将字(32 位)有符号输入数减 1 执行结果：OUT － 1 ＝ OUT（在 LAD 和 FBD 中为：IN－1＝OUT）	

2. 逻辑运算指令

逻辑运算指令如表 6-19 所示。

表 6-19　逻辑运算指令

名称	指令格式 （语句表）	功能	操作数
字节逻辑 运算指令	ANDB IN1,OUT	将字节 IN1 和 OUT 按位作 逻辑与运算，OUT 输出结果	IN1，IN2，OUT：VB，IB，QB，MB，SB， SMB，LB，AC，* VD，* AC，* LD IN1 和 IN2 还可以是常数
	ORB IN1,OUT	将字节 IN1 和 OUT 按位作 逻辑或运算，OUT 输出结果	
	XORB IN1,OUT	将字节 IN1 和 OUT 按位作 逻辑异或运算，OUT 输出结果	
	INVB OUT	将字节 OUT 按位取反， OUT 输出结果	

续表

名称	指令格式 (语句表)	功能	操作数
字逻辑 运算指令	ANDW IN1,OUT	将字 IN1 和 OUT 按位作逻辑与运算,OUT 输出结果	IN1,IN2,OUT:VW,IW,QW,MW,SW,SMW,LW,T,C,AC,* VD,* AC,* LD IN1 和 IN2 还可以是 AIW 和常数
	ORW IN1,OUT	将字 IN1 和 OUT 按位作逻辑或运算,OUT 输出结果	
	XORW IN1,OUT	将字 IN1 和 OUT 按位作逻辑异或运算,OUT 输出结果	
	INVW OUT	将字 OUT 按位取反,OUT 输出结果	
双字逻辑 运算指令	ANDD IN1,OUT	将双字 IN1 和 OUT 按位作逻辑与运算,OUT 输出结果	IN1,IN2,OUT:VD,ID,QD,MD,SD,SMD,LD,AC,* VD,* AC,* LD IN1 和 IN2 还可以是 HC 和常数
	ORD IN1,OUT	将双字 IN1 和 OUT 按位作逻辑或运算,OUT 输出结果	
	XORD IN1,OUT	将双字 IN1 和 OUT 按位作逻辑异或运算,OUT 输出结果	
	INVD OUT	将双字 OUT 按位取反,OUT 输出结果	

3. 数据传送指令

数据传送指令如表 6-20 所示。

表 6-20　数据传送指令

名称	指令格式 (语句表)	功能	操作数
单一传送 指令	MOVB IN,OUT	将 IN 的内容复制到 OUT 中 IN 和 OUT 的数据类型应相同,可分别为字、字节、双字、实数	IN,OUT:VB,IB,QB,MB,SB,SMB,LB,AC,* VD,* AC,* LD IN 还可以是常数
	MOVW IN,OUT		IN,OUT:VW,IW,QW,MW,SW,SMW,LW,T,C,AC,* VD,* AC,* LD IN 还可以是 AIW 和常数 OUT 还可以是 AQW
	MOVD IN,OUT		IN,OUT:VD,ID,QD,MD,SD,SMD,LD,AC,* VD,* AC,* LD IN 还可以是 HC,常数,& VB,&·IB,& QB,& MB,& T,& C
	MOVR IN,OUT		IN,OUT:VD,ID,QD,MD,SD,SMD,LD,AC,* VD,* AC,* LD IN 还可以是常数

续表

名称	指令格式 (语句表)	功能	操作数
单一传送 指令	BIR IN,OUT	立即读取输入 IN 的值,将结果输出到 OUT	IN:IB OUT:VB,IB,QB,MB,SB,SMB,LB,AC,* VD,* AC,* LD
	BIW IN,OUT	立即将 IN 单元的值写到 OUT 所指的物理输出区	IN: VB, IB, QB, MB, SB, SMB, LB, AC,* VD,* AC,* LD和常数 OUT:QB
块传送 指令	BMB IN,OUT,N	将从 IN 开始的连续 N 个字节数据拷贝到从 OUT 开始的数据块 N 的有效范围是 1～255	IN,OUT:VB,IB,QB,MB,SB,SMB,LB,* VD,* AC,* LD N: VB, IB, QB, MB, SB, SMB, LB, AC,* VD,* AC,* LD和常数
	BMW IN,OUT,N	将从 IN 开始的连续 N 个字数据拷贝到从 OUT 开始的数据块 N 的有效范围是 1～255	IN, OUT: VW, IW, QW, MW, SW, SMW,LW,T,C,* VD,* AC,* LD IN 还可以是 AIW OUT 还可以是 AQW N: VB, IB, QB, MB, SB, SMB, LB, AC,* VD,* AC,* LD和常数
	BMD IN,OUT,N	将从 IN 开始的连续 N 个双字数据拷贝到从 OUT 开始的数据块 N 的有效范围是 1～255	IN, OUT: VD, ID, QD, MD, SD, SMD,LD,* VD,* AC,* LD N: VB, IB, QB, MB, SB, SMB, LB, AC,* VD,* AC,* LD和常数

4. 移位与循环移位指令

移位与循环移位指令如表 6-21 所示。

表 6-21 移位与循环移位指令

名称	指令格式 （语句表）	功能	操作数
字节移 位指令	SRB OUT,N	将字节 OUT 右移 N 位,最左边的位 依次用 0 填充	IN, OUT, N: VB, IB, QB, MB, SB, SMB, LB, AC,ˇVD, ˇAC,ˇLD IN 和 N 还可以是常数
	SLB OUT,N	将字节 OUT 左移 N 位,最右边的位 依次用 0 填充	
	RRB OUT,N	将字节 OUT 循环右移 N 位,从最右 边移出的位送到 OUT 的最左位	
	RLB OUT,N	将字节 OUT 循环左移 N 位,从最左 边移出的位送到 OUT 的最右位	
字移位 指令	SRW OUT,N	将字 OUT 右移 N 位,最左边的位依 次用 0 填充	IN, OUT: VW, IW, QW, MW,SW,SMW,LW,T,C,AC, ˇVD,ˇAC,ˇLD IN 还可以是 AIW 和常数 N:VB,IB,QB,MB,SB,SMB, LB,AC,ˇVD,ˇAC,ˇLD,常数
	SLW OUT,N	将字 OUT 左移 N 位,最右边的位依 次用 0 填充	
	RRW OUT,N	将字 OUT 循环右移 N 位,从最右边 移出的位送到 OUT 的最左位	
	RLW OUT,N	将字 OUT 循环左移 N 位,从最左边 移出的位送到 OUT 的最右位	
双字移 位指令	SRD OUT,N	将双字 OUT 右移 N 位,最左边的位 依次用 0 填充	IN, OUT: VD, ID, QD, MD, SD, SMD, LD, AC, ˇVD, ˇAC,ˇLD IN 还可以是 HC 和常数 N:VB,IB,QB,MB,SB,SMB, LB,AC,ˇVD,ˇAC,ˇLD,常数
	SLD OUT,N	将双字 OUT 左移 N 位,最右边的位 依次用 0 填充	
	RRD OUT,N	将双字 OUT 循环右移 N 位,从最右 边移出的位送到 OUT 的最左位	
	RLD OUT,N	将双字 OUT 循环左移 N 位,从最左 边移出的位送到 OUT 的最右位	
位移位寄 存器指令	SHRB DATA, S_BIT,N	将 DATA 的值(位型)移入移位寄存 器;S_BIT 指定移位寄存器的最低位, N 指定移位寄存器的长度(正向移位＝ N,反向移位＝－N)	DATA,S_BIT:I,Q,M,SM, T,C,V,S,L N:VB,IB,QB,MB,SB,SMB, LB,AC,ˇVD,ˇAC,ˇLD,常数

5．交换和填充指令

交换和填充指令如表 6-22 所示。

表 6-22　交换和填充指令

名称	指令格式(语句表)	功能	操作数
交换字节指令	SWAP IN	将输入字 IN 的高位字节与低位字节的内容交换,结果放回 IN 中	IN：VW, IW, QW, MW, SW, SMW, LW,T,C,AC, * VD, * AC, * LD
填充指令	FILL IN,OUT,N	用输入字 IN 填充从 OUT 开始的 N 个字存储单元 N 的范围为 1～255	IN, OUT：VW, IW, QW, MW, SW, SMW,LW,T,C,AC, * VD, * AC, * LD IN 还可以是 AIW 和常数 OUT 还可以是 AQW N：VB, IB, QB, MB, SB, SMB, LB, AC, * VD, * AC, * LD,常数

6．表操作指令

表操作指令如表 6-23 所示。

表 6-23　表操作指令

名称	指令格式(语句表)	功能	操作数
表存数指令	ATT DATA,TABLE	将一个字型数据 DATA 添加到表 TABLE 的末尾。EC 值加 1	DATA, TABLE：VW, IW, QW,MW,SW,SMW,LW,T,C, AC, * VD, * AC, * LD DATA 还可以是 AIW,AC 和常数
表取数指令	FIFO TABLE,DATA	将表 TABLE 的第一个字型数据删除,并将它送到 DATA 指定的单元。表中其余的数据项都向前移动一个位置,同时实际填表数 EC 值减 1	DATA, TABLE：VW, IW, QW,MW,SW,SMW,LW,T,C, * VD, * AC, * LD DATA 还可以是 AQW 和 AC
表取数指令	LIFO TABLE,DATA	将表 TABLE 的最后一个字型数据删除,并将它送到 DATA 指定的单元。剩余数据位置保持不变,同时实际填表数 EC 值减 1	
表查找指令	FND＝TBL,PTN,INDEX FND＜＞TBL,PTN,INDEX FND＜TBL,PTN,INDEX FND＞TBL,PTN,INDEX	搜索表 TBL,从 INDEX 指定的数据项开始,用给定值 PTN 检索出符合条件(＝,＜＞,＜,＞)的数据项 如果找到一个符合条件的数据项,则 INDEX 指明该数据项在表中的位置。如果一个也找不到,则 INDEX 的值等于数据表的长度。为了搜索下一个符合的值,在再次使用该指令之前,必须先将 INDEX 加 1	TBL：VW, IW, QW, MW, SMW, LW, T, C, * VD, * AC, * LD PTN, INDEX：VW, IW, QW, MW, SW, SMW, LW, T, C, AC, * VD, * AC, * LD PTN 还可以是 AIW 和 AC

7. 数据转换指令

数据转换指令如表 6-24 所示。

表 6-24　数据转换指令

名称	指令格式 (语句表)	功能	操作数
数据类型 转换指令	BTI IN,OUT	将字节输入数据 IN 转换成整数类型,结果送到 OUT,无符号扩展	IN：VB, IB, QB, MB, SB, SMB, LB, AC, * VD, * AC, * LD,常数 OUT：VW, IW, QW, MW, SW, SMW,LW,T,C,AC, * VD, * AC, * LD
	ITB IN,OUT	将整数输入数据 IN 转换成一个字节,结果送到 OUT。输入数据超出字节范围(0～255)则产生溢出	IN：VW, IW, QW, MW, SW, SMW, LW,T,C,AIW,AC, * VD, * AC, * LD,常数 OUT：VB, IB, QB, MB, SB, SMB, LB, AC, * VD, * AC, * LD
	DTI IN,OUT	将双整数输入数据 IN 转换成整数,结果送到 OUT	IN：VD, ID, QD, MD, SD, SMD, LD, HC,AC, * VD, * AC, * LD,常数 OUT：VW, IW, QW, MW, SW, SMW,LW,T,C,AC, * VD, * AC, * LD
	ITD IN,OUT	将整数输入数据 IN 转换成双整数(符号进行扩展),结果送到 OUT	IN：VW, IW, QW, MW, SW, SMW, LW,T,C,AIW,AC, * VD, * AC, * LD,常数 OUT：VD, ID, QD, MD, SD, SMD, LD,AC, * VD, * AC, * LD
	ROUND IN,OUT	将实数输入数据 IN 转换成双整数,小数部分四舍五入,结果送到 OUT	IN,OUT：VD, ID, QD, MD, SD, SMD,LD,AC, * VD, * AC, * LD IN 还可以是常数 在 ROUND 指令中 IN 还可以是 HC
	TRUNC IN,OUT	将实数输入数据 IN 转换成双整数,小数部分直接舍去,结果送到 OUT	
	DTR IN,OUT	将双整数输入数据 IN 转换成实数,结果送到 OUT	IN,OUT：VD, ID, QD, MD, SD, SMD,LD,AC, * VD, * AC, * LD IN 还可以是 HC 和常数
	BCDI OUT	将 BCD 码输入数据 IN 转换成整数,结果送到 OUT。IN 的范围为 0～9999	IN,OUT：VW, IW, QW, MW, SW, SMW,LW,T,C,AC, * VD, * AC, * LD
	IBCD OUT	将整数输入数据 IN 转换成 BCD 码,结果送到 OUT。IN 的范围为 0～9999	IN 还可以是 AIW 和常数 AC 和常数

续表

名称	指令格式 （语句表）	功能	操作数
编码译码指令	ENCO IN,OUT	将字节输入数据 IN 的最低有效位（值为 1 的位）的位号输出到 OUT 指定的字节单元的低 4 位	IN：VW，IW，QW，MW，SW，SMW，LW，T，C，AIW，AC，* VD，* AC，* LD，常数 OUT：VB，IB，QB，MB，SB，SMB，LB，AC，* VD，* AC，* LD
	DECO IN,OUT	根据字节输入数据 IN 的低 4 位所表示的位号将 OUT 所指定的字单元的相应位置 1，其他位置 0	IN：VB，IB，QB，MB，SB，SMB，LB，AC，* VD，* AC，* LD，常数 IN：VW，IW，QW，MW，SW，SMW，LW，T，C，AQW，AC，* VD，* AC，* LD
段码指令	SEG IN,OUT	根据字节输入数据 IN 的低 4 位有效数字产生相应的七段码，结果输出到 OUT，OUT 的最高位恒为 0	IN，OUT：VB，IB，QB，MB，SB，SMB，LB，AC，* VD，* AC，* LD IN 还可以是常数
字符串转换指令	ATH IN,OUT,LEN	把从 IN 开始的长度为 LEN 的 ASCII 码字符串转换成 16 进制数，并存放在以 OUT 为首地址的存储区中。合法的 ASCII 码字符的 16 进制值在 30H～39H，41H～46H 之间，字符串的最大长度为 255 个字符	IN，OUT，LEN：VB，IB，QB，MB，SB，SMB，LB，* VD，* AC，* LD LEN 还可以是 AC 和常数

8. 特殊指令

特殊指令如表 6-25 所示。PLC 中一些实现特殊功能的硬件需要通过特殊指令来使用，可实现特定的复杂的控制目的，同时程序的编制非常简单。

表 6-25　特殊指令

名称	指令格式 (语句表)	功能	操作数
中断指令	ATCH INT, EVNT	把一个中断事件(EVNT)和一个中断程序联系起来,并允许该中断事件	INT:常数 EVNT:常数(CPU221/222:0～12,19～23,27～33;CPU224:0～23,27～33;CPU226:0～33)
	DTCH EVNT	截断一个中断事件和所有中断程序的联系,并禁止该中断事件	
	ENI	全局地允许所有被连接的中断事件	无
	DISI	全局地关闭所有被连接的中断事件	
	CRETI	根据逻辑操作的条件从中断程序中返回	
	RETI	位于中断程序结束,是必选部分,程序编译时软件自动在程序结尾加入该指令	
通信指令	NETR TBL, PORT	初始化通信操作,通过指令端口(PORT)从远程设备上接收数据并形成表(TBL)。可以从远程站点读最多16个字节的信息	TBL:VB,MB,*VD,*AC,*LD PORT:常数
	NETW TBL, PORT	初始化通信操作,通过指定端口(PORT)向远程设备写表(TBL)中的数据,可以向远程站点写最多16个字节的信息	

名称	指令格式 （语句表）	功能	操作数
通信指令	XMT TBL, PORT	用于自由端口模式。指定激活发送数据缓冲区（TBL）中的数据，数据缓冲区的第一个数据指明了要发送的字节数，PORT 指定用于发送的端口	TBL：VB，IB，QB，MB，SB，SMB，* VD，* AC，* LD 　PORT：常数（CPU221/222/224 为 0；CPU226 为 0 或 1）
	RCV TBL, PORT	激活初始化或结束接收信息的服务。通过指定端口（PORT）接收的信息存储于数据缓冲区（TBL），数据缓冲区的第一个数据指明了接收的字节数	
	GPA ADDR, PORT	读取 PORT 指定的 CPU 口的站地址，将数值放入 ADDR 指定的地址中	ADDR：VB，IB，QB，MB，SB，SMB，LB，AC，* VD，* AC，* LD 　在 SPA 指令中 ADDR 还可以是常数 PORT：常数
	SPA ADDR, PORT	将 CPU 口的站地址（PORT）设置为 ADDR 指定的数值	
时钟指令	TODR T	读当前时间和日期并把它装入一个 8 字节的缓冲区（起始地址为 T）	T：VB，IB，QB，MB，SB，SMB，LB，* VD，* AC，* LD
	TODW T	将包含当前时间和日期的一个 8 字节的缓冲区（起始地址是 T）装入时钟	

名称	指令格式 (语句表)	功能	操作数
高速计数器指令	HDEF HSC, MODE	为指定的高速计数器分配一种工作模式。每个高速计数器使用之前必须使用 HDEF 指令,且只能使用一次	HSC:常数(0～5) MODE:常数(0～11)
	HSC N	根据高速计数器特殊存储器位的状态,按照 HDEF 指令指定的工作模式,设置和控制高速计数器。N 指定了高速计数器号	N:常数(0～5)
高速脉冲输出指令	PLS Q	检测用户程序设置的特殊存储器位,激活由控制位定义的脉冲操作,从 Q0.0 或 Q0.1 输出高速脉冲 可用于激活高速脉冲串输出(PTO)或宽度可调脉冲输出(PWM)	Q:常数(0 或 1)
PID 回路指令	PID TBL, LOOP	运用回路表中的输入和组态信息,进行 PID 运算。要执行该指令,逻辑堆栈顶(TOS)必须为 ON 状态。TBL 指定回路表的起始地址,LOOP 指定控制回路号 回路表包含 9 个用来控制和监视 PID 运算的参数:过程变量当前值(PV_n)、过程变量前值(PV_{n-1})、给定值(SP_n)、输出值(M_n)、增益(Kc)、采样时间(Ts)、积分时间(Ti)、微分时间(Td)和积分项前值(MX) 为使 PID 计算是以所要求的采样时间进行,应在定时中断执行中断服务程序或在由定时器控制的主程序中完成,其中定时时间必须填入回路表中,以作为 PID 指令的一个输入参数	TBL:VB LOOP:常数(0 到 7)

6-4　可编程序控制器的应用

一、梯形图的编程规则

梯形图是 PLC 使用最多的一种编程语言,与继电器控制系统的电路图很相似,具有直观易懂的优点,很容易被工厂电气人员掌握,特别适用于开关量逻辑控制。尽管梯形图与继电器电路图有许多相似之处,但它们又有许多不同之处,梯形图具有自己的编程规则。在编程时,梯形图需遵循一定的规则。

(1) 梯形图按自上而下、从左到右的顺序排列。每个继电器线圈为一个逻辑行,即一层阶梯。每一个逻辑行起于左母线,然后是触点的连接,最后终止于继电器线圈或右母线。绘制梯形图时应注意的是:线圈与右母线之间没有任何触点,而线圈与左母线之间必须要有触点(见图 6-42)。

图 6-42　梯形图编程规则 1

(a) 错误;　(b) 正确

(2) 梯形图中的触点可以任意串联或并联,且触点的使用次数不受限制,但继电器线圈只能并联而不能串联(见图 6-43)。

(3) 同一编号的输出元件在一个程序中使用两次或多次,即形成双线圈输出。对于双线圈输出,有些 PLC 将其视为语法错误,绝对不允许;有些 PLC 则将前面的输出视为无效,只认为最后一次输出有效。因此编程时应尽量避免双线圈输出。但有些 PLC,在含有跳转指令或步进指令的梯形图中允许线圈重复输出(见图 6-44)。

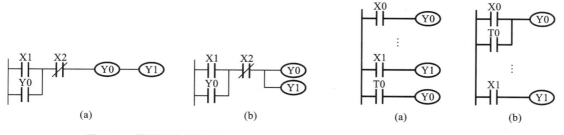

图 6-43　梯形图编程规则 2

(a) 错误;　(b) 正确

图 6-44　梯形图编程规则 3

(a) 错误;　(b) 正确

(4) 适当安排编程顺序,以减少程序步数。

① 有几个串联电路相并联时,串联触点多的电路应尽量放在上部(见图 6-45)。

② 有几个并联电路相串联时,并联触点多的电路应靠近左母线(见图 6-46)。

(5) 不能编程的电路应进行等效变换后再编程,如图 6-47(a)所示桥式电路应变换成图

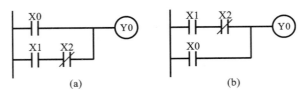

图 6-45 梯形图编程规则 4(1)

(a)电路安排不当; (b)电路安排得当

图 6-46 梯形图编程规则 4(2)

(a)电路安排不当; (b)电路安排得当

6-47(b)所示的电路才能编程。

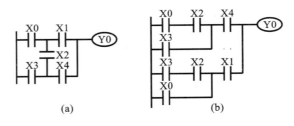

图 6-47 梯形图编程规则 5

(a)桥式电路; (b)等效电路

另外,在设计梯形图时,输入继电器的触点状态最好按输入设备全部为常开来设计更为合适,不易出错。如果某些信号只能用常闭输入,可先按输入设备为常开来设计,然后将梯形图中对应的输入继电器触点取反(常开改成常闭、常闭改成常开)。

二、可编程序控制器系统设计步骤

PLC 控制系统,包括电气控制线路(硬件部分)和程序(软件部分)两部分。电气控制线路是以 PLC 为核心的系统电气原理图,程序是和原理图中 PLC 的输入/输出点对应的梯形图或指令表。图 6-48 给出了 PLC 控制系统的设计流程,其具体设计步骤如下。

1. 分析被控对象,明确控制要求

详细分析被控对象的工艺过程及工作特点,了解被控对象机、电、液之间的配合,提出被控对象对 PLC 控制系统的控制要求,确定控制方案。

2. 确定输入/输出设备,选择 PLC 型号

根据系统的控制要求,确定系统的输入/输出设备的数量和种类,如输入设备中的按钮、位置开关、转换开关及各种传感器等,输出设备中的接触器、电磁阀、信号指示灯及其他执行器等;明确这些设备对控制信号的要求,如电压电流的大小、直流还是交流、开关量还是模拟

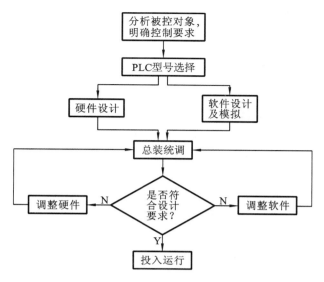

图 6-48　PLC 控制系统设计流程图

量,以及信号幅度等。据此确定 PLC 的 I/O 设备的类型、性质及数量。

从而确定与 PLC 有关的输入/输出设备,以确定 PLC 的 I/O 点数。

3. 分配 PLC 的输入/输出点地址

根据已确定的输入/输出设备和选择的 PLC,列出输入/输出设备与 PLC 的 I/O 点的地址分配表,以便于编制控制程序、设计接线图及硬件安装。

4. 可同时进行 PLC 的硬件设计和软件设计

硬件设计是指电气线路设计,包括主电路及 PLC 外部控制电路、PLC 输入/输出接线图、设备供电系统图、电气控制柜结构及电器设备安装图等。软件设计即控制程序设计,包括状态表、状态转换图、梯形图、指令表等。控制程序设计是 PLC 系统应用中最关键的问题,也是整个控制系统设计的核心;程序设计可采用第 5 章介绍的方法,一般程序设计好后,先要进行模拟调试,就是不带输出设备,根据输入/输出模块的指示灯的显示进行调试,发现问题及时修改,直到完全符合设计要求为止。

5. 进行总装统调

将设计好的硬件和软件进行联机调试,先连接电气控制柜而不带负载,各输出设备调试正常后,再接上负载运行调试。

6. 修改或调整软硬件的设计,使之符合设计要求

在调试过程中将暴露出系统中可能存在的传感器、执行器和硬接线等方面的问题,以及 PLC 的外部接线图和梯形图程序设计中的问题,应对出现的问题及时加以解决。如果调试达不到指标要求,则对相应硬件和软件部分做适当调整,通常只需要修改程序就可能达到调整的目的。全部调试通过后,经过一段时间的考验,系统就可以投入实际运行。

7. 整理和编写技术文件

技术文件包括设计说明书、硬件原理图、安装接线图、电气元件明细表、PLC 程序以及使用说明书等。

三、PLC 应用举例

（一）PLC 在交通信号灯中的应用

1. 交通信号灯的控制要求

交通信号灯的控制示意图如图 6-49 所示，要求启动后，南北红灯亮 25 s，同时东西绿灯也亮；1 s 后，东西车灯甲亮，到 20 s 时，东西绿灯闪亮，3 s 后熄灭，在东西绿灯熄灭后东西黄灯亮时，同时甲灭。东西黄灯亮 2 s 后灭，东西红灯亮，与此同时，南北红灯灭，南北绿灯亮，1 s 后，南北车灯乙亮，南北绿灯亮了 25 s 后闪亮，3 s 后熄灭，同时乙灭，南北黄灯亮 2 s 后熄灭，南北红灯亮，东西绿灯亮。循环。

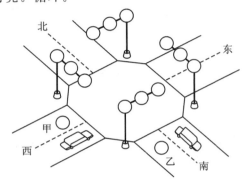

图 6-49　交通信号灯控制示意图

2. PLC 的 I/O 分配

输入	输出	
启动按钮：I0.0	南北红灯：Q0.0	东西红灯：Q0.3
	南北黄灯：Q0.1	东西黄灯：Q0.4
	南北绿灯：Q0.2	东西绿灯：Q0.5
	南北车灯乙：Q0.6	东西车灯甲：Q0.7

3. 程序设计

根据控制要求首先画出十字路口交通信号灯的时序图，如图 6-50 所示。

根据交通信号灯的时序图，用基本逻辑指令设计的信号灯控制的梯形图如图6-51所示。

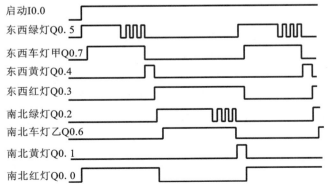

图 6-50　十字路口交通信号灯的时序图

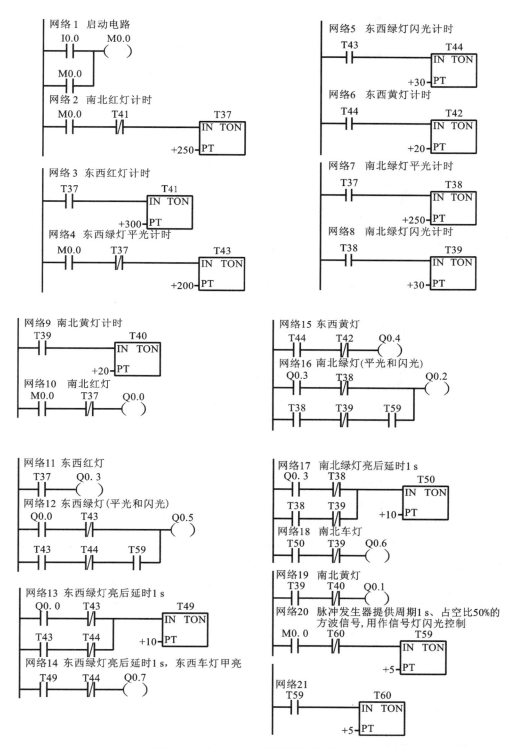

图 6-51　十字路口交通信号灯的梯形图

(二) 机械手自动操作控制

图 6-52 所示的为机械手取放工件的工作示意图及操作面板。机械手将工件从 A 工作台搬到 B 工作台,控制过程是按步骤进行的,顺序输入信号和输出信号。

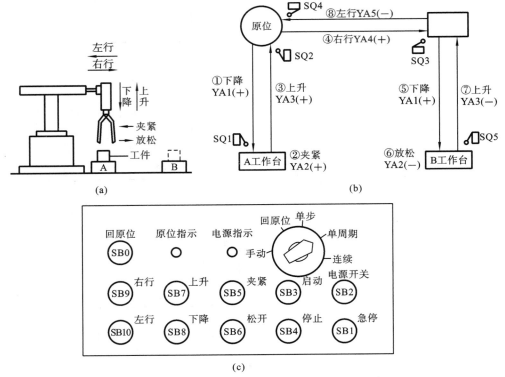

图 6-52　机械手取放工件的工作示意图及操作面板

(a) 机械手示意图; (b) 取放工件过程示意图; (c) 操作面板

从图 6-52 可知,机械手的工作过程是用八个动作完成一个工作循环。

取放工件的上升/下降和左行/右行分别用双线圈二位电磁阀中的 YA3/YA1 和 YA5/YA4 控制。夹具的夹紧和放松由单线圈电磁阀中 YA2 控制。线圈得电则夹紧,线圈失电则放松。机械手装有 6 个限位开关,以此控制机械行程的位置。

由工艺要求可知,输入、输出量为开关量信号,根据所需的输入/输出点数,控制可选用小型可编程序控制器。机械手工作方法有手动、单步、单周期、连续和回原位。考虑应用中所需操作按钮数量及备用量,采用 FX2N-48MR 可编程序控制器作为控制装置。图6-53所示的为机械手输入/输出端点接线图。

机械手的任务是把工件从 A 工作台搬到 B 工作台,按步执行,顺序输出信号,驱动电磁阀完成上升/下降、左行/右行、夹紧/放松动作,采用可编程序控制器内部的计数器、定时器及辅助继电器来完成。

根据机械手的工艺要求,程序设计按以下步骤进行。

1. 程序的总体结构

机械手为具有多种工作方式的复杂系统,首先将系统的程序按工作方式和功能分成若

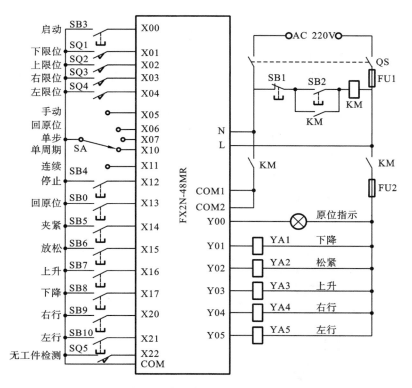

图 6-53　机械手输入/输出端点接线图

干部分,然后分别对每一部分进行设计。

根据机械手的工作方式,将程序分为公用程序、自动程序、手动程序和回原位程序四个部分,其中自动程序包括单步、单周期和连续工作的程序,因为它们的工作都是按照同样的顺序进行,所以将它们合在一起编程更加简单。程序的总体结构如图 6-54 所示。梯形图中使用子程序调用指令使得自动程序、手动程序和回原位程序不会同时执行。选择手动工作方式时,图中 X5 为 ON,将执行公用程序和调用手动子程序;选择回原位方式时,图中 X06 为 ON,将调用回原位程序。选择其他工作方式时,将调用自动程序。

2. 各部分程序的设计

(1) 公用程序　公用程序(见图 6-55)用于自动程序和手动程序相互切换的处理。左限位开关 X04、上限位开关 X02 的常开触点和表示机械手松开的 Y02 的常闭触点的电路接通时,表示"原位条件"的辅助继电器变为 ON。

当机械手处于原位(M0 为 ON)时,在运行开始(M8002 为 ON)和系统处于手动状态或回原位状态(X05 或 X06 为 ON)时,初始步对应的 M10 被置位,为进入单步、单周期和连续的自动工作方式做好准备。如果此时机械手不在原位

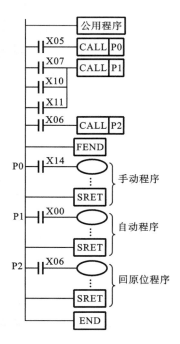

图 6-54　机械手 PLC 梯形图
的总体结构

(M0 为 OFF),M10 将被复位,初始步为不活动步,系统不能在自动工作方式下工作。

当系统处于手动工作方式时,必须将除初始步以外的各步对应的辅助继电器(M1～M8)复位,同时将表示连续工作状态的 M11 复位;否则当系统从自动工作方式切换到手动工作方式,然后又返回自动工作方式时,可能会出现同时有两个活动步的异常情况,导致错误的动作。

(2)手动程序　手动程序比较简单,一般用经验法设计。机械手的手动程序如图 6-56 所示。手动工作时用 X14、X15、X16、X17、X20、X21 对应的 6 个按钮控制机械手的夹紧、放松、上升、下降、右行和左行。为了保证系统的安全运行,在手动程序中设置了一些必要的连锁。如上升与下降之间、右行与左行之间的互锁;上升、下降、右行、左行的限位;用上限位开关 X02 为 ON 作为手动右行和左行的条件,禁止机械手在较低的位置水平运动,以避免与地面的物品碰撞。

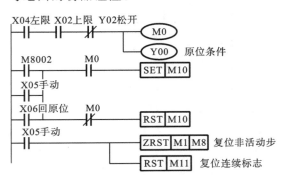

图 6-55　公用程序　　　　　　　　　　　图 6-56　手动程序

(3)自动程序　自动程序由控制单周期、连续和单步的程序组成。

图 6-57 所示为机械手自动程序的顺序功能图,使用通用指令的编程方式设计出的自动程序如图6-58所示。其中,机械手上升到无工件检测开关处,若检测到有工件,X22 接通,其常闭触点断开,Y02 失电,停止上升。若检测到无工件,机械手继续上升。单周期、连续和单步这三种工作方式主要是用连续标志 M11 和转换允许标志 M12 来区分的。

① 单步与非单步的区分　系统工作在连续或单周期(非单步)工作方式时,X07 的常闭触点接通,使辅助继电器 M12(转换允许)为 ON,串联在各步电路中的 M12 的常开触点接通,允许步与步之间的转换。

在单步工作方式时,X07 为 ON,它的常闭触点断开,"转换允许"辅助继电器 M12 为 OFF,不允许步与步之间的转换。只有在按下启动按钮 X00,M12 变为 ON 时,设系统处于初始状态,M10 为 ON,系统进入下降步。放开启动按钮后,M12 立即变为 OFF。在下降步过程中,Y01 处于得电状态,当机械手下降到下限位开关 X01 时,与 Y01 线圈串联的 X01 的常闭触点断开,使 Y01 线圈断电,机械手停止下降。X01 的常开触点闭合后,如果没有按启动按钮,X00 和 M12 处于 OFF 状态,只有在再一次按下启动按钮时,M12 变为 ON,M12 的常开触点接通,转换条件 X01 才能使 M2 接通,M2 得电并自锁,机械手才能由下降步进入夹紧步。以后在完成某一步的操作后,都必须按一次启动按钮,机械手才能进入下一步。

② 单周期与连续的区分　在连续工作方式时,X11 为 ON,按下启动按钮 X00,连续标

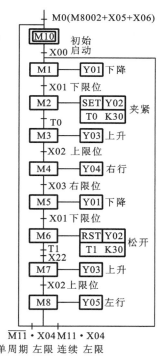

图 6-57　自动程序的顺序功能图

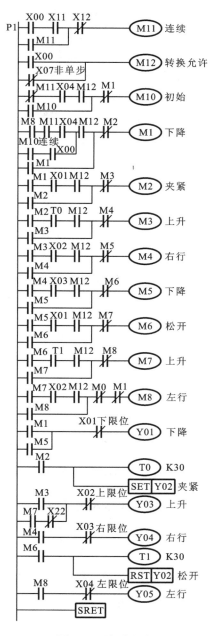

图 6-58　自动程序

志 M11 变为 ON 并自保持。在单周期工作方式时,因为 X11 为 OFF,M11 不会变为 ON。

　　假设选择的是单周期工作方式,此时 X10 为 ON,X07 的常闭触点闭合,M12 为 ON,允许转换。在初始步时按下启动按钮 X00,顺序执行程序,当机械手在最后一步 M8 返回最左边时,左限位开关 X04 变为 ON,不是连续工作方式,M11 处于 OFF 状态,转换条件 $\overline{M11}$·X04 满足,机械手返回并停留在初始步 M10,当重新按下启动按钮时,系统进行下一个周期工作。

　　在连续工作方式,当机械手在最后一步返回最左边时,X04 变为 ON,M11 为 ON,转换条件 M11·X04 满足,系统返回步 M1,连续循环工作下去。按下停止按钮 X12 后,M11 为 OFF,但机械手不会立即停止工作,只有在完成当前工作周期的全部动作后,在 M8 时返回最左边,左限位开关 X04 为 ON,满足转换条件$\overline{M11}$·X04,系统才返回并停留在初始步。

(4) 回原位程序　图 6-59 所示为机械手自动回原位程序。在回原点工作方式(X06 为 ON),按下回原位启动按钮 X13,M9 变为 ON,机械手放松并上升;上升到上限位开关时, X02 为 ON,机械手左行,到左限位处时,X04 变为 ON,左行停止并将 M9 复位。这时原点条件满足,M0 变为 ON,在公用程序中,初始步 M10 被置位,为进入单周期、连续和单步工作方式做好了准备。

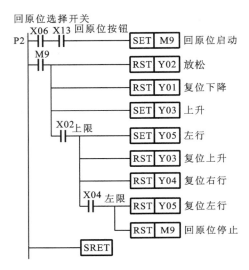

图 6-59　自动回原位程序

(三) PLC 在给料机堆栈输入线中的应用

1. 给料机堆栈输入线系统

系统由 5 个分开的滚轴块组成,每个滚轴块均由三相交流异步电动机来驱动,滚轴块 1 至 5 如图 6-60 所示。

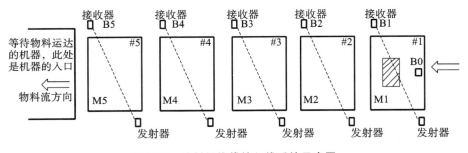

图 6-60　给料机堆栈输入线系统示意图

B0 为位于 1 号转轴入口的反射式光电传感器,转轴上无物料时,B0 为 0,有物料时,B0 为 1。

B1~B5 是由发射器和接收器组成的耦合式光电传感器,当滚轴的末端有物料时,阻挡了发射器发出的光线,B1~B5 为 0,当滚轴的末端无物料时,B1~B5 为 1。

2. 系统的硬件电路设计

根据系统的控制要求,设计出该系统的主电路如图 6-61 所示,系统的 PLC 输入、输出接线图如图 6-62 所示。

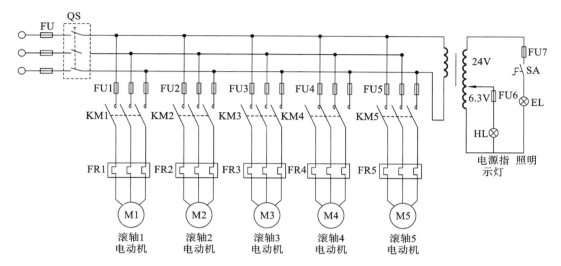

图 6-61　系统主电路

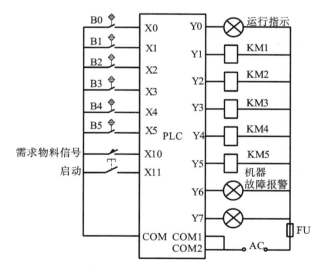

图 6-62　PLC 输入、输出接线图

3. 程序设计

根据系统的控制要求,设计的系统自动控制梯形图如图 6-63 所示,此程序未包含手动控制,实际系统确实包含手动控制,或者所有的 5 个电动机都可以分别地实现向前或向后控制,这个控制已经在硬件电路中实现。

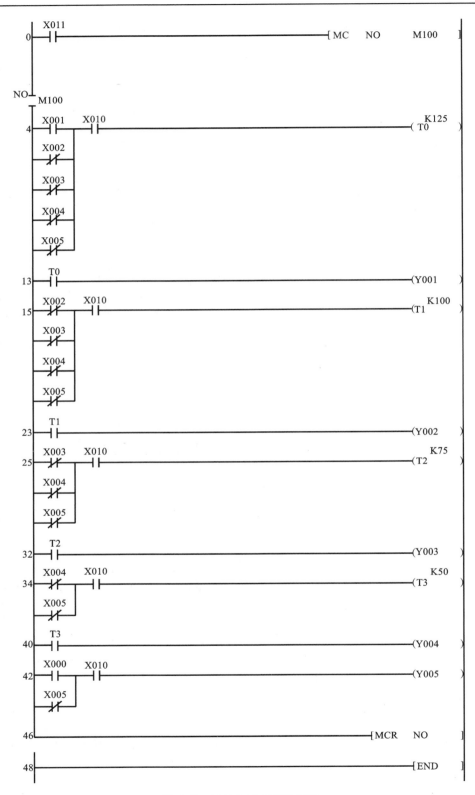

图 6-63　系统自动控制梯形图

第 6 章习题精解和自测题

习题与思考题

6-1　试写出图 6-64 所示的梯形图的指令程序。

6-2　试画出图 6-65 所示梯形图中 M200、M201 和 M202 的波形图。

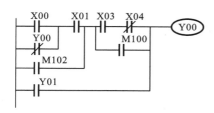

图 6-64　题 6-1 图

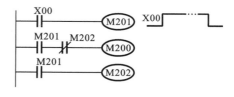

图 6-65　题 6-2 图

6-3　试写出图 6-66 所示梯形图的指令程序。

6-4　试写出图 6-67 所示梯形图的指令程序。

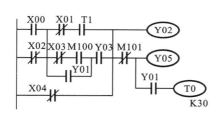

图 6-66　题 6-3 图

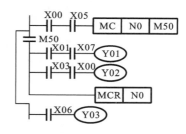

图 6-67　题 6-4 图

6-5　用栈指令写出图 6-68 所示的梯形图的指令程序。

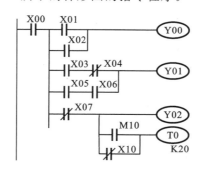

图 6-68　题 6-5 图

6-6　画出下列指令程序对应的梯形图。

(1)　LD　　　X00
　　　AND　　X01
　　　ORI　　X02
　　　AND　　X03
　　　ORI　　M100
　　　LD　　　X04

```
        AND     X05
        ORI     M101
        ANB
        OR      T1
        OUT     Y01
        END
(2)     LD      X00
        MPS
        LD      X01
        AND     X02
        ORI     X03
        ANB
        OUT     Y01
        MRD
        LD      X04
        ANI     X05
        LDI     X06
        AND     X07
        ORB
        ANB
        OUT     Y02
        MPP
        ANI     X10
        OUT     Y03
        LD      X11
        ORI     X12
        ANB
        OUT     Y04
        END
```

6-7　一动力滑台按一次工进的工作循环形式工作。其工作过程如下：

(1) 动力滑台在原位,按下启动按钮,接通电磁阀 YA1 和 YA2,动力头快进;

(2) 动力滑台压动行程开关 SQ1 后,接通电磁阀 YA1,动力头由快进转为工进;

(3) 动力滑台压动行程开关 SQ2 后,停止并延时 10 s;

(4) 延时时间到,接通电磁阀 YA3,动力滑台快退;

(5) 动力滑台退到原位停止。

试用可编程序控制器实现对动力滑台的控制,编出其程序。

6-8　液压动力滑台按两次工进工作循环形式工作,工作状态表如表 6-26 所示。试画出 PLC 外部接线图、顺序功能图,用步进指令设计梯形图程序。

表 6-26 工作状态表

工步	名称	转换主令	执行元件			
			YA1	YA2	YA3	YA4
0	原位	SQ1	−	−	−	−
1	快进	SB1	+	+	+	−
2	Ⅰ工进	SQ2	+	−	+	−
3	Ⅱ工进	SQ3	−	+	+	−
4	快退	SQ4	−	−	−	+

直流电动机调速系统

随着电力半导体器件的发展,机电传动与控制系统也有了较大的发展。早在 20 世纪 30 至 40 年代,人们普遍采用发电机-电动机组、汞弧整流器、电子闸流管、磁放大器、功率扩大机等设备对电能进行变换及控制。但由这些设备组成的变流装置存在着一些明显的缺点,比如,功率放大倍数低,响应速度慢,体积大,效率低,有噪声等等。1957 年,晶闸管的出现带来了机电传动的革命。20 世纪 70 年代以后,线性集成电路和数字信号处理技术的飞速发展,改善了电力半导体器件的电压、电流等级,提高了开关速度,各种高速、全控型的电力半导体器件先后问世,不仅使早期的变流技术再次焕发活力,而且电路更为简洁,形式更为新颖,使机电传动与控制领域具有全新的面貌,形成了一个广阔的市场。

由电力半导体器件与相应控制电路组成的变换器装置,以其功能来划分有下面六种类型。

(1)可控整流器 它把固定的交流电压(一般是电网上的工频 50 Hz 交流电)变成固定或可调的直流电压。其特点为无噪声、无磨损、响应快、效率高。如果受控的直流电压是直流电动机的电枢电压或激磁电压,则可方便地对直流电动机进行调速。现在已有统一规格的成套产品,广泛用在冶金、机械、造纸、纺织等行业。

(2)交流调压器 它把固定的交流电压变成可调的交流电压,较多地应用于灯光控制、温度控制,以及交流电动机的调速系统中。现在已开发出一种过零触发方式,实现了负载交流功率的无级调节。

(3)逆变器 它把直流电变成频率固定或可调的交流电。由它构成的不停电电源,可以在交流电网停电时,把蓄电池的直流电变为交流电,供某些不能断电的重要设备或部门使用。

(4)变频器 它把固定频率的交流电变成可调频率的交流电。冶炼、热处理中使用的中频电源,交流电动机的变频调速,都是变频器的应用领域。

(5)斩波器 它把固定的直流电压变成可调的直流电压。斩波器可使直流电动机的启动、调速、制动平稳,操作灵活,维修方便,并能实现再生制动,广泛用于城市电车、电力机车、铲车、电动汽车等车辆的调速传动上。

(6)电子开关 电力半导体器件常常工作在开关状态,因此它可以代替接触器、继电器用于频繁操作的场合。有的生产机械如机床等需要进行正、反转控制,开关次数频繁,有触点控制会产生磨损,寿命不长。由电子开关组成的无触点控制则反应快、无噪声、寿命长,逐渐有取代有触点控制的趋势。

当然,电力半导体器件在目前阶段仍存在着一些缺点,比如过载能力差,需要保护电路;某些工作状态下功率因数较低;产生的高次谐波会影响电网质量等。随着元件设计的改善,保护措施的加强，以及应用电路的改进，这些缺点正在逐渐被克服。

本章首先介绍常用功率半导体器件及由它们构成的一些基本电路，然后介绍直流调速系统。

7-1　电力半导体器件

以开关方式工作的电力半导体器件是现代机电传动技术的基础与核心，也是发展得最快的一种电力半导体器件，至今仍有不少新型元器件不断推出。本节较为详细地介绍晶闸管，也对其他器件作一般性的介绍。

一、晶闸管

晶闸管（VS）是硅晶体闸流管的简称，是一种可控制的硅整流元件，也称可控硅（SCR），是继晶体二极管、晶体三极管以后出现的第一种大功率半导体器件，在各类功率半导体器件中应用最广。晶闸管的出现也引发了现代机电传动技术的革命。

（一）晶闸管的工作特性

晶闸管的电路符号如图 7-1 所示，它有三个电极：阳极 A，阴极 K 和控制极（又称门极）G。作为一个开关元件，晶闸管怎样工作呢？现通过实验来说明，电路如图 7-2 所示。晶闸管的阳极通过一个灯泡和开关 S_1 与电源 E_a 连接，控制极 G 通过开关 S_2 与电源 E_g 相连。当 A 接 E_a 正端，K 接 E_a 负端时称晶闸管为正向偏置；当 A 接 E_a 负端，K 接 E_a 正端时称晶闸管为反向偏置；当控制极 G 接 E_g 正端时称晶闸管有正向控制电压，否则有反向控制电压。

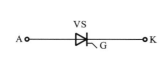

图 7-1　晶闸管电路符号

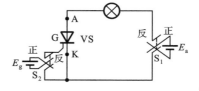

图 7-2　晶闸管工作特性测试电路

实验的步骤如下所述。

（1）晶闸管正向偏置，接反向控制电压时，灯泡不亮，说明晶闸管为关断状态。

（2）晶闸管反向偏置，接正、反向控制电压，灯泡都不亮，说明晶闸管仍然关断。

（3）晶闸管正向偏置，接正向控制电压时，灯泡亮，说明晶闸管为导通状态。

（4）晶闸管导通后，撤去控制电压或反接控制电压都不会使灯泡熄灭，说明晶闸管仍然导通，控制极失去控制作用。

（5）晶闸管导通后，把正向偏置电压降低到一定值，或断开或反向，灯泡熄灭，说明晶闸管关断。

以上实验说明，晶闸管具有可以控制的单向导电特性，当晶闸管正向偏置时，给以足够的控制电压（或电流）就可以使电流从阳极 A 流向阴极 K。给控制极加上适当正向电压的动作称为触发。一旦触发使晶闸管导通，控制极就失去了控制作用。当晶闸管重新反向偏置或者使流过的电流足够小时，晶闸管才能恢复关断。

为什么晶闸管具有这种特性呢？首先从它的结构来说明其工作原理。

（二）晶闸管的工作原理

晶闸管内部由四层半导体材料构成，它们分别为 P_1、N_1、P_2 和 N_2，组成三个 PN 结，如果假想中间有一条斜线把 P_2 和 N_1 划成两半，如图 7-3(a)所示，那么上面的 $P_1N_1P_2$ 可看作一个 PNP 型晶体管 T1，同样，下面的 $N_1P_2N_2$ 可看作一个 NPN 型晶体管 T2，其等效连接情况如图 7-3(b)所示。

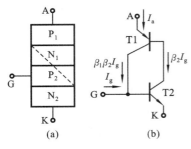

图 7-3　晶闸管工作原理

当晶闸管正向偏置时，T1 和 T2 也承受正向电压，如果此时在控制极加上正向电压产生电流 I_g，那么它就是 T2 的基极电流 I_{b2}，若该管电流放大倍数为 β_2，那么在集电极上产生电流 $I_{c2}=\beta_2 I_g$，而这个 I_{c2} 又恰是 T1 的基极电流 I_{b1}，这个电流再经过 T1 的放大作用产生更大的 T2 基极电流，如此循环下去，就形成强烈的正反馈而使两个晶体管均饱和导通，这就是晶闸管的工作原理及触发过程。

从以上双晶体管的模型中也可以看到，一旦晶闸管导通，即使撤去 I_g 或使 I_g 变负，也不能改变其导通状态。只有想办法使 I_a 减小到某一数值（为十几毫安）后，晶闸管才会退出导通而恢复关断，通常在 AK 间加上反偏电压来达到这一目的。

（三）晶闸管的伏安特性

晶闸管的阳极电压和阳极电流 I_a 的关系称为晶闸管的伏安特性，理想伏安特性如图 7-4(a)所示。晶闸管关断时，阳极 A 与阴极 K 之间有无穷大电阻，阳极漏电流为零，特性曲线与横轴重合；晶闸管导通时，阳极 A 与阴极 K 之间无压降，特性曲线与纵轴重合。而实际晶闸管的伏安特性如图 7-4(b)所示。

图 7-4　晶闸管伏安特性

当控制极触发电流 $I_g=0$ 时，晶闸管在正向偏置时会有很小的正向漏电流 I_a，随着正向偏置加大，I_a 也增大，达到正向转折电压 U_{BO} 时，I_a 会急剧增大，晶闸管从阻断转为导通，这种情况也称为正向击穿，属于非正常导通，使用时应避免这种情况发生。

如果在控制极上加上正向触发电流 I_g，晶闸管就会在较小的正向偏置时导通，I_g 越大，转折电压就越小，当 I_g 足够大时，一般只需 1.5 V 以上的正向偏置就可使晶闸管完全导通。正常工作时都利用这一段曲线，即先给一定的正向偏置，然后在控制极上加上足够的触发电压，使晶闸管在很小的转折电压下导通。

晶闸管导通后,只有当 I_a 小于维持电流 I_H 时,才会恢复到阻断状态。

晶闸管的反向伏安特性在第三象限,它是反向阳极电流与反向电压偏置的关系曲线。当反向偏置增加到某一数值(一般也是 U_{BO})时,晶闸管会因反向击穿而损坏。每种型号晶闸管的伏安特性,都可由实验测出。

(四) 晶闸管的主要参数

为了正确选择和使用晶闸管,需要了解和掌握晶闸管的一些主要参数及其意义。

(1) 额定电压　它是指晶闸管正、反向重复峰值电压,它是正、反向阻断状态能承受的最大电压,一般比转折电压 U_{BO} 小。使用时要考虑环境的温升及散热等因素,要留有裕量,取实际承受值的 2~3 倍。

(2) 额定电流　它是指晶闸管在规定的散热条件下,电流波形为正弦半波时允许通过的平均电流值。若 T 为周期信号的周期(单位为 s),则定义

平均电流

$$I_T = \frac{1}{T}\int_0^T i(t)\,\mathrm{d}t \tag{7-1}$$

电流有效值

$$I = \sqrt{\frac{1}{T}\int_0^T i^2(t)\,\mathrm{d}t} \tag{7-2}$$

同时定义这两个电流的比值为波形因素 K_f,即

$$K_f = \frac{I}{I_T} \tag{7-3}$$

例如,正弦半波的平均电流

$$I_T = \frac{1}{2\pi}\int_0^\pi I_m \sin(\omega t)\,\mathrm{d}(\omega t) = \frac{I_m}{\pi}$$

电流有效值

$$I = \sqrt{\frac{1}{2\pi}\int_0^\pi I_m^2 \sin^2(\omega t)\,\mathrm{d}(\omega t)} = \frac{I_m}{2}$$

因此波形因素

$$K_f = \frac{I_m}{2} \cdot \frac{\pi}{I_m} = 1.57$$

根据晶闸管额定电流的定义,对于流过晶闸管的电流,可以先求出电流有效值 I,然后求出晶闸管的额定电流:

$$I_T = I/1.57 \tag{7-4}$$

由于晶闸管过载能力差,故在实际选用时,一般取 1.5~2 倍的裕量。实际上使用下式来求晶闸管的额定电流:

$$I_T = (1.5 \sim 2)I/1.57 \tag{7-5}$$

式中:I 为实际通过晶闸管的电流有效值。

例 7-1　某电路中流经晶闸管的电流波形如图 7-5 所示,问应选用多大额定电流的晶闸管?

解　由图可知

$$i_A = 100\sin(\omega t), \quad \pi/3 \leqslant \omega t < \pi$$

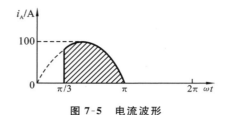

图 7-5　电流波形

因此电流有效值

$$I = \sqrt{\frac{1}{2\pi}\int_{\pi/3}^{\pi}100^2\sin^2(\omega t)\mathrm{d}(\omega t)}\,\mathrm{A} = 46\ \mathrm{A}$$

根据式(7-5),有

$$I_T = [(1.5 \sim 2)\times 46/1.57]\ \mathrm{A} = (45 \sim 60)\ \mathrm{A}$$

可选额定电流为 50 A 的晶闸管。

(3) 控制极触发电流和控制极触发电压　使晶闸管完全导通所需的最小控制极电流称为控制极触发电流,此时控制极对阴极的电压称为控制极触发电压。若触发电流太小,则容易受干扰而引起误触发;若触发电流太大,则会造成控制电路功率的负担,所以不同系列的晶闸管都规定了最大与最小触发电流、电压的范围。由于它们受温度影响很大,而元件铭牌上是常温下测得的数据,因此实际工作时应根据具体情况调整。

(4) 维持电流　它是指在室温下控制极断开时,晶闸管从较大通态电流降至刚好维持导通的最小阳极电流,一般为十几到一百多毫安。它与元件的 PN 结温度有关,温度越高,维持电流越小,而维持电流大的晶闸管更容易关断。

晶闸管的工作参数很多,可以查阅有关手册和产品铭牌,只是应该注意,这些参数都是在特定实验条件下测出的,如果自己检验时发现与所列参数不符,很可能是实验环境不同的缘故。

(五) 晶闸管的型号及其含义

国产晶闸管现在通常用两种命名标准,一种为 CT 型,另一种为 KP 型,它们的含义如下。

CT 型命名标准格式为

3CT 　□/□
　　　　d_1　d_2

3CT:普通型晶闸管。

d_1:额定电流。

d_2:额定电压。

例如 3CT50/500　表示额定电流为 50 A,额定电压为 500 V 的普通型晶闸管。

KP 型命名标准格式为

KP　□-□□
　　　d_1　d_2 d_3

K:晶闸管。

P：表示类型为普通型，可替换的字母有 S 表示双向型，G 表示可关断型，N 表示逆导型。

d_1：表示额定电流。

d_2：表示额定电压的等级，该数值乘以 100 为额定电压值。

d_3：表示通态电压的组别，若额定电流小于 100 A 则可不标出。

例如 KP100-12G，表示额定电流为 100 A，额定电压为 1 200 V，通态压降小于 1 V 的普通型晶闸管。

到目前为止，世界上普通晶闸管的最大额定电流可达 4 000 A，最大额定电压可达 7 000 V，导通压降在 1 000 V 额定电压时为 1.5 V，在 5 000 V 额定电压时也仅为 3 V。晶闸管除了继续向大电流、高电压方向发展以外，还不断推出一些具有特殊性能的晶闸管，例如快速关断晶闸管可以在几毫秒内关断；光控晶闸管可以用光信号触发，功率仅需 5 mW，而且它们的电压、电流等级也可以达到 4 000 V、3 000 A 左右。此外，双向、逆导等类型的晶闸管也不断问世，给用户广泛的选择。

二、其他电力半导体器件

晶闸管是电力半导体器件中的半控型器件，由于它具有大电流、耐高压的特点，因此在可控整流、交流调压、交-交变频等变流器中有着大量的应用。但在变流应用中，存在如何将器件关断的问题，为此必须附加强迫换流装置，使设备复杂、笨重，效率低。目前电力半导体已开发出具有可控制功能的全控型器件和功率集成电路。

1. 可关断晶闸管(GTO)

可关断晶闸管(GTO)的电路符号和伏安特性如图 7-6 所示。

可关断晶闸管和普通晶闸管一样，当控制极 G 有触发电流时，可关断晶闸管导通，电流 i_A 从 A 端流向 K 端。导通后控制极电流可以撤除。与普通晶闸管不同的是，可关断晶闸管还能被一个较大的负控制极电流关断，这个负电流可以仅维持几微秒，但要求幅度特别大，通常为额定电流的 1/5。

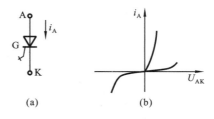

图 7-6　可关断晶闸管
(a) 电路符号；　(b) 伏安特性

与普通晶闸管相比，可关断晶闸管的通态压降稍高(2～3 V)，但开关速度更快，可以在 1 μs 内关断(普通晶闸管为 5～30 μs)。可关断晶闸管的电压和电流等级与普通晶闸管相近，由于它无须由电力电路强迫关断，因此成为一种很有发展前途的器件。目前主要用于自励式逆变器、斩波器、无功功率补偿装置、有源滤波器、直流断路器、激光电源、核聚变等离子加热电源、电能存储等各种逆变器中。

2. 大功率晶体管(GTR)

大功率晶体管是可在强电流和高电压情况下工作的晶体管，也称电力晶体管。它有 NPN 和 PNP 两种结构，NPN 晶体管由于易于制造而被广泛应用。

当基极电流足够大时，大功率晶体管导通而压降 U_{CE} 很小，一般只有 0.3～0.8 V，相当于开关闭合；当基极电流为零或反偏时，大功率晶体管截止，流过很小的漏电流，承受很高的电压，相当于开关断开。

与小容量晶体管相比，大功率晶体管的电流放大倍数较低，通常为 10 倍左右，高压器件

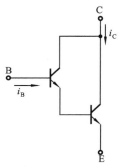

图 7-7　达林顿结构

中的电流放大倍数更低。因此,在大功率晶体管饱和导通时,需要很大的驱动电流。为了提高增益,常将两个甚至三个大功率晶体管复合连接,组成达林顿结构,如图 7-7 所示。这种大功率晶体管可提高电流增益,也称达林顿晶体管。随之带来的不足是导通压降比相同定额的单管高,大大增加了导通损耗,开关速度变慢。尽管如此,达林顿晶体管的开关速度仍可保持在几百纳秒到几微秒之间,电压等级为 1 400 V,电流等级为 300 A。

为了扩大晶体管容量和简化驱动电路,常常将晶体管做成模块结构形式。功率晶体管模块有两种形式:一种是把若干个晶体管芯片、续流二极管(FWD)芯片和内部电路组成一个单元,然后根据用途将一个或数个这样的单元封装在一个外壳内制成模块;另一种是用集成电路工艺将达林顿功率晶体管、续流二极管、加速二极管等集成在同一芯片上而做成模块,这类模块由于采用大面积单片集成工艺制作,因此在小型化和成本方面具有明显优势,是今后发展的方向。

在组成功率晶体管电路时,可采用达林顿形式也可用单管形式,根据使用者的需要来选用。它们的性能比较参考表 7-1。

表 7-1　单管与达林顿功率晶体管比较

项目/种类	单 管 形 式	达林顿形式
图形符号		（两级达林顿）
直流电流放大倍数 h_{FE}	低(10 左右)	高(100 左右)
集电极-发射极饱和压降 U_{CE}	低(0.4 V 左右)	高(两级达林顿时 1.3 V 左右)
开关速度	快(t_{on}:1 μs 以下,t_{off}:数微秒)	慢(t_{on}:数微秒,t_{off}:10~20 μs)

单管形式的功率晶体管饱和压降低,开关特性好,其缺点是放大倍数 h_{FE} 低,需要大的基极驱动电流。达林顿功率晶体管放大倍数 h_{FE} 大,基极驱动电流小。

3. 电力场效应晶体管(P-MOSFET)

前面介绍的大功率晶体管和可关断晶闸管属于电流控制型器件,而金属-氧化物-半导体场效应晶体管,简称 MOSFET 或 MOS 管,是电场控制型器件。它有三个电极:漏极 D,源极 S,栅极 G。它是利用半导体表面的电场效应,即用外加电压控制栅极(G)与半导体之间的电场来使半导体中感应电荷区产生变化,以此控制沟道电导的。场效应晶体管有 N 沟道和 P 沟道两种。电力场效应晶体管绝大多数做成 N 沟道增强型。

电力场效应晶体管和小功率场效应晶体管导电机理相同,但结构上有很大差别,且每个电力 MOS 管都是由许多(10^4~10^5)个小单元场效应管(FET)并联而成的。如图 7-8 所示,当栅极电压足够大(5 V)时,场效应晶体管完全导通,漏极电流 i_D 从漏极流向源极时,相当

于开关导通。当栅极电压小于门限电压 3～4 V 时，场
效应晶体管关断。

　　场效应晶体管的优点是开关速度高，功耗低。它
的开关速度只有几纳秒到几百纳秒，而在 $30 \sim 100$
kHz 的电路中，功耗与晶体管的功耗相当。缺点是容
量不太大，目前场效应晶体管的最高电压等级可达到
$1\,000$ V，额定电流在低电压时可达到 100 A，虽然只需
5 V 电压即可控制场效应晶体管，但最大栅极电压的
范围是 ± 20 V。

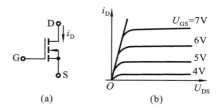

图 7-8　N 沟道场效应晶体管
(a) 电路符号；　(b) 输出特性

4. 复合电力半导体器件

　　近年来发展迅速的绝缘栅双极晶体管（IGBT）和金属氧化物可控晶闸管（MCT）是复合
电力半导体器件。复合电力半导体器件是一种双导电机制的器件，综合了大功率晶体管和
场效应晶体管的优良特性，具有较小的输入电流、较低的饱和压降和较高的耐压性。

　　绝缘栅双极晶体管是一种功率场效应晶体管（VDMOS）与双极晶体管组合的器件。其
电路符号、简化等效电路图和伏安特性如图 7-9 所示。它有三个电极：漏极 D，源极 S，栅极
G。有时也将 IGBT 的漏极称为集电极（C），源极称为发射极（E）。

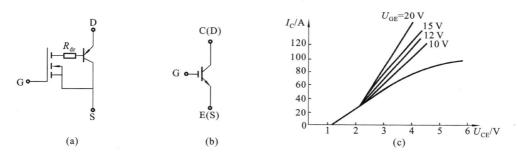

图 7-9　绝缘栅双极晶体管电路符号、简化等效电路和伏安特性
(a) 电路符号；　(b) 等效电路；　(c) 伏安特性

　　绝缘栅双极晶体管与大功率晶体管有相似的输出特性，有截止区、饱和区、放大区和击
穿区。在导通后大部分漏极电流（I_C）范围内，I_C 与 U_{GE} 呈线性关系。

　　绝缘栅双极晶体管没有二次击穿。但承受过流的时间通常仅为几微秒，对过流保护要
求很高。从图 7-9(c) 所示曲线可以看出，若 U_{GE} 不变，U_{CE} 将随 I_C 增大而增高，可用漏源电
压 U_{CE} 作为过流判别信号；若 U_{GE} 增加，则通态电压下降，导通损耗将减少。

　　新一代的绝缘栅双极晶体管（或称 IGHT），已能做到不使用缓冲电路，不必负压关断，
并联时能自动均流，短路电流可自动抑制，并且损耗不随温度增加而成正比增加。

5. 功率集成电路（PIC）

　　功率集成电路是电力电子技术与微电子技术相结合的产物。目前功率集成电路有两
类，即高压集成电路（HVIC）和智能功率集成电路（SPIC），它们已超出传统的"器件"的框
架，把功率开关器件、驱动、缓冲、保护、检测和传感等电路集成于一体。

　　高压集成电路已有 600 V 和 1 200 V 的产品，可用于 200～230 V（AC）和 460 V（AC）输
出的三相逆变器。在一个单片上集成有微控制器和三相绝缘栅双极晶体管功率级间接口必

需的电路。

智能功率集成电路的种类繁多,有以绝缘栅双极晶体管为基本功率开关元件构成的三相逆变器,集功率变换、驱动与保护于一体的专用模块。智能功率集成电路具有智能控制功能,能自动检测外部参量,调整运行状态,补偿外部参数的偏离;接受并传递控制信号的接口功能;能对器件过载、短路、过压、欠压或过热等非正常运行状态,进行调整保护,使功率器件工作于安全范围内。

7-2　可控整流电路

利用晶闸管可以组成各种可控整流电路,将交流电变换为直流电,以适应不同直流电动机调速、同步发电机励磁以及各种直流电源的要求。

可控整流电路的种类很多,有单相半波、全波、桥式整流,三相半波、全波、桥式整流。根据负载情况的不同,它们的定量分析也不同。这里只介绍其中一部分,分析电路工作原理,研究电压电流波形,计算有关电量的基本数量关系,从而了解它们的特点及应用范围。

在分析时假定晶闸管是理想元件,即导通时的压降和阻断时的漏电流都是可忽略不计的,且导通和阻断都在瞬间完成而不考虑任何延迟时间。

一、单相半波可控整流电路

单相半波电路只使用一个晶闸管,接线简单,调整容易,虽然实际上使用很少,但对理解整流电路的原理很有帮助。

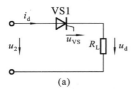

(a)

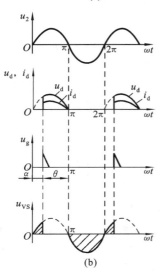

(b)

图 7-10　单相半波可控整流

(一)电阻性负载

图 7-10(a)所示为一个最简单的单相半波可控整流电路,R_L 为负载电阻,晶闸管 VS1 串联接到正弦交流电源 u_2。当 u_2 为正半周时,VS1 为正向偏置,若控制极触发脉冲 u_g 为零,VS1 处于正向阻断状态。若某一时刻有了 u_g,则 VS1 导通,R_L 上电压 u_d 与 u_2 相同,且有电流 i_d 流过。根据欧姆定理,有

$$i_d = \frac{u_d}{R_L} \quad (7\text{-}6)$$

波形如图 7-10(b)所示。晶闸管导通压降为零。

在 u_2 负半周,VS1 反向偏置,u_d 为零且 VS1 承受反向电压。

若第一个 u_g 在 $\omega t = \alpha$ 时到来,且在 $\omega t = 2k\pi + \alpha$ 时重复出现,这种过程就会重复循环下去。

在分析中有几个名词术语定义如下所述。

(1) 控制角 α　从晶闸管承受正偏到触发导通为止所对应的电角度。

(2) 导通角 θ　晶闸管在一个周期内与导通时间所对应

的电角度。在本电路中，$\alpha + \theta = \pi$。

（3）移相 改变 α 的大小称为移相。通过移相控制即可使输出电压 U_d 的平均值发生变化。

（4）移相范围 改变 α 使输出电压平均值从最小到最大的范围。本电路移相范围为 $0°$ $\sim 180°$。

（5）同步 使触发脉冲与电源电压保持频率和相位的协调关系称为同步。同步是使电路正常工作的必不可少的条件之一。

（6）换流 在多组晶闸管同时使用的整流电路中，由一组晶闸管导通改变为另一组晶闸管导通的过程称为换流，也称换相。

下面对半波可控整流电路做定量分析。

设输入电压为

$$u_2 = \sqrt{2}U_2\sin\omega t$$

在控制角为 α 时，输出电压平均值为

$$U_d = \frac{1}{2\pi}\int_\alpha^\pi \sqrt{2}U_2\sin\omega t\,\mathrm{d}(\omega t) = \frac{\sqrt{2}}{2\pi}U_2(1+\cos\alpha)$$
$$= 0.225U_2(1+\cos\alpha) \tag{7-7}$$

$\alpha = 0°$ 时，输出电压平均值最大，为 $0.45U_2$。

$\alpha = 180°$ 时，输出电压平均值为零。

负载上电压有效值为

$$U_L = \sqrt{\frac{1}{2\pi}\int_\alpha^\pi (\sqrt{2}U_2\sin\omega t)^2\,\mathrm{d}(\omega t)} = U_2\sqrt{\frac{1}{4\pi}\sin2\alpha + \frac{\pi-\alpha}{2\pi}} \tag{7-8}$$

由于是电阻性负载，回路电流的平均值 I_d 和有效值 I_L 很容易求出，即

$$I_d = \frac{U_d}{R_L} = 0.225\frac{U_2}{R_L}(1+\cos\alpha) \tag{7-9}$$

$$I_L = \frac{U_L}{R_L} = \frac{U_2}{R_L}\sqrt{\frac{1}{4\pi}\sin(2\alpha) + \frac{\pi-\alpha}{2\pi}} \tag{7-10}$$

晶闸管承受的最大反向电压为 $\sqrt{2}U_2$。

例 7-2 单相半波可控整流电路，$R_L = 10\ \Omega$，将交流 220 V 电源接入，$\alpha = 60°$，求输出电压平均值，电流有效值，并选用晶闸管。

解 根据式（7-7），输出电压平均值为

$$U_d = 0.225U_2(1+\cos60°)\ \mathrm{V} = 74.25\ \mathrm{V}$$

根据式（7-10），电流有效值为

$$I_L = \frac{220}{10}\sqrt{\frac{1}{4\pi}\sin(2\times60°) + \frac{180°-60°}{2\pi}}\ \mathrm{A} = 13.96\ \mathrm{A}$$

额定电流为

$$I_T = \left[(1.5\sim2)\times\frac{13.96}{1.57}\right]\ \mathrm{A} = 15\ \mathrm{A}$$

额定电压可选 500 V，因为晶闸管实际承受的反压为 $(\sqrt{2}\times220)\ \mathrm{V} = 311\ \mathrm{V}$。

(二) 电感性负载

当负载的感抗与电阻相比不可以忽略时称它为电感性负载,比如电动机的激磁线圈,为平滑波形而使用的电抗器都属于电感性负载。与电阻性负载显著不同的是电感具有阻挡电流变化的能力,使电流不能突变。为便于分析,把电感性负载中的电感与电阻分开,如图7-11所示。

当触发脉冲使晶闸管导通时,由于电感的作用,i_d 不能突变到 u_2/R,只能从零开始,这瞬间输出电压 $u_d = u_L = u_2$。然后电流才慢慢上升。

当外加电压 u_2 过零点时,电流也不能突变到零,这时电感电压 u_L 下正上负阻挡电流变化,同时给晶闸管提供一个正向偏置使晶闸管关断不了,输出电压 u_d 就变成负值(已假定晶闸管导通压降为零)。当电流 i_d 下降到某一值使电感中的电压与电源负压相等时,晶闸管才关断,电流 i_d 为零。从图中可以看出,$\alpha + \theta > \pi$。

因此,在半波可控整流电路带大电感负载时,晶闸管导通时间会延长,使负载上出现瞬时值的负电压,从而使负载上的平均电压和平均电流变小,严重时平均电压几乎为零,必须采取必要的措施避免这种情况出现,如在负载两端并联一个二极管(称为续流二极管),如图7-12所示。

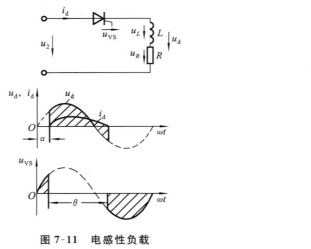

图 7-11　电感性负载

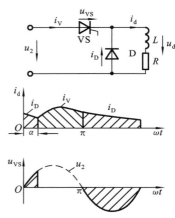

图 7-12　续流二极管的作用

当晶闸管导通时,二极管截止,负载流过的电流为 $i_d = i_V$。

当外加电压过零点时二极管马上导通,从而使晶闸管关断,负载与二极管形成回路,$i_d = i_D$。由于电感的作用,晶闸管导通时向 L 充电,晶闸管截止时,L 向 R 放电,只要 L 较大,电流 i_d 的波形就比较平滑,接近于一条水平线。

有了续流二极管以后,在晶闸管截止时,二极管导通,使输出电压为零。输出电压波形与电阻负载时的一样,电压平均值与控制角 α 的关系如式(7-7),晶闸管导通角 $\theta = 180° - \alpha$,也和电阻负载的一样。而不相同的是输出电流波形,虽然平均电流 I_d 仍然是输出平均电压的 $1/R$,但由两部分组成,从图 7-12 可以看到:

流过晶闸管的平均电流为

$$I_{dVS} = \frac{\theta}{2\pi} I_d \qquad\qquad (7-11)$$

流过二极管的平均电流为

$$I_{dV} = \frac{2\pi - \theta}{2\pi} I_d \qquad (7\text{-}12)$$

利用以上两公式可以选择晶闸管和二极管的电流等级。

二、单相桥式可控整流电路

单相半波整流输出电压的直流效果不好,因此,在小容量场合多数使用单相桥式可控整流电路。

(一) 电阻性负载

单相桥式可控整流电路及波形如图 7-13 所示,晶闸管 VS1、VS4 和 VS2、VS3 分别组成两个桥臂,由整流变压器供电,u_1 为初级电压,u_2 为次级电压,R 为负载电阻。

当 u_2 为正半周时,点 a 电位高于点 b 电位,VS1 和 VS4 正向偏置,VS2、VS3 反向偏置。当 $\omega t = \alpha$ 时同时给 VS1、VS4 加触发脉冲 u_g,则 VS1、VS4 导通。在此之前,两管各承受一半的正向压降,因此波形上有突变。导通后负载电流 i_d 经点 a、VS1、R、VS4 回到点 b,负载电压 u_d 与 u_2 波形相同,i_d 则与 u_d 有固定比例($i_d = u_d/R$)。当 u_2 下降到零时,i_d 为零,VS1、VS4 同时关断。

当 u_2 为负半周时,点 b 电位高于点 a 电位,VS2、VS3 正向偏置而 VS1、VS4 承受反压,若在 $\omega t = \pi + \alpha$ 时给触发脉冲,使 VS2、VS3 导通,那么负载电流 i_d 从点 b 经过 VS2、R、VS3 回到点 a,在负载上产生波形相同的 u_d。同样,当 u_2 过零点时,VS2、VS3 关断。此后只要触发脉冲在 $\omega t = k\pi + \alpha$ 时交替触发,整个过程就会循环下去。

晶闸管导通时压降为零,正向阻断时承受正向压降为 $\sqrt{2}U_2/2$,而反向阻断时承受反向压降为 $\sqrt{2}U_2$。

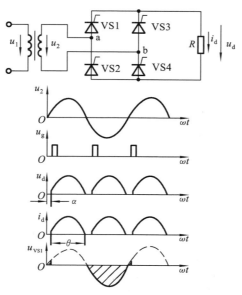

图 7-13　单相桥式可控整流电路及波形

设 $u_2 = \sqrt{2}U_2 \sin\omega t$，那么 R 两端的平均直流电压为

$$U_d = \frac{1}{\pi}\int_{\alpha}^{\pi} \sqrt{2}U_2 \sin\omega t\, \mathrm{d}(\omega t) = 0.45(1+\cos\alpha)U_2 \tag{7-13}$$

刚好是半波整流的两倍。

$\alpha = 0°$ 时，$U_d = 0.9U_2$ 为最大值；

$\alpha = 180°$ 时，$U_d = 0$ 为最小值。

所以该电路的移相范围为 $0° \sim 180°$。

输出直流平均值为

$$I_d = \frac{U_d}{R} = 0.45\frac{U_2}{R}(1+\cos\alpha) \tag{7-14}$$

输出直流电流有效值为

$$I_L = \sqrt{\frac{1}{\pi}\int_{\alpha}^{\pi}\left[\frac{\sqrt{2}U_2}{R}\sin\omega t\right]^2 \mathrm{d}(\omega t)} = \frac{U_2}{R}\sqrt{\frac{\sin 2\alpha}{2\pi} + \frac{\pi-\alpha}{\pi}} \tag{7-15}$$

由于两组晶闸管轮流导通，流过每个晶闸管的平均电流只是输出平均电流的一半，即

$$I_{dVS} = 0.225\frac{U_2}{R}(1+\cos\alpha) \tag{7-16}$$

但电流有效值

$$I_{VS} = \frac{U_2}{\sqrt{2}R}\sqrt{\frac{\sin 2\alpha}{2\pi} + \frac{\pi-\alpha}{\pi}} \tag{7-17}$$

变压器次级绕组电流有效值与负载电流有效值一样，负载电阻上的电压有效值为

$$U_L = IR = U_2\sqrt{\frac{\sin 2\alpha}{2\pi} + \frac{\pi-\alpha}{\pi}} \tag{7-18}$$

负载吸收有功功率为 $\qquad\qquad P = U_L I_L$

电源端的视在功率为 $\qquad\qquad S = U_2 I_L$

因此本电路的功率因数为

$$\cos\varphi = \frac{P}{S} = \sqrt{\frac{\sin 2\alpha}{2\pi} + \frac{\pi-\alpha}{\pi}} \tag{7-19}$$

当 $\alpha = 0°$ 时，$\cos\varphi = 1$ 为最大值；

当 $\alpha = 180°$ 时，$\cos\varphi = 0$ 为最小值。

实际上，对于电阻性负载，往往把图 7-13 中的 VS3、VS4 换成二极管。这种电路称为单相半控桥电路，是一种较常使用的电路。

(二)电感性负载

单相桥式可控整流电路接电感性负载如图 7-14(a)所示。当 u_2 为正半周时，在 $\omega t = \alpha$ 处触发 VS1、VS4，使之导通，由于电感的作用，电流 i_d 从原来的值开始上升。当 u_2 过零点时，i_d 已有下降趋势，u_2 下正上负，维持 VS1、VS4 继续导通。如果电感量较小，那么只要将电感中原来建立的磁场能量消耗到电阻 R 上，i_d 就可回到零值使 VS1、VS4 关断。若电感量较大，那么储能较多，电流则会一直维持到 $\omega t = \pi + \alpha$ 时触发 VS2、VS3 导通，强迫 VS1、VS4 承受反压而关断。这种情况下导通角 $\theta = \pi$，电流连续脉动，近似为矩形波（电流

变化不大,也可保证在 $\omega t=\pi+\alpha$ 时可靠地触发 VS2、VS3)。大电感负载的波形如图 7-14 (b)所示。

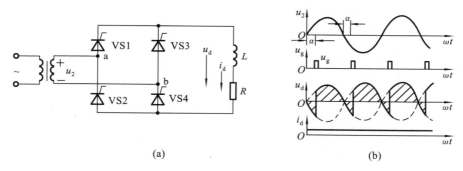

图 7-14　单相桥式整流带大电感负载

由上面的分析可知,带大电感负载时,输出电压平均值为

$$U_d = \frac{1}{\pi}\int_\alpha^{\alpha+\pi}\sqrt{2}U_2\sin\omega t\,\mathrm{d}(\omega t) = \frac{2\sqrt{2}}{\pi}U_2\cos\alpha = 0.9U_2\cos\alpha \qquad (7\text{-}20)$$

当 $\alpha=0°$ 时,$U_d=0.9U_2$ 为最大值;

当 $\alpha=90°$ 时,$U_d=0$ 为最小值。

这是正、负半周电压相等而相互抵消的缘故,若 $\alpha>90°$,甚至会使 u_d 出现负值,这就是逆变工作状态。因此,本电路用作整流电路时,移相范围为 $0°\sim90°$。

负载平均电流为

$$I_d = \frac{U_d}{R} = \frac{0.9U_2}{R}\cos\alpha \qquad (7\text{-}21)$$

由于两组晶闸管轮流导通,导通角为 π,因此平均电流和电流有效值分别为

$$I_{dVS} = \frac{1}{2}I_d = \frac{0.45U_2}{R}\cos\alpha \qquad (7\text{-}22)$$

$$I_{VS} = \sqrt{\frac{1}{2\pi}\int_\alpha^{\alpha+\pi}I_d^2\,\mathrm{d}(\omega t)} = \frac{0.9U_2}{\sqrt{2}R}\cos\alpha \qquad (7\text{-}23)$$

变压器次级电流有效值为

$$I_2 = \sqrt{\frac{1}{\pi}\int_\alpha^{\alpha+\pi}I_d^2\,\mathrm{d}(\omega t)} = I_d = \frac{0.9U_2}{R}\cos\alpha \qquad (7\text{-}24)$$

由于 i_2 是正负对称的矩形波,且与 u_2 波形有 α 的相移,因此电网将产生较强的谐波分量。

在有些应用场合不需工作在逆变状态而需增加输出电压平均值,也在负载两端并联一个续流二极管。在图 7-14 中,可把 VS3、VS4 换成二极管 D1、D2,组成半控桥电路,这时 D1、D2 可以作为续流二极管,无须再加续流二极管。

(三) 反电动势负载

蓄电池、直流电动机等负载具有一定的电动势,对于可控整流电路来讲,它们是一种反电动势负载,接线图及波形如图 7-15 所示,其中 R 为反电动势的内阻。对于反电动势负载,只有 u_2 的瞬时值大于反电动势 E 时,晶闸管才可能触发导通,当 $u_2<E$ 时晶闸管承受反压而阻断。

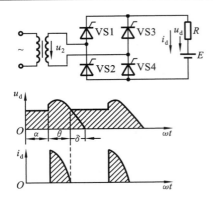

图 7-15　反电动势负载接线及波形

导通时,输出整流电压 $u_d = E + i_d R$,阻断时 $u_d = E$。平均整流电压值 u_d 很高但平均整流电流较小,i_d 出现断续使波形因数 K_f 增加。这种电流波形会使直流电动机的机械特性变软,换相时也会产生火花;晶闸管的工作条件变差,必须降低额定电流使用,电源端容量增大,功率因数降低。

为了克服这些缺点,常常在回路中串联电抗器以平稳电流的脉动。有了大电感的电抗器以后,整流电路的工作情况类似于大电感负载,输出电压和输出电流的脉动量都很小。

三、三相桥式可控整流电路

当负载容量超过 4 kW,或者要求直流电压的脉动较小时,一般可采用三相整流电路。通常从工频的三相变压器上获得三相电源,其中变压器原边接成三角形以减少三次谐波分量,副边则接成星形。

(一) 电阻性负载

三相桥式可控整流带电阻性负载的电路如图 7-16(a)所示。它由六个晶闸管组成,VS1、VS3、VS5 为共阴极组,VS2、VS4、VS6 为共阳极组。

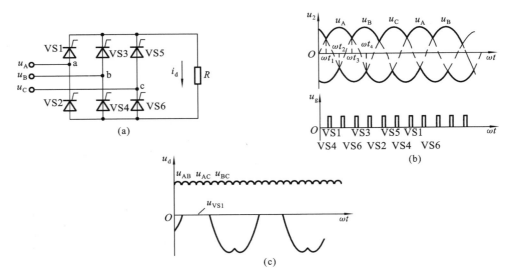

图 7-16　三相桥式整流电路带电阻性负载

在图 7-16(b)所示的相电压波形中,把 $\omega t_1, \omega t_3, \cdots$ 称为上半周自然换相点,在换相点处,各相电压依次为最高,而把 $\omega t_2, \omega t_4, \cdots$ 称为负半周自然换相点,各相电位依次为最低。图中可以看出,自然换相点的间隔为 60°。

晶闸管触发导通的原则是:共阴极组的晶闸管,阳极电位最高的即可触发导通;共阳极组的晶闸管,阴极电位最低的即可触发导通。设开始时 VS4 已导通。

在 ωt_1 时,A 相电位最高,触发 VS1,负载电流 i_d 经 VS1、R、VS4 流回,其他晶闸管由于反偏而阻断,负载电压为 $u_d = u_{AO} - u_{BO} = u_{AB}$,即得到线电压 u_{AB} 的波形。

在 ωt_2 时,C 相电压最低,触发 VS6,故 VS1、VS6 导通,负载得到 u_{AC},VS4 由于反偏而关断。

在 ωt_3 时,B 相电压最高,C 相电压最低,触发 VS3,使 VS3 和 VS6 导通,负载得到 u_{BC} 等。

以此类推,负载电压由每周期的 6 个脉动直流电压组成,它们的平均电压为

$$U_d = \frac{6}{2\pi} \int_{\pi/3}^{2\pi/3} \sqrt{2} U_{AB} \sin\omega t \, \mathrm{d}(\omega t) = 1.35 U_{AB} = 2.34 U_{AO} \tag{7-25}$$

式中:相电压 U_{AO} 与线电压 U_{AB} 的关系为

$$U_{AB} = \sqrt{3} U_{AO} \tag{7-26}$$

从上面的分析中可以看到以下几点。

(1)三相桥式整流电路必须有一个共阴极组和一个共阳极组的晶闸管同时导通,才能形成输出回路。

(2)各晶闸管的触发循环次序为 VS1→VS6→VS3→VS2→VS5→VS4→VS1,一旦某个晶闸管导通,其导通角 $\theta = 120°$。

(3)为了保证每一阶段都有两个晶闸管同时导通,必须对这一对晶闸管同时发触发脉冲。常用的办法是,当给一个晶闸管发脉冲时,同时给循环次序的前一个晶闸管补发一个脉冲。比如触发 VS1 时,同时补一个脉冲给 VS4,保证这两个晶闸管在 60° 间隔内同时导通。

(4)当 VS1 和 VS4 导通时,VS3 上承受的反压为 $\sqrt{2} u_{ab}$,所以每个晶闸管承受的反压是变压器副边的峰值线电压。

在自然换相点触发相当于 $\alpha = 0°$,若 $\alpha \neq 0°$ 也可以按上面思路分析。从以上分析可得出如下结论:

当 $\alpha \leqslant 60°$ 时,负载电压仍然连续,平均电压为

$$U_d = 2.34 U_{AO} \cos\alpha \tag{7-27}$$

当 $60° < \alpha \leqslant 120°$ 时,线电压过零变负时会关断已导通的晶闸管,因此,输出电压和电流波形不再连续,$\theta = 120° - \alpha$,输出平均电压为

$$U_d = 2.34 U_{AO} [1 + \cos(\pi/3 + \alpha)] \tag{7-28}$$

当 $\alpha > 120°$ 时,相当于线电压变负后才给触发脉冲,故没有一个晶闸管能够导通,输出电压为零,因此三相桥式整流控制角的移相范围是 $0° \sim 120°$。

(二)大电感负载

从单相整流电路中可知,当有大电感负载时,负载电流 i_d 近似为直线,而输出电压在某些情况下由于无法关断而波形不同。可以想象,当 $\alpha = 0°$ 时,大电感负载的输出电压波形和电阻负载一样,而当 $\alpha \neq 0°$ 时,情况则不太一样。图 7-17 所示为大电感负载且 $\alpha = 30°$ 时的电路及各部分波形,下面结合电路分析负载的工作情况。

假定 VS4 已导通,在自然换相点以后的 $\alpha = 30°$ 处触发 VS1,由于 VS1 和 VS4 导通,输出电压为 u_{AB};过 60° 再触发 VS6(注意已不在自然换相点上),输出电压为 u_{AC},本来再过 30° 时是 B 相的自然换相点,但由于没有触发脉冲,VS3 仍然关闭,输出电压也依然是 u_{AC},直到

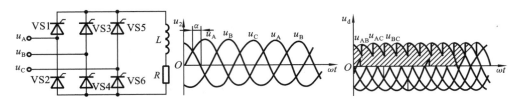

图 7-17　大电感负载且 $\alpha=30°$ 时的电路及各部分波形

再过 30°触发 VS3,VS1 才因反压而关断,输出 u_{BC}。由于移相,输出电压的平均值减小。此时 VS1 承受的反压波形如图 7-17 所示。

当 $\alpha>60°$ 时,线电压瞬时值变负,由于电感释放能量,电流仍维持原方向,导通的晶闸管仍然导通,从而输出电压平均值进一步减小;当 $\alpha=90°$,输出的正、负电压相等,平均电压为零。因此,三相桥式整流对大电感负载的移相范围为 0°~90°。且可算出平均电压为

$$U_d = 2.34U_{AO}\cos\alpha \tag{7-29}$$

其他电流平均值、有效值也可依次算出。

三相桥式整流的优点是 U_d 与变压器副边电压 U_{AB} 的比值较高,电压脉动较小。若要求输出电压 220 V,交流侧的线电压只要 163 V,考虑晶闸管压降也只要 180 V 左右,这时每个晶闸管承受最大反压为 $(\sqrt{2}\times180)$ V=255 V,选用 400 V 等级的耐压元件就大约有一倍的裕量。因此三相桥式整流在中、大容量场合得到广泛应用。

四、晶闸管触发电路

晶闸管从阻断到导通,除了要求正向偏置以外,还要在控制极上加上足够功率的电压和电流,这由触发电路完成。根据晶闸管的特性,这个触发信号可以是交流的、直流的,也可以是脉冲形式的,为了减少控制极损耗和简化触发电路,几乎无一例外地采用脉冲触发。

(一) 对触发电路的基本要求

(1) 触发电路必须能够提供足够的电压和电流。晶闸管的产品说明书上已有详细要求,为保险起见,考虑到环境温度的变化、工作条件的差异,一般触发电路送出的实际触发电压和电流都要稍大于规定的电压、电流值。

(2) 触发脉冲应有一定的宽度,前沿尽可能陡,应使脉冲消失以前晶闸管的阳极电流能迅速上升而维持导通。

一般晶闸管对于电阻负载,开通时间为 6 μs,要求脉冲宽度大于 10 μs;对于电感负载,开通时间为 100 μs,脉冲宽度应达到 1 ms,这相当于 50 Hz 正弦波的 18°。

(3) 触发脉冲必须与主电路电源同步。一般做法是让触发电路的变压器原边与主电路使用同一电源。

(4) 脉冲的移相范围必须满足整流电路的要求。如三相桥式整流在电阻性负载时,触发电路应可以移相 120°,在大电感负载时,触发电路应能移相 90°。

此外,还应要求触发脉冲动态响应快,受温度影响小,抗干扰能力强,经济、可靠、体积小等。

（二）单结晶体管触发电路

1. 单结晶体管(UJT)

单结晶体管的电路符号及伏安特性如图 7-18 所示。其中 b_1、b_2 为两个基极，e 为发射极。从电原理来看，它可以等效为一个 PN 结和两个电阻的组合。中间有节点 A，不同的单结晶体管有不同的分压比。分压比为

$$\eta = \frac{R_{b1}}{R_{b1} + R_{b2}} \tag{7-30}$$

开始时给 $b_2 b_1$ 间一个固定电压 U_{BB}（b_2 高），那么

$$U_A = \eta U_{BB} \tag{7-31}$$

设 PN 结正向压降为 U_D，且设

$$U_P = \eta U_{BB} + U_D$$

发射极 e 上外加正向电压为 U_E。当 $U_E < U_P$ 时，不导通，$I_E = 0$；当 $U_E \geqslant U_P$ 时，PN 结导通，I_E 增加，使大量空穴载流子进入第一基极 b_1 与电子复合，造成 R_{b1} 迅速减小，U_A 急剧减小从而 I_E 继续增大，U_E 不断下降，呈现负阻特性，很快达到伏安特性点 V 处的状态。在此以后，R_{b1} 不再显著变化，I_E 随 U_E 增加而增加。

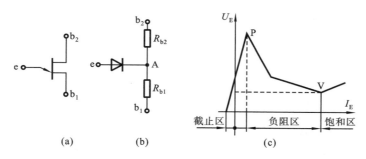

图 7-18　单结晶体管

（a）电路符号；　（b）电路结构；　（c）伏安特性

图 7-18(c)中，点 P 称为峰点，点 V 称为谷点，它们把整个伏安特性分成三部分：截止区、负阻区和饱和区。当 $U_E < U_P$ 时，单结晶体管截止，$I_E \approx 0$。当 $U_E > U_P$ 时，单结晶体管导通，I_E 迅速增加，U_E 迅速下降，由于负阻的特点，这个过程很快可以完成。到达饱和区以后，I_E 随 U_E 的上升而增加。

不同单结晶体管的 η、U_P、U_V 都不同，大致范围是 $\eta = 0.35 \sim 0.8$，U_P 在 12V 左右，U_V 为 4V。U_V 是维持 I_E 的最小电压，当 $U_E < U_V$ 时管子截止。

2. 单结晶体管触发原理

利用单结晶体管的伏安特性可以组成如图 7-19 所示的电路。设电路接通以前，电容上电压为零。电路接通后，电源经过 R 向电容 C 充电，使 u_C 逐渐升高，当 $u_C = U_P$ 时，e、b_1 导通，电容上的电压经过 R_1 放电，在 R_1 上输出一个脉冲电压。当放电到 $u_C < U_V$ 时单结晶体管截止，然后电容重新充电，重复以上的过程。这样就在电容两端形成锯齿状电压，而在点 b_1 获得脉冲电压输出。

本电路锯齿波的周期主要由充电电路的时间常数决定，也与分压比 η 有关，近似地

$$T = RC\ln\left(\frac{1}{1-\eta}\right) \qquad (7\text{-}32)$$

改变 R 的值就可以调整触发时间,达到移相目的。但 R 太小时 I_E 会加大,单结晶体管会因电流大于谷点电流而无法关断,所以要串联一个电阻。

触发脉冲的宽度则由放电时间常数决定,改变 R_1 的值,就可以改变脉冲的宽度。

例 7-3 单结晶体管电路如图 7-19 所示,$\eta = 0.6$,为获得 800 Hz 的锯齿波,R 应为多少?脉冲宽度为多少?

解
$$T = \frac{1}{800} \text{ ms} = 1.25 \ \mu\text{s}$$

根据式(7-32),有

$$R = \frac{T}{C\ln\left(\frac{1}{1-\eta}\right)} = \frac{1.25 \times 10^{-3}}{0.22 \times 10^{-6}\ln 2.5} \text{ k}\Omega = 6.2 \text{ k}\Omega$$

此时脉冲宽度为
$$R_1 C = 100 \times 0.22 \times 10^{-6} \text{ s} = 22 \ \mu\text{s}$$

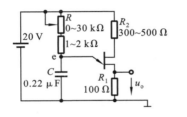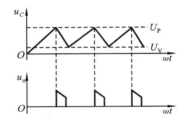

图 7-19　单结晶体管电路

3. 单结晶体管同步触发电路

以上讨论的电路是不能直接用于晶闸管整流装置的,因为触发信号要与主电路同步。图 7-20 所示的电路包括了同步的处理。

变压器 TM 与主电路采用同一电源,整流后用稳压二极管提供单结晶体管的直流电压。当 u_W 过零时电容器停止充放电,回到原始状态,因此,可以保证正弦波的每半个周期单结晶体管都从头开始。调整 R 可以改变锯齿波频率,虽然在每半个周期可以产生多个脉冲,但只有第一个脉冲真正触发主电路的晶闸管,因为晶闸管一旦导通再给脉冲也不起作用了。另外,触发脉冲同时送到两个晶闸管,每次也只有一个起作用,因为只有当时承受正向偏置的晶闸管才有条件导通。有关各部分波形如图 7-20 所示。

(三) 集成触发电路

单结晶体管触发电路接线简单,调整容易,但线性度差,功率小,只适合中小容量的场合。实用中还有许多其他类型的由分立元件组成的触发电路,然而使用得最广泛的还是单片集成触发电路,它可以满足晶闸管在不同领域里的各种应用,而且调试方便,体积小,成本低,例如美国产品 TCA700、国产元件 KC01 等。

集成触发电路的方框图如图 7-21(a)所示,在同步变压器 TM 后面是一个锯齿波发生器,它所产生的电压波形如图 7-21(c)所示。把它和控制电压 U_c 同时送入比较器比较,就

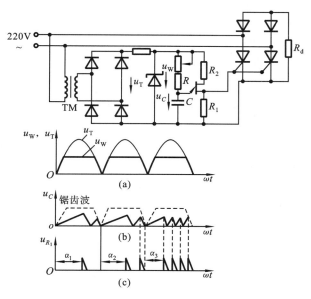

图 7-20 单结晶体管同步触发电路

可以求出控制角 α。图中可见控制角 α 与控制电压 U_C、锯齿波最大电压 u_{st} 之间的函数关系式为

$$\alpha = 180° \frac{U_C}{u_{st}}$$

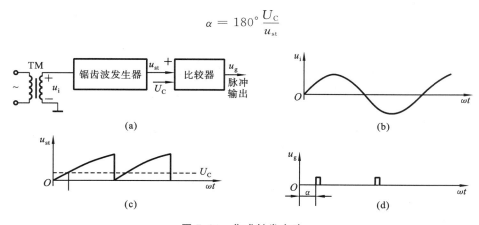

图 7-21 集成触发电路

这种集成触发电路只需少量外围元件即可调整锯齿波的斜率,控制电压 U_C 的大小。所以移相的线性程度很好($\pm 1\%$),移相范围大($10° \sim 180°$),脉宽可调($0.1 \sim 3$ ms),抗干扰能力也很强。

7-3 逆变与脉宽调制

整流电路能把交流电转换为直流电,与这种转换相反的过程即把直流电转换为交流电的过程称为逆变。逆变电路有两种,一种为有源逆变,另一种为无源逆变。区别在于前者将直流电变成交流电以后回馈到交流电网,而后者则将交流电送给负载。

晶闸管控制的电力机车,整流后的直流电压驱动电动机运行,当机车下坡时,直流电机作为发电机运行,这时由它产生的电能要送回电网;又如正在运行的直流电动机,为了让它迅速制动,也可让它作为发电机来制动,产生的电能也要回送电网。这些是有源逆变的例子。

在交流电动机调速、不停电电源等应用场合,都采用直流电源供电,当需要时,要把直流电变成频率可变的交流电供负载使用,这些是无源逆变的例子。本节将介绍逆变电路的原理及简单的分析计算,为以后的直流和交流传动打下基础。

一、有源逆变电路

交流和直流,整流和逆变,在晶闸管电路中是相互联系并能相互转化的。从下面的分析可以看到,同一个晶闸管电路,既可以整流,又可以逆变。

图 7-22(a)所示的单相桥式逆变电路既可作整流,也可作逆变,实际上是上节介绍过的单相全控桥,带反电动势负载,并有平波电抗器。

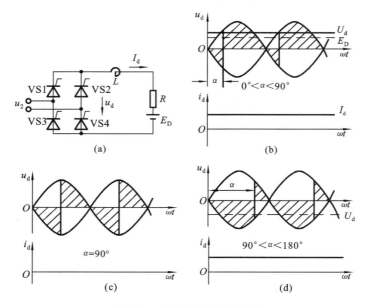

图 7-22　单相变换器及波形

1. 整流工作状态($0° < \alpha < 90°$)

当 $0° < \alpha < 90°$ 时,只要在 $u_2 > E_D$ 时触发 VS1、VS4,两晶闸管就导通,由于电抗器的作用,u_2 变负时,仍可由 u_L 维持导通,导通角 $\theta = 180°$,整流后平均电压 $U_d > E_D$,电流波形由于回路电感较大而近似为一条水平线,且有 $I_d = (U_d - E_D)/R$,一般 R 较小,电路经常工作在 $U_d \approx E_D$ 的条件下。如果 U_d 增加,引起 I_d 增加,电动机会加速,因而反电动势 E_D 也会增加,重新达到 $U_d \approx E_D$ 这个条件;反之,若 U_d 减小,I_d 下降,电动机也会降速。整流状态的波形如图 7-22(b)所示。

2. 中间状态($\alpha = 90°$)

如果在 u_2 为最大值($\alpha = 90°$)时触发晶闸管,则输出电压 U_d 的正、负面积相等,因而平均电压为零,$I_d = 0$,电动机也就停止运行了。但这只是理想情况,实际上电阻 R 不可能为零,平波电抗器也会有损耗,它们使 I_d 不为零,I_d 断续,U_d 也断续,平均值很小,电动机缓慢爬行。理想中间状态的波形如图 7-22(c)所示。

3. 逆变工作状态($90°<\alpha<180°$)

当 $\alpha>90°$ 时触发晶闸管,那么负载整流电压 u_d 的负面积比正面积大,平均电压为负值,如图 7-22(d)所示。这时如果改变电动机的反电动势极性(使电动机作为发电机运行)且 $E_D>U_d$,那么电流方向不变,$I_d=(E_D-U_d)/R$,电动机输出功率,向电网回馈能量,实现了有源逆变。

由此看来,产生有源逆变应具备三个条件:第一,整流后的平均电压为负值;第二,反电动势极性要相反(直流电动机在发电机状态);第三,反电动势值应大于 U_d。为了防止电流过大,逆变时也应满足 $E_D\approx U_d$ 这个条件,通过调节控制角 α 是可以做到这一点的。

为方便起见,通常还引入一个参数 β,称为逆变角,规定

$$\alpha+\beta=180° \tag{7-33}$$

这样 $\alpha=135°$ 时,$\beta=45°$;$\alpha=180°$ 时 ,$\beta=0°$。$\beta=0°$ 时的逆变称为全逆变,它输出的负值电压最大,然后沿时间轴向左计量 β 的大小,理论上单相桥式电路的逆变角范围在 $0°\sim90°$。逆变时输出电压平均值为

$$U_d=-U_{dmax}\cos\beta \tag{7-34}$$

式中:U_{dmax} 为 $\alpha=0°$ 时的最大整流平均值。对于单相桥式电路,按式(7-20),有

$$U_{dmax}=0.9U_2$$

从电路上看,整流-逆变的变换只是控制角 α 的变化,但要求直流侧反电动势的极性必须随之改变。有些工作机械,如卷扬机,提升货物时电动机正转,作电动机运行;放下货物时电动机反转,作发电机运行,极性会自动改变。有些机械如电力机车,上坡下坡时电动机转向并不改变,这时需采取措施使之反电动势极性相反,如将励磁电流反向等。

使用六个晶闸管的三相桥式电路也可以用作逆变,只要工作时满足有源逆变的三个条件。它的工作原理与单相桥式相同,而逆变时输出的负电压为

$$U_d=-1.35U_{AB}\cos\beta=-2.34U_{AO}\cos\beta$$

式中:U_{AB}、U_{AO} 分别为交流侧线电压、相电压有效值。整流与逆变状态的转换也是在 $\alpha=90°$ 处,每个晶闸管导通角为 $\theta=120°$。

在整流电路中如果触发脉冲有失误,例如丢失脉冲或移相超出范围,其后果最多只是没有电压输出,造成电流中断。但在逆变状态下如果触发脉冲失误就会造成逆变失败。这时整流侧的负电压不会出现,电流将急增,造成器件损坏。

为了保证逆变正常工作,除了选用可靠的触发电路使之不丢失脉冲以外,还要对逆变角的最小值 β_{min} 作一个限制。要考虑晶闸管关断有延迟时间,同时要考虑交流侧变压器的漏感使电流换相不能马上进行,总之要留出一定时间来完成换相,这个时间就对应着 β_{min}。一般取 $\beta_{min}=30°$。同样,当使用晶闸管驱动正反转直流电动机时,对控制角 α 也有限制,且取 $\alpha_{min}=\beta_{min}$。

二、无源逆变电路

无源逆变电路可以把直流电转换成频率可变或频率固定的交流电,这在实际中是经常用到的。例如,人造卫星的供电系统由蓄电池和光电池组成,它们都提供直流电,为了给使用交流电的仪器设备供电,就要采用逆变电路。再如,工业、医疗设备都使用交流电,停电时会产生事故,这时就可以采用由蓄电池供电的应急电源,在断电的瞬间由逆变电路继续提供

交流电。另外,现在广泛使用的交流电动机变频调速,也用到无源逆变电路。

在整流电路中,晶闸管可以利用交流侧电压过零点而自行关断,而在无源逆变中,负载侧因晶闸管的通、断而产生交流电,关断晶闸管需采取另外的措施。

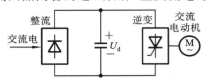

图 7-23　交流电动机驱动框图

作为无源逆变电路的一个例子,如图 7-23 所示的是交流电动机驱动框图。首先从电网输入交流电,一般用二极管整流滤波后获得直流电压 U_d,然后进行逆变,得到交流电压后驱动感应电动机。逆变电路应满足电动机拖动时频率和电压大小可变的要求。

为了方便理解无源逆变的概念,可先考虑一个单相逆变器,方框图如图 7-24(a)所示。直流电压经过逆变、滤波,输出电压 u_o 波形近似为正弦波。如果把它应用到一个感性负载(如电动机)上,电流就会滞后电压 φ 角,如图 7-24(b)所示。在区间 2,i_o、u_o 为正,瞬时功率 $p=u_o i_o$ 从直流电侧传递到交流电侧,为正常的逆变状态。在区间 4,也是逆变状态。但在区间 1 和 3,电压电流符号相反,瞬时功率从交流电侧传递到直流电侧,这是整流工作状态。因此,满足负载要求的逆变电路必须能在由 u_o、i_o 组成平面上的四个象限内工作,如图 7-24(c)所示。桥式电路是能满足这种工作在四象限的要求的。

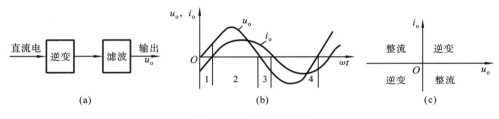

图 7-24　单相逆变器

三、脉宽调制技术

在许多实际应用场合,会有一些特殊的要求,比如:

(1)在开关型直流电源中,要求保持输出电压的稳定,不随输入和负载的变化而变化;

(2)在直流电动机调速中,要求输入的直流电压可以调节,这种要求在直流-直流变换器中也存在;

(3)在交流电动机调速中,要求交流电压和频率之比保持为一个常数;

(4)要求在输出波形中消除高次谐波。

这些要求可以在逆变器中采用脉宽调制技术来实现。脉宽调制技术也简称 PWM 技术,它实际上是给某些相同的电路提供不同的控制信号,产生不同的占空比。为了产生 PWM 的控制信号,目前已有许多专用芯片,只要加上少量外围元件即能满足要求,这不仅简化了设计,而且增加了可靠性,降低了成本,应用越来越广。

PWM 技术的原理如图 7-25 所示。实际上,它就是晶体管单相逆变器。在这种电路中只要提供不同的晶体管控制信号,就可以实现不同要求的电压输出。

这个电路由 a、b 两个桥臂组成,每个桥臂上有两个晶体管和两个反并联的二极管。晶体管被认为是理想开关元件,关断可以瞬时完成。

应该注意到,只要每个桥臂上的两个晶体管不同时关断,输出电流 i_o 就一定连续。因此由晶体管的开关状态就可以唯一地确定输出电压。例如,点 a 到地的电压为 u_{ao},它可以由 T1 的状态决定:当 T1 导通时,若 i_o 为正,说明 i_o 流过负载;如果 i_o 为负,将由 D1 传导 i_o,无论 i_o 是正是负,点 a 电压都和 U_d 相同。若 T1 导通,T2 关断,即 $U_{ao}=U_d$;类似地,若 T1 关断,T2 导通,那么有 $U_{ao}=0$。

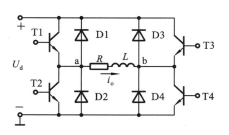

图 7-25　PWM 技术的原理

这表明,u_{ao} 只与桥臂 a 上晶体管的状态有关。因此在一个开关频率的时间周期 T 中,桥臂 a 输出电压的平均值就只取决于输入电压 U_d 和 T1 的占空比 ρ_{T1},即

$$U_{ao} = (U_d \cdot t_{on} + 0 \cdot t_{off})/T = U_d\rho_{T1}$$

式中:t_{on} 和 t_{off} 分别表示 T1 的通、断时间。占空比定义为一个周期内导通时间与周期之比 t_{on}/T。

同样,可以推导出桥臂 b 电压输出平均值为

$$U_{bo} = U_d\rho_{T3}$$

整个电路的输出电压平均值 $U_{ab}=U_{ao}-U_{bo}$,即可以通过晶体管的占空比来控制而与负载电流的大小及方向无关。改变占空比,即可改变输出电压,这就是脉宽调制的基本思路。根据输出电压的不同,它常用以下三种类型。

(1) 双极性 PWM　其输出电压大小和极性可变。

(2) 单极性 PWM　其输出电压大小可变。

(3) 正弦型 PWM　其输出电压近似为正弦波。

(一) 双极性 PWM

在双极性 PWM 中,把四个晶体管分成两组(见图 7-25),第一组为 T1 和 T4,第二组为 T2 和 T3,每组晶体管同时通或断,而且总有一组晶体管处在导通状态。它们的基极驱动信号是由一个幅值为 U_c 的参考电压信号和一个幅值为 U_t 的三角波电压信号 $u_\triangle$ 进行比较而产生的。

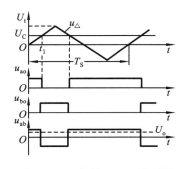

图 7-26　双极性 PWM 波形图

如图 7-26 所示,设 $U_c > u_\triangle$ 时,第一组导通;否则,第二组导通。取 $t=0$ 为时间起点,很明显

$$u_\triangle = U_t \frac{t}{T/4}, \quad 0 \leqslant t < \frac{T}{4}$$

在 $t=t_1$ 时,$u_\triangle=U_c$,因此

$$t_1 = \frac{U_c}{U_t} \frac{T}{4}$$

由于 $U_c > u_\triangle$ 时第一组导通,因此,导通时间为

$$t_{on} = 2t_1 + \frac{T}{2}$$

占空比为

$$\rho_1 = \frac{t_{on}}{T} = \frac{1}{2}\left(1 + \frac{U_c}{U_t}\right) \tag{7-35}$$

这样第二组晶体管的占空比为

$$\rho_2 = 1 - \rho_1 \qquad (7\text{-}36)$$

根据前面分析的输出电压与占空比的关系,平均输出电压为

$$U_{ab} = U_{ao} - U_{bo} = \rho_1 U_d - \rho_2 U_d = (2\rho_1 - 1)U_d$$

$$U_{ab} = \frac{U_d}{U_t}U_C = kU_C \qquad (7\text{-}37)$$

式中:$k = U_d/U_t$ 为比例常数。

式(7-37)表明,这个电路的平均输出电压随参数电压 U_C 线性变化,作用就像一个线性放大器。

U_C 的变化范围为 $-U_t \sim +U_t$,使得 ρ_1 的变化范围为 $0 \sim 1$,而输出电压的平均值也可以连续地在 $-U_d \sim +U_d$ 之间变化,这就是称它为双极性 PWM 的原因。

(二)单极性 PWM

从图 7-25 所示的电路中可以看到,若 T1 和 T3 同时导通,则 $u_{ab}=0$,类似地,若 T2 和 T4 同时导通,则 u_{ab} 也为零,这个特点可以用来改善输出电压的波形。

现在对图 7-25 中四个晶体管的导通改变一种控制方式:采用两个参考电压分别决定桥臂 a 和桥臂 b 的晶体管状态,其中正极性的 U_C 与三角波比较后控制 T1,负极性的 U_C 与三角波比较后控制 T2,其规则是:若 $U_C > u_\triangle$,那么 T1、T4 导通;若 $-U_C > u_\triangle$,那么 T2、T3 导通。

各部分波形如图 7-27 所示。与图 7-26 相比,T1 和 T4 的占空比仍然可以用式(7-35)确定,T2 和 T3 的占空比也仍然可用式(7-36)确定,因此单极性下的输出电压平均值也可以仍然由式(7-37)确定。唯一不同的是第二组晶体管导通的时间发生了变化,且 U_C 只能从 0 变化到 U_t,这就造成电路输出电压只能在 $0 \sim U_d$ 之间变化,这就是把它称为单极性 PWM 的原因。

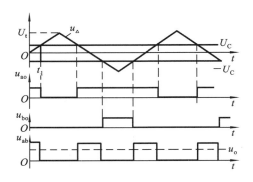

图 7-27　单极性 PWM 波形图

如果单极性 PWM 和双极性 PWM 的开关频率相同,那么单极性 PWM 输出电压的波形更好,频率响应也更佳,这是因为单极性输出电压的有效变化频率是双极性的两倍,减小了纹波电压,这一点可从下面的例题中看到。

例 7-4 图 7-25 所示电路中,输入电压 U_d 为常数,输出电压由占空比控制,当输出电压平均值为 U_{ab} 时,计算双极性和单极性脉宽调制的纹波电压有效值 $U_\sim$。

解　（1）双极性输出电压 u_{ab} 的波形如图 7-26 所示，根据有效值定义，输出电压有效值为

$$U = \sqrt{\frac{1}{T}\int_0^T (u_{ab})^2 \mathrm{d}t}$$

非正弦信号有效值的定义为直流分量（即平均值）平方与谐波有效值平方之和开方，因此，由

$$U = \sqrt{U_{ab}^2 + U_\sim^2}$$

有　　　　　$$U_\sim = \sqrt{U^2 - U_{ab}^2} = U_d\sqrt{1-(2\rho_1-1)^2} = 2U_d\sqrt{\rho_1 - \rho_1^2}$$

由于 ρ_1 的取值范围从 $0\sim1$，U_{ab} 的变化范围从 $-U_d$ 至 $+U_d$，纹波电压有效值 $U_\sim$ 作为 U_{ab} 的变化曲线如图 7-28 的实线所示。

（2）单极性 PWM 输出电压 U_{ab} 波形如图 7-27 所示。

应该注意到在这种模式下，$U_C > 0$，且 $0.5 < \rho_1 < 1$，纹波电压 $U_\sim$ 对 U_{ab} 的函数关系如图 7-28 的虚线所示。图中表明，在使用相同开关频率时，单极性 PWM 使输出电压的纹波分量较小。

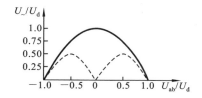

图 7-28　纹波电压有效值曲线

正弦型 PWM 的控制电压 U_C 波形是正弦波，且常用在交流感应电动机的变频调速系统中。

7-4　电力半导体器件和装置的保护

电力半导体器件由于具有大电流、耐高压的特性，因此被广泛用于功率装置。但在实际使用中，可能会遇到瞬时的过电压、过电流，甚至短路的问题，而电力半导体器件的热容量较小，过载（即承受过电压、过电流）的能力较弱，为此，必须设置必要的保护措施，以防事故发生。

一、电力半导体器件的串、并联和保护

当电力装置容量大时，单个电力半导体器件难以满足要求，这时可以采用器件的串、并联方法来解决。当需要增加电压时，可将器件串联使用；当需要提高电流时，可将器件并联使用。

（一）晶闸管器件的串联和保护

目前高电压、大电流的装置主要是由晶闸管或可关断晶闸管组成的。在有些场合，单个晶闸管的允许电压达不到实际使用电压时，用两个或多个同型号的器件相串联来达到。

在串联电路中，流过的电流是相同的，但器件的正向或反向阳极伏安特性的差异，使器件承受的电压不等，这会导致器件击穿、损坏。各器件承受电压不同是因为各器件的额定电压与漏电流决定的等效电阻 R_R 不同，为达到均压的作用，可采用一个小于 R_R 的外接电阻 R_p 与器件并联，如图 7-29 所示，则漏电流主要流过 R_p。R_p 称为均压电阻。R_p 越小，均压效果越好。不过 R_p 也不宜取得太小，否则 R_p 上将有很大的损耗。

并联 R_p 能获得稳态时的均压，通称静态均压。但是当器件在开通、关断时间，通态电流、电压，门控控制参数，关断时反向恢复电荷，缓冲电路吸收电容等方面存在差异时，会造

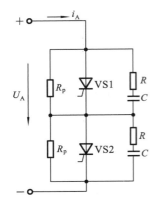

图 7-29　并联电容均压电路

成动态电压分配不均匀。可以在器件端并联电容 C，如图 7-29 所示，使动态电压分配均匀。为了防止在晶闸管导通时，电容 C 放电产生过大 di/dt，可在电路上串联电阻 R。

（二）晶闸管器件的并联和保护

当晶闸管的额定电流达不到负载电流要求时，可用两个或多个同型号器件并联来提高其承载能力。

晶闸管并联后其端电压相等，但是各器件的阳极伏特性有差异，因而在相同端电压下，流过器件的电流不相等。同样，开关时间、开关损耗、门极控制参数、通态电压及各支路阻抗等的差异，也会导致动态不均流。并联元件开关差异的增加，会使开关损耗进一步增加，使热不平衡扩大，严重时会烧坏器件。为此，应选择特性和参数较一致的器件，还应有均流措施。

图 7-30(a)所示为串联电阻 R，在流过额定电流时，电阻 R 上压降使器件导通时阳极伏安特性斜率变小，一定程度上改善了电流分配。但是这种电路在电阻上有功率损耗，且只能静态均流。

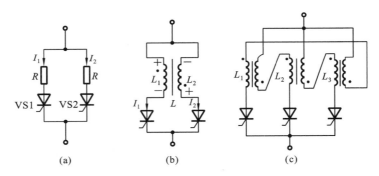

图 7-30　晶闸管的均流措施
(a) 串入电阻；　(b) 串入电感；　(c) 串入互感

为了对动态电流起均流作用，可在并联支路中串入电感，如图 7-30(b)所示。为使稳态和动态都能均流，可在并联支联中串联电阻和电感。空心电抗器也能起到使电阻和电感均流的作用，还兼有限制 di/dt 的作用。

此外，还可串联互感电抗器，如图 7-30(c)所示。在装置需同时串联和并联晶闸管时，通常采用先串联后并联的连接方法。

二、电力半导体器件和装置的保护

在电力半导体器件中，由晶闸管组成的可控整流装置技术已很成熟，采用常规的过电压、过电流保护已能满足要求。而全控型器件热容量小，过载能力较弱，用于逆变器、变频器及高频场合时，必须采取保护措施，这种保护较多的是采用电子线路来实现的。

（一）常规过电压保护

抑制过电压的方法主要是：用非线性元件限制过电压的幅度；用储能元件吸收和用电阻消耗产生过电压的能量。

图 7-31 所示的是用 RC 电路来作过电压保护的方法。这是因为电容是储能元件，其端电压不能突变，可用于快速吸收产生过电压的能量。串联电阻能消耗过电压的能量。对于三相电路，吸收交流过电压的元件 R_V 和 $R、C$ 可接成△形或 Y 形。△形接法时，电容器容量较小，耐压要求高；Y 形接法时，电容器容量大，耐压要求低，串联电阻也较小。

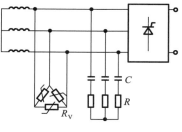

图 7-31　过电压保护

（二）常规过电流保护

过电流除指工作电流超过允许值外，还广义包含过载和短路两种情况，其中短路是最严重的过电流。

对短路故障最有效的保护方法是采用快速熔断器，简称快熔。快熔的分断时间短（小于 10 ms）、允许通过的能量（I^2R）小、分断能力强（1 000 A 以上）。快熔一般为陶瓷外壳，内装银或锡片熔体并充填石英砂。当发生短路时，故障电流使熔片狭窄区的温度上升而使其熔断，并形成电弧。在燃弧过程中，电弧被拉长，弧阻不断增加；随着电弧电阻的增加，故障电流迅速下降为零。

快熔的额定电压应大于电路正常的工作电压，额定电流应小于实际通过被保护器件的电流（均方根值），还应与被保护器件的过载特性相配合。图 7-32 所示为快熔在可控整流电路中的应用。

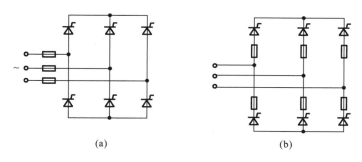

图 7-32　快熔在可控整流电路中的应用

（三）电子线路过流保护

对器件和装置保护，重点是过流和短路保护。图 7-33 所示的是一种电子线路过流保护。当逆变桥臂直通时，直流母线被短路，大滤波电容 C 立即放电，瞬时产生很大的放电电流 i_C，由电流传感器 CT 检出。通过检测器对晶闸管发出触发信号，同时对主开关 KA 发出跳闸指令。VS 导通后，a、b 间为低阻抗，逆变回路不再流过电流。由于滤波电抗器 L 的作用，直流输入电流 i_d 在 6～8 ms 后衰减，主电路开关 Q 约在 30 ms 内跳闸，这时 i_d 很小，不

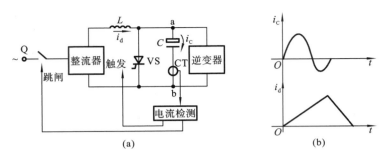

图 7-33　电子线路过流保护

影响开关触头寿命。

除电抗器可限制短路电流增长速度外,还可用电子电路来限制电流。图 7-34(a)所示的是绝缘栅双极晶体管的短路保护电路。当发生过流故障时,绝缘栅双极晶体管的集射极电压 U_{CE} 增大,当超过设定电压 U_r 时,比较器 N 翻转,输出高电平。VM_1 开通,使 U_{GE} 降至稳压管 VZ 的稳压值;同时开启定时器 T。若在定时周期结束之前故障消失,比较器 N 返回低电平,VM_1 截止,恢复正常栅压,绝缘栅双极晶体管继续工作;若在定时周期结束时,过流仍然存在,则 T 输出高电平,VM_2 开通,U_{GE} 被短接,迫使绝缘栅双极晶体管关断。整个器件能实现过流保护和慢速关断。图 7-34(b)所示的为其工作波形图。

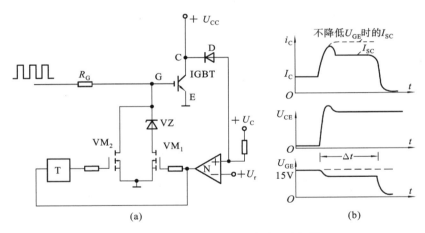

图 7-34　绝缘栅双极晶体管的短路保护

7-5　单闭环直流调速系统

直流电动机由于调速性能好,启动、制动和过载转矩大,便于控制,是许多具有高性能要求的生产机械可选的拖动电动机。尽管最近几年交流电动机的控制取得了很大进展,但直流电动机仍然在一定场合得到广泛应用。本章主要以他励电枢电压的调速方式为主,因为它可以实现无级调速,效率高,是当今直流电动机调速的主要方式。

一、开环直流电动机调速系统

当生产机械对调速性能要求不高时,可以采用开环调速系统。直流电动机的电源除了用直流发电机以外,现在还广泛使用晶闸管整流电路。开环系统的框图如图 7-35 所示。图中电动机驱动的主回路由晶闸管整流装置、平波电抗器及直流电动机组成。控制回路则由参考电压 U_g 及可变的触发电路组成。

根据他励电动机的电压平衡方程式,有

$$n = \frac{U_d - I_a R}{C_e \Phi} \qquad (7\text{-}38)$$

式中:R 为电枢回路总电阻,包括可控整流电源的等效电阻和电枢电阻。

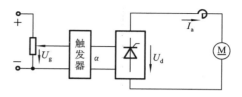

图 7-35　开环系统框图

若利用晶闸管,不同形式的整流电路可以得到不同的 U_d 值(可参考 7-2 节的内容),有

$$U_d = A U_2 \cos\alpha$$

式中:A 为整流系数,单相全桥时取 0.90,三相全桥时取 2.34;U_2 为整流变压器副边相电压有效值;α 为晶闸管控制角。

改变图 7-35 中电压 U_g 的大小,即可改变晶闸管控制角 α 的大小,从而使整流电压 U_d 变化,进而改变电动机转速。这就是开环调速的原理。开环调速系统的调速范围一般不大,这可以从下面的例题中看到。

例 7-5　某台他励电动机的数据为:额定功率 $P=60$ kW,额定电压 $U_N=220$ V,额定电流 $I_N=305$ A,额定转速 $n_N=1\,000$ r/min,电枢回路总电阻 $R=0.04$ Ω。求静差度 $s_L \leqslant 20\%$ 时电动机的调速范围。

解　首先求

$$C_e \Phi = \frac{U_N - I_N R}{n_N} = \frac{220 - 305 \times 0.04}{1\,000} = 0.207\,8$$

理想空载转速

$$n_0 = \frac{U_N}{C_e \Phi} = \frac{220}{0.207\,8} \text{ r/min} = 1\,058.7 \text{ r/min}$$

额定转矩下的转速降

$$\Delta n_N = n_0 - n_N = (1\,058.7 - 1\,000) \text{ r/min} = 58.7 \text{ r/min}$$

最低转速对应的理想空载转速

$$n_{0\min} = \frac{\Delta n_N}{s_L} = \frac{58.7}{0.2} \text{ r/min} = 293.5 \text{ r/min}$$

最低转速

$$n_{\min} = n_{0\min} - \Delta n_N = (293.5 - 58.7) \text{ r/min} = 234.8 \text{ r/min}$$

调速范围

$$D = \frac{n_0 - \Delta n_N}{n_{\min}} = \frac{1\,000}{234.8} = 4.26$$

二、速度负反馈有静差调速系统

根据式(4-4),在系统静差度已确定的条件下,可以看出,影响调速范围的主要因素是额定负载下的稳定速降 Δn_N,也称为静态速降。当负载增加时,I_a 上升,$I_a R$ 增加,使电动机转速下降,故 Δn 上升。如果能做到 I_a 上升时,调整晶闸管控制角 α 使 U_d 上升,那么根据式

(7-38),转速可以不变或者变化不大。速度负反馈系统正是基于这种原理而工作的。电路框图如图 7-36 所示,与开环系统(见图 7-35)相比,多一个转速取样环节,另外加上一个差分放大器。它的工作原理如下。

对于一个给定的参考电压 U_g,电动机在某一转速下运行时,电流为 I_{a1},如图 7-37 所示的点 A。当负载增加而引起转速下降时,I_{a1} 变到 I_{a2},若系统是开环系统,则转速会下降到点 B'。然而在闭环系统中,I_a 上升引起转速下降时,测速发电机的电压 U_{TG} 下降,分压后的速度负反馈电压 U_f 下降。它与参考电压的差值 $\Delta U = U_g - U_f$ 上升,引起晶闸管控制角 α 减小,使整流电压 U_d 上升,电动机实际上工作在点 B。反过来,当负载减轻,电流 I_a 下降时,U_{TG} 上升,U_f 上升,ΔU 下降,α 角变大,使 U_d 下降,同样可以使转速基本不变。转速负反馈过程也可表示为

$$I_a \uparrow \rightarrow n \downarrow \rightarrow U_f \downarrow \rightarrow \Delta U \uparrow \rightarrow \alpha \downarrow \rightarrow U_d \uparrow$$
$$n \uparrow \underline{\qquad\qquad\qquad\qquad\qquad\qquad\qquad\qquad}$$

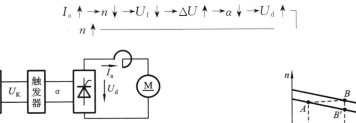

图 7-36　速度负反馈闭环系统　　　　　图 7-37　机械特性

在图 7-36 所示的速度负反馈闭环系统中,差分放大器的输入端由 ΔU 控制,即
$$\Delta U = U_g - U_f = U_g - \gamma n$$
式中:γ 为转速反馈系数。

为了增加晶闸管控制能力,差分放大器的放大倍数为 K_P,因此
$$U_K = K_P \Delta U$$

通常把触发器和晶闸管整流装置看成一个整体,在 U_K 的作用下,成比例地输出电压 U_d:
$$U_d = K_S U_K$$
式中:K_S 为等效放大倍数。

对于直流电动机,反电动势
$$E = U_d - I_a R$$
其转速方程为
$$n = \frac{1}{C_e \Phi}(U_d - I_a R)$$

将 ΔU、U_k、U_d 的表达式代入上式,有
$$n = \frac{K_S K_P (U_g - \gamma n) - I_a R}{C_e \Phi}$$

即
$$n = \frac{K_S K_P U_g - I_a R}{C_e \Phi \left(1 + \dfrac{K_S K_P \gamma}{C_e \Phi}\right)} = \frac{K_0 U_g}{C_e \Phi (1 + K)} - \frac{I_a R}{C_e \Phi (1 + K)} = n_{0f} - \Delta n_f \qquad (7\text{-}39)$$

式中：$K_0 = K_S K_P$ 为输入到输出的等效电压放大倍数；$K = K_0 \gamma / C_e \Phi$ 为闭环系统的开环放大倍数。

如果没有速度负反馈（$\gamma = 0$），式(7-39)变成

$$n = \frac{K_0 U_g}{C_e \Phi} - \frac{I_a R}{C_e \Phi} = n_0 - \Delta n \tag{7-40}$$

这就是开环系统的机械特性方程。

比较式(7-39)和式(7-40)可以看到以下几点。

（1）在给定参考电压 U_g 一定时，开环空载转速为

$$n_0 = \frac{K_0 U_g}{C_e \Phi}$$

闭环空载转速为

$$n_{0f} = \frac{K_0 U_g}{C_e \Phi (1 + K)} \tag{7-41}$$

即闭环空载转速 n_{0f} 为开环空载转速 n_0 的 $1/(1+K)$，为达到相同的空载转速，必须把电压放大倍数或 U_g 增加为原来的 $(1+K)$ 倍。因此，若在闭环系统中失去反馈，就会造成过压和超速的严重事故。

（2）如果把二者的空载转速调整成一样，则开环速度降为

$$\Delta n = \frac{I_a R}{C_e \Phi}$$

闭环速度降为

$$\Delta n_f = \frac{I_a R}{C_e \Phi (1 + K)} = \frac{\Delta n}{1 + K} \tag{7-42}$$

即闭环静差仅为开环的 $1/(1+K)$。

（3）在保持最大转速 n_{max} 和低速时最大静差度 s_L 不变的条件下，根据式(4-4)可知，开环调速范围为

$$D = \frac{n_{max} s_L}{\Delta n_N (1 - s_L)}$$

闭环调速范围为

$$D_f = \frac{n_{max} s_L}{\Delta n_{Nf} (1 - s_L)} = (1 + K) D \tag{7-43}$$

即闭环调速范围是开环的 $(1+K)$ 倍。

从调速系统来看，K_P、K_S、K 都是系统静态设计的重要内容。由于 K 不可能无穷大，故闭环速度降 Δn_f 不可能为零。

速度负反馈系统对所有前向通道的干扰（如放大倍数 K 的变化、电枢回路中电阻的变化等）都有抑制能力。这是因为所有这些变化都反映在电动机转速上，而负反馈可以通过转速变化来自行调节，因此整个系统的稳定性较高。

三、其他单闭环调速系统

由于转速负反馈系统需要测速发电机，安装较麻烦，投资增加，因此在静态指标要求不太高的场合，也使用其他反馈控制方法。

(一) 电压负反馈系统

如图 7-38 所示,电压负反馈系统在电动机两端并联一个电阻 R,对电动机电压取样,形成负反馈环节。

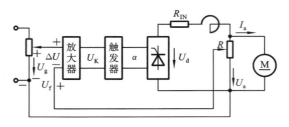

图 7-38　电压负反馈系统

当电动机负载变化时,转速变化的电枢回路的压降为 $I_a(R_{IN}+R_a)=I_aR_\Sigma$,其中 R_{IN} 是整流回路的等效内阻。现在假定 I_a 增加使电枢回路压降 I_aR_Σ 上升,因此 U_a 下降,从电阻 R 取出的 U_f 也会减小,它与 U_g 的差值 ΔU 增加,使放大器输出电压 U_K 上升,整流电压 U_d 上升,从而使电动机端电压不变,保持了转速的基本稳定。这就是电压负反馈的工作原理。

这种负反馈系统调节的只是 U_a,因此稳定转速的效果欠佳。因为 I_a 上升时,电枢内阻 R_a 的压降也会增加,电压负反馈只补偿 I_aR_{IN},因此它的调速范围比速度负反馈小。一般线路上采用电压负反馈,主要是防止过压,改善动态特性,加快过渡过程。

(二) 综合反馈系统

为了使电枢电阻上损失的压降也得到补偿,可以在电压负反馈基础上再加一个电流正反馈,如图 7-39 所示,这种系统称为综合反馈系统。

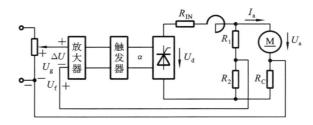

图 7-39　综合反馈系统

加上电流正反馈以后,当 I_a 上升时,I_aR_C 上升,但 ΔU_a 下降,这样一正一负的信号送入放大器前端,有可能达到稳定转速的目的。下面做具体分析。

如图 7-39 所示,反馈电压 U_f 由两部分组成,一部分取自 R_2 上的压降,另一部分取自 R_C 上的压降,即

$$U_f = \frac{R_2}{R_1+R_2}U_a - R_C I_a$$

考虑直流电动机的反电动势 E 和电枢电阻压降 I_aR_a,图中电动机支路的电压平衡式为

$$U_a = E + I_a(R_a + R_C)$$

$$I_a = \frac{U_a - E}{R_a + R_C}$$

$$U_f = \frac{R_2}{R_1 + R_2}U_a - \frac{R_C}{R_a + R_C}U_a + \frac{R_C}{R_a + R_C}E$$

如果满足条件

$$\frac{R_2}{R_1 + R_2} = \frac{R_C}{R_a + R_C}$$

即

$$\frac{R_a}{R_C} = \frac{R_1}{R_2}$$

则

$$U_f = \frac{R_C}{R_a + R_C}E$$

$$U_f = \frac{R_C}{R_a + R_C}C_e\Phi n = \gamma n \tag{7-44}$$

其中，

$$\gamma = \frac{R_C}{R_a + R_C}C_e\Phi \tag{7-45}$$

那么综合反馈系统的效果和速度负反馈的效果是一样的，速度反馈系数则由式(7-45)确定。

由于综合反馈系统中含有一个正反馈，因此抑制不了前向通道的干扰，系统的抗干扰能力比测速发电机系统差。

四、无静差调速系统

前面介绍的都是有静差的调速系统，晶闸管控制角 α 移相所需要的参考电压是由比例放大器提供的，若比例放大输入端电压差值为零，则输出电压也是零，因此一定要在"有差"条件下工作。若有一种无静差的调速元件取代"有差"调节，就可以组成无静差的调速系统。当然这种系统不能使用比例放大器这种有差元件，而是使用无差元件比例·积分放大器，也常称它为 PI 调节器。下面先介绍积分运算器的工作原理。

（一）积分运算器

积分运算器如图 7-40(a)所示。因为

$$u_o \approx -u_C = -\frac{1}{C}\int i\mathrm{d}t$$

而

$$i \approx \frac{u_i}{R_1}$$

故

$$u_o = -\frac{1}{R_1 C}\int u_i \mathrm{d}t$$

输出电压与输入电压存在积分关系。当输入电压 u_i 是直流电压时，输出电压开始成线性增

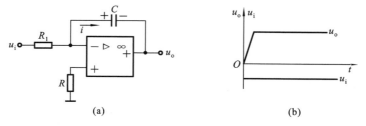

(a)　　　　　　　　　　(b)

图 7-40　积分运算器

加,直到放大器饱和,输出饱和值。由于积分运算器静态时反馈电容 C 开路,所以放大倍数很高,可以达到 10^4 数量级。即使输入的值很小,输出也可以很大。若把控制电路的给定电压 U_g 和反馈电压 U_f 的差值送到输入端,这个差值就可以几乎为零。因此可以做到无静差调速。这里存在的问题是,若时间常数 $\tau = R_1 C$,那么输出电压的变化率就是 τ。经过时间 τ 后,输出电压为 $|u_i|$,经过时间 2τ 后,输出电压为 $2|u_i|$,这会使系统动态响应变慢,因此,实际中使用的是比例-积分放大器,也称 PI 调节器。

(二) PI 调 节 器

如图 7-41 所示的电路中,有

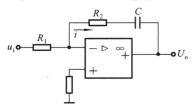

图 7-41 PI 调节器原理图

$$U_o \approx -\frac{1}{R_1 C} \int u_i \, dt - \frac{R_2}{R_1} u_i$$

$$U_o = \frac{-1}{\tau} \int u_i \, dt - K_P U_i \qquad (7-46)$$

式中:$\tau = R_1 C$;$K_P = R_2/R_1$。

它实际上是比例运算和积分运算的组合,因此简称为 PI 调节器。

当 u_i 为一阶跃信号时,输出的比例部分为 $K_P u_i$,具有快速响应性能。积分部分线性增加,输出限幅值为 U_m,它关于时间的波形如图 7-42(a) 所示,称为开环模式。

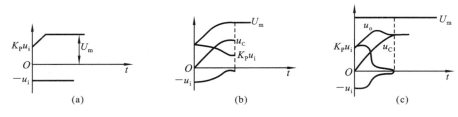

图 7-42 PI 调节器的动态过程

当 u_i 变化缓慢,而 τ 比较小时,输出波形如图 7-42(b) 所示。由于 τ 较小,积分部分增加很快,有足够的时间让输出电压达到限幅值 U_m,称为饱和模式。

当 u_i 变化较快,而 τ 比较大时,输出的比例部分很快消失,积分部分没有足够时间到达 U_m,整个输出只出现一个波峰,如图 7-42(c) 所示,称为不饱和模式。用于速度调节的 PI 调节器总是工作在这种模式下。当输入接近零时,输出的比例部分接近零,而积分部分的电容上的电压值,即为输出的电压。

(三) 无 静 差 调 速 系 统

把有静差调速系统中的比例放大器换成 PI 调节器,就组成了无静差调速系统,PI 调节器在系统中起到维持转速不变的作用,也称速度调节器,如图 7-43 所示。为保证反馈电压 U_f 的负极性,测速发电机正极接地。这样,PI 调节器的输入电压就是 $\Delta U = U_g - U_f$。只要 ΔU 不等于零,系统就有调节作用。当 $\Delta U = 0$ 时,调节作用停止,这时由于 U_c 与 ΔU 的积分关系,调节器可以使电压维持在原来数值不变,此时电容无充放电,电容两端电压不变,电动机在给定转速下运行。

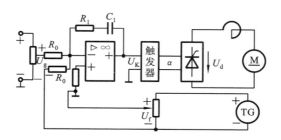

图 7-43　无静差调速系统

当系统有一给定电压 U_g 时，由于电动机是惯性系统，转速还没有上升，$\Delta U \neq 0$，调节器的比例部分起主要作用，偏差越大，调节作用越强，很快转速就到达一给定转速 n_1。此时，$U_f = U_g$，$\Delta U = 0$，调节器维持原来的电压不再变化，电动机稳定在 n_1 转速下运行，此时整流电压为 U_{d1}。在调节过程的初、中期，比例部分起主导作用，缩短了调节时间，保证了系统的快速响应；在调节过程后期，积分部分起主导作用，依靠它最终消除稳态误差，保证稳态精度。

当负载增加时，电动机转速有下降趋势，$U_f < U_g$，$\Delta U > 0$，调节器工作在不饱和模式下，α 下降，使 U_d 增加，电动机转速回升。当转速到达 n_1 时，$\Delta U = 0$，整个系统在一个新的电压 U_{d2} 下运行。调节作用如图 7-44 所示。负载增大，增加了压降 ΔU_d，正好补偿因 I_a 增加而引起的 $\Delta I_a R_\Sigma$ 这一部分压降，使电动机可以稳定在原来转速下工作。

如果调节给定电压使系统工作在转速 n_2 下，PI 调节器的调节过程与原始加载时一样。

从调节过程中可以看到，该系统只在静态即稳定工作状态时无差，而在动态时，即负载波动时是有差的。对动态要求高的生产机械，还要考核动态指标。另外，无静差也只是理论上的概念，由于调节器并不理想，测速机也有误差，实际上仍有静差。

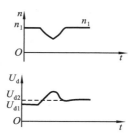

图 7-44　PI 调节器在系统中的调节作用

（四）带电流截止负反馈的无静差调速系统

为了提高调速系统的快速反应能力，给定参考电压 U_g 是阶跃信号，这样，晶闸管整流输出也是阶跃信号。刚启动时，$n = 0$，电动机反电动势 $E = 0$，这样主回路的电枢电流会很大。另外，在电动机堵转时，电枢电流也很大。为了能把电枢电流控制在过载能力以内，单闭环系统常使用电流截止负反馈环节。

最简单的电流截止负反馈信号取自主回路的一个小电阻 R_b（见图 7-45）。当反馈电压大于稳压管 VZ 的电压 U_V 时，稳压管反向击穿，有

$$U_i = I_a R_b - U_V$$

反馈信号加到 PI 调节器输入端，进行调节。而当 $I_a R_b$ 小于 U_V 时，该环节不起作用。这种环节的输入输出特性就可以分成两段，一段是 $U_i = 0$，另一段是当 I_a 大于某一数值时，U_i 为线性。

在实用中常取 $I_a = 1.2 I_N$ 时该环节起作用，那么当 $I_a < 1.2 I_N$ 时，转速方程与式 (7-39) 一样，即

$$n = \frac{K_P K_S U_g}{C_e \Phi (1+K)} - \frac{I_a R}{C_e \Phi (1+K)} \qquad (7\text{-}47)$$

当 $I_a \geqslant 1.2 I_N$ 时,转速方程为

$$n = \frac{K_P K_S U_g}{C_e \Phi (1+K)} - \frac{K_P K_S (R_b I_a - U_V)}{C_e \Phi (1+K)} - \frac{I_a R}{C_e \Phi (1+K)}$$

$$= \frac{K_P K_S (U_g + U_V)}{C_e \Phi (1+K)} - \frac{I_a (K_P K_S R_b + R)}{C_e \Phi (1+K)} \qquad (7\text{-}48)$$

这样画出的转速特性如图 7-46 所示,它也是由两段组成:n_0-A 段对应于式(7-47),是无静差的额定转速 n_0;A-B 段对应于式(7-48),它有如下两个特点。

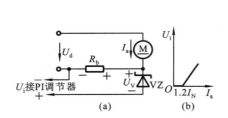

图 7-45　电流截止负反馈

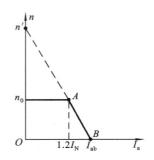

图 7-46　带电流截止负反馈的转速特性

　　(1) 电流负反馈的作用相当于在回路中增加了一个阻值为 $K_P K_S R_b$ 的大电阻,因此 I_a 增加一点,速度下降得很快。

　　(2) 堵转后的给定电压相当于加上了一个 U_V,这就极大地提高了空载转速 n'。这种特性也称为挖土机特性,原因是当挖土机遇到坚硬石块卡住时,电动机堵转,但整个电枢电流仍限制在允许的过载能力的范围以内。

　　设堵转电流为 I_{ab},令式(7-48)中的 $n=0$,可解出

$$I_{ab} = \frac{K_P K_S (U_g + U_V)}{K_P K_S R_b + R} \approx \frac{U_g + U_V}{R_b}$$

式中:U_g 为给定参考电压;U_V 为稳压管击穿电压。且有

$$K_P K_S R_b \gg R$$

前面已设 $I_a = 1.2 I_N$ 作为转折点,即

$$1.2 I_N R_b = U_V$$

取 $I_{ab} = (1.5 \sim 2) I_N$,就有

$$(1.5 \sim 2) I_N = \frac{U_g + U_V}{R_b}$$

联立上面两式,可得

$$R_b = \frac{U_V}{(0.3 \sim 0.8) I_N} \qquad (7\text{-}49)$$

$$U_V = (4 \sim 1.5) U_g \qquad (7\text{-}50)$$

　　这就是该环节静态参数的设计依据。实现电流截止负反馈还有许多种方法,比如另外加一个比较电压以产生转折电流;用 U_i 封锁 PI 调节器等。而上面的分析适合用于小容量、要求不高的场合。

7-6　双闭环直流调速系统

采用速度负反馈和 PI 调节器的单闭环调速系统,既能保证无静差,又能快速反应,已经基本上满足一般生产机械的要求。然而有些生产机械经常处于频繁启动的正、反转状态,尽量缩短启动和制动时间是提高生产效率的好办法。因此,希望在启动或制动过程中始终保持电流为最大允许值,这样电动机就可以很快达到稳态,而到达稳态以后,又要求电流马上回到额定值,与负载转矩平衡。理想的启动特性应该如图 7-47 所示。

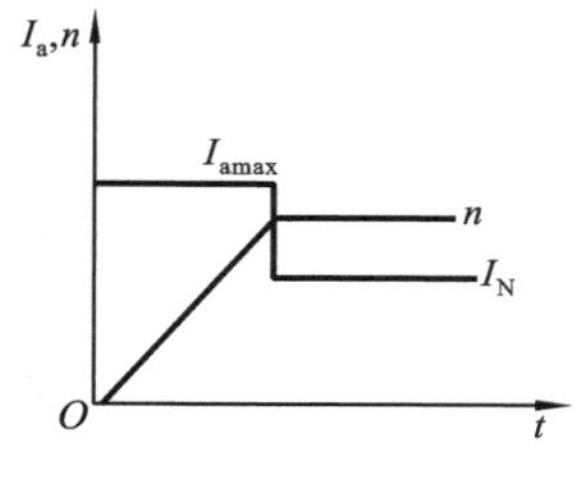

从图中可以看到,为了实现快速启动,关键是要获得一段使电流保持为最大值 I_{amax} 的恒流过程。根据反馈控制的规律,采用负反馈可以使物理量保持不变,比如前面讨论的速度负反馈就可以使速度保持不变。需要电流保持不变时,应采取电流负反馈。根据生产机械理想启动特性,希望在启动时采用电流负反馈,而不要速度负反馈;到达稳态后,又只需要速度负反馈,不要电流负反馈。双闭环调速系统就能兼顾处理这两种负反馈,使它们在不同的时间阶段起作用,让电动机启动特性趋于理想。

图 7-47　理想启动特性

一、转速电流双闭环系统的组成

为了让转速和电流两种负反馈分别起作用,在系统中应设置速度调节器 ST 和电流调节器 CT,分别调节速度和电流,二者之间实行串级连接,如图 7-48 所示。

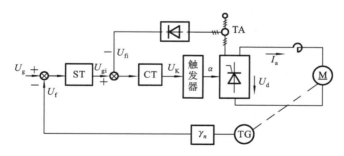

图 7-48　双闭环调速系统

图中,速度反馈信号由测速发电机接收,加到速度调节器 ST 的输入端,该环节与单闭环一样,称为外环。电流反馈信号由电流互感器 TA 接收,与 ST 输出信号 U_{gi} 比较后送入电流调节器 CT。经比例积分环节处理后产生 U_K 送入触发装置控制晶闸管,称为内环。

两个调节器实际上都是带限幅的 PI 调节器,其中 ST 输出限幅电压为 U_m,它决定了电流调节器 CT 输入给定电压的最大值;CT 的输出限幅电压是 U_K,它限制了晶闸管整流输出的电压最大值。由 7-5 节 PI 调节器的性质可知,当调节器饱和时,输出恒为最大限幅值,输入量的变化不再影响输出,也就是说,暂时切断了输入和输出之间的联系,相当于该环节暂时开环。当有反向输入信号使调节器退出饱和时,该环节的调节作用才恢复。而当调节器不饱和时,它的输入电压在稳态时总是为零。双闭环系统在工作时,速度调节器 ST 可以有饱和与不饱和两种状态,而电流调节器 CT 总不会达到饱和状态。

二、系统的静态分析

（1）设速度调节器 ST 和电流调节器 CT 都不饱和，这时它们的输入端电压都是零。因此，在 ST 输入端，$U_g = U_f = \gamma n$，即

$$n = \frac{U_g}{\gamma} = n_N \tag{7-51}$$

在 ST 输出端达不到最大电压 U_m，电流反馈电压小于 U_f，且

$$U_{fi} = \beta I_a \tag{7-52}$$

式中：β 为电流反馈系数。

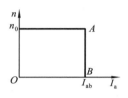

图 7-49　双闭环系统的静态特性

在这种状态下电动机实际上是在正常情况下工作，工作电流 $I_a < I_{ab}$（堵转电流），在静态特性（见图 7-49）中，它是 n_0-A 这一段直线。这种状态下，内、外两个环同时起作用，理论上电流环相对于转速环有一个扰动作用，但只要转速调节器放大倍数足够大，而且不饱和，电流负反馈引起的转速下降将被 ST 的积分作用抵消，因此，可获得无静差调速效果。

（2）设速度调节器 ST 饱和，电流调节器 CT 不饱和。这时 ST 输出达到最大值 U_m，转速环节断开，转速的变化不再对系统产生影响，系统工作在电流负反馈的单闭环状态，系统为恒流调节系统。用 U_m 作为电流调节器的给定值，以实现最大电流限制，即

$$I_a = \frac{U_m}{\beta} = I_{ab}$$

式中：堵转电流 I_{ab} 由设计者选定，在静态特性上它是 A-B 段，其下垂的特性只适合 $n < n_0$ 的情况，因为如果 $n \geqslant n_0$，转速反馈电压 U_f 会大于给定参考电压 U_g，ST 就会退出饱和状态。

双闭环系统的基本特性就在于正常工作时两个环共同作用达到无静差运行，而在堵转时，系统仅由电流环支配，陡峭的速度下降的效果使电枢电流控制在人为设定的范围之内。其下垂特性比截止电流负反馈更好。

双闭环调速系统的静态参数设计比较简单，基本上和单闭环系统相似，只是两个反馈系统 γ 和 β 分别由式（7-51）和式（7-52）决定，而调节器输入电压的最大值 U_g 和 U_{fi} 则受运放器最大允许输入电压的限制。

三、系统的动态分析

设置双闭环调速系统的一个重要目的就是获得接近于理想化的启动过程。因此，在讨论动态特性时，有必要首先分析启动过程。

在启动过程中，转速调节器 ST 经历了不饱和、饱和、退饱和三个阶段，因此它的过渡过程也分成Ⅰ、Ⅱ、Ⅲ三个阶段，如图 7-50 所示。

第Ⅰ阶段（$0 \sim t_1$）为电流上升阶段。当给定参考电压 U_g 时，电动机由于惯性还来不及转动，$n = 0$，转速反馈电压 $U_f = 0$。ST 的输入很大，使 U_K、U_d、I_a 都迅速增加，当 $I_a \geqslant I_L$（负载电流）时，电动机开始转动。即使如此，转速一下子也升不上去，大的输入量使 ST 很快饱和，使输出达到限幅值 U_m，强迫 I_a 继续增加，一直达到 $I_a = I_{ab}$。这时电流调节器的 $U_{fi} =$

U_m,电流调节的作用使 I_a 不再猛升,第Ⅰ阶段结束。

第Ⅱ阶段($t_1 \sim t_2$)是恒流升速阶段,在这个阶段中,速度调节器 ST 一直饱和,速度反馈不起作用,电流反馈使电流维持在 I_{ab},因而拖动系统的加速度恒定,转速呈线性增加。与此同时,电动机反电动势 E 也线性增加,U_d 和 U_K 也必须基本上按线性增加才能保证 I_a 不变,这要求 CT 的输入 $\Delta U_i = U_m - U_{fi}$ 必须维持一恒定值,也就是说,I_a 要略低于 I_{ab}(因为 $I_{ab} = U_m / \beta$)。此外,整个启动过程中,电流调节器 CT 不能饱和,最大整流电压也要留有裕量,即晶闸管也不能饱和,这些都是设计时要注意的。

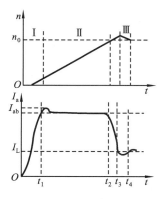

图 7-50　双闭环的启动特性

第Ⅲ阶段($t > t_2$)为转速调节阶段。这个阶段开始时,转速已达到额定转速,转速反馈电压与给定参考电压相等,输入偏差为零,输出电压仍维持在 U_m。所以电动机仍在最大电流下加速,导致转速超调。超调后,$U_f > U_g$,在 CT 的输入上引起负的偏差,使它退出饱和状态。其输出电压从 U_m 降下来,U_d、I_a 也随之下降,但由于 I_a 仍大于负载电流 I_L,在 $t_2 \sim t_3$ 这段时间转速仍上升,到 $I_a = I_L$ 时,转矩平衡;电动机在负载阻力作用下减速,与此对应,I_a 也出现一小段低于 I_L 的时间,直到最后稳定。如果系统动态不好,可能会出现几次振荡才能稳定。

在最后这个阶段,速度调节器 ST 和电流调节器 CT 都不饱和,同时起调节作用。由于转速环节在外,因此处于主导地位,CT 的作用则是尽快跟随 ST 的输出量。进入稳态以后,在较大电流范围内可无静差地运行。

双闭环调速系统的主要优点是:调速性能好,静态特性硬,基本无静差;动态响应快,启动时间短;系统抗干扰能力强,两个调节器可以分别调整,因此调整很容易。缺点是:晶闸管电流为单方向,不能在制动时产生负的制动转矩,因此,要采用其他形式的制动方式,如电阻能耗制动、磁拖闸制动等。对于频繁正反转的生产机械,还需要使用可逆调速系统。

7-7　晶闸管-电动机可逆调速系统

在可逆调速系统中,对电动机最基本的要求是能改变转矩方向,而根据直流电动机的转矩公式 $T = C_m \Phi I_a$ 可知,改变转矩方向有两种方案,一种是改变励磁方向,另一种是改变电枢电流方向,也就是改变电枢电压的极性。

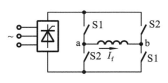

图 7-51　励磁可逆电路

在改变励磁方向的方案中,直流电动机的主电路用一组晶闸管供电并调速。励磁绕组则用另一组晶闸管供电,供电电流的方向可以用接触器、晶闸管、晶体管等开关元件切换,如图 7-51 所示。

图中只是一个励磁电路(主回路未画出)。S1、S2 为开关元件。当 S1 合上 S2 断开时,点 a 电压高于点 b 电压,励磁电流 I_f 为正值,使电动机朝一个方向旋转。当 S2 合上而 S1 打开时,I_f 为负值,电动机朝另一个方向旋转,达到可逆运行的目的。

　　由于励磁功率只有电动机额定功率的（1～5）％，因此励磁电路的晶闸管装置很小，经济上很便宜，但是励磁线圈的电感较大，反向的过渡过程时间较长，大容量电动机甚至可能长达几秒钟。为了尽快反向，可提供2～5倍反向励磁电压，但为了避免弱磁升速现象，附加的控制设备复杂程度增加，成本也会增加，故励磁反向方案仅用于对快速性要求不高的场合，如卷扬机、电力机车等。

　　如果把图7-51所示的励磁绕组换成直流电动机的电枢绕组，就可以改变电枢电压的极性，这种方案也可以用接触器作为开关元件，结构简单，造价低廉，但噪声大，寿命短，反应时间慢，为0.1 s的数量级。若用晶闸管或晶体管作为开关元件，就可以提高反应速度，但与下面要介绍的两组晶闸管的方案相比，经济上并没有明显的优点，因此并不常用。

　　常用的正、反转调速控制系统由两组晶闸管分别提供正、反两个方向的电枢电流，一般有两种接法，一种称为反并联接法，如图7-52所示。另一种称为交叉接法，如图7-53所示。

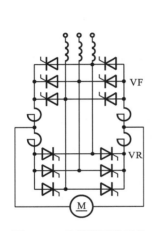

图7-52　反并联可逆系统

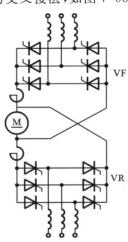

图7-53　交叉连接可逆系统

它们的共同之处在于都是分别由两组晶闸管VF和VR组成，不同之处在于反并联接法只需要一组整流线圈，而交叉接法需要两组。由于可逆系统均采用反并联接法，因此下面就以反并联接法为例来讨论可逆调速系统的原理。

一、可逆调速系统工作原理

　　可逆调速系统的工作状态图如图7-54所示。先看第一象限工作情况。当电动机需要正转时，控制线路使VF晶闸管组以整流状态开启，VR组关闭，整流电压U_d下正上负，这时产生的直流I_d通过电动机，正转后电动机反电动势也是下正上负，和前面介绍的调速系统一样，可用单闭环或双闭环控制。第一象限工作状态为：VF组整流，电动机正转。

　　当电动机需要反转时，控制线路使VR组整流，VF组关闭，产生的整流电压上正下负，反向电流通过电动机，产生的反电动势E也是上正下负，电动机反转，工作在第三象限。

　　如果仅讨论可逆运行，只要使控制电路的触发脉冲保证不让两组晶闸管同时工作在整流状态就够了，然而实际中正反转电动机对制动有较高要求，即制动要迅速、节能。两组晶闸管系统恰好可以满足回馈发电制动的要求，因为只要某组晶闸管处于有源逆变，就可以把电能回馈到电网。

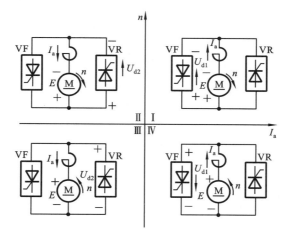

图 7-54　可逆系统工作状态图

当正转电动机要制动（或减速）时，关断 VF 组，电动机由于惯性不能马上停止转动，转动方向及反电动势方向都没变，这时若能触发 VR 组，使之提供下正上负的电源 U_{d2}，那么 VR 组已具备有源逆变的条件，只要 $E \geqslant U_{d2}$，就会有反向电流实行快速制动，如图 7-54 所示的第二象限的状态。因此，第二象限为正转制动状态，VR 组为有源逆变。

同样的道理，反转制动工作在第四象限，此时 VF 组处于逆变状态。根据图示各量的方向很容易理解可逆调速系统的工作原理。

从上面的原理可以知道，即使是不可逆系统，只要反馈制动，一般也应采用两组晶闸管（唯一例外的是卷扬机等拖动位能负载，因为重物下降而产生制动时电动机会自然反转）。反组晶闸管只短时间工作，容量可以选得小一些。而可逆系统中正反转的驱动和制动合二而一，正反组的容量就没有区别了。

二、可逆调速系统中的环流

与单组晶闸管供电的系统不同的是，可逆调速系统由两组晶闸管供电，有可能存在环流，如图 7-55 所示。设正组晶闸管 VF 整流供电，电压为 U_{d1}，反组晶闸管 VR 也整流供电，电压为 U_{d2}，这样就会在两组晶闸管之间产生环流 I_C。由于晶闸管等效内阻 R_0 较小，环流的存在会显著增加晶闸管负担，严重时甚至会烧坏晶闸管，因此要加以防范。但是，少量的环流可以作为晶闸管的基本负载，在电动机轻载或空载时能使工作电流连续，不至于因电流的断续影响系统的静态和动态特性，在反向制动时，还可加快过渡过程，这又是环流有利的一面。

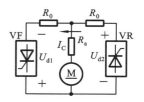

图 7-55　可逆系统中的环流

根据晶闸管的阻断条件，无环流通常采用两种方法控制。一种方法是当一组晶闸管工作时，用逻辑电路封锁另一组晶闸管的触发脉冲，确保两组晶闸管不同时工作，从根本上切断环流的通路，这样的系统称为逻辑无环流可逆系统。另一种方法是让两组晶闸管的触发脉冲位置错开，当一组整流时，另一组待逆变，这样的系统称为错位无环流可逆系统。无环流系统在换向或制动时均存在死区，影响了快速性和平滑性，但价格低、体积小、损耗低，得到广泛的应用。

7-8　晶体管直流脉宽调速系统

在直流电动机调速系统中,晶闸管电路应用得最为广泛,但是它们也有一些缺点。

(1) 存在着电流谐波分量,在低速时转矩脉动大,限制了调速范围。

(2) 低速时电网的功率因数低。

(3) 平波电抗器的电感量较大,影响了系统的快速反应。

随着微电子技术及电力元件的发展,中小功率的拖动系统开始使用晶体管调速系统,并且有取代晶闸管的趋势。

一、脉宽调速的基本原理

直流电动机调速基本上是调节电枢电压的大小,在晶闸管电路中依靠的是移相触发控制角,改变电枢电压的大小。而在晶体管电路中,利用开关频率较高的大功率晶体管作开关元件,改变开、关时间就可以改变电压大小,如图 7-56(a)所示。图中 T 为功率晶体管,D 为续流二极管。直流电压 U_s 可以由三相交流电通过整流二极管得到。晶体管的基极用一个脉宽可调的电压 u_b 驱动。

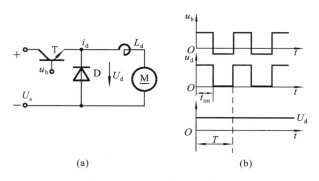

(a)　　　　　　　　　　　　　(b)

图 7-56　不可逆 PWM 电路

在一个开关周期内,$0 < t \leqslant t_{on}$ 时,u_b 为正,晶体管导通,使电流 i_d 流过电动机,两端电压 u_d 等于 U_s,如图 7-56(b)所示。当 $t_{on} \leqslant t < T$ 时,u_b 为负,晶体管截止,i_d 通过二极管续流,两端电压 U_d 等于零。这样,电动机上获得的平均电压

$$U_d = \frac{t_{on}}{T} U_s = \rho U_s$$

式中:ρ 为占空比。

改变 ρ 即改变控制电压 u_b 的脉冲宽度,就可以在电动机两端获得不同大小的平均电压 U_d,从而达到调速的目的。这种调速方法称为脉宽调制(PWM)。

这种简单的 PWM 电路由于电流 i_d 不能反向,因此仅能工作在第一象限,但它体现了脉宽调速的几个优点。

(1) 控制电路简单,不必像晶闸管电路那样每相都需控制。

(2) 主电路功率元件少。

（3）脉动电流小。一般晶体管的开关频率为 3～4 kHz,而三相全控桥式整流也只有 6 个波头,50 Hz 工频时频率为 300 Hz,晶体管开关频率高,脉动分量就小得多。

（4）电压放大倍数与输出电压无关。晶闸管在输出电压低时,电压放大倍数低,影响电机的低速性能。

（5）直接用二极管整流,电网功率因数高。

二、双极性可逆 PWM 电路

可逆 PWM 电路从结构上分有 H 型、T 型;从受控方式上分有双极性、单极性、受控单极性三种。它们各有优缺点,这里仅介绍最为常用的 H 型双极性可逆 PWM 电路,其主电路原理如图 7-57 所示。它和 7-3 节中介绍的图 7-25 所示的电路相似,只不过把负载换成了直流电动机,现在从电动机拖动的角度介绍它的工作过程。

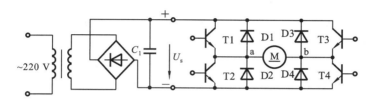

图 7-57　H 型双极性可逆 PWM 电路主电路原理

图中四个晶体管分成两组,T1、T4 为第一组,T2、T3 为第二组。触发信号 u_{b1} 加到第一组,$u_{b2}=-u_{b1}$ 同时加到第二组 T2、T3。其波形如图 7-58 所示。

当 $0<t\leqslant t_{on}$ 时,T1、T4 由于正偏而导通,T2、T3 由于反偏而截止,流过电动机电流的通道是

$$U_s^+ \to T1 \to a \to M \to b \to T4 \to U_s^-$$

故　　　　　　　　　　$u_{ab}=U_s$

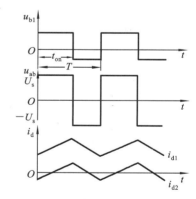

图 7-58　PWM 电压电流波形

当 $t_{on}<t\leqslant T$ 时,晶体管状态相反,即 T1、T4 截止,T2、T3 导通,电流通道是

$$U_s^+ \to T3 \to b \to M \to a \to T2 \to U_s^-$$

故　　　　　　　　　　$u_{ab}=-U_s$

当负载电流较大时,$0～t_{on}$ 期间,电流 i_{d1} 从点 a 流到点 b,$t_{on}～T$ 期间,T1、T4 截止,电动机电感的作用使 i_{d1} 不至于下降很多,经 D2、D3 续流,电流方向仍不改变。此时 i_{d1} 的通道是

$$U_s^- \to D2 \to a \to M \to b \to D3 \to U_s^+$$

D2 和 D3 的压降使 T2、T3 的 c-e 极承受反压而截止,对 u_{ab} 的波形来讲,由于 D2、D3 导通,效果和 T1、T4 导通一样。这样电动机工作在第一象限的正转状态。

当负载很小时,平均电流小,$0～t_{on}$ 期间有电流 i_{d2},在 $t_{on}～T$ 期间,续流时电流很快衰减到零,于是 T2、T3 导通,电流反向,电动机运行在制动状态。与此相仿,在 $0<t\leqslant t_{on}$ 期间,负载很小时,电流也有一次倒向。各电压、电流波形如图 7-58 所示。

由此看来,双极性 PWM 电路的电流波形不可逆,但可制动,怎样才能反映出可逆作用

呢？这要视正、负脉冲的宽度而定,当 $t_{on}>\dfrac{T}{2}$ 时,电枢两端的平均电压为正,电动机正转,当 $t_{on}<\dfrac{T}{2}$ 时,平均电压为负,电动机反转。

双极性 PWM 电路的电枢平均电压为

$$U_d = \frac{t_{on}}{T}U_s - \frac{T-t_{on}}{T}U_s = \left(\frac{2t_{on}}{T}-1\right)U_s$$

若以 $\gamma=\dfrac{U_d}{U_s}$ 定义负载电压系数,则

$$\gamma = \frac{2t_{on}}{T}-1$$

当 $t_{on}=0$ 时,$\gamma=-1$;$t_{on}=\dfrac{T}{2}$ 时,$\gamma=0$;$t_{on}=T$ 时,$\gamma=1$。这说明负载电压系数 γ 在 $-1\sim +1$ 之间变化。脉宽调制放大器输出电压平均值 U_d 是可以改变的。

值得指出的是,虽然在 $\gamma=0$ 时电动机不运行,平均转矩为零,但交变转矩并不为零,因为瞬时电压和瞬时电流都不为零,这会引起电动机损耗,但也会使电动机发生高频微振,可以减小静摩擦,起着动力润滑作用。

双极性 PWM 电路的电流是连续的,可以在四个象限工作,低速时平稳性好,调速范围大。但它的四个晶体管都处于开关状态,在电动机电阻 R_a 上产生的附加功率损耗较大,对电动机温升的影响较大。若元件或触发装置有误,会造成上下直通的直流短路,因此应设置逻辑控制电路等保护措施。

根据生产机械的要求,脉宽调速系统可以采用单闭环、双闭环等系统,图 7-59 所示为双闭环脉宽调速系统的框图。与晶闸管双闭环调速系统的图 7-48 相比,基本上只是把触发器换成了 PWM 控制器及功放电路。

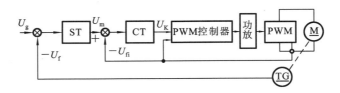

图 7-59　双闭环脉宽调速系统的框图

一般来讲,PWM 控制器的功能包括改变占空比和保护电路两个部分,它必须考虑到能在允许的电压输入、负载及温度变化的范围内,达到系统要求的精度指标,同时还应具有软启动,过流、过压等保护功能。

三、集成 PWM 控制器的组成及原理

过去控制器多采用分立元件和单元集成电路组成,近年来已研制出各种专用的集成 PWM 控制器。在国外市场上,最先出现的如摩托罗拉公司的 MC3420 和西尼肯公司的 SG3524;近年来,摩托罗拉公司又推出了 MC34060,西尼肯公司推出第二代产品 SG1525 和 SG1527,在性能及功能上做了不少优化及改进,已成为标准化产品。我国的一些集成电路的制造厂家参照国外产品,也研制出同类产品。集成 PWM 控制器接线简单,使用可靠,方

便灵活,便于调试,已经占有了很大市场,也推动了 PWM 技术的发展。

　　PWM 控制器型号很多,功能不尽相同,在实际使用时还应参考各厂家的产品说明。下面以 SG1525 为例,介绍集成 PWM 控制器的基本组成及原理。

　　SG1525 适用于驱动 NPN 功率管(SG1527 与之结构相同,但输出负脉冲,适用于 PNP管)。它由基准电压源、振荡器、误差放大器、PWM 比较及锁存器、分相器、欠压锁定、输出级、软启动及关断电路几个部分组成,如图 7-60 所示。

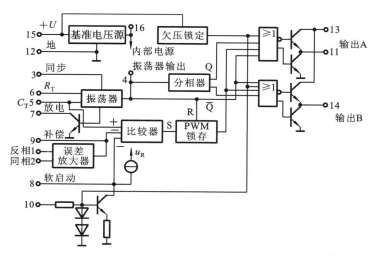

图 7-60　SG1525 原理图

1. 基准电压源

　　基准电压源是一个典型的三端稳压器,采用温度补偿,精度达(5.1 ±1%) V,它供内部电源使用,也可以向外部通过 16 脚输出 40 mA 电流。它的输入电压可选 $U=9\sim12$ V。从15 脚(＋)和 12 脚(地)引入。

2. 振荡器

　　振荡器内部由一个双门限比较器、一个恒流源及电容充放电电路组成,作用是产生频率可调的锯齿波。其外部接线如图 7-61(a)所示,产生的锯齿波形则如图7-61(b)所示。

　　其充电时间 t_1 取决于 $R_T C_T$,放电时间 t_2 取决于 $R_D C_T$。锯齿波频率可由

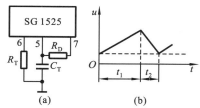

图 7-61　振荡器接线及锯齿波波形

$$f = \frac{1}{t_1 + t_2} = \frac{1}{C_T(0.67R_T + 1.3R_D)}$$

计算。

　　锯齿波最高电压 3.3 V,最低电压 0.9 V。当电源电压 U 在 8～35 V 之间变化时,频率稳定度为 1%;温度在－55～125 ℃变化时,频率稳定度为 3%。

　　双极性 PWM 电路中,两组晶体管是不能同时导通的,否则会造成短路。而晶体管关断需要时间,因此有必要在一小段时间内同时关断两组晶体管,这段时间称为死区时间。对不同功率电路及器件,死区时间有不同要求,故死区时间应能由用户调节。

SG1525 的 4 脚输出一个具有 t_2 密度的时钟信号,同时送到输出端控制死区时间,因此调节 R_D 就可以控制死区时间的长短,R_D 越大,死区时间越长。振荡器还设有外同步输入端(3 脚),3 脚加直流或高于振荡器频率的脉冲信号时,可实现振荡器的外同步。

3. 误差放大器

误差放大器是一个两级差分放大器。根据逻辑需要,电流调节器 CT 输出的电压 U_K 接反相输入端(1 脚),基准电压接同相输入端(2 脚),其作用是当 $U_K=0$ 时,使 PWM 控制器输出一个对称方波,占空比为零。为满足静、动态特性,1 脚和 9 脚之间应加一个 RC 反馈网络。

4. PWM 比较及锁存器

误差放大器的输出信号加到比较器的反相端,锯齿波加到同相端,另一个输入信号处理各种保护和软启动。这一部分是控制信号形成的核心部分。它把控制信号 U_K 与 PWM 信号的脉宽联系起来,改变 U_K 的极性,就可改变 PWM 电路输出平均电压的极性,因而可改变电动机的转向。改变 U_K 的大小,就可调节输出脉冲电压的宽度,从而调节电动机的转速。集成芯片的锯齿波线性度很好,可保证脉冲宽度和控制电压 U_K 的大小成正比例。与锯齿波比较的原理与三角波类似,可参阅图 7-26 所示的波形。

如果误差放大器的 U_K 存在尖峰或振荡,此信号与锯齿波比较时就会出现多个交点,破坏了正常脉宽,这时加上一个锁存器,就可以保证在一个周期内,只输出一个方波脉冲。

PWM 比较器的输入端还设有软启动及关闭 PWM 信号的功能,只需在 8 脚至地接一个几微法的电容,就能得到软启动功能。实际上是让启动时由该电容的充电常数决定 PWM 的占空比,软启动结束后才由 U_K 决定 PWM 的占空比。过压、过流及其他信号可加到 10 脚,当出现这些故障时关闭 PWM 信号。

5. 分相器

对于双极性 PWM 电路,只用一个晶体管,这样比较器输出的 PWM 控制信号可直接输出。有些应用中,晶体管是由二管交替工作的推挽式结构组成,因此要将 PWM 控制信号分

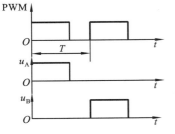

图 7-62 PWM 的分组输出

成两组,分相器即借助触发脉冲与两个门电路完成分相的功能。分组后的信号分别控制推挽中的 A 管和 B 管,其波形如图 7-62 所示。

它们分别由 11 脚和 14 脚输出,13 脚接正电源。若应用中无须分相,应把 11 脚和 14 脚短接,这样输出的效果相当于把两组分相后的 PWM 控制信号合并成一组。

6. 欠压保护及输出级

当整个控制器的工作电压下降到 8 V 以下时,电路各部分工作就会出现异常。输出异常的信号会损坏主电路中的功率晶体管,故此时应及时切断控制信号。在欠压锁定功能块中,时刻检测电压最小值,若欠电压发生则送出一个高电平加到输出级"或非"门输入端,以封锁 PWM 信号。

7. 脉冲分配及功放

这部分电路在 SG1525 的外部,把输出的控制信号进行功放,以驱动晶体管的基极。

一般来讲,各驱动器是独立的,控制电路则可以共用,为了使控制电路相互隔离,加强抗

干扰能力,常用光电耦合或变压器耦合来实现电路的隔离。图 7-63 所示的是脉冲分配及功放电路示意图。

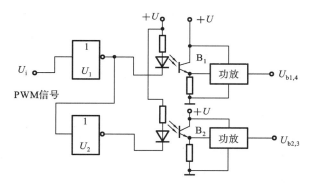

图 7-63　脉冲分配及功放电路

当 PWM 控制信号为高电平时,非门 U_1 输出低电平,光电管 B_1 导通,经功率放大后使 $U_{b1,4}$ 得到高电平触发。与此相反,非门 U_2 输出高电平,使光电管 B_2 截止,经功放后的 $U_{b2,3}$ 得到低电平触发。随着 PWM 控制信号的周期性变化,主电路的各功率晶体管交替导通、截止,达到脉宽调速的目的。

晶体管脉宽调速系统与晶闸管调速系统只是主电路不同,控制触发方式不同,其反馈控制方案和系统结构都是一样的,因此,静态和动态分析、参数设计方法也都相同。

四、微机数字化 PWM 控制装置

随着各种功能强、运算速度快的单片机和全控电力电子器件的出现,以各类微处理机和功率逆变为基础的新型数字化 PWM 调制技术和控制技术有了长足的发展,图 7-64 所示为数字智能化 PWM 控制装置原理图。这类工业控制装置是 PWM 控制技术发展的趋势,它既能提高装置的品质,又为装置增加了许多功能,增强了装置的灵活性和可靠性。

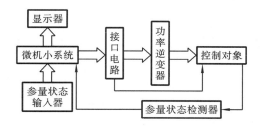

图 7-64　数字智能化 PWM 控制装置原理图

图中微机小系统是由各类单片机微处理器和半导体集成存储器组成的,是 PWM 装置的核心部分之一。存储的控制程序可根据被控对象的性能要求和功能,编制出相应实时控制程序,算法程序,功能程序,数据处理程序,滤波抗干扰程序,参量状态检测程序和键盘输入、显示程序等。系统实施所选择的 PWM 方法和控制技术,实现数字智能化控制。

PWM 装置的另一个核心部分是功率逆变器,它除了由功率整流桥、无功功率交换部件和全控型功率半导体等组成外,还包含射极输出复合管式集成驱动模块,如 UAA4002、M57215BL 等,它的任务是在所选择的 PWM 控制方法和控制算法下,输出性能良好的控制触发信号。

习题与思考题

第 7 章习题精解
和自测题

7-1　试叙述晶闸管的导通和关断条件。

7-2　在图 7-65 所示电路中,晶闸管承受的反向电压最大值是多少? 考虑安全裕量,额定电压和额定电流如何选取?

7-3　图 7-66 所示电路为带续流管的半波整流电路,若 $L=0.1$ H,$R=2$ Ω,u_2 为 230 V 工频电压,要求负载平均电压为 40 V,试选用晶闸管和二极管。

7-4　图 7-67 所示电路为单相全波可控整流电路,已知 $u_2=220$ V,$\alpha=45°$,试画出直流电压 U_d 的波形,并求出直流电压平均值 U_{dv}。

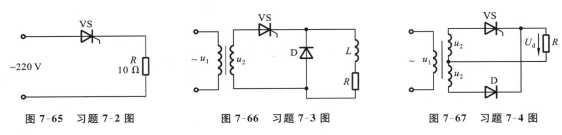

图 7-65　习题 7-2 图　　　　图 7-66　习题 7-3 图　　　　图 7-67　习题 7-4 图

7-5　三相桥式整流电路带电阻性负载,若其中一个晶闸管击穿短路,对电路会产生什么影响?

7-6　三相桥式电路,总电阻 $R=0.8$ Ω,$L=5$ mH,副边线电压 230 V,工作于逆变状态,$U_{av}=-290$ V。设电流连续,如允许最小电流为 30 A(直流),那么 β_{max} 为多少?

7-7　试分析有源逆变与无源逆变的区别。

7-8　分压比为 0.6 的单结晶体管,若 $U_{bb}=20$ V,其峰点电压 U_p 为多少? 在图 7-19 所示的电路中,若管子 b_1 脚虚焊,其电容两端电压 U_C 为多少? 若 b_2 脚虚焊,U_C 为多少?

7-9　为什么晶闸管的触发脉冲必须与主电路电压同步?

7-10　当控制电压为三角波最高电压的 0.5 倍时,分别计算单极性和双极性 PWM 的平均输出电压。

7-11　可关断晶闸管为什么能关断? 它与晶闸管 VS 在结构和参数上有哪些不同?

7-12　试举例说明全控型器件的电子线路保护措施。

7-13　单闭环调速系统中,改变给定电压或改变速度负反馈系数能否改变转速? 为什么?

7-14　试论述开环和闭环调速的优缺点。

7-15　试论述有静差和无静差调速的基本原理。

7-16　有一直流调速系统,调速范围 $D=10$,最高额定转速 $n_{max}=1\ 000$ r/min,开环系统的静态速降是 100 r/min,试问该系统的静差度为多少? 若把该系统组成闭环系统,保持相同的空载转速 n_{02},使闭环系统的静差度为 5%,试问闭环系统的开环放大倍数为多少?

7-17　有静差调速系统的速度调节范围为 75~1 500 r/min,要求静差度 $s=2\%$,该系统允许的静态速降是多少? 如果开环系统的静态速降是 100 r/min,则闭环系统的开环放大倍数应有多大?

7-18　某直流电动机额定转速为 1 500 r/min,要求调速范围 $D=10$,静差度 $s=5\%$,系统允许的静态速降是多少?

7-19　在双闭环调速系统中,调节转速取决于哪个参数? 调节最大堵转电流又依赖哪个参数?

7-20　任何可逆调速的生产机械是否一定要在四象限里运行?

7-21　可逆和不可逆 PWM 系统在结构和原理上各有什么特点?

7-22　SG1525 中锯齿波频率选为 2 000 Hz,$t_2=0.1$ ms,应选择怎样的 C_T、R_D、R_T 才比较合理?

交流电动机调速系统

　　交流传动与控制系统内容主要是讨论交流电动机的调速系统。交流电动机有同步电动机与异步电动机两大类。同步电动机靠改变供电电压的频率来改变同步转速。交流调速系统主要是对异步电动机而言的,它是交流传动与控制系统的一个重要组成部分。长期以来,在电动机调速领域中,直流调速方案一直占主要地位。20 世纪 60 年代以后,随着电力电子学与控制技术的发展,采用半导体变流技术的交流调速系统得以实现,特别是 20 世纪 70 年代以来,大规模集成电路和计算机控制技术的发展,再加上现代控制理论向电气传动领域的渗透,为交流调速系统的进一步开发创造了有利条件。在实际应用中,由于交流调速不仅具有优良的调速性能,而且能节约能源,减少维护费用,节约占地面积,能在恶劣的甚至是含有易爆炸气体的环境中安全运转。因此,了解和掌握交流调速的原理和方法,熟悉交流传动控制系统研究的现状和发展,已经成为从事电力拖动与控制的人们十分关注的问题。

　　由第 2 章可知,交流电动机的转速为

$$n = n_0(1-s) = \frac{60f}{p}(1-s) \tag{8-1}$$

从式(8-1)看出,异步电动机的调速方法可分为两类。第一类是通过改变同步转速 n_0 来调速,这又有两种方法:一是改变极对数 p,由于 p 是正整数,所以用这种方法只能得到级差较大的有级调速;二是改变电源频率 f,由于 f 可以连续改变,所以用这一方法可以得到平滑的无级调速。由于改变 n_0 并没有人为地加大 s,不产生附加的转差功率损耗,所以效率很高,这种调速称为高效型交流调速。第二类为改变转差的调速,由式(2-39)可知,这可以通过调节定子电压、转子电阻、转子电压及转子供电频率等方法来实现。由于这些方法都需要改变 s,必然会有附加的转差功率损耗,效率很低,因此称为低效型交流调速。

　　本章将主要介绍异步电动机各种调速系统的基本原理及特性,并着重介绍交流调压调速及变频调速的各种调速系统。

8-1　晶闸管交流调压调速系统

　　由异步电动机电磁转矩和机械特性方程式可知,异步电动机的转矩与定子电压的平方成正比,故改变异步电动机的定子电压也就是改变电动机的转矩及机械特性,就可实现调速。这种调速系统在晶闸管"交流开关"元件广泛应用之后,电路结构变得简单,装置体积小,价格低廉,使用维护方便。它已用于卷扬机及纺织、造纸等行业的一些要求调速范围较大但低速运行时间较短的生产机械上。晶闸管交流调压电路与晶闸管整流电路一样,也有单相与三相之分。

一、单相交流调压电路

单相晶闸管交流调压电路的种类很多,但应用最广的是反并联电路。为了正确地把握晶闸管交流调压电路的工作特点,现以反并联电路为代表(见图 8-1),分别分析它在带纯电阻负载($Z=R$)和电感性负载($Z=R+\mathrm{j}\omega L$)两种情况下的工作特点。

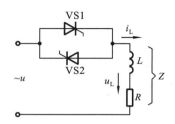

图 8-1 单相交流反并联电路

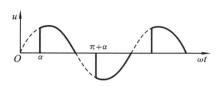

图 8-2 电阻负载下的负载电压波形

1. 电路带纯电阻负载

电路带纯电阻负载($Z=R$)时,若在电源电压的正、负半周中分别在同一控制角 α 下触发晶闸管 VS1 和 VS2,则由于电源电压过零时晶闸管自动关闭,在不考虑电源内阻和晶闸管的正向压降的情况下,负载上的电压波形如图 8-2 的实线所示,据此可求出负载电压的有效值为

$$U_{\mathrm{L}} = \sqrt{\frac{1}{\pi}\int_{\alpha}^{\pi}(\sqrt{2}U\sin\omega t)^2\,\mathrm{d}(\omega t)} = U\sqrt{\frac{2(\pi-\alpha)+\sin 2\alpha}{2\pi}} \qquad (8\text{-}2)$$

式中:U 为输入交流电源电压的有效值。

带纯电阻负载时负载电流波形与负载电压波形相同,其有效值为

$$I_{\mathrm{L}} = \frac{U_{\mathrm{L}}}{R} = I\sqrt{\frac{2(\pi-\alpha)+\sin 2\alpha}{2\pi}} \qquad (8\text{-}3)$$

式中:I 为 $\alpha=0$ 时负载电流的有效值。

由式(8-2)及图 8-2 可见,改变晶闸管控制角 α 的大小,就可以改变负载上交流电压的大小。

晶闸管交流调压的触发电路在原理上与晶闸管整流所用的触发电路相同,只是要使每周期输出的两个脉冲彼此没有公共点,且要有良好的绝缘。

2. 电路带电感性负载

电路带电感性负载($Z=R+\mathrm{j}\omega L$)时,由于电感 L 的储能作用,负载电流过零的时间滞后于电压过零的时间,因此,原来导通的晶闸管在电源电压过零后仍有一段时间保持导通状态,直到负载电流下降为零后才关断,即晶闸管要经过一个延迟角才能关断。延迟角的大小与控制角 α、负载功率因数 $\cos\varphi$ 都有关系,这一点和单相整流电路带电感性负载的情况相似。负载电压 U_{L} 和负载电流 i_{L} 的波形如图 8-3 的粗线所示。图中的 θ 为晶闸管的导通角。

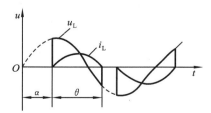

图 8-3 带电感性负载波形图

二、异步电动机的调压特性

　　一般而言,异步电动机在轻载时,即使外加电压变化很大,转速变化也很小,而在重载时,如果降低供电电压,则转速下降很快,甚至会停转,并且会引起电动机过热,甚至烧坏。因此,了解异步电动机调压时的机械特性,对改变供电电压以实现调速是十分有益的。

　　如图 8-4(a)所示,对于普通异步电动机,改变定子电压 U_N,能得到一组不同的机械特性,而且在某一负载 T_L 的情况下,将稳定工作于不同的转速,如图 8-4(a)中的 a、b、c 三点对应的转速。显而易见,在这种情况下,改变定子电压,电动机的转速变化范围不大。电动机在低速段(如点 d)运行时,一方面它会使拖动装置运行不稳定,另一方面,电动机转速的降低会引起转子电流相应增大,可能引起过热而损坏电动机。为了使电动机能在低速下稳定运行又不致过热,要求电动机转子绕组有较高的电阻。

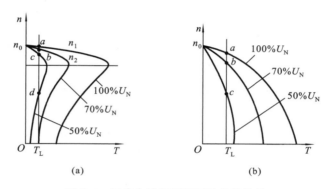

图 8-4　异步电动机调压时的机械特性
(a) 普通异步电动机的机械特性；　(b) 鼠笼式异步电动机的机械特性

　　对于鼠笼式异步电动机,可以将电动机转子的鼠笼材料由铸铝改为电阻率较大的黄铜条,这样电动机就会具有如图 8-4(b)所示的机械特性。即使这样,调速范围仍不大,且低速时运行稳定性仍不好,不能满足生产机械的要求。

　　为了既能保证电动机低速时具有一定的机械特性硬度,又能保证具有一定的负载能力,一般在调压调速系统里采用转速负反馈构成闭环系统,如图 8-5 所示。

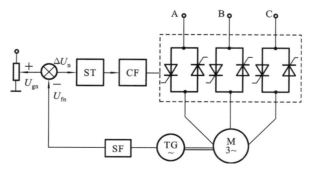

图 8-5　转速负反馈的调速系统
ST—转速调节器;CF—触发器;SF—转速反馈环节;
TG—测速发电机;M—交流电动机

该系统电路是采用 Y 形接法的三相调压电路,控制方式为转速负反馈的闭环控制。交流测速发电机发出与电动机转轴转速成比例的电压反馈信号 U_{fn},此电压与给定电压 U_{gn}(基准电压)相比较,得到转速差信号 ΔU_n,再通过转速调节器控制晶闸管的导通角,即可改变感应电动机的定子端电压和电动机转轴的转速。当给定基准电压大于反馈电压时,调压器的控制角会因 $\Delta U_n = U_{gn} - U_{fn}$ 的增加而变小,输出电压提高,转速升高,直到 U_{fn} 与 U_{gn} 相等,电动机的转速才会稳定在给定基准电压所要求的转速上。相反,如果给定基准电压小于反馈电压,上述过程将向相反方向进行。可见这种调速方法与直流电动机晶闸管调速系统的调速方法是相似的,都引入了转速负反馈。

闭环调压调速系统可以得到比较硬的机械特性,静特性如图 8-6 所示。对应于不同的转速给定值,它是一组上、下平移的曲线,若转速调节器为 PI 调节器,则静态运行时转速是无差的。当电网电压或负载转矩出现波动时,转速不会因扰动而出现大幅度波动。例如,给定的转速为图 8-6 所示的点 a,对应的转差率 $s = s_1$。当负载转矩由原来的 T_{11} 变为 T_{12} 时,若系统为开环控制系统,电动机的转速必然会下降到图中的点 b,其对应的转差率 $s = s_2$。闭环控制系统则会发生下列过程:由于转速 n 下降,转速负反馈信号电压 U_{fn} 下降,而转速给定信号电压 U_{gn} 不变,转差信号 ΔU_n

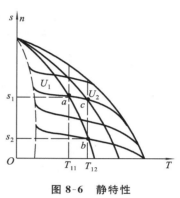

图 8-6　静特性

变大,调压器的控制角前移,输出电压由 U_1 上升到 U_2,而电动机的转速重新上升到 $s \approx s_1$ 的点 c。可见闭环控制可得到比较硬的机械特性。

和直流调速系统一样,采用 PI 调节器组成速度调节器 ST 的单闭环调速系统,既能得到转速的无静差调节,又能获得较快的动态响应,从扩大调速范围。它基本上能满足一般生产机械对调速的要求,但有些生产机械经常处于正、反转工作状态,为了提高生产效率,要求尽量缩短启动、制动和反转过渡过程的时间,当然可用加大过渡过程中的电流即加大动态转矩的方法来实现,但电流不能超过晶闸管和电动机的允许值,为了解决这个矛盾,在恒转矩负载时,和直流电动机调速系统一样,可采用双闭环调速系统,系统结构如图 8-7 所示。

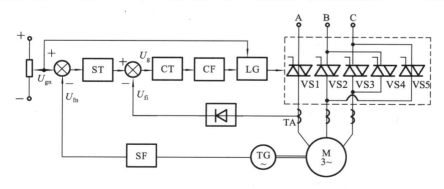

图 8-7　转速双闭环调压调速系统

ST—转速调节器;CT—电流调节器;SF—转速反馈环节;LG—正、反转逻辑切换装置;CF—触发器

对于调压电路,可采用双向晶闸管代替两只反向并联的普通晶闸管,并接成可逆电路的形式。双向晶闸管 VS1、VS2、VS3 工作时电动机正转;VS1、VS4、VS5 工作时电动机反转。

正、反转的切换则由逻辑切换装置 LG 根据转速给定信号 U_{gn} 的极性关断或导通相应双向晶闸管的触发脉冲来实现。控制系统采用转速、电流双闭环结构。系统的稳速原理与直流双环调速系统的完全相同,静特性与图 8-6 所示的相似。若转速调节器为 PI 调节器,则静态运行时转速是无静差的。此系统的优点是:线路比较简单,可以得到 10∶1 左右的调速范围,能够在四个象限内运行。缺点是:低速运行时转差能量损耗大,运行效率低,电动机发热严重。仅适用于短时间低速、长时间高速运行的生产机械,如电梯、纺织机械等。

三、变极调压调速

为了克服调压调速系统在低速运行时能量损耗大、运行效率低的缺点,可以采用调压调速与变极调速相结合的调速方式,即所谓变极调压调速。由异步电动机同步转速表达式 $n_0 = \dfrac{60f}{p}$ 知,当极对数 p 增加一倍时,同步转速 n_0 下降一半,电动机的机械特性如图 8-8(a)所示。若在此基础上再采用降压调速,则在相同的低速下转差能量损耗相较于仅采用调压调速时的情况小得多。

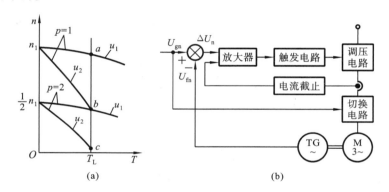

图 8-8　变极调压调速系统

(a) 机械特性；　(b) 系统结构图

变极调压调速系统的结构如图 8-8(b)所示,它由调压调速电路和极对数切换电路两部分组成。下面结合图 8-8(a)说明其动作原理。设电动机带有恒转矩负载 T_L,在图 8-8(a)所示的点 a 稳定运行,此时 $p=1$,定子电压为 u_1;当降低其转速给定值 U_{gn} 使 u_1 下降为 u_2 时,电动机稳定转速下降,稳定运行点由点 a 移至图中的点 b。若选定与 u_2 对应的 U_{gn} 作为极对数切换电路的动作电压,使换极开关动作,电动机极对数将由 $p=1$ 换接成 $p=2$,在切换瞬间,运行点有下降至图 8-8(a)所示点 c 的趋势。但由于速度负反馈的调节作用,晶闸管调压电路的控制角 α 减小,定子电压迅速回升到 u_1,并且系统的运行点将保持在点 b 不变。此后,若继续减小 U_{gn},则系统将在 $p=2$ 的基础上继续降速,从而可以在较小损耗下获得较大的调速范围。

四、异步电动机调压调速的损耗及容量限制

根据异步电动机的运行原理,当电动机定子接入三相电源后,定子绕组中建立的旋转磁场在转子绕组中感应出电流,二者相互作用产生转矩 T,该转矩将转子加速直到最后稳定运转于低于同步转速 n_0 的某一速度 n 为止。由于旋转磁场和转子具有不同的速度,因此异步

电动机运行中定子通过气隙传递到转子的电磁功率

$$P_{\text{em}} = \frac{Tn_0}{9.55}$$

和转子轴上产生的机械功率

$$P_{\text{M}} = \frac{Tn}{9.55}$$

总是不相等的,二者之差称为转差功率 P_s ,即

$$P_s = P_{\text{em}} - P_{\text{M}} = \frac{Tn_0}{9.55} - \frac{Tn}{9.55} = sP_{\text{em}} \tag{8-4}$$

式中: T 为异步电动机的电磁转矩。

正常运行时, P_s 全部转换成了转子铜耗而消耗掉。由式(8-4)知

$$P_{\text{M}} = P_{\text{em}}(1-s) \tag{8-5}$$

若不考虑其他损耗,认定输入电功率 P_1 近似等于 P_{em} ,转子轴上输出机械功率 P_2 近似等于 P_{M} ,则电动机的运行效率可近似表示为

$$\eta = \frac{P_2}{P_1} \approx \frac{P_{\text{M}}}{P_{\text{em}}} = 1-s \tag{8-6}$$

若电动机带有恒转矩性质的负载, n_0 为常数时,输入功率为 P_1 ,输出功率 $P_2 \approx P_{\text{M}} = P_{\text{em}}$ (1-s)并随 s 的增大而减小,转差功率 $P_s \approx P_1 - P_2$ 则相应增大。这表明异步电动机调压调速(改变了转差率)实质是将输入功率的一部分转化为转差功率,以削减轴上输出功率的大小,迫使电动机运行速度下降,由式(8-4)亦可看出,在低速时,转差功率很大,所以这种调压调速方法不太适合于长期在低速下工作的机械,如要用于这种机械,电动机容量就要适当选择大一些,或选用变极调压调速系统。

如果负载具有转矩随转速降低而减小的特性(如通风机类型的工作机械 $T_L = Kn^2$),则当向低速方向调速时,转矩减小,电磁功率及输入功率也减小,这时其转差功率较恒转矩负载时的小得多。因此,定子调压调速的方法特别适合于通风机及泵类等机械。

另外,调压调速采用相位控制方式时,电压为非正弦电压,电动机电流中存在着较大的高次谐波,电动机将产生附加谐波损耗,电磁转矩也会因谐波的存在而发生脉动,这对电动机的出力将有较大的影响。

8-2　交流电动机变频调速系统

定子由变频装置供电,采用改变定子供电电源频率的方法调节交流电动机运行速度的调速方式称为变频调速方式。在调速过程中,从高速到低速都可以保持有限的转差功率,因而具有高效率、宽范围和高精度的调速性能。变频调速是异步电动机调速最有发展前途的一种方法。

一、变频调速系统的变频器

变频器的任务是将电压幅值和频率均固定不变的交流电压变换成二者均可调的交流电压。变频器是变频调速系统中最主要的部件。根据变频方式的不同,变频器可分为直接变频器即交-交变频器和间接变频器即交-直-交变频器两大类型。

交-交变频器结构如图 8-9(a)所示,它直接将固定频率的交流电源电压变换成幅值和频率均可调的交流电压。亦称周波变流器或循环变流器。交-交变频调速的优点是节省了换流环节,提高了效率,很容易实现四象限运行,其缺点是利用交流电源换流,输出最高频率受电网频率限制,一般为电网频率的 $\frac{1}{3}$,如对于 50 Hz(或 60 Hz)的电源,其输出最高频率约为 20 Hz。近年来使用全控器件和 PWM 技术,其最高输出频率可达 45 Hz 以上。

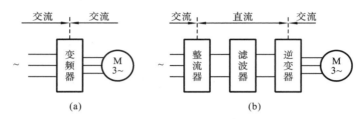

图 8-9　两种类型的变频器

(a) 交-交变频器;　(b) 交-直-交变频器

交-直-交变频器结构如图 8-9(b)所示,它先通过整流器实现可控整流或不可控整流。将固定频率的交流电源电压变换成平均值可调的直流电压,为可控整流。再通过逆变器将直流电压变换成幅值和频率均可调的交流电压;另有不控整流器整流后,采用 PWM 逆变器实现同时变压变频,或是用斩波器变压、逆变器变频等方法。电路中滤波器的作用是使整流器和逆变器之间不产生相互干扰,同时在变频器带感性负载时对电路无功功率的变化起缓冲作用。若采用电容滤波,则变频电源近似于电压源,此类变频装置称为电压源型变频器。若采用电感滤波,则变频电源近似于电流源,此类变频装置称为电流源型变频器。

交-交变频器由于性能上的原因,常用来作为低频大功率变频器。交-直-交变频器的应用场所则要广泛得多,除变频调速外,还可用来构成高精度稳频稳压交流电源和不停电交流电源。本节将主要介绍交-直-交变频器,交-交变频器仅作一般性介绍。

(一) 交-直-交电压源型变频器

电压源型变频器的特点是,逆变器的供电直流电源采用电容滤波,因而变频电源等效内阻抗很小,近似为电压源,逆变器输出电压波形为矩形波或六阶梯波形,电流大小则取决于逆变器输出电压与电动机定子绕组中的正弦感应电势之差,其波形近似为正弦波。根据换流电路形式的不同,电压源型变频器有多种电路类型。下面介绍的变频电路属 180°通导型,即换向在同一相桥臂上的两只晶闸管之间进行。

带辅助换流晶闸管的电压型变频器的换流电路是一种高性能逆变器中常采用的换流电路,具有换流效率高,换流能力强和可靠性高等优点,特别适用于晶闸管脉宽调制式(PWM)变频频率较高的场合。其电路形式很多,图 8-10 所示的为较典型的一种。VS01~VS06 为主晶闸管,VS11~VS16 为辅助换流晶闸管,D21~D26 为反馈续流二极管,C_A、C_B、C_C 为换流电容,L_A、L_B、L_C 为换流电感,L1~L6 为桥臂电抗,用于限制主晶闸管的电流上升率,其电感值与换流电感相比数值很小,分析换流过程时可不考虑其存在,逆变器为 180°通导型,换流在同一相桥臂上的两只晶闸管之间进行。三相电路完全对称,图 8-11 所示的是其中 A相电路中 VS1 和 VS4 之间换流的全过程。

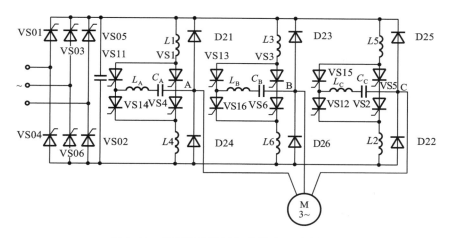

图 8-10 带辅助换流晶闸管的电压型变频器

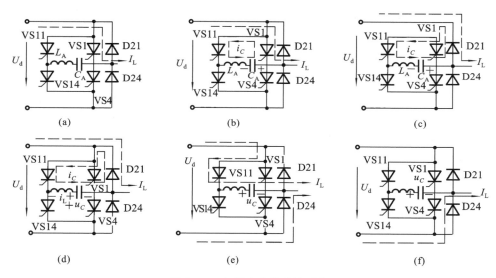

图 8-11 A 相电路的换流过程

(a) 换流前的原始状态; (b) 换流开始的状态; (c)、(d) 换流的主要阶段;

(e) D21 截止,D24 导通的状态; (f) 换流结束后的状态

图 8-11(a) 所示为换流前的原始状态,主晶闸管 VS1 导通,负载电流为 I_L,电容 C_A 上的电压的 $u_C = U_d$ 是上次换流结束后为本次换流准备的条件,极性如图所示。图 8-11(b) 所示为换流开始时的情况。辅助晶闸管 VS11 被触发导通并突然接通 $L_A C_A$ 谐振回路,等效电路如图 8-12(a) 所示,其中 R 为串联电路中的总电阻。根据电路理论,谐振电流 i_C 的表达式为

$$i_C = \frac{U_d}{\omega L} \mathrm{e}^{-\delta t} \sin\omega t \tag{8-7}$$

式中:$\delta = 2RL_A$;ω 为谐振频率。

i_C 的波形如图 8-12(b) 所示,VS11 导通后,i_C 由零开始按正弦规律上升,注意 i_C 上升的过程实际是电容 C_A 对电感 L_A 放电的过程,流过 VS1 的电流 $i_{VS1} = I_L - i_C$,如图 8-12(a) 所示。若选择 L 和 C 之值使 i_C 的最大值 $I_{Cm} > I_L$,则当 i_C 上升至接近 I_L 时,VS1 将因 i_{VS1} 小

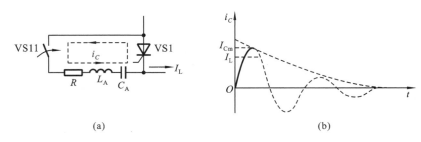

图 8-12　$L_A C_A$ 电路中的瞬态过程

(a) 等值电路；　(b) 波形图

于其最小维持电流而关断。VS1 关断后，u_c 使 D21 接受正向电压而导通，i_C 通过 D21 及 VS11 才构成回路，同时由于 $i_C > I_L$，故 I_L 亦经 D21 流向负载，D21 中电流的大小等于 $i_C - I_L$，如图 8-11(c)所示。此时，D21 的正向压降构成 VS1 的反向电压使其保持关断状态。当电容 C_A 放电至 $u_c = 0$，i_C 增长至最大值 I_{Cm} 时，电路状态进入图 8-11(d)所示状态。换流电感 L 开始通过 D21 对 C 反向充电，i_C 方向不变，数值随 u_c 的增大而减小，当 i_C 下降至 $i_C = I_L$ 时，D21 截止。图 8-11(c)和图 8-11(d)所示的为换流的主要阶段。若 C_A 和 L_A 的数值能保证 D21 的导通时间大于 VS1 的关断时间，则 VS1 被可靠关断。图 8-11(e)所示的期间内，由于 D21 截止，i_C 改经 VS11 对 C_A 继续充电。当 $u_c > U_d$ 时，D24 导通，I_L 随 u_c 的上升而逐渐向 D24 中转移，并在 u_c 达到稳态值时全部转移到 D24 中，VS11 则因实际电流小于最小维持电流而关断。负载电感通过 D24 开始向电网反馈能量并使 I_L 下降，直到 $I_L = 0$。图 8-11(f)所示为换流结束阶段。由于 $I_L = 0$，D24 截止，若 VS4 被触发导通，则 I_L 改变方向并上升至反向稳态值，换流过程结束。电容 C_A 上建立的电压 U_c 为下次换流准备好条件。

（二）交-直-交电流源型变频器

电流源型变频器的特点是逆变器的供电电源采用电感滤波，因而电源阻抗很大，近似为电流源。依换流电路的不同，这类变频器也有很多种形式，其中以串联二极管式电流源型逆变器最有代表性，应用也最广，下面以此为例说明其工作原理。

变频器主电路如图 8-13 所示。换流电容 $C_1 \sim C_6$ 数值相等，二极管 D11～D16 的作用是阻止电容通过负载放电，保证换流开始前电容上的电压为稳态值。换流在不同的两相桥臂上的晶闸管之间进行，逆变器为 120° 通导型。

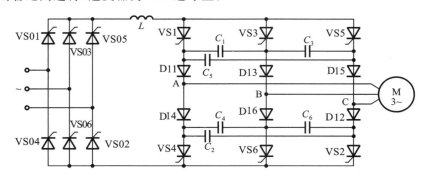

图 8-13　串联二极管式电流源型变频器主电路

电流型变频器依靠逆变桥内的电容器和负载电感的谐振来换流,逆变桥内没有电感,从而简化了主回路的设计和制作。除此以外,由于电流型变频器没有与逆变桥反并联的反馈二极管桥,因此整流桥和逆变桥的电流方向始终不变。传动系统的再生可以通过整流桥和逆变桥的直流电压极性同时反号,将能量返送至交流电网。这种系统可适用于频繁加速、减速和变动负载的场合。由于滤波电感的作用,电流源型变频系统对负载变化的反应迟缓,因此,适合于一台变频器对一台电动机供电的单机运行方式。相反,电压源型逆变器由于输出阻抗小,适合作为多台电动机并联运行时的供电电源使用。但由于滤波电容加大了系统的时间常数,输出电压对控制作用反应迟缓,故电压源型变频器一般只适用于不要求快速加、减速的场合。

（三）脉冲调制式电压源型变频器

上述交-直-交变频器需要两套功率变换器,装置庞大,利用相控整流器调节变频器的输出电压时,变频器输入端的功率因数随着电压的降低而减小,中间滤波环节的时间常数较大,使变频器电压(电流)调节过程缓慢,难以获得满意的动态性能,输出电流中高次谐波所占比例很大,不仅增加了运行损耗,还引起电磁转矩的波动,造成低速不稳,限制了电动机的调速范围。

脉宽调制(PWM)变频器正是为克服上述缺点而提出的一种新型变频器。由大功率晶体三极管或绝缘栅双极晶体管等全控型器件构成的 PWM 逆变器的主电路如图 8-14 所示。

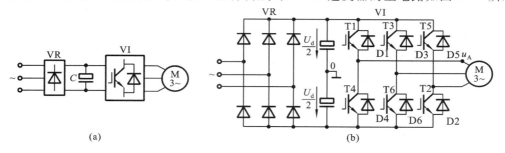

图 8-14　电压源型晶体管 PWM 交-直-交变频器

(a) 框图；　(b) 电路图

该电路的主开关元件在早先都采用双极型功率晶体管 BJT,随着绝缘栅双极晶体管 IGBT 的发展,现在极大部分都采用了 IGBT;在小容量的装置中有采用功率场效应管 MOSFET 的,在特大容量装置中有采用可关断晶闸管 GTO 的。图 8-14 所示电路以 IGBT 作为可关断元件。这种变频器的体积小,质量小,在采用矢量控制方式时系统性能好。因此,目前生产的异步电动机变频器几乎全是这种形式,它已经牢牢地占领了异步电动机交-直-交变频器的市场。在图 8-14 中,VR 是不可控整流桥,VI 由 T1～T6 共 6 只晶体管和 D1～D6 共 6 只二极管组成,T1～T6 组成三相开关桥,D1～D6 为续流二极管。T1～T6 组的基极驱动信号由三角波载波信号和调制信号相比较形成。按调制信号形式的不同,逆变器又有矩形脉宽调制和正弦脉宽调制(SPWM)式两种。SPWM 式的主电路只有一组功率环节,简化了结构,而且可获得比常规六阶波更接近正弦波的输出电压波形,扩展了系统的调速范围,改善了调速系统性能,在变频调速系统中是应用最广的一种结构形式。下面结合具体电路对 SPWM 逆变器做进一步说明。

1. 单相桥式 PWM 逆变器

图 8-15 所示为采用 IGBT 作为开关器件的单相桥式电压源型逆变电路。设负载为电感负载，T1~T4 为 IGBT 器件。具体的工作如下：当控制 T1、T4 同时导通时，在负载上可得电压为 $+U_d$ 方波，极性为左"+"，右"—"。当控制 T2、T3 导通时，负载电压极性反之。当 T1~T4 都不工作时，负载电压为零。若控制 T1、T4 同时导通和截止，且导通时间按正弦函数分布，如图 8-16 所示。当调制正弦波 u_r 瞬时值高于载波三角波 u_t 瞬时值时，IGBT 导通，输出电压为 U_d，当正弦波瞬时值低于三角波瞬时值时，IGBT 管截止，输出电压为零。这样负载电压的正方波的脉冲宽度由窄变宽，再由宽变窄；同样控制 T2、T3 的导通和截止，负载电压的负方波脉宽也按正弦函数变化。即逆变器输出端可以得到一组幅值为 U_d，宽度按正弦规律变化的矩形脉冲，其基波分量为正弦波，频率与 T1、T4 和 T2、T3 切换频率相同，改变 T1、T4 和 T2、T3 的切换频率，就能得到不同频率的交流电压，完成变频功能。也就是说调制信号的频率决定了逆变器输出交流电压的频率，改变调制信号的幅值，能改变输出脉冲宽度，也就能达到调节输出交流电压幅值的目的。但正弦波的幅值不能大于三角波幅值，载波信号的频率高、谐波分量小，故应适当提高载波信号的频率，以减小输出交流电压的谐波成分，但该频率受开关管开关频率的限制。

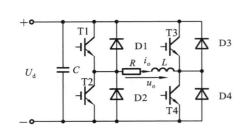

图 8-15　单相正弦脉宽调制变频器

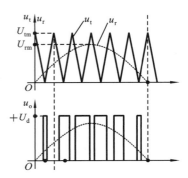

图 8-16　SPWM 控制原理

上述介绍的方式为单极性 SPWM 控制方式，即在正弦信号波的半个周期内载波三角波只在正极性或负极性一种极性范围内变化，所得到的 SPWM 波形也只在单个极性范围变化，如图 8-17(a)、(b)所示。和单极性 SPWM 控制方式相对应的是双极性控制方式，如图

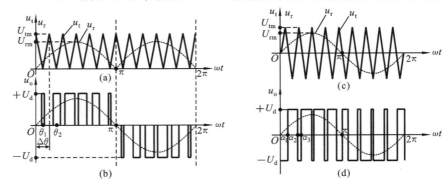

图 8-17　SPWM 调制波形及逆变器输出 SPWM 波形

(a)单极性 SPWM 调制；　(b)单极性输出波形；　(c)双极性 SPWM 调制；　(d)双极性输出波形

8-17(c)、(d)所示。采用双极性方式时在正弦信号波的半个周期内,载波三角波不再是单极性的,而是有正有负,所得的 SPWM 波也是有正有负。在调制正弦波 u_r 的一个周期内,输出的 SPWM 波只有 $\pm U_d$ 两种电平,而不像单极性控制时还有零电平。单相桥式电路既可采取单极性调制,也可采用双极性调制。采用双极性调制时的控制规律如下:当 $u_r>u_t$ 时,给 T1 和 T4 以导通信号,给 T2 和 T3 以关断信号,这时若 $i_o>0$,则 T1 和 T4 通,若 $i_o<0$,则 D1 和 D4 通,不管哪种情况都是输出电压 $u_o=U_d$;当 $u_r<u_t$ 时,给 T2 和 T3 以导通信号,给 T1 和 T4 以关断信号,这时若 $i_o<0$,则 T2 和 T3 通,若 $i_o>0$,则 D2 和 D3 通,不管哪种情况都是输出电压 $u_o=U_d$。

调制过程中始终保持正弦波与载波(三角波)信号同步的工作方式称为同步调制。调制过程中三角波与正弦波之间保持非同步关系的工作方式,称为异步调制。

2. 三相桥式 SPWM 型逆变器

三相桥式 SPWM 型逆变器的电路都是采用双极性控制方式。A、B、C 三相的 PWM 控制通常共用一个载波三角波 u_t,三相的调制信号 u_{rA}、u_{rB}、u_{rC} 依次相差 120°。A、B、C 各相功率开关器件的控制规律相同,现以 A 相为例来说明。当 $u_{rA}>u_t$ 时,给上桥臂 T1 以导通信号,给下桥臂 T4 以关断信号,则 A 相相对于直流电源假想中点 N' 的输出电压 $u_A=U_d/2$。当 $u_{rA}<u_t$ 时,给 T4 以导通信号,给 T1 以关断信号,则 $u_A=-U_d/2$。T1 和 T4 的驱动信号始终是互补的。当给 T1(T4)加导通信号时,可能是 T1(T4)导通,也可能是二极管 D1(D4)续流导通,这要由阻感负载中电流的方向来决定。

3. 可关断晶闸管(GTO)逆变器

可关断晶闸管变频调速系统与普通的晶闸管变频调速系统相似,不过省去了换流回路。

由于 GTO 开关速度快,常将 GTO 做成 PWM 型逆变器,以获取高性能的控制。其控制方法与晶体管 PWM 型逆变器相同,同时也必须设置缓冲吸收电路及采取短路保护电路等措施。

(四) 交 - 交变频器

三相全控桥式整流电路输出电流连续时,输出电压平均值为

$$U_d = U_{do}\cos\alpha$$

式中:α 为晶闸管的控制角。

由上式可以设想,若以一定速率连续改变 α 的大小,使 U_d 随时间按正弦规律变化,则在整流电路的输出端可以得到一个正弦电压;其频率可以通过改变 α 的变化速率来调节,从而将输入侧的固定频率三相交流电压变换成输出侧的可调频率单相交流电压,这就是交-交变频器的基本工作原理,如图 8-18 所示,电路结构与直流可逆调速系统的主电路相同,它由正、反两组全控桥式整流电路反向并联而成,其中,正组桥提供 $+U_d$,反组桥提供 $-U_d$。

若希望获得三相变频电源,则应采用三套如图 8-18 所示的电路和三相对称的控制电压,并以适当的方式将三套交-交变频器三个输出端接成

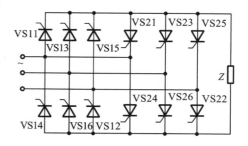

图 8-18　交 - 交变频器主电路

星形或三角形电路。

交-交变频器与交-直-交变频器相比,优点是节省了换流环节,提高了效率,在低频时波形好,这样使电动机谐波损耗及转矩的脉动大大减少;缺点是最高频率受电网频率的限制,结构较复杂,故一般适用于低速、大容量的场合,如球磨机、矿井提升机、电力机车及轧机拖动等。

二、异步电动机变频调速系统

鼠笼式异步电动机变频调速系统有转速开环控制和转速闭环控制等形式。转速开环控制系统大都采用 U_1/f_1=常数的协调控制方式。图 8-19 所示的是转速开环电压源型变频器-异步电动机的调速系统结构框图。转速仅在额定转速以下调节,转速给定值同时作为电压和频率的给定值,使逆变器输出电压的幅值和频率按相同的规律变化,以实现 U_1/f_1 协调控制。

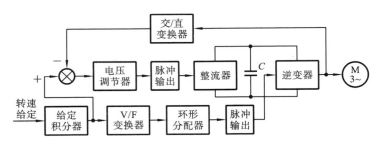

图 8-19 转速开环电压源型变频器-异步电动机调速系统结构框图

给定积分器的作用是将阶跃输入信号转变为斜坡输入信号,以防止突加的给定值在主电路中造成大的电流冲击,如果系统本身有能力保证不会出现过大的电流冲击,也可不采用此环节。

V/F(电压/频率)变换器的作用是将转速给定信号的模拟电压变换成频率与此电压值成正比例的脉冲列。

环形分配器实际是一个 6 分频器,将来自 V/F 变换器的脉冲列按 6 个脉冲为一周期进行分组,并依次分配到逆变器的 6 个晶闸管触发电路上。

系统结构表明,通过这些环节,转速给定值一方面通过控制 V/F 变换器的输出脉冲频率,实现对逆变器输出电压的频率控制,另一方面通过电压闭环,控制输出电压的大小,二者合理配合,实现对逆变器输出的电压/频率协调控制,达到变频调速的目的。

图 8-20 所示的为转速开环电流源型变频器-异步电动机调速系统结构框图。电动机可逆运行,转速在额定值以下调节时,按恒磁通方式(U_1/f_1=常数)运行;在额定值以上调速时,则保持 U_1=常数,实现上述协调控制的控制信号由函数发生器给出。电压、电流双闭环系统的工作原理已为读者所熟知,逆变器的给定积分器、V/F 变换器、环形分配器的作用与电压源型变频器调速系统的完全相同。下面介绍绝对值运算环节、逻辑开关环节、函数发生器环节和瞬态校正环节的作用。

绝对值运算环节的作用是为 V/F 变换器和函数发生器提供单极性输入信号。因为本系统为可逆调速系统,转速给定值有极性变化,所以插入绝对值运算环节。

为了实现异步电动机的正、反转,必须改变逆变器输出电压相序,逻辑开关环节的作用

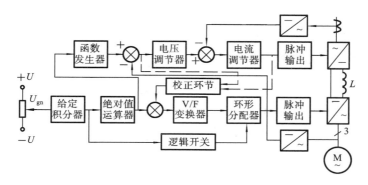

图 8-20　转速开环电流源型变频器-异步电动机调速系统结构框图

就是根据转速给定电压的极性完成相序切换。

　　函数发生器环节的作用是保证电动机在额定转速以下调速时,U_1 与 f_1 能按图 8-21 中直线 2 所示的关系变化,以补偿低速时定子电阻压降对气隙磁通的影响,保证气隙磁通为常数,此时电动机运行在恒转矩调速状态;在额定转速以上调速时,则利用函数发生器的饱和限幅作用保持逆变器的输出电压为额定定子电压不变。此时,电动机运行在恒功率调速状态。

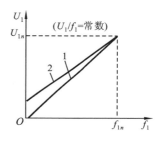

图 8-21　函数图形

　　瞬时校正环节实际上是一个微分校正环节,主要是将电压环给定电压和反馈电压差值的变化量混入频率给定通道,形成一个超前的补偿作用,使动态过程中 U_1 波动的同时,f_1 也相应波动而保持 U_1/f_1 比值近似不变,有效地改善系统的动态性能。

　　上述开环系统适用于长期处于稳定工作状态,调速精度要求不高,且不需频繁启动,反转、制动的场合,如通风机、泵类机械的调速。当然在此开环控制的基础上可增加一个转速负反馈环节构成闭环系统,但这种系统难以达到改善系统动态性能和提高调速精度的目的。因为控制异步电动机的电磁转矩比控制直流电动机的电磁转矩困难得多。为此可采用转差频率控制和矢量变换控制环节构成闭环系统。

　　图 8-22 所示是电流源型变频器-异步电动机转差频率转速闭环调速系统结构框图。该系统的关键是如何在调速过程中,保证 Φ 等于常数,并在此基础上实现对电动机电磁转矩的

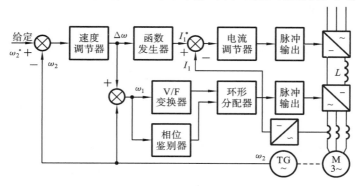

图 8-22　电流源型变频器-异步电动机转差频率转速闭环调速系统结构框图

控制,图 8-22 中采用了类似直流调速系统的转速、电流双闭环结构与函数发生器配合,以保证系统动态和静态特性都较好。速度调节器和电流调节器均为常输出限幅的 PI 调节器。

三、异步电动机变频调速系统的数字控制

现代 PWM 变频器的控制电路大都是以微处理器为核心的数字电路。图 8-23 所示为一种典型的数字控制通用变频器-异步电动机调速系统原理图。它包括主电路、驱动电路、微机控制电路、保护信号采集与综合电路,图中未绘出开关器件的吸收电路和其他辅助电路。对于不带转速反馈的开环系统,图中点画线框内的转速检测环节可以不用。

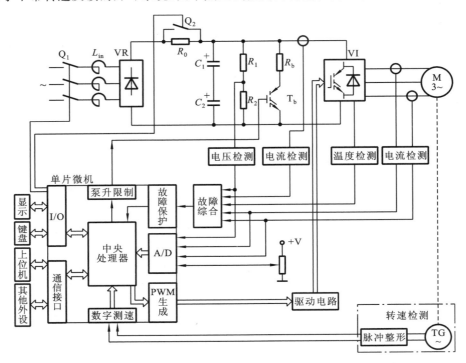

图 8-23　数字控制通用变频器-异步电动机调速系统原理图

通用变频器-异步调速系统的主电路由二极管整流器 VR、PWM 逆变器 VI 和中间直流电路三部分组成,一般都是电压源型的,采用大电容 C_1 和 C_2 滤波,同时兼有无功功率交换的作用。为避免大电容在合上电源开关 Q_1 后通电的瞬间产生过大的充电电流,在整流器和滤波电容间的直流回路中串入限流电阻 R_0(或电抗),刚通电源时由 R_0 限制充电电流,然后延时用开关 Q_2 将 R_0 短路,以免长期接入 R_0 时影响变频器的正常工作,并产生附加损耗。由于二极管整流器不能为异步电动机的再生制动提供反向电流的通路,所以除特殊情况外,通用变频器一般用电阻(见图 8-23 中的 R_b)吸收制动能量。减速制动时,异步电动机进入发电状态,首先通过逆变器的续流二极管向电容充电,当中间直流回路的电压(通称泵升电压)升高到一定限值时通过泵升限制电路使开关器件 T_b 导通,将电动机释放出来的动能消耗在制动电阻 R_b 上。为了便于散热,制动电阻器常作为附件单独安装在变频器机箱外边。

二极管整流器虽然是全波整流装置,但由于其输出端有滤波电容存在,只有当交流电压幅值超过电容电压时,才有充电电流流通,交流电压低于电容电压时,电流便终止,因此输入

电流呈脉冲电流状,如图 8-24 所示。这样的电流波形具有较大的谐波分量,使电源受到污染。为了抑制谐波电流,对于容量较大的 PWM 变频器,都应在输入端设有进线电抗器 L_{in},有时也可以在整流器和电容器之间串接直流电抗器。L_{in} 还可用来抑制电源电压不平衡对变频器的影响。

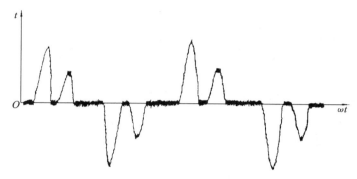

图 8-24　整流电路的输入电流波形

工作电压/频率:380 V/50 Hz。工作电流:6 A(加载)

　　控制电路是以微处理器为核心的数字电路,其功能主要是接收各种设定信息和指令,再根据它们的要求形成驱动逆变器工作的 PWM 信号。微机芯片主要采用 8 位或 16 位单片机,或用 32 位的 DSP,现在已有应用 RISC 的产品出现。PWM 信号可以由微机本身的软件产生,由 PWM 端口输出,也可以采用专用的 PWM 生成电路芯片。各种故障的保护由电压、电流、温度等检测信号经信号处理电路进行分压、光电隔离、滤波、放大等综合处理,再进入 A/D 转换器,输出给 CPU 作为控制算法的依据,或者作为开关电平产生保护信号和显示信号。需要设定的控制信息主要有 V/F 特性、工作频率、频率升高时间、频率下降时间等,还可以有一系列特殊功能的设定。

　　目前采用变频器实现交流电动机调速的方法,广泛地被应用在工业生产各个领域。图 8-25 所示的为挤压成形机应用变频器工作原理框图。两个变频器分别对拉伸和挤压电动机进行速度调节,使挤压机能高效率地工作,并且节约电能。

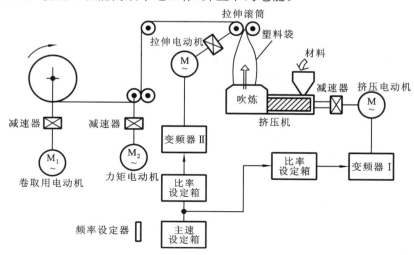

图 8-25　挤压成形机应用变频器工作原理框图

8-3　其他交流调速系统

一、电磁转差离合器调速系统

1. 电磁转差离合器的调速原理

电磁转差离合器调速系统实质上就是在鼠笼式转子异步电动机轴上装上一个电磁转差

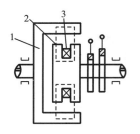

图 8-26　电磁转差离合器示意图
1—电枢；2—磁极；3—励磁绕组

离合器，并由晶闸管控制装置控制离合器绕组的电流。改变电流，即可调节离合器的输出转速。电磁转差离合器的基本作用原理是基于电磁感应原理。图 8-26 所示的为一个实心电磁转差离合器的示意图。由图可见，转差离合器主要由主动和从动两个基本部分组成。图中 1 为主动部分，由鼠笼式转子异步电动机带动，以恒速旋转。它是一个由铁磁材料制成的圆筒。2 是从动部分，一般由与电枢同样的材料制成，称为磁极。在磁极上装有励磁绕组 3，绕组与磁极的组合称为感应子。被拖动的生产机械就连接

在感应子的轴上。绕组的引线接于集电环上，通过电刷与直流电源接通，绕组内流过的励磁电流即由直流电源供给。当励磁绕组通以直流电时，沿封闭的磁路将产生主磁通，磁力线通过气隙→电枢→气隙→磁极→气隙而形成一个闭合回路。由于电枢为原动机所拖动，以恒速定向旋转，因此电枢与磁极间有相对运动，电枢切割磁场，从而在电枢中感应出电势，产生电流，并产生一个脉动的电枢反应磁场，它与主磁通合成产生电磁力，此电磁力所形成的电磁转矩将驱使磁极跟着电枢同方向运动，这样磁极就带着生产机械一同旋转。其调速系统的原理框图如图 8-27 所示。

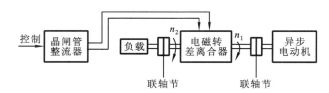

图 8-27　电磁转差离合器调速系统原理框图

由图可见，调速系统主要由晶闸管整流电源、电磁转差离合器和异步电动机三大部分组成。晶闸管整流电源通常采用单相全波或桥式整流电路，通过改变晶闸管的控制角可以方便地改变直流输出电压的大小。由于异步电动机的固有机械特性较硬，因而可以认为电枢的转速是近似不变的，而磁极的转速则由磁极磁场的强弱而定，也就是说，由提供给电磁离合器的电流大小而定。因此，只要改变励磁电流的大小，就可以改变磁极的转速，也就可改变生产机械的转速。

由上可见，当励磁电流等于零时，磁极是不会转动的，这就相当于生产机械"离开"。一旦加上励磁电流，磁极即刻转动起来，相当于生产机械被"合上"。这就是离合器名称的由来。又因为它是基于电磁感应原理来发生作用的，磁极与电枢之间一定要有转差才能产生涡流和电磁转矩，因此，全名就称为"电磁转差离合器"。又因为它的作用原理和异步电动机

相似,所以又常将它连同它的异步电动机一起称作"滑差电动机"。

2. 电磁转差离合器的调速性能

电磁转差离合器调速系统的机械特性可近似地用经验公式表示为

$$n_2 = n_1 - \frac{KT^2}{I_{\mathrm{f}}^4} \tag{8-8}$$

式中：n_1 为离合器主动部分的转速；T 为离合器转矩；I_{f} 为励磁电流；K 为与离合器结构有关的参数。

由于转差离合器在原理上与异步电动机相似,因此,改变转差离合器的励磁电流(即磁场)时的调速特性与异步电动机改变定子电压的调速特性有很多相似的地方。图 8-28(a)所示的为转差离合器在不同励磁电流下的一组机械特性曲线,可见励磁电流愈小,特性愈软。显然,如图 8-28(a)所示的机械特性不能直接应用于速度要求比较稳定的生产机械上。为此,在这种系统中一般都要接入速度负反馈。采用速度负反馈的机械特性如图 8-28(b)所示。

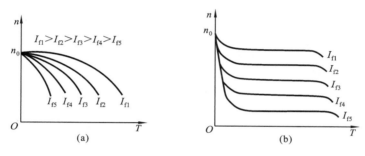

图 8-28 电磁离合器的机械特性
(a) 电磁离合器的机械特性； (b) 采用速度负反馈后的机械特性

速度负反馈的作用使得在电动机负载增加、转速降低时,控制系统将自动使励磁电流增加,转速上升,从而达到稳定转速的目的。

转差离合器调速系统的优点是：结构简单,运行可靠,维护方便,加工容易,能平滑调速；用闭环系统可扩大鼠笼式转子异步电动机的调速范围。缺点是：转差离合器体积较大,低速运行时损耗较大,调速效率比较低。

二、线绕式异步电动机的串级调速系统

线绕式异步电动机的调速一般采用转子电路串接电阻及串接电动势两种调速方法。这都属于异步电动机改变转差率调速。调速时,有一部分输入功率转化为转差功率进入转子电路。串接电阻调速,转差功率将消耗在电阻上,且调速越低,转差率 s 越大,损耗越大。串接电动势调速是在转子电路中增加一套变流装置,来吸收这部分功率,并反馈回电网,从而大大提高系统的运行效率,这种转差能量反馈型调速方式称为异步电动机串级调速。

1. 串级调速的一般原理

异步电动机的串级调速,就是在异步电动机转子电路内引入附加电动势 E_{ad},以调节异步电动机的转速。引入电动势的方向,可与转子电动势 E_2 的方向相同或相反,其频率则与转子频率相同。

为什么在转子回路中改变 E_{ad} 的幅值大小和相位,就能调节电动机转速的高低呢? 当转子电路中未引入附加电动势 E_{ad} 时,转子电流

$$I_2 = \frac{E_2}{\sqrt{R_2^2 + X_2^2}} = \frac{sE_{20}}{\sqrt{R_2^2 + s^2 X_{20}^2}}$$

当引入与转子电动势 E_2 频率相同而相位相反的附加电动势后,转子电流可表示为

$$I_2 = \frac{sE_{20} - E_{ad}}{\sqrt{R_2^2 + s^2 X_{20}^2}} \tag{8-9}$$

如果电动机的转速仍在原来的数值上,即 s 值未变动,则串入附加电动势后,转子电流 I_2 必然减小,从而使电动机产生的转矩 T 也随之减小,T 小于负载转矩 T_L 时,电动机的转速不得不减下来。随着电动机转速减小(即转差率 s 增大),$(sE_{20} - E_{ad})$ 的数值不断增大,转子电流 I_2 也将增加。当 I_2 增加到使电动机产生的转矩又重新等于 T_L 后,电动机又稳定运行。但此时的转速已较原来的转速低,达到了调速的目的。串入的附加电动势 E_{ad} 愈大,则转速降低愈多。这就是向低于同步转速方向调速的原理。同理,如果引入一个相位相同的附加电动势,则可以得到所谓超同步转速的调速。

由上述分析可知,实现串级调速的主要问题是如何获得一个与转子电动势频率相同、相位相反的附加电动势 E_{ad},以及如何通过此 E_{ad} 来吸收调速过程中的转差功率。由于转子电动势频率 $f_2 = sf_1$ 随电动机实际转差率 s 的改变而改变,要想建立一个在任何转速下频率均与 sE_{20} 一致的 E_{ad} 是比较困难的。故串级调速装置中常用的方法是先将 sE_{20} 整流成直流电动势 E_A,然后再与另一整流电路提供的直流电动势串联,该电动势即所需要的附加电动势 E_{ad},此处 E_A 与 E_{ad} 均为整流后电动势的平均值。图 8-29 所示的为串级调速系统的主电路原理图。整流电路 A 为不可控三相桥式电路,将 sE_{20} 整流成 E_A;整流电路 B 则为可控三相桥式电路,且工作于有源逆变状态,提供附加电动势 E_{ad}。E_A 和 E_{ad} 反向串联,逆变器 B 通过 E_{ad} 从电动机转子中吸收转差功率 $P_s \approx E_{ad} I_d$,并经变压器 T 反馈回交流电网,此处 I_d 为整流后转子电流的平均值,在恒转矩负载下 I_d 近似为常数,与运行速度无关。由于 P_s 与 E_{ad} 成正比,故改变逆变器 B 的逆变角 β 以调节 E_{ad} 的大小时,即可调节转差功率 P_s 的大小,达到调节运行速度的目的。

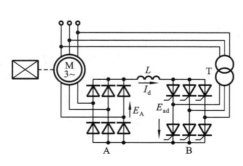

图 8-29　串级调速系统的主电路原理图

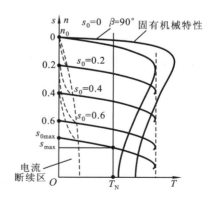

图 8-30　串级调速系统的机械特性

2. 串级调速系统的机械特性

图 8-30 给出了串级调速时,异步电动机转速低于同步转速的一组机械特性曲线。由图

可见,串级调速时,异步电动机的机械特性与直流电动机的机械特性很相似。从特性可知,引入的附加电动势愈大,即逆变角愈小,则 n_0 愈小,特性曲线向下平移,即电动机的转速愈低。如果式(8-9)中的 E_{ad} 用负值代入,则可以得到当附加电动势与转子电动势同相位时的机械特性。

3. 串级调速系统的构成

由于采用串级调速的电动机具有类似他励直流电动机的较硬的机械特性,因此,在调速精度要求不高的场合,可以直接采用开环控制。但是如果想要得到高精度的调速,则应采用带速度负反馈的自动调速系统。

图 8-31 所示为串级调速系统的结构图,图中包含电流调节器、速度调节器及电流和速度反馈环节,该系统是双闭环串级调速系统。

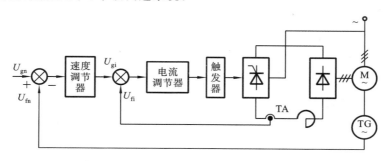

图 8-31 串级调速系统的结构图

图中,线绕转子异步电动机 M 的转子电压经不可控整流电路转换为直流电压,经平波电抗器,再由晶闸管逆变器将其直流电压逆变为交流电压,经变压器(有的直接)反馈给交流电网。改变逆变器中晶闸管的逆变角 β,就可改变附加电动势 E_{ad} 的大小,从而实现异步电动机的串级调速。

异步电动机的晶闸管串级调速与直流电动机晶闸管整流调速相比,无论是机械特性上还是动态特性上,以及调速系统组成上都有很多相似之处。对于直流电动机,改变晶闸管的控制角以改变整流电压,可改变电动机的转速(例如增加控制角 α,电压下降,转速 n 降低)。而串级调速是通过改变晶闸管的逆变角即逆变电压,从而改变转差率来调速的(例如逆变角 β 减小,转差率下降,转速 n 上升)。因此,异步电动机串级调速系统调节器参数的整定方法,也可以参考直流晶闸管调速系统的方法。

晶闸管串级调速具有调速范围宽、效率高(因转差功率可反馈电网)、便于向大容量发展等优点,是很有发展前途的线绕转子异步电动机的调速方法。它的应用范围很广,适用于通风负载,也适用于恒转速负载。但由于转子电路接不可控整流器,转差功率的传递方向不可逆,电动机不可能工作在反馈制动状态,系统降速过程中电动机不可能产生制动转矩,因而转速下降的时间较长,功率因数较差。这是它的缺点。采用电容补偿措施,可使功率因数有所提高。

三、异步电动机矢量变换控制

异步电动机矢量变换控制的交流调速系统属于变频调速系统,但在控制思想上与传动的变频调速系统相比,则前进了一大步。这是近来交流异步电动机在调速技术方面能迅速发展并推广应用的重要原因。

从原理上说,矢量控制方式的特征是:它把交流电动机解析成直流电动机一样的转矩发生机构,按照磁场和其正交的电流的积就是转矩这一最基本的原理,从理论上将电动机的一次电流分离成建立磁场的励磁分量和与磁场正交的产生转矩的转矩分量,然后分别进行控制。其控制思想就是从根本上改造交流电动机,通过等效变换改变其产生转矩的规律,使交流电动机的控制原理与直流电动机的相似,因而可以采用直流电动机控制转矩相似的方法控制电磁转矩,使交流电动机具有和直流电动机同样优良的控制性能。

1. 矢量变换控制的基本原理

矢量变换控制的基本思路是以产生同样的旋转磁场为准则,建立三相交流绕组电流,两相交流绕组电流和在旋转坐标上的正交绕组直流电流之间的等效关系。

由电动机的结构及旋转磁场的基本原理可知,三相固定的对称绕组 A、B、C 通过三相正弦平衡交流电流 i_a、i_b、i_c 时,即产生转速为 ω_0 的旋转磁场 Φ,如图 8-32(a)所示。

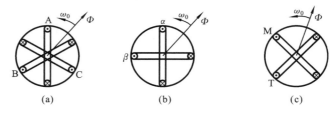

图 8-32　交流绕组与直流绕组等效原理图

实际上,产生旋转磁场不一定非要三相不可,除单相以外,二相、四相等任意的多相对称绕组,通以多相平衡电流,都能产生旋转磁场。图 8-32(b)所示的是两相固定绕组 α 和 β(位置上相差 90°)通以两相平衡交流电流 i_α 和 i_β(时间上差 90°)时所产生的旋转磁场 Φ,当旋转磁场的大小和转速都相同时,图 8-32(a)、(b)所示的两套绕组等效。在图 8-32(c)中有两个匝数相等、互相垂直的绕组 M 和 T,分别通以直流电流 i_M 和 i_T,产生位置固定的磁通 Φ,如果使两个绕组同时以同步转速旋转,磁通 Φ 自然随着旋转起来,这样也可以认为和图(a)、图(b)所示的绕组是等效的。

可以想象,当观察者站到铁芯上和绕组一起旋转时,在他看来是两个通以直流的互相垂直的固定绕组。如果取磁通 Φ 的位置和 M 绕组的平面正交,就和等效的直流电动机绕组没有差别了。其中 M 绕组相当于励磁绕组,T 绕组相当于电枢绕组。

由此可见,将异步电动机模拟成直流电动机进行控制,就是将 A、B、C 静止坐标系表示的异步电动机矢量变换到按转子磁通方向为磁场定向并以同步速度旋转的 M-T 直角坐标系上,即进行矢量的坐标变换。可以证明,在 M-T 直角坐标系上,异步电动机的数学模型和直流电动机的数学模型是极为相似的。因此,可以像控制直流电动机一样去控制异步电动机,以获得优越的调速性能。

2. 坐标变换与矢量变换

下面仅以三相/二相(3/2)变换为例加以讨论。

任何在空间按正弦形式分布的物理量都可以用空间向量表示。图 8-33 表示三相绕组 a、b、c 和与之等效的二相绕组 α、β 各相脉动磁势矢量的空间位置。现假定三相的 a 轴与等效的 α 轴重合,磁动势波形是呈正弦波分布的,且只计其基波分量,按照合成旋转磁势相同

的变换原则,两套绕组瞬时磁势在 α、β 轴上的投影应相等,即

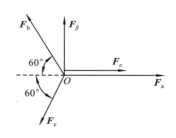

$$F_\alpha = F_a - F_b \cos 60° - F_c \cos 60° = F_a - \frac{1}{2}F_b - \frac{1}{2}F_c$$
$$(8\text{-}10)$$

$$F_\beta = F_b \sin 60° - F_c \sin 60° = \frac{\sqrt{3}}{2}F_b - \frac{\sqrt{3}}{2}F_c \qquad (8\text{-}11)$$

图 8-33　三相绕组与两相绕组等效磁势的空间位置

设两套绕组每组等效的集中整距绕组匝数相同,则电流表达式与上式相同,即

$$i_\alpha = i_a - \frac{1}{2}i_b - \frac{1}{2}i_c \qquad (8\text{-}12)$$

$$i_\beta = \frac{\sqrt{3}}{2}i_b - \frac{\sqrt{3}}{2}i_c \qquad (8\text{-}13)$$

又根据旋转磁场原理,三相绕组的合成旋转磁势基波幅值

$$F = 1.35 I_3 \omega \qquad (8\text{-}14)$$

而两相绕组的合成旋转磁势基波幅值

$$F = 0.9 I_2 \omega \qquad (8\text{-}15)$$

根据磁势相等的原则,由 $1.35 I_3 \omega = 0.9 I_2 \omega$,得

$$I_2 = \frac{3}{2} I_3 \qquad (8\text{-}16)$$

为使两套绕组的标幺值相等,将二相电流的基值定为三相绕组电流基值的 3/2 倍,则用标幺值表示时,$I_2^* = I_3^*$,于是式(8-12)和式(8-13)可分别改写为

$$i_\alpha^* = \frac{2}{3}\left(i_a^* - \frac{1}{2}i_b^* - \frac{1}{2}i_c^*\right) \qquad (8\text{-}17)$$

$$i_\beta^* = \frac{2}{3}\left(\frac{\sqrt{3}}{2}i_b^* - \frac{\sqrt{3}}{2}i_c^*\right) \qquad (8\text{-}18)$$

这就是三相/二相变换方程。经数学变换,亦可得到二相/三相反变换式。

经过矢量旋转变换,可以在二相 α、β 绕组和直流 M、T 绕组之间进行变换,这是一种静止的直角坐标系统与旋转的直角坐标系统之间的变换。

以图 8-34 所示的旋转矢量变换图来说明其变换原理。图中 F_1 是异步电动机定子旋转磁势的空间矢量。由于 F_1 在数值上与定子电流有效值 I_1 成正比,因此用 i_1 代替 F_1(不过这时表示的仍是一空间矢量)。Φ 是旋转坐标轴的旋转磁通矢量。常取交链转子绕组的磁通 Φ_2 作为这一基准磁通。稳态运行时,Φ 和 F_1 都以同步转速 ω_0 旋转,其空间

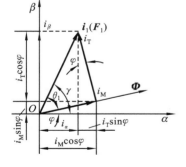

图 8-34　旋转矢量变换图

相位差为 θ_1。以 Φ 为基准,将 $i_1(F_1)$ 分解成与 Φ 轴重合和正交的两个分量 i_M 和 i_T,它们相当于等效直流绕组 M 和 T 中的电流(实际是磁势)。两相绕组 α 和 β 在空间上的位置是固定的,因此 Φ 和 α 轴的夹角 φ 随时间的不同而变化。i_1 在 α 轴和 β 轴的分量 i_α 和 i_β 也随时间的不同而变化,它们相当于 α、β 绕组磁势的瞬时值。

由图可知,i_a、i_β 和 i_M、i_T 之间存在下列关系:

$$i_a = i_M\cos\varphi - i_T\sin\varphi \qquad (8\text{-}19)$$

$$i_\beta = i_M\sin\varphi + i_T\cos\varphi \qquad (8\text{-}20)$$

上面两式是由旋转坐标变换到静止坐标的矢量旋转变换方程式。

在实际控制系统中,为了运算与控制的简化,常用

$$i_1 = \sqrt{i_M^2 + i_T^2}$$

及

$$\tan\theta_1 = \frac{i_T}{i_M}$$

进行直角坐标与极坐标的变换。

3. 矢量变换控制交流变频调速系统的构成

实际的异步电动机矢量变换控制系统的结构形式很多,并且在不断地发展。将交流电动机模拟成直流电动机加以控制,其控制系统也可以完全模拟直流电动机的双闭环调速系统,所不同的是其控制信号要从直流量变换到交流量,而反馈信号则必须从交流量变换成直流量。

图 8-35 所示为矢量变换控制交流变频调速系统结构框图。图中包括矢量控制运算环节,2/3 变换器,交流电流跟随控制环节及 SPWM 逆变器。整个系统设有定子电流反馈和速度反馈环节,类似直流调速系统的电流环、速度环两个闭环调节。交流电流跟随控制环节,能保证异步电动机的实际定子电流紧跟随三相定子电流给定值变化。三相电流给定值 i_a^*, i_b^*, i_c^* 由 2/3 变换电路输出。SPWM 逆变器是系统的主电路,主要完成功率放大作用。

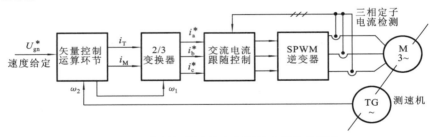

图 8-35　矢量控制交流变频调速系统结构框图

四、无刷直流电动机调速系统

无刷直流电动机的调速原理与常规直流电动机调压调速的控制原理相似,要控制电动机的转速,只要控制电压 U_d 就行了。改变电压 U_d 的方法,通常是在逆变桥中采用 PWM 技术来实现,又因其工作电压波形是方波,PWM 调压将与直流斩波的 PWM 方式相同而不需要采用 SPWM 的调制。

图 8-36 所示为一种永磁无刷直流电动机的调速系统原理图,该系统采用转速、电流双闭环控制。图中的位置检测器得到的是 6 个不同的码值,逻辑控制单元的任务是根据码值及正、反转指令信号决定导通相。被确定要导通的相并不一定都在导通,它还要受 PWM 输出信号的控制,逻辑"与"单元就把这两者结合起来,再送去驱动电路。图中的其他功能框的作用与直流电动机转速电流双闭环调速系统的相同。若采用单片机或 DSP 控制,则图中速度、电流调节器、PWM、逻辑"与"、逻辑控制等功能都可由单片机内部的软件完成。

对于无刷直流电动机的控制,已有众多制造厂商生产了各种型号的专用集成电路,使控制系统的硬件更加简单、可靠。这些无刷直流电动机专用控制芯片一般都集成了图中的三

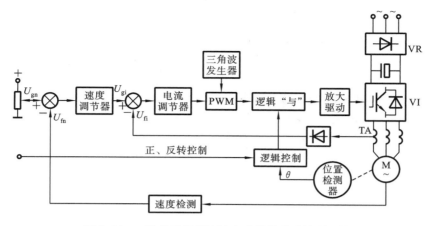

图 8-36　一种永磁无刷直流电动机调速系统原理图

角波（锯齿波）发生器、PWM、逻辑"与"、逻辑控制、放大驱动这 5 块功能框,可直接用来进行开环控制;若用以闭环控制也只需配以较简单的检测、比较、调节电路。

下面以专用集成电路 MC33035 为例,简单介绍专用芯片在无刷直流电动机控制中的应用。MC33035 的内部结构框图如图 8-37 所示,其中包括转子位置译码器、限流电路、具有

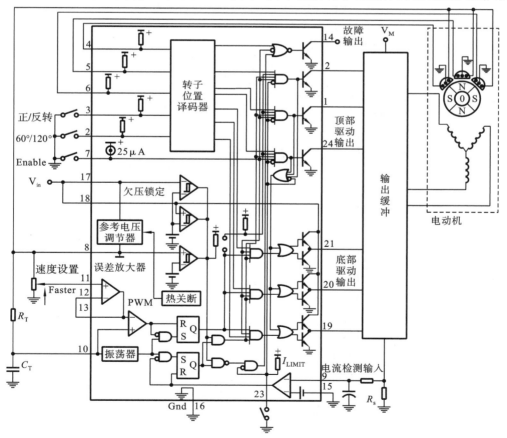

图 8-37　无刷直流电动机专用控制集成电路 MC33035 内部结构框图

温度补偿的 6.24 V 内部基准电源、R_T 及 C_T 可变锯齿波振荡电路、脉宽调制比较器、误差放大器、输出驱动电路、欠压、过热保护及故障电平输出电路等。它的工作原理可简析为：正常状态下，接于引脚 10 的电阻 R_T 与定时电容 C_T 决定了内部振荡器的振荡频率，在引脚 10 形成锯齿波,该锯齿波与从引脚 11 输入的经误差放大器放大或调节后的转速设定信号由 PWM 比较器比较,在 PWM 比较器的输出端形成 PWM 波,转子位置译码电器对引脚 4、5、6 输入的转子位置信号进行译码,并根据引脚 4、5、6 输入的转子位置信号对 PWM 比较器输出的 PWM 波进行控制形成驱动三相逆变器中六只开关管的控制信号,这六路信号经内部的晶体管放大后从引脚 19、20、21 输出相应的三路低端驱动信号,同时从引脚 1、2、24 输出相应的三路高端驱动信号,随用户在引脚 11 输入电压的不同,该六路驱动信号的频率与脉冲宽度便不同,也就是调节了电压频率比,从而也就调节了被控电动机的转速。MC33035 直流无刷电动机控制器的正向/反向输出可通过翻转定子绕组上的电压来改变电动机转向,当输入状态改变时,指定的传感器输入编码将从高电平变为低电平,从而改变整流时序,以使电动机改变旋转方向。电动机通/断控制可由输出使能来实现,当该管脚开路时,连接到正电源的内置上拉电阻将会启动顶部和底部驱动输出时序。而当该脚接地时,顶端驱动输出将关闭,并将底部驱动强制为低,从而使电动机停转。

　　MC33035 中的误差放大器、振荡器、脉冲宽度调制、电流限制电路、片内电压参考、欠压锁定电路、驱动输出电路,以及热关断等电路的工作原理及操作方法与其他同类芯片的方法基本类似,这里不多介绍。

　　图 8-38 为 MC33035 用于三相六步全波电动机的控制电路。该电路是一个具有全波六

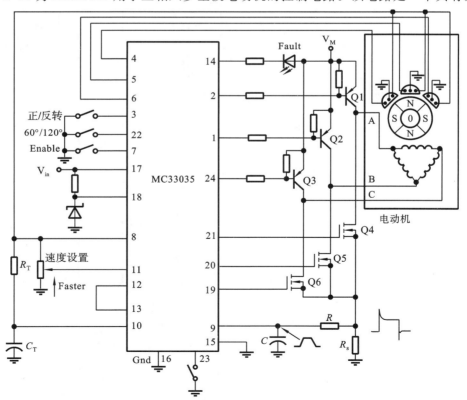

图 8-38　三相六步全波电动机控制电路

状态驱动的开环电动机控制电路。其中的功率开关三极管为达林顿 PNP 型,下部的功率开关三极管为 N 沟道功率 MOSFET。由于每个器件均含有一个寄生钳位二极管,因而可以将定子电感能量返回电源。其输出能驱动三角形连接或星形连接的定子,如果使用分离电源,也能驱动中线接地的星形连接。在任意给定的转子位置,图 8-38 所示的电路中每次都仅有一个顶部和底部功率开关有效。因此,通过合理配置可使定子绕组的两端从电源切换到地,并可使电流为双向或全波。由于前沿尖峰通常在电流波形中出现,并会导致限流错误。因此,可通过在电流检测输入处串联一个 RC 滤波器来抑制尖峰。同时,R_s 采用低感型电阻也有助于减小尖峰。

习题与思考题

第 8 章习题精解
和自测题

8-1　异步电动机改变定子电压调速和直流电动机改变电枢电压调速是不是性质相同的两种调速方式?

8-2　为什么说调压调速方法不太适合于长期工作在低速的生产机械?

8-3　为什么调压调速必须采用闭环控制才能获得较好的调速特性? 其根本原因何在?

8-4　采用调压调速的异步电动机带恒负载转矩运行时,不同稳定运行速度下的转子电流大小是否相等? 为什么?

8-5　在采用 U_1/f_1 =常数协调控制方式的异步电动机变频调速系统中,若负载转矩为常数,则不同稳定运行速度下电动机的转子电流是否相等? 为什么?

8-6　试述电压源变频器的逆变器换流原理。

8-7　为什么说用变频调压电源对异步电动机供电是比较理想的交流调速方案?

8-8　在脉宽调制变频器中,逆变器各开关元件的控制信号如何获取? 试画出其波形图。

8-9　交-直-交变频与交-交变频有何异同?

8-10　试述电磁转差离合器的工作原理。其工作原理与鼠笼异步电动机工作原理有何异同? 为什么?

8-11　串级调速的基本原理是什么? 串级调速引入转子回路的电动势的频率有何特点?

8-12　串级调速系统电动机的机械特性与正常接线时电动机的固有机械特性比较,有什么不同之处?

8-13　在串级调速系统中,电动机机械特性上 $T_L=0$ 时的运行速度与电动机的同步速度有何不同? 为什么?

8-14　简述矢量变换控制的基本原理。

8-15　简述无刷直流电动机调速系统与直流电动机调速系统的组成异同。

第9章

步进电动机控制系统

　　步进电动机传动的开环控制系统具有结构简单、使用维护方便、可靠性高、制造成本低等一系列的优点,适合于简易的经济型数控机床和现有普通机床的数控化技术改造,并且在中小型机床和速度、精度要求不十分高的场合得到了广泛的应用。

　　本章对步进电动机的驱动方式和驱动电路的基本概念和基本原理做了较详细的叙述,还介绍了目前使用较广的微机控制方法。

9-1　步进电动机驱动器

一、步进电动机的驱动

　　步进电动机的绕组是按一定的通电方式工作的,为了实现这种轮流通电,必须依靠环形分配器将控制脉冲按照规定的通电方式分配到各相绕组上。经脉冲分配器输出的脉冲,未经放大时,其驱动功率很小,而步进电动机绕组需要相当大的功率,即需要较大的电流才能工作。所以由分配器输出的脉冲还需要进行功率放大才能驱动步进电动机。环形分配器和功率放大器即构成了步进电动机驱动器。步进电动机驱动系统原理图如图9-1所示。

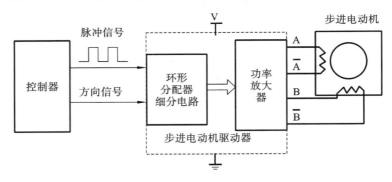

图 9-1　步进电动机驱动系统原理图

　　步进电动机驱动器最主要的功能是环形分配和功率放大,步进电动机驱动器将接收到的上位机的脉冲信号,先进行环形分配和细分,然后进行功率放大,变成安培级的脉冲信号发送到步进电动机,从而控制步进电动机的速度和位移。步进电动机驱动器的实物图如图9-2、图9-3所示。

(a)小功率

(b)大功率

图 9-2　步进电动机驱动器内部实物图

图 9-3　某两相步进电动机驱动器外形图

二、环形分配器

环形分配器可以用硬件电路来实现,也可以由微型计算机通过软件来实现。

(一) 硬件环形分配器

硬件环形分配器可分为分立元件的、集成触发器的、单块 MOS 集成块的和可编程门阵列芯片等。集成元器件的使用,使环形分配器的体积大大缩小,可靠性和抗干扰能力提高,并具有较好的响应速度。在某些对速度要求不太高的场合,也可采用软件进行环形分配。

硬件环形分配器是根据步进电动机的相数和要求通电的方式来设计的。

1.集成触发器型环形分配器

这是一个三相六拍的环形分配器。分配器种类很多,可以由 D 触发器或 J-K 触发器所组成。图 9-4 所示的是由 3 只 J-K 触发器及 12 个与非门组成的环形分配器。3 个触发器的 Q 输出端分别经各自的功放电路与步进电动机的 A、B、C 三相绕组相连。当 $Q_A = 1$ 时,A 相绕组通电;$Q_B = 1$ 时,B 相绕组通电;$Q_C = 1$ 时,C 相绕组通电。$W_{+\Delta x}$、$W_{-\Delta x}$ 是步进电动机正、反转控制信号。正转时 $W_{+\Delta x} = "1"$,$W_{-\Delta x} = "0"$;反转时 $W_{+\Delta x} = "0"$,$W_{-\Delta x} = "1"$。

正转时各相通电顺序为 A→AB→B→BC→C→CA。

反转时各相通电顺序为 A→AC→C→CB→B→BA。

根据图 9-4 可知,C_A 触发器 J 端的控制信号为

$$J_A = \overline{\overline{W_{+\Delta x} \, \overline{Q}_B} \cdot \overline{W_{-\Delta x} \, \overline{Q}_C}} = W_{+\Delta x} \, \overline{Q}_B + W_{-\Delta x} \, \overline{Q}_C$$

同理
$$J_B = W_{+\Delta x} \, \overline{Q}_C + W_{-\Delta x} \, \overline{Q}_A$$

$$J_C = W_{+\Delta x} \, \overline{Q}_A + W_{-\Delta x} \, \overline{Q}_B$$

各触发器 K 端控制信号为

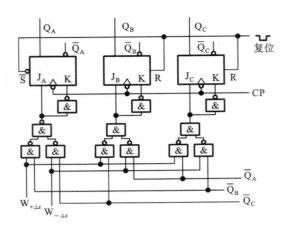

图 9-4　三相六拍环形分配器

$$K_A = \overline{J}_A, \quad K_B = \overline{J}_B, \quad K_C = \overline{J}_C$$

进给脉冲到来之前,环形分配器处于复位状态,Q_A="1",Q_B="0",Q_C="0"。实现正转 $W_{+\Delta x}$="1",$W_{-\Delta x}$="0"。当第一个 CP 脉冲到来时 C_A、C_B、C_C 与该 J 端信号一致,即 Q_A= "1",Q_B="1",Q_C="0",使得 A、B 两相通电……完成一个循环共六种通电状态,如表 9-1 所示。

表 9-1　正向环形工作状态表

移位脉冲	控制信号状态			输出状态			导电绕组
	J_A	J_B	J_C	Q_A	Q_B	Q_C	
0	1	1	0	1	0	0	A
1	0	1	0	1	1	0	AB
2	0	1	1	0	1	0	B
3	0	0	1	0	1	1	BC
4	1	0	1	0	0	1	C
5	1	0	0	1	0	1	CA
6	1	1	0	1	0	0	A

2. 环形分配器集成芯片

目前环形分配器有专用集成芯片,种类很多,功能也十分齐全。如 CH250 是专为三相反应式步进电动机设计的环形分配器。这种集成电路采用 CMOS 工艺,集成度高,可靠性好。图 9-5 所示的为 CH250 三相六拍工作时的接线图。

3. EPROM 在环形分配器中的应用

步进电动机按类型、相数划分,种类繁多,相应的就有不同的环形分配器,可见所需的环形分配器的品种很多。用 EPROM 设计的环形分配器,用一种线路可实现多种通电方式的分配,硬件电路不变动,只需软件改变存储器的地址。图 9-6 所示的为含有 EPROM 的环形分配器。根据驱动要求,求出环形分配器的输出状态表,以二进制码的形式依次存入

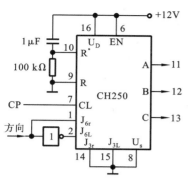

图 9-5　CH250 三相六拍接线图

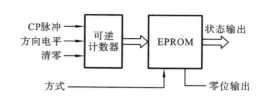

图 9-6　含有 EPROM 的环形分配器

EPROM 中,在线路中只要依照地址的正向或反向顺序依次取出地址的内容,即可实现正、反向通电的顺序。对不同通电方式,状态表也不同,可将存储器地址划分为若干区域,每个区域储存一个状态表。运行时,用 EPROM 的高位地址线选通这些不同区域,这样,用同样的计数器输出就可以运行不同的通电状态。

（二）软件环形分配

用软件进行环形分配,采用不同的计算机及接口器件有不同的形式。现以单片微机的 CPU 为 89S51/89S52 及 I/O 接口 8155 配置的系统为例加以说明。

图 9-7 所示的为由 MCS-51 单片机扩展系统构成的控制系统结构图,可代替环形分配器,产生步进电动机运行所需要的工作脉冲。光耦驱动器完成控制脉冲的光电隔离与放大,以驱动步进电动机运行。

图 9-7　控制系统结构图

如果步进电动机采用的是三相六拍的通电方式,即若按 A→AB→B→BC→C→CA 顺序循环通电,则步进电动机正向转动,若反向顺序循环,则步进电动机反向转动。单片机可以通过具有综合功能的芯片 8155 进行扩展,从 8155 的 PC0～PC2 输出信号,使步进电动机获得三相六拍的运行脉冲。通常采用查表法来得到结果。将正转的六个数据分别存放在 EPROM 的六个单元中。当执行程序时,可以由键盘输入运行方式实时控制。在步进电动机运行方式已经确定的情况下,也可将运行状态存入 EPROM 中,用程序启动。8155A PC 口输出分配表如表 9-2 所示。

表 9-2　8155A PC 口输出分配表

PC2	PC1	PC0	输出数据（十六进制）
C 相	B 相	A 相	
0	0	1	01H
0	1	1	03H

PC2	PC1	PC0	输出数据(十六进制)
C 相	B 相	A 相	
0	1	0	02H
1	1	0	06H
1	0	0	04H
1	0	1	05H

　　执行程序时,依次将环形分配表中的数据,也就是对应存储单元的内容送到 8155 的 PC 口,使 PC0、PC1、PC2 依次送出有关的信号,从而使电动机绕组轮流通电。表中"1"代表通电状态,"0"代表断电状态。若要使电动机正转,只需依次输出表中各单元内容即可。当输出已到表底状态时,就要修改地址,使下一次输出重新从表首状态开始。当电动机需反转时,只需反向送存储器单元内容到 8155PC 口,然后执行即可。也可将存储器内分成若干区域,建立不同的通电状态的环形分配表,这时,只要选择某一种工作方式的通电状态字,即可按某种环形分配表进行工作。

三、功率放大器

　　由图 9-1 可知,功率放大器的输出直接驱动电动机的控制绕组。因此功率放大电路的性能对步进电动机的运行状态有很大影响。对驱动电路要求的核心问题是如何提高电动机的快速性和平稳性。目前国内步进电动机的驱动电路主要有以下几种。

(一) 单电压恒流功放电路

　　图 9-8(a)所示的是步进电动机单相的功放电路。负载为电动机绕组,晶体管 T 可以认为是一个无触点开关,它的理想工作状态应使电流流过绕组 L 的波形尽可能接近矩形波。由于电感线圈中的电流不能突变,接通电源后绕组中的电流按指数规律上升,其时间常数 $\tau = L/R_L$,须经 3τ 时间后才达到稳态电流(L 为绕组电感,R_L 为绕组电阻)。由于步进电动机绕组本身的电阻很小(约为零点几欧姆),所以时间常数很大,从而严重影响电动机的启动频率。为了减小时间常数,在励磁绕组中串以电阻 R,这样时间常数 $\tau = L/(R_L + R)$ 就会大大减小,缩短了绕组中电流上升的过渡过程,从而提高了工作速度。

　　在电阻 R 两端并联电容 C,是由于电容上的电压不能突变,在晶体管 T 由截止到导通的瞬间,电源电压全部降落在绕组上,使电流上升加快,所以 C 又称加速电容。

　　二极管 D 在晶体管 T 截止时起续流和保持作用,以防止晶体管截止瞬间绕组产生的反电动势造成管子击穿,串联电阻 R_d 使电流下降更快,从而使绕组电流波形后沿变陡。

　　这种电路的缺点是 R 上有功率消耗。为了提高快速性,需加大 R 的阻值,随着阻值的加大,电源电压也必须提高,功率消耗也进一步加大。这使单电压基本功放电路的使用受到了限制。

　　在功放电路中,把恒流源连接在电源端或连接在地端,代替外接电阻 R,组成单电压恒流功放电路,如图 9-8(b)所示。其中 T2、T1 组成了复合管,具有足够大的放大倍数,在集电

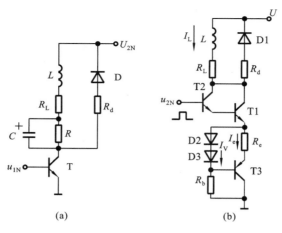

图 9-8　单电压功放电路

极回路中没有外接电阻 R。晶体管 T3，二极管 D2、D3，电阻 R_b、R_e 组成了恒流源。二极管 D2、D3 处于正向工作状态，它们起稳定电压作用。流过 R_e 的电流为 $I_e = U_e/R_e = 0.7/R_e$，只要 R_e 是恒定的，则电流 I_e 也是恒定的。因为在回路中 $I_L = I_e + I_V$，所以 I_e 实质上就是流过电动机绕组的电流 I_L。在电路中恒流晶体管 T3 工作在放大区，因而它的等效电阻较大，对回路时间常数有较大改善。R_e 取值一般很小，故在 R_e 上的功耗很小，为了降低 T3 上的功耗，可用较低电压的电源。这样，和基本单电压功放电路相比，功耗大为降低，提高了电源的效率。

（二）高、低压功率放大电路

　　高、低压功率放大电路是分别采用高压和低压两种电源电压的功放电路，也称双电压功放电路，原理图如图 9-9(a) 所示，相应电压电流波形如图 9-9(b) 所示。图中有两个功率晶体管 T1、T2，两个二极管 D1、D2，一个外接电阻 R_C，步进电动机绕组电感 L 及电阻 R_L。高压 U_1 为 80～150 V，低压 U_2 为 5～20 V。双电压功放电路的工作控制信号和单电压功放电路的有很大区别。在单电压功放电路中，工作控制信号是步进时一相所需的方波信号。而在

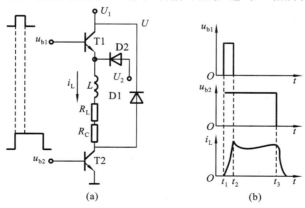

图 9-9　双电压功放电路

(a) 原理图；　(b) 波形图

双电压功放电路中,除了需要一相所需的方波信号外,还需高压驱动控制信号,只有两个信号密切配合才能正常工作。

当 T1、T2 的基极电压 U_{b1} 和 U_{b2} 都为高电平时,则在 $t_1 \sim t_2$ 时间内,T1 和 T2 均饱和导通,二极管 D2 反向偏置而截止。高压电源 U_1 经 T1 和 T2 加到电动机绕组 L 上,使其电流迅速上升,提高了绕组电流和电流前沿上升率,从而提高了步进电动机的工作频率和高频时的力矩。

在用高压电源 U_1 时,流入绕组的瞬态电流

$$i_1 = \frac{U_1}{R_C + R_L}(1 - e^{t/T_j}) \tag{9-1}$$

式中:T_j 为回路时间常数;R_L 为绕组电阻;R_C 为外接电阻。

当时间到达 t_2 时(可采用定时方式)或电流上升到某一数值时(可采用定流方式),U_{b1} 为低电平,U_{b2} 为高电平,T1 截止,T2 导通。电动机绕组的电流由低压电源 U_2 经 D2 和 T2 来维持。

在 $t_2 \sim t_3$ 时,绕组电流保持一定的稳态电流,从而电动机在这段时间内能保持相同转动力矩,以完成步进过程。绕组内稳态电流 I 为 $U_2/(R_C + R_L)$。

在 t_3 时,U_{b2} 也为低电平,T2 截止。这时高压电源 U_1 和低压电源 U_2 都被关断,无法向电动机绕组供电。绕组因电源关断而产生反电动势。在电路中二极管 D1、D2 组成反电动势泄放的回路。绕组的反电动势通过 R_L、R_C、D1、U_1、U_2、D2 回路泄放,绕组中的电流迅速下降,其波形形成较好的电流下降沿。

可见,高低压功放电路对绕组的电流比单电压功放电路的波形好,有十分明显的高速率的上升和下降沿。所以,它的高频特性好,电源效率也较高。它的不足之处是:高压产生的电流上冲作用在低频工作时会使输入能量过大,引起电动机的低频振荡加重。另外,在高、低压衔接处的电流有谷点,不够平滑,影响电动机运动的平稳性。

高低压功放电路具有功耗低、高频工作时有较大的转动力矩等优点,所以常用于中功率和大功率步进电动机中。

斩波型功放电路克服了高低压功放电路出现谷点的缺陷,并且提高了电动机的效率和力矩。斩波型功放电路有两种:一种是斩波恒流功放电路;另一种是斩波平滑功放电路。斩波恒流功放电路应用较广泛。它利用斩波方法使电流恒定在额定值附近,这种电路也称定电流驱动电路或波顶补偿电路。

(三) 调频调压功放电路

无论是双电压功放还是斩波型功放电路,都能使流入电动机绕组的电流有较好的上升沿和幅值,从而提高电动机的高频工作能力。但在低频时,则低频振荡较高。采用调频调压的控制方法,即在低频时工作在低压状态,减少能量的流入,从而抑制了振荡;在高频时工作在高压状态,电动机将有足够的驱动能力。

调频调压控制方式很多,简单的方式是分频段调压。一般把步进电动机的工作频率分成几段,每段的工作电压不同,同时使用调频调压的方法。在理想条件下,保持步进电动机力矩不变,则电源电压应随工作频率的升高而升高,随工作频率的下降而下降。

图 9-10 所示的为调频调压功放电路。整个电路可分成三部分:开关调压、调频调压控

制和功率放大。

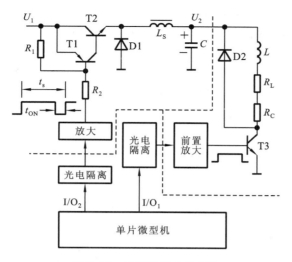

图 9-10　调频调压功放电路

　　调频调压控制部分由单片机组成。根据要求由 I/O₁ 输出步进控制信号,然后再到功放电路;I/O₂ 输出调压信号到开关调压部分。

　　开关调压部分可进行电压调节。当晶体管 T1 基极有负脉冲输入时,T1 和 T2 导通;同时 U_1 经过电感 L_S 向电容 C 进行谐振充电,随着电容 C 上的电压 U_2 上升,绕组 L 上的电流也逐步上升。充电时间由 t_{ON} 决定。当负脉冲过后,T1、T2 截止,但这时电容 C 储能元件通过 L、R_L、R_C、T3 放电,电流逐渐减小。这时电感 L_S 中储存了磁场能量,由于自感效应,将产生一个感应电动势,使 U_2 处为正,电流从 U_2 流向 L、R_L、R_C、T3,然后通过二极管 D1 返回 L_S。这样在负载上就可以得到一个顶部呈锯齿形的电压。在 L_S 和 C 足够大些,电压顶波波动很小,这时的 U_2 为一平滑稳定的直流电压。

　　电压 U_2 的大小可以通过改变 t_{ON} 获得。单片微机控制从 I/O₁ 输出的步进信号频率和从 I/O₂ 输出的脉冲时间。步进信号频率高,从 I/O₂ 输出的负脉冲 t_{ON} 变大,U_2 也随之变大。这样起到了调频调压的作用,使步进电动机工作在平滑良好的工作状态。

9-2　步进电动机的传动与控制

一、步进电动机的升降速控制

　　反应式步进电动机的转速取决于脉冲频率、转子齿数和相数,与电压、负载、温度等因素无关。当步进电动机的通电方式选定后,由式(3-19)可知,其转速只与输入脉冲频率成正比,改变脉冲频率就可以改变转速,实现无级调速,并且调速范围很宽,因此,它可以使用在不同速度的场合。

　　低速工作时,步进电动机可以直接启动,并采用恒速工作方式;高速工作时,就不能采用恒速工作方式,因为由步进电动机的矩频特性(如图 3-35 所示)可知转矩 T 是频率 f 的函数。当启动时,启动频率越高,启动转矩越小,带负载能力越差。启动时脉冲频率过高会出现失步现象。因此必须用低速启动,然后再慢慢加速到高速,实现高速运行。同样,停止时也要从高速慢慢降到低速,最后停止下来。要满足这种升降速规律,步进电动机必须采用变速方式工作。变速控制过程中步进电动机运行曲线如图 9-11 所示。如果移动距离比较短,为了提高速度,可以无高速运行,即在一半距离内加速,而在另一半距离内减速,形成三角形变化的运动轨迹。

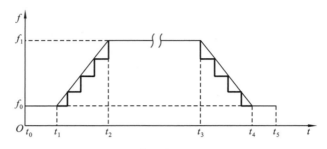

图 9-11　步进电动机运行曲线

步进电动机的升降曲线可以认为是按指数型递增和递减进行的。可用下式表示其频率:

$$f = f_0 \mathrm{e}^{\frac{t}{T}} \tag{9-2}$$

式中:f_0 为升频前运行频率。

然后将指数型曲线离散化为一台阶曲线,这种曲线较符合步进电动机加减速过程的运行规律,能充分地利用步进电动机的有效转矩,快速响应性好。

二、步进电动机专用芯片及微机控制系统

PMM8713、PMM8714 和 PMM8723 是控制功能很强的步进电动机专用芯片。其中 PMM8713 是控制三相、四相步进电动机的驱动电路专用芯片。PMM8714 驱动电路主要用于对五相步进电动机进行驱动控制。其典型的驱动电路如图 9-12 所示。

图中 U_{DD} 为 5V,$R_1 \sim R_5$ 通常取 $\frac{1}{2}$W、$(220 \pm 5\%)$ Ω,输出电流 $I_{OH} = 8 \sim 15$ mA。

图 9-13 所示为 PMM8714 与单片机组成的微机控制系统。单片机的 P1.0 与 PMM8714 的 C_K 相连。只要改变 P1.0 的输出值,即可改变步进电动机的运行速度。另外,PMM8714 的 C_U、C_D、U/D、E_A、E_P、E_C、$\overline{P_D}$ 引脚分别与 D 触发器 74HC373 的输出端相连。由 74HC373 写入的值来控制步进电动机的启停、正转/反转及励磁方式。图中,使 C_U、C_D 为零,相当于接地,为单输入的连接。控制系统可以完成的功能为:脉冲序列产生、励磁方式的控制、复位、关断、启停、正反转、变速控制。

步进电动机的升降速程序采用阶梯式近似指数型曲线的方式。软件可用定时器中断方式,每产生一次中断,就可调用一次步进电动机运动子程序完成一步进给。也可采用非中断方法,用查表技术达到各挡的速度。每挡走一步所需时间可采用调用延时子程序方法达到延时时间的目的。各挡有不同的延时时间常数,这可用查表方法获得。

三、步进电动机的闭环控制

在开环控制的步进电动机驱动系统中,输入的脉冲不依赖转子的位置,而是事先按一定

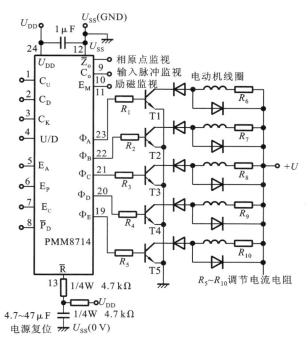

图 9-12　PMM8714 典型驱动电路

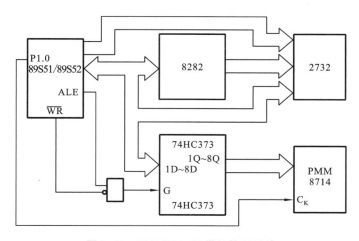

图 9-13　PMM8714 及微机控制系统

规律安排的。对于不同的电动机或负载不同的同一种电动机,励磁电流和失调角发生改变,输出转矩都会随之发生改变,很难找到通用的控速的规律,因此也难以提高步进电动机的技术性能指标。

　　闭环系统能直接或间接地检测转子的位置和速度,然后通过反馈和适当处理,自动给出驱动脉冲串。因此可以获得更加精确的位置控制和高而平稳的转速,步进电动机的性能指标也提高了。

　　闭环系统也可采用光电编码器作为位置检测元件,其控制原理如图 9-14 所示。选择编码器时,应使编码器的分辨率与步进电动机的步矩角相匹配。步进电动机由微机发出一个

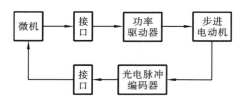

图 9-14　步进电动机闭环控制原理框图

初始脉冲启动,后续控制脉冲由编码器产生。

　　编码器相对于电动机的位置是固定的,因此发出的相切换信号是一定的,具有固定的切换角。改变切换角(采用时间延时方法可获得不同切换角),可使电动机产生不同的平均转矩,从而得到不同的转速。

　　在固定切换角的情况下,增加负载,电动机转速将下降。要实现匀速控制,可用编码器测出电动机的实际转速(编码器两次发生脉冲信号的时间间隔),以此作为反馈信号不断地调节切换角,补偿由负载变化所引起的转速变化。

四、步进电动机的步距角细分

　　在数控机床的伺服系统中,每台步进电动机可驱动一个坐标方向的伺服机构,利用两个或三个坐标轴联动就能加工出一定的几何图形来。为了提高数控设备的控制精度,应减小脉冲当量 δ(脉冲当量表示每一个脉冲使步进电动机转过一个固定角度时,经过传动机构驱动工作台走过的距离)。这可采用如下方法来实现:

　　(1) 减小步进电动机的步距角;

　　(2) 加大步进电动机与传动丝杠间齿轮的传动比和减小传动丝杠的螺距;

　　(3) 将步进电动机的步距角 θ_b 进行细分。

　　前两种方法受机械结构及制造工艺的限制,实现困难,当系统构成后就难以改变。一般可考虑步距角细分的方法。

1. 细分的基本原理

　　以三相六拍步进电动机为例,如图 9-15 所示,当步进电动机 A 相通电时,转子停在 A—A 位置,当由 A 相通电转为 A、B 两相通电时,转子转过 30°,停在 AB 之间的 Ⅰ 位置。若由 A 相通电转为 A、B 两相绕组通电时,B 相绕组中的电流不是由零一次上升到额定值,而是先达到额定值的 1/2。由于转矩 T 与流过绕组的电流 I 呈线性关系,转子将不是顺时针转过 30°,而是转过 15°停在 Ⅱ 位置。同理,当由 A、B 两相通电变为只有 B 相通电时,A 相电流也不是突然一次下降为零,而是先降到额定值的 1/2,则转子将不是停在 B 而是停在 Ⅲ 的位置,这就将精度提高了一倍。分级越多,精度越高。

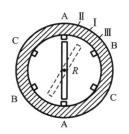

图 9-15　步距角细分示意图

2. 细分驱动电路

　　所谓细分电路,就是在控制电路上采取一定措施把步进电动机的每一步分得细一些。可以用硬件来实现这种分配,也可由微机通过软件来进行。细分的主要部件是移位式分配器。

　　用逻辑电路实现的细分电路,可以采用 D 触发器实现。以 8 级细分为例,控制 A 相绕组得失电过程需 8 个 D 触发器,其降级真值表及升降级逻辑图如表 9-3 及图 9-16 所示。

表 9-3　8 级细分真值表

CP	原　态								次　态							
	Q_{A7}	Q_{A6}	Q_{A5}	Q_{A4}	Q_{A3}	Q_{A2}	Q_{A1}	Q_{A0}	Q_{A7}	Q_{A6}	Q_{A5}	Q_{A4}	Q_{A3}	Q_{A2}	Q_{A1}	Q_{A0}
0	1	1	1	1	1	1	1	1	1	1	1	1	1	1	1	0
1	1	1	1	1	1	1	1	0	1	1	1	1	1	1	0	0
2	1	1	1	1	1	1	0	0	1	1	1	1	1	0	0	0
3	1	1	1	1	1	0	0	0	1	1	1	1	0	0	0	0
4	1	1	1	1	0	0	0	0	1	1	1	0	0	0	0	0
5	1	1	1	0	0	0	0	0	1	1	0	0	0	0	0	0
6	1	1	0	0	0	0	0	0	1	0	0	0	0	0	0	0
7	1	0	0	0	0	0	0	0	0	0	0	0	0	0	0	0

对于 N 级细分,一相需要 N 个 D 触发器组成分配器,三相步进电动机实现 N 级细分就需要 $3N$ 个 D 触发器组成分配器,也就需要三个如图 9-16 所示分配器。然后用运算放大器进行加法运算,经功率放大后送步进电动机。这种情况下驱动电路的功率管工作于放大区,损耗较大,因此只适合于小功率步进电动机。

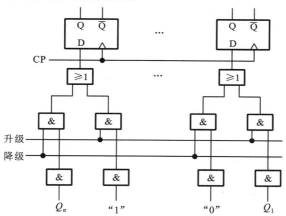

图 9-16　升降级控制电路简化逻辑图

另一种方法是分配器中每一个输出端自配一套功放电路,并相互并联与一相绕组相接,在电动机绕组中进行电流叠加。此时,功率管工作于开关状态,效率较高。但用的元件较多,体积大,适用于大功率步进电动机。

用集成化的步进电动机环形分配器也可构成细分驱动电路。用 HF-2 三相六拍环形分配器构成三相十八拍细分驱动电路时,必须采用三片 HF-2 电路。三相步进电动机的步距角为 3°/1.5°(即三相三拍工作时的步距角为 3°,三相六拍工作时的步距角为 1.5°),三相十八拍的细分驱动,可使每一拍的驱动步距减为 0.5°,步进电动机每相电流的波形如图 9-17 所示。

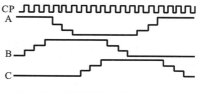

图 9-17　细分后电动机每相电流波形(正转)

采用细分电路后,电动机绕组中的电流不是由零跃升到额定值,而是经过若干小步的变化才能达到额定值,所以绕组中的电流变化比较均匀。细分技术,使步进电动机步距角变小,使转子到达新的稳定点所具有的动能变小,从而振动可显著减小。细分电路不但可以实现微量进给,而且可以保持系统原有的快速性,提高步进电动机在低频段运行的平滑性。

3. 微机控制的步距角细分

用微机实施细分,关键是设计一个软件的移位分配器。对于三相步进电动机,形成三相六拍的驱动信号,就要从三个 I/O 口周期地输出信号,其控制系统结构及环形分配表分别如图 9-7 及表 9-2 所示。要实现细分,这时的接口电路 I/O 口必须增加,如图 9-18 所示。其中8155 的 $PA_0 \sim PA_3$ 中 4 个 I/O 口并联控制 A 相绕组,$PA_4 \sim PA_7$、$PB_0 \sim PB_3$ 分别用四个 I/O 口并联控制 B 相、C 相绕组。

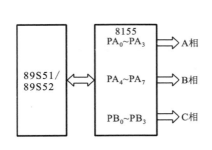

连接方式(A相)				状态字
PA_3	PA_2	PA_1	PA_0	
0	0	0	1	01H
0	0	1	0	02H
0	0	1	1	03H
⋮	⋮	⋮	⋮	⋮
1	1	1	0	0EH
1	1	1	1	0FH

图 9-18　微机控制步进电动机的细分接口

例如要实现步进电动机的三相六拍 15 细分控制,则应使每相绕组中产生从零开始到额定工作电流的 15 个等间距的上升电流阶梯波形,或从额定工作电流到零的 15 个等间距的下降电流阶梯波形。这时是由 4 个 I/O 口并联控制一组绕组,在这 4 个 I/O 口中串联的权电阻之比为 1∶2∶4∶8,因此按照特定的逻辑顺序,接通不同的权电阻,便可产生上述阶梯电流。若将 8155 的 $PA_0 \sim PA_3$ 4 个口分别接 8∶4∶2∶1 的权电阻,并联后接于 A 相,则当接通时,$PA_0 \sim PA_3$ 中 4 个口的电流之比为 1∶2∶4∶8。顺序从 PA 口输出 01H、02H、…、0FH 时,A 相中便得到从零开始到额定工作电流的 15 个等间隔的上升间隔电流;当顺序从 PA 口输出 0FH、0EH、…、01H 时,A 相中为从额定工作电流到零的 15 个等间隔的下降阶梯电流。三相六拍 15 细分时有对应的 90 个特殊组合的逻辑状态。硬件线路确定后,相应的 90 个 12 位数据及其顺序也就确定了。用软件实现移位分配时,将这些数计算好,按一定顺序存在存储器中,即可建立一个环形分配表,用查表指令,依次顺序取出。改变地址指针的增减方向,也就可改变取数据的顺序方向,从而达到电动机的正/反转控制。

细分技术的采用,提高了步进电动机运行的平滑性,提高了效率和矩频特性,克服了传统的驱动电路存在的低频振荡、噪声大、分辨率不高等不足之处,拓宽了步进电动机的应用范围。

五、使用步进电动机时应注意的问题

(1)若所带负载转动惯量较大,则应在低频下启动,然后再上升到工作频率,停车时也应从工作频率下降到适当频率再停车。

(2)在工作过程中,应尽量使负载匀称,避免负载突变引起误差。

(3)若在工作中发生失步现象,首先应检查负载是否过大,电源电压是否正常。再检查驱动电源输出波形是否正常,在处理问题时,不应随意变换元件。

(4)驱动电源的选择对步进电动机控制系统的运行影响极大。应该根据运行的具体要求,尽量选用先进的驱动电源。

六、西门子 S7 系列 PLC 对步进电动机的控制

西门子 S7-200 SMART 系列提供了三种驱动步进电动机的方法:(1)脉冲串输出(PTO);(2)脉宽调制(PWM);(3)运动轴。

PLC 驱动步进电动机主要依靠 PLC 的高速脉冲输出功能,200 SMART 系列 PLC 最多支持 3 个高速脉冲输出,其具体输出数量取决于 PLC 的型号,如表 9-4 所示。

表 9-4 PLC 高速脉冲输出

CPU 型号	ST20	ST30	ST40	ST60
高速脉冲输出	2@100kHz	3@100kHz	3@100kHz	3@100kHz

注:继电器输出型(SR)与经济型(CR)不支持高速脉冲输出功能。

PLC 无法对步进电动机进行直接驱动,需要通过步进电动机驱动器来完成,其作用是将电脉冲信号转化为角位移的执行机构。下面以一个具体的实例,来讲解 PLC 对步进电动机的控制。

例 9-1 有一台步进系统带动滑台运行,按下复位按钮,自动回原位,按下启动按钮,滑台以 50 mm/s 运行,先行走 100 mm,停 2 s,再行走 150 mm,停 2 s,然后返回原位停止;按下停止按钮,立即停止。试设计此方案。

解 根据控制要求,设计系统的硬件连接示意图如图 9-19 所示,系统的硬件接线图如图9-20所示,系统的控制梯形图如图 9-21 所示。

图 9-19 系统硬件连接示意图

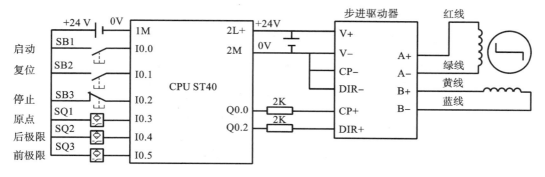

图 9-20 系统硬件接线图

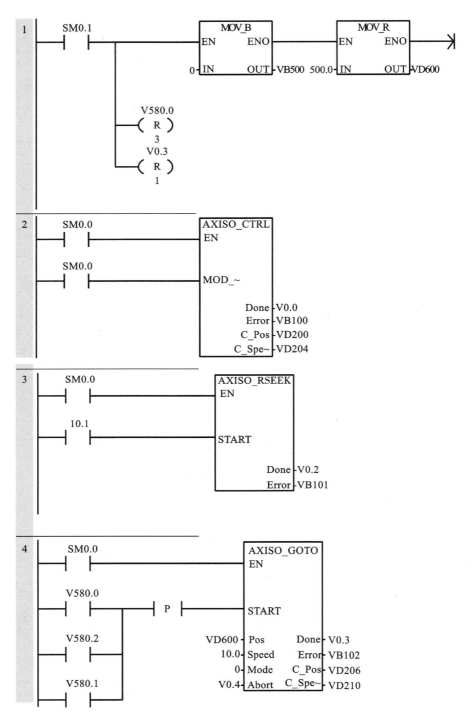

图 9-21　系统的控制梯形图

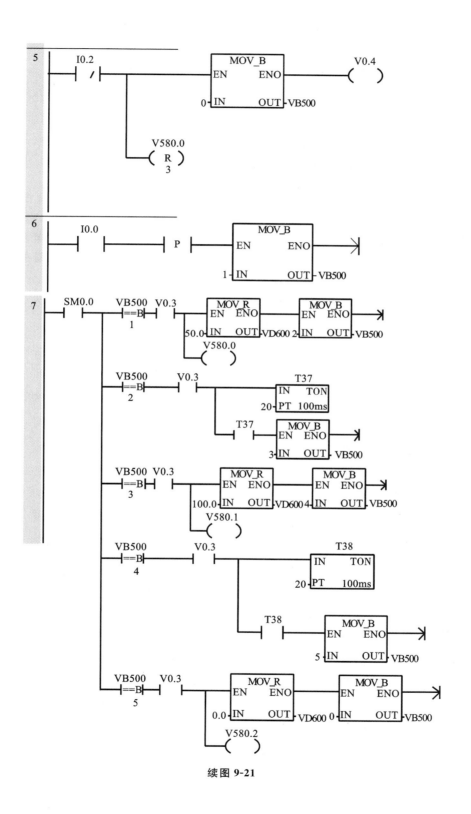

续图 9-21

9-3　步进电动机的应用

步进电动机是一种将电脉冲信号转换成相应角位移的数字执行部件,因此它在数字控制系统、程序控制系统及许多航天工业系统中得到了应用。随着微型计算机的发展,步进电动机得到了更广泛的应用,有相当一部分步进电动机正应用于计算机的外部设备如打印机、纸带输送机构、卡片阅读机、主动轮驱动机构和磁盘存储器存取机构等。

一、步进电动机驱动系统在数控铣床中的应用

在进给伺服系统中,步进电动机需要完成两项任务:一是传递转矩,它应克服机床工作台与导轨间的摩擦力及切削阻力等负载转矩,通过滚珠丝杠带动工作台,按指令要求快速进退或切削加工;二是传递信息,即根据指令要求精确定位,接收一个脉冲,步进电动机就转过一个固定的角度,经过传动机构驱动工作台,使之按规定方向移动一个脉动当量的位移。因此指令脉冲总数也就决定了机床的总位移量,而指令脉冲的频率决定了工作台的移动速度。每台步进电动机可驱动一个坐标方向的伺服机构,利用两个或三个坐标轴联动就能加工出一定的几何图形来。图9-22所示的为数控铣床的工作原理示意图。

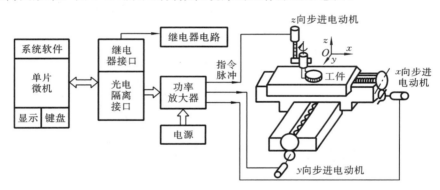

图 9-22　数控铣床工作原理示意图

将事先编制的系统软件固化在微机的存储器中,加工程序通过键盘或磁带机输入RAM区,经系统软件进行编辑处理后输出一个系列脉冲,再经光电隔离、功率放大后去驱动各坐标轴(x、y、z方向)的步进电动机,完成对位置、轨迹和速度的控制。只要能编制控制程序,不管工件的形状多么复杂都能把它加工出来。

这种微机控制系统没有位置检测反馈装置,因此是一个开环系统。这种系统简单可靠,成本低,易于调整和维护,但精度不高。

二、步进电动机用于点位控制的闭环控制系统

在数控机床中,为了及时掌握工作台实际运动情况,系统中装有位置检测反馈装置。位置检测装置将测得的工作台实际位置与指令位置相比较,然后用它们的差值(即误差)进行控制,这就是闭环控制。图9-23所示的为数控机床闭环控制系统框图。

图9-23中,位置检测反馈装置可采用感应同步器。它的滑尺与工作台机械连接,工作

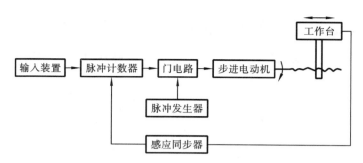

图 9-23　数控机床闭环控制系统框图

台每移动 0.01 mm,感应同步器输出绕组就发出一个脉冲。脉冲发生器按机床工作台移动的速度,不断发出脉冲。当计数器内有数时,可以通过门电路控制步进电动机的旋转。电动机通过传动丝杠使工作台移动。可以由微型计算机或输入装置(穿孔纸带或磁带)给计数器预置一相应工作台位置的指令脉冲数。当位置检测反馈装置发出的反馈脉冲数等于指令脉冲数时,计数器出现全"0"状态,门电路关闭,工作台停止移动。

　　由于采用位置检测反馈装置来直接测出工作台的移动量,以修正工作台的定位误差,所以系统的定位精度提高了。

三、用步进电动机驱动的筛选微型电阻的半自动装置

　　图 9-24 所示的为利用激光加热导电炭糊,以筛选微型电阻的半自动装置工作框图。微型电阻 R 放在工作台上。由两台步进电动机控制工作台 x 轴和 y 轴两个方向的移动。步进电动机根据程序来确定工作台和激光光源中心线的相对位置。由微机发出的信号,经比较器、控制装置及驱动电源送至步进电动机。驱动电源按指定的程序换接步进电动机的控制绕组,使步进电动机转动,并经过减速机构带动工作台移动。工作台的位置指示器旋转同时产生一个信号,经译码器反馈到比较器。在比较器中,现有的工作台的坐标值与程序预先确定的坐标值进行比较,从而产生差值信号,用以修正电动机的运动。当工作台达到所要求的位置时,其坐标值和程序规定坐标值相等,差值信号为零,工作台立即停止移动。这时控制装置对激光控制装置发出指令,激光控制装置将使激光光源接通,并开始给微型电阻 R 的炭糊加热。

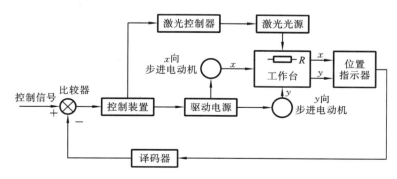

图 9-24　筛选微型电阻的半自动装置工作框图

四、步进电动机在印制电路板视觉检测中的应用

如图 9-25 所示,在印制电路板(PCB)视觉检测中步进电动机驱动精密工作台,在工作台上 PCB 的检测将自动进行。

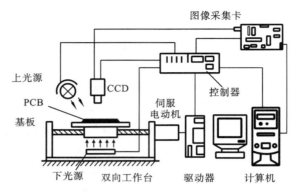

图 9-25　PCB 视觉检测装置

如图 9-25 所示,在精密工作台上、下方分别安装辅助光源,被测 PCB 安放在工作台上方台面上,计算机视觉装置(CCD 摄像头)将摄取图像,通过图像采集卡、DSP 数字信号处理器进行采集、数字处理后,送计算机进行图像识别。通过工作台在 x、y 两方向的移动,可以获取 PCB 不同位置的图像,从而实现对整个 PCB 图像的采集和处理。精密工作台分别用两台步进电动机驱动,工作台可在 x 轴和 y 轴两个方向运动。整个系统的工作由计算机控制和协调。

习题与思考题

第 9 章习题精解
和自测题

9-1　反应式步进电动机采用多相通电方式有什么好处?是否受到一定限制?

9-2　试列出三相六拍环形分配器的反向环形分配表。

9-3　步进电动机的驱动电路主要有哪几种?各有什么特点?试说明之。

9-4　简述步进电动机的升降速控制的方法。

9-5　步进电动机细分的基本原理是什么?若三相步进电动机在三相六拍工作,采用三相十二拍的细分,试画出该电动机每相的电流波形。

附录 A　常用电气图形符号

名　　称	新图形符号	旧图形符号	名　　称	新图形符号	旧图形符号
连接点	•	同新符号	可变电容器		同新符号
端子	○	同新符号	加热元件		
可拆卸的端子	∅	同新符号	直流发电机	Ⓖ	Ⓕ
导线的连接	或	同新符号	直流电动机	Ⓜ	Ⓓ
导线的多线连接	或	同新符号	交流电动机	Ⓜ	Ⓓ
导线的不连接		同新符号	直线电动机	Ⓜ	同新符号
直流		同新符号	步进电动机	Ⓜ	同新符号
交流		同新符号	电机的换向绕组		同新符号
交直流		同新符号	或补偿绕组		
接地		同新符号	串励绕组		同新符号
接机壳或接底板		同新符号	并励或他励绕组		同新符号
电阻器		同新符号	三相鼠笼式异步电动机	Ⓜ 3～	
可变电阻器		同新符号			
压敏电阻器	U	同新符号	三相线绕式异步电动机	Ⓜ 3～	
滑动触点电位器		同新符号	自耦变压器		同新符号
电容器		同新符号	电抗器		
电解电容器	±	同新符号			

名　　称	新图形符号	旧图形符号	名　　称	新图形符号	旧图形符号
电感器		同新符号	双绕组变压器		
带磁芯的电感器		同新符号			
有两个抽头的电感器		同新符号	电流互感器脉冲变压器		同新符号
原电池或蓄电池		同新符号			
三相变压器（星形-三角形连接）		同新符号	接触器（常开主触点）		
			接触器（常闭主触点）		
三相自耦变压器		同新符号	延时闭合的动合触点		
整流器			延时断开的动合触点		
桥式全波整流器			延时闭合的动断触点		
逆变器			延时断开的动断触点		
动合（常开）触点			手动开关		
动断（常闭）触点			启动按钮		
先断后合的转换触点					

续表

名　称	新图形符号	旧图形符号	名　称	新图形符号	旧图形符号
中间断开的双向触点			速度继电器的动合触点		
多极开关（单线表示）			停止按钮		
多极开关（多线表示）			复合按钮		
自动空气断路器（自动开关）			旋钮（转）开关		或
行程开关、限位开关的动合触点			接触器、继电器线圈		同新符号
			过电流继电器线圈	$I>$	同新符号
行程开关、限位开关的动断触点			欠电压继电器线圈	$U<$	同新符号
复合行程开关			得电延时（延时吸合）继电器线圈		同新符号
热继电器的驱动器件			失电延时（延时释放）继电器线圈		同新符号
			电磁铁线圈		同新符号
热继电器的触点		1	三端双向晶体闸流管		同新符号

名　称	新图形符号	旧图形符号	名　称	新图形符号	旧图形符号
控制器或制作开关(图中表示操作手柄有五个位置)	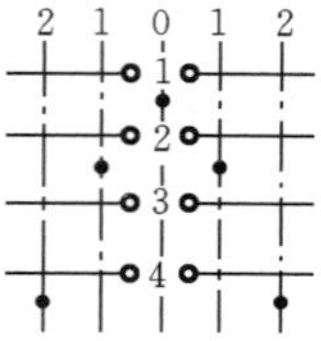	同新符号	半导体二极管		
接近开关的动合触合		同新符号	稳压管(肖特基效应)		
			发光二极管		
接近开关的动断触点	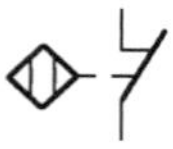	同新符号	光电二极管		
具有自动释放的负荷开关		同新符号	光电半导体管(PNP型)		同新符号
隔离开关		同新符号	PNP型半导体管		
电磁阀		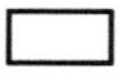	NPN型半导体管		
断电电磁制动器	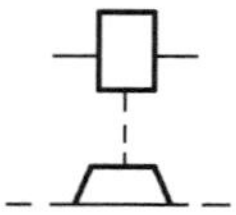	同新符号	单结晶体管		
			与门		
通电电磁制动器		同新符号	或门		
NPN型光电晶体管光耦合器		同新符号	非门		
NPN型达林顿型光耦合器		同新符号	与非门		
晶闸管(反向阻断、阴极侧受控)			或非门		
可关断晶闸管		同新符号	高增益差分放大器(运算放大器)		

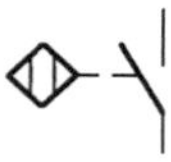

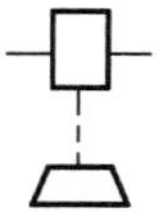

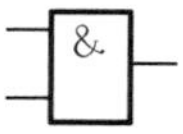

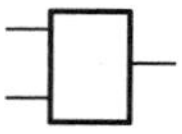

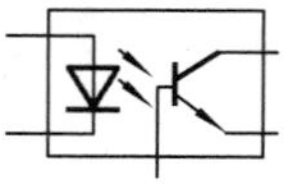

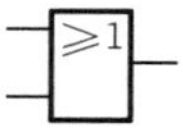

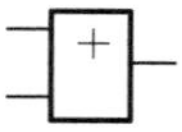

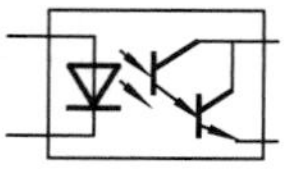

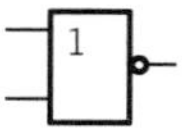

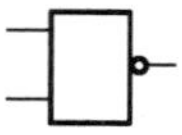

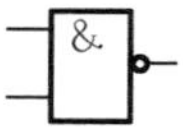

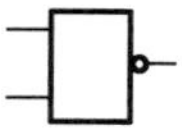

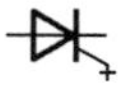

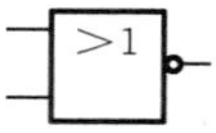

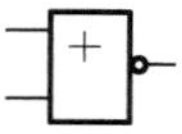

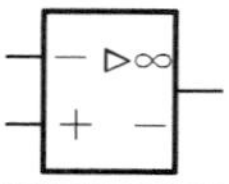

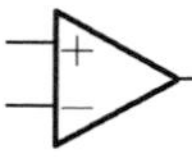

附录 B　常用电气文字符号

名　　称	文　字　符　号	名　　称	文　字　符　号
晶体管放大器	AD	时间继电器	KT
集成电路放大器	AJ	电压继电器	KU
光电管	B	电感线圈	L
电容器	C	平波电抗器	L
照明灯	EL	电流调节器	LT
瞬时动作限流保护器件	FA	电动机	M
延时动作限流保护器件	FR	同步电动机	MS
熔断器	FU	运算放大器	N
限电压保护器件	FV	欠电流继电器	NKA
励磁绕组	FW	欠电压继电器	NKV
旋转发电机	G	电力电路的开关	Q
振荡器	G	转换开关	QB
电机放大机	GA	离心开关	QC
蓄电池	GB	自动开关	QF
励磁发电机	GF	电源开关	QG
同步发电机	GS	隔离开关	QS
信号灯	HL	电阻、电阻器	R
感应同步器	IS	电位器	RP
接触器、继电器	K	分流器	RS
瞬时通断继电器	KA	热敏电阻	RT
电流继电器	KA	压敏电阻	RV(PR)
中间继电器	KA	控制电路的开关	S
接触器	KM	选择开关(旋钮开关)	SA
压力继电器	KP	按钮开关	SB
速度继电器	KS	过电流继电器	SKA

续表

名　称	文字符号	名　称	文字符号
主令控制器	SL	二极管	D
伺服电动机	SM	控制电路电源的整流桥	VC
万能转换开关	SO	光电耦合管	VL
接近开关	SP	硒(硅)整流器	VM
位置开关	SQ	晶闸管	VS
调速器	SR	晶体管	T
微动开关	SS	单结晶体管	VU
速度调节器	ST	稳压管	VZ
变压器	T	绕组	W
电流互感器	TA	插头	XP
控制电路电源变压器	TC	插座	XS
测速发电机	TG	接线端子	XT
照明变压器	TI	电磁铁	YA
电力变压器	TM	电磁制动器	YB
脉冲变压器	TP	电磁离合器	YC
整流变压器	TR	电磁卡盘、电磁吸盘	YH
同步变压器	TS	电磁阀	YV
电压互感器	TV	滤波器、限幅器	Z
变频器、逆变器、变流器	U		

部分习题与思考题参考答案

1-10 图(a)(b)(c)是系统的稳定平衡点,图(d)不是系统的稳定平衡点。

1-16 $I_N = 207.8$ A。

1-20 (1)$I_u = 758.6$ A; (2)$R_{min} = 1.755$ Ω,$U_{min} = 31.2$ V。

1-22 (1)$I_a = -143$ A, $T = -186$ N·m; (2)$n = 985$ r/min。

2-3 $s_N = 0.01, f_2 = 0.5$。

2-5 (1)$I_N = 84.18$ A; (2)$s_N = 1.33\%$;

(3)$T_N = 290.37$ N·m, $T_{max} = 638.8$ N·m, $T_{st} = 551.7$ N·m。

2-8 (1)$I_L = I_\varphi = 5.03$ A, $T_N = 14.8$ N·m; (2)$s_N = 0.053, f_2 = 2.67$。

2-12 $n = 2 880$ r/min,$n_0 = 3 000$ r/min。

2-13 (1)$s = 4.6\%$; (2)$n_2 = 954$ r/min。

2-15 (1)$U = U_N$ 时,电动机能启动;$U' = 0.8U_N$ 时,启动转矩小于负载转矩,电动机不能启动。

(2)$T_L = 0.35T_N$ 时,电动机能启动;$T_L = 0.45T_N$ 时,电动机不能启动。

(3)$I_1 = 199.76$ A,$T_{st} = 127.73$ N·m。

3-16 $z = 80$, $t_b = 4.5°$, $z = 40$, $t_b = 9°$。

4-7 (1)$n_{min} = 123$ r/min,$D \approx 8$; (2)$U_{min} \approx 38$ V。

7-4 $U_{av} \approx 183.5$ V。

7-16 $s = 0.5, K = 9$。

7-17 $\Delta n = 1.53$ r/min,$K = 64.4$。

7-18 $\Delta n = 7.89$ r/min。

参 考 文 献

[1] 邓星钟,周祖德,邓坚,等.机电传动控制[M].4 版.武汉:华中科技大学出版社,2007.
[2] 莫正康.晶闸管变流技术[M].北京:机械工业出版社,1985.
[3] 唐介.控制微电机[M].北京:高等教育出版社,1987.
[4] 龚浦泉,陈远龄.机床电气自动控制[M].重庆:重庆大学出版社,1988.
[5] MOHAN, UNDELAND, ROBBINS. Power Electronics:Converters, Applications, and Design[M]. New Jersey:John Wiley & Sons,Inc. ,1989.
[6] 王鸿明.电工技术与电子技术(上册)[M].北京:清华大学出版社,1990.
[7] 林小峰.可编程序控制器原理及应用[M].北京:高等教育出版社,1991.
[8] 冯欣南.微特电机[M].武汉:华中理工大学出版社,1991.
[9] 丁道宏.电力电子技术[M].北京:航空工业出版社,1992.
[10] 陈伯时.电力拖动自动控制系统[M].北京:机械工业出版社,2003.
[11] 王离九.电力拖动自动控制系统[M].武汉:华中理工大学出版社,1992.
[12] 机电一体化技术手册编委会.机电一体化技术手册[M].北京:机械工业出版社,1994.
[13] 徐以荣,冷增祥.电力电子技术基础[M].南京:东南大学出版社,1999.
[14] 杨士元,等.可编程序控制器(PC)编程 应用和维修[M].北京:清华大学出版社,1995.
[15] 唐任远.特殊电机[M].北京:机械工业出版社,1997.
[16] 山田一.工业用直线电动机[M].薄荣志,译.北京:新时代出版社,1986.
[17] 叶云岳.直线电机原理与应用[M].北京:机械工业出版社,2000.
[18] 程宪平.可编程控制器原理与应用[M].北京:化学工业出版社,2009.
[19] 金博.无刷直流电机专用控制集成电路 MC33035 的原理及应用[J].民营科技,2008(10):21-25.
[20] 马志源.电力拖动控制系统[M].北京:科学出版社,2004.
[21] 坂本正文.步进电机应用技术[M].王自强,译.北京:科学出版社,2010.
[22] https://course.jcpeixun.com/? free=2&category=377.

二维码资源使用说明

本书部分课程资源以二维码的形式在书中呈现,读者第一次利用智能手机在微信端扫码成功后提示微信登录,授权后进入注册页面,填写注册信息。按照提示输入手机号后点击获取手机验证码,稍等片刻收到 4 位数的验证码短信,在提示位置输入验证码成功后,重复输入两遍设置密码,选择相应专业,点击"立即注册",注册成功(若手机已经注册,则在"注册"页面底部选择"已有账号?绑定账号",进入"账号绑定"页面,直接输入手机号和密码,提示登录成功)。接着提示输入学习码,需刮开教材封底防伪涂层,输入 13 位学习码(正版图书拥有的一次性使用学习码),输入正确后提示绑定成功,即可查看二维码数字资源。手机第一次登录查看资源成功,以后便可直接在微信端扫码登录,重复查看资源。